丙烯酸运动场地面材料

Acrylic Surfacing Materials for Sports Fields

纪永明　编著

·广州·

图书在版编目（CIP）数据

丙烯酸运动场地面材料/纪永明编著．—广州：中山大学出版社，2023.9
ISBN 978－7－306－07774－5

Ⅰ.①丙…　Ⅱ.①纪…　Ⅲ.①体育场—丙烯酸—地面材料　Ⅳ.①TU56

中国国家版本馆 CIP 数据核字（2023）第054205号

出 版 人：王天琪
策划编辑：金继伟
责任编辑：杨文泉
封面设计：曾　斌
责任校对：姜星宇
责任技编：靳晓虹
出版发行：中山大学出版社
电　　话：编辑部 020－84110283，84113349，84111997，84110779，84110776
　　　　　发行部 020－84111998，84111981，84111160
地　　址：广州市新港西路135号
邮　　编：510275　　传　　真：020－84036565
网　　址：http://www.zsup.com.cn　E-mail：zdcbs@mail.sysu.edu.cn
印 刷 者：佛山市浩文彩色印刷有限公司
规　　格：787mm×1092mm　1/16　27印张　657千字
版次印次：2023年9月第1版　2023年9月第1次印刷
定　　价：128.00元

运动场地建设箴言

基础是核心

材料是关键

施工是重点

态度是一切

前　言

抛砖引玉是编写这本书的初衷和宗旨。

丙烯酸涂料品种众多，用途广泛，介绍丙烯酸涂料的书籍也为数不少，其中建筑涂料方面的居多。遗憾的是，市面一直缺少一本全面系统介绍丙烯酸涂料在运动场领域应用的书籍。

笔者自1997年投身运动场地面铺装行业以来，在这二十几年间，先后从事过丙烯酸运动场地面材料的销售、工程施工和产品研发工作，在销售、施工、研发这三个方面都积累了一些经验，尤其在丙烯酸材料的研发方面颇有心得，取得了一定的成绩，先后于2014年和2016年获得“丙烯酸跑道”和“弹性丙烯酸”两项国家发明专利。这些经历使得笔者有个深藏于心的愿望，那就是将自己在这个细分行业上的积累汇编成书以补缺憾。但由于笔者一直忙于工作而无暇落笔，此愿望始终是空中楼阁。

但2020年初突然暴发的疫情给了笔者实现愿望的机会。出于疫情防控的需要，2020年2月至5月，笔者一直居家办公，业务活动几近停滞。这段难得的闲暇时间被有效地利用起来了，在这几个月时间里，笔者对手头所有的资料进行筛选、整理归类，形成了本书的最原始素材。这些资料包括阅读丙烯酸涂料类书籍时所做的笔记、丙烯酸涂料工程中质量问题的研究分析及其解决方案的笔记、丙烯酸涂料配方设计及优化的工作笔记，以及与国外同行交流的电子邮件。2020年5月，笔者拟定了写作提纲并着手开始编著本书。在编著过程中发现手头素材尚不能全面满足写作的要求，于是一边编著，一边针对性地阅读相关书籍，浏览国内外同行的网站以期获取更多、更好的写作素材和写作灵感。经过一年多的不懈努力，笔者终于在2021年8月完成第一稿，在2023年9月正式定稿之前，前后进行了五次修改，旨在将丙烯酸涂料在运动场地领域的应用较全面、系统和准确地展现出来。这些修改不仅仅是文字内容的完善，也涉及写作提纲的调整，力争让读者在阅读本书后对丙烯酸运动场地面材料的了解和认识有个清晰的脉络。

本书在书目结构编制上共分四编及附录。第一编为“涂料基础知识编”，这些基础知识有助于读者增强对丙烯酸涂料的性能特征、施工特点的理解，提高对丙烯酸材料和工程质量的分析判断能力；第二编“丙烯酸运动场地面系统产品编”、第三编“运动场地基础编”和第四编“丙烯酸运动场地面系统施工编”是本书的重点部分，较详细地介绍了丙烯酸运动场地面系统的产品类型及特点，基础类型及施工的基本要求、施工条件和施工方案；“附录”内容繁杂，既收录了涂料相关名词及其中英文对照，也收录了丙烯酸工程常见问题问答和丙烯酸专题小文章，并对丙烯酸涂层的表面缺陷进行了汇总，同时也将美国体育建造商协会（American Sports Builders Association，ASBA）网站上有关丙烯酸的英文小文章翻译出来以飨读者。

这部书不论在内容上还是结构上，笔者都费尽心思以求最好，但笔者确非化工相关专业科班出身，专业知识的短板确难弥补。本书虽经多次修改完善，囿于水平有限，错漏之处肯定在所难免，敬请读者批评指正。同时也期盼这本“外行人”编著的书能激发行业内的技术“大伽”们拿起笔编写出更加专业、更加全面地介绍丙烯酸运动场地面材料的书籍。如此，本书就真正起到了抛砖引玉的作用，笔者也将深感荣幸。

纪永明

2023 年 8 月于广州

目　录

涂料基础知识编

丙烯酸运动场地面系统产品编

运动场地基础编

丙烯酸运动场地面系统施工编

涂料基础知识编

第1章　涂料化学基础知识

1.1　涂料简介

1.1.1　涂料的定义

涂料是按照一定配方设计生产的一类流体或粉末状态的物质，使用特定的涂装工艺将其涂布于物体的表面，能够形成均匀的覆盖和良好的附着，经过自然或人工方法干燥固化在物体表面，形成美观而且具有一定强度的连续完整的保护膜，具有防护、装饰的作用或特殊功能（如绝缘、防腐、防霉、耐热、标志等）。所形成的保护膜称为涂膜，又称为涂层或漆膜。

1.1.2　涂料的作用

涂料的主要作用是装饰和保护，实际使用中涂料的作用远不止于这两个基本作用。

1.1.2.1　保护作用

物体但凡暴露于空气之中，就会受到氧气、水分、热、微生物等的侵蚀和影响，如金属腐蚀、沥青过早老化、木材腐朽、水泥风化等。如果在这些物体表面涂以涂料，形成一层保护膜将物体彻底覆盖起来，就能阻止或延缓物体腐蚀、老化现象的发生和发展，能极大地延长各类物体的使用寿命。

1.1.2.2　装饰作用

装饰作用是涂料最基本的功能和作用，通过使用不同颜色的涂料涂布于物体表面，可以改变原来物体的颜色，丰富的涂料颜色能够赋予人们无限的遐想和创造空间，人们可以根据实际需要或自身喜好选择使用不同颜色的涂料来设计各类物件的表面颜色或通过颜色搭配，营造出色彩斑斓、光彩夺目、舒适明快的空间或环境。因此，涂料的使用成为美化生活和工作环境不可或缺的一种手段，对提高人们的物质生活和精神生活发挥着积极的作用。例如，社区里色彩鲜艳的绿道就是社区的一道风景线，不仅能对基础有保护作用，更能对整个居住环境起到美化作用。

1.1.2.3 标识作用

交通道路、各种管道、设备等表面常涂以不同颜色的涂料以区分其作用或在视觉上给人以警示，例如，在交通道路上用白色斑马线作为人行通道，用特殊颜色或图案标识易燃易爆及有害物品，而某些温致变色、光致变色的涂料就是利用涂料对外界条件具有明显响应的性质。在运动场地里，也有荧光跑道和荧光球场。

1.1.2.4 特殊作用

有些场合对涂料提出了特殊的要求，如建筑行业中的防腐涂料、电子工业中的导电涂料、军事中的隐形涂料等。运动场地铺装的涂料也是一类具有特殊作用的涂料，其不但要具有一定的装饰和保护作用，还要具有一定的耐磨性、防水性、耐候性及冲击吸收性能等。

1.1.3 涂料的组成

涂料的种类较多，除粉末涂料外，溶剂型涂料和水性涂料一般都由四大组分构成的：成膜物质、溶剂或分散介质、颜填料和助剂。

1.1.3.1 成膜物质

涂料是要涂布于物体表面的，故涂料组分中必须包含具有黏结性、可以成膜的组分，这种组分在涂料中是最核心、最主要的，即成膜物质。成膜物质又称为基料，是涂料能牢固黏附于被涂物表面，形成连续完整涂膜的最主要物质，是整个涂料体系的基础和核心，决定着涂料的基本性质和特征。

成膜物质种类繁多，分类方法也较多，通常按其来源和成膜前后结构变化来划分。

（1）按来源划分，可以分为天然高分子化合物和合成高分子化合物两大类。早期的涂料以天然的植物油和漆树液为成膜物质，如我国古代常用的桐油和生漆。桐油由桐树果实压榨而得，在常见的植物油中干燥最快、漆膜坚硬、耐水耐碱性好，表现出优良的性能。而目前则是合成高分子化合物在涂料成膜物质中占主导地位，合成高分子化合物主要有醇酸树脂、聚酯树脂、丙烯酸树脂、聚氨酯树脂、环氧树脂、氨基树脂等。本书所介绍的是以水性丙烯酸树脂为成膜物质制备的一类用于运动场地面材料的涂料体系。

（2）按成膜前后结构变化划分，又可分为热塑性树脂和热固性树脂。前者作为成膜物质，合成树脂在涂料成膜过程中组成结构不发生变化；后者合成树脂在成膜过程中组成结构发生变化，因为这类树脂都具有能发生化学反应的官能团，在热、氧、光照或其他能与之发生化学反应的物质的作用下，生成具有一定空间网状结构的不溶不熔的聚合物。本书所涉及的基本是热塑性树脂，部分会用到自交联树脂，因其交联密度小，性能更接近热塑性树脂。也有部分产品会采用热固性树脂，如本书第 11 章介绍的丙烯酸环氧杂合地坪材料。

1.1.3.2 溶剂或分散介质

溶剂不能和分散介质画等号。本书中但凡对成膜物质起到溶解作用的，我们称之为溶剂；但凡对成膜物质只起到分散而非溶解作用的，我们称之为分散介质。从油、水这两点来分，涂料分为溶剂型涂料和水性涂料。溶剂主要是有机溶剂，用于溶剂型涂料。对于水性涂料中的水溶性涂料而言，水就是溶剂；对于水分散性涂料而言，水则是分散介质。

除了粉末涂料和无溶剂涂料，一般液体涂料中添加的溶剂或分散介质体积分数高达50%，能提升颜料润湿与分散性能，调节涂料黏度，改善施工流动性。由此可见，溶剂和分散介质对涂料产品的影响很大。

溶剂和分散介质在涂料成膜过程中，最终是要挥发到空气中去的。如果是水，其挥发不会对环境造成任何危害；但若是有机溶剂，其危害相当大。一般有机溶剂都具有挥发性和一定的毒性，挥发到大气中去，会对环境造成极大的污染。因此，现代涂料行业的发展趋势是开发水性化、有机溶剂的使用和排放少的环保涂料。

1.1.3.3 颜填料

颜填料粒径一般在0.2～10 μm，一般是不溶于水、油、溶剂和树脂等介质的一类有色的细颗粒粉状物质，是涂料中的次要成膜物质。就其功能而言，可细分为体质颜料和着色颜料。体质颜料又称为填料，在涂料中起到骨架的作用，既能增加涂层的厚度，又能提高耐磨性和机械强度，还可以降低成本。常用的填料有碳酸钙、滑石粉、石英粉等。着色颜料在涂料中起着色和遮盖作用，可赋予涂层美丽的颜色，增强遮盖力、耐候性、耐久性等，着色颜料分为有机颜料和无机颜料两大类。

1.1.3.4 助剂

助剂之于涂料相当于微量元素之于人体，用量很少，但作用很大，在涂料行业中不可或缺。它们主要用来改善涂料在生产、储存、运输、涂装和成膜各个过程中的性能，主要有消泡剂、润湿剂、分散剂、成膜助剂、防腐剂和增稠剂等。

1.1.4 涂料的分类

从大的方面来划分，可以分为无机涂料和有机涂料，在工业上具有重要意义的是有机涂料。

涂料发展至今，品种繁多，形态各异，性能不同，用途广泛。涂料的分类方法名目复杂、标准不一，至今没有一个统一的分类方法能涵盖所有的涂料产品。常用的主要有以下五种分类方法：

（1）按干燥方式分为常温干燥涂料、高温烘干涂料、湿气固化涂料、光固化涂料等。

（2）按功能作用分为防腐涂料、防火涂料、防水涂料、隔热涂料、耐高温涂料等。

（3）按被涂物材质分为金属漆、木器漆、塑料漆和水泥漆等。

（4）按成膜物质分为醇酸树脂漆、环氧树脂漆、丙烯酸树脂漆、聚氨酯漆和硝基漆等。

（5）按涂料的形态分为水性涂料、溶剂型涂料、粉末涂料、高固体分涂料等。

本书所要介绍的就是在室温下固化成膜的水性丙烯酸树脂涂料，这类涂料从大的范围上讲属于水性涂料，因此，我们还有必要介绍一下水性涂料的划分。

水性涂料一般分为水溶性涂料、水稀释性涂料和水分散性涂料（也称为乳胶涂料），区分这三者的标准有两点：一是成膜物质的粒径尺寸；二是成膜物质在连续相（溶剂或分散介质）中的状态是溶解还是分散。

（1）水溶性涂料：成膜物质粒子尺寸为0.001 μm（1 nm）以下且成膜物质是以水为溶剂的。

（2）水稀释性涂料：成膜物质粒子尺寸为0.001～0.1 μm（1～100 nm）且成膜物质是以水为分散介质均匀分散的。

（3）水分散性涂料（乳胶涂料）：成膜物质粒子尺寸为0.1 μm（100 nm）以上且成膜物质是以水为分散介质均匀分散的。

可以看出，水稀释性涂料和乳胶涂料在微观上都是多相体系，乳胶涂料在表面活性剂的帮助下，树脂以乳液颗粒形式分散在水中；水稀释性涂料是树脂先溶于有机溶剂中，再加水分散，不使用表面活性剂。实际上，水溶性树脂在水中也是不溶的，仅是以更小尺寸的粒子形式分散在水相中。

乳液和水稀释性树脂有时因尺寸接近而难以清晰区分。微乳液聚合技术制备的微乳液粒径为10～100 nm，从制备方法上看属于乳胶涂料，但按粒子尺寸又应该属于水稀释性涂料。

本书所介绍的水性丙烯酸树脂涂料基本属于乳胶涂料类。

1.1.5 涂料的涂装

涂料作为产品在市场上销售，但对于终端用户而言，涂料实际上是半成品，用户最终需要的不是涂料本身，而是涂料固化后形成的涂层，只有涂层才有使用价值，才能发挥装饰、保护等作用。这就涉及将液体涂料变成固体涂层的作业过程，即所谓涂料的涂装。换言之，涂装就是将涂料涂布于被涂物表面，形成连续完整涂膜的过程。这个过程一般由以下三个基本工序有机组成：

（1）涂装前基面处理：也就是被涂物表面的预处理，目的是去除被涂物表面的污染物，包括表面打毛和表面清洁，确保涂料和被涂物之间黏结牢固。

（2）涂料的涂布：根据涂料和被涂物的性质，选择适合的施工工艺将涂料均匀涂布于被涂物表面，涂布的质量直接影响涂层的质量。

（3）涂层的干燥：即涂层的固化，在适合的温湿度等条件下将湿膜干燥固化成连续完整的干涂层。

其实涂料的涂装在涂料行业处于核心地位，“三分涂料，七分施工”便是很经典到位的总结。涂装就好比足球比赛的临门一脚，再好的球场、再好的后卫，没有临门一脚的技术总归是赢不了比赛的。同理，再好的涂料、再好的基础，没有过硬的涂装技术也得不到高质量的涂层。

1.1.6 涂料的发展趋势

涂料的发展在经历18世纪以前早期的天然成膜物质涂料的使用阶段、18世纪涂料工业形成阶段后，19世纪中期随着合成树脂的出现，涂料的成膜物质发生革命性的变化和跨越，合成树脂涂料走上历史舞台。尤其是第二次世界大战结束后，合成树脂涂料发展迅猛，20世纪40年代诞生了环氧树脂，用途广泛的聚氨酯涂料在50年代投入工业化生产，50—60年代开发的聚醋酸乙烯酯乳胶和丙烯酸酯乳胶涂料都已成为建筑涂料使用量最大的品种。

20世纪70年代以来，由于石油危机的冲击，涂料工业向节省资源、能源，减少污染，有利于生态平衡和提高经济效益的方向发展。20世纪90年代起，传统涂料大量使用有机溶剂造成的环境污染和毒性问题越来越受到世界各国的重视，各国相继出台相关法律法规，对涂料的环保性提出了更为严格的要求。20世纪60年代开始，各国相继制定法规限制挥发性有机化合物（volatile organic compound，VOC）的排放量。例如，1966年加利福尼亚州制定了著名的“66法规”（Rule 66），曾一度对美国涂料行业造成巨大的冲击；1990年美国环保署颁布了大气清净法（CAA_90），对189种溶剂限制了排放标准，其中包括甲醇、乙醇、甲苯、二甲苯等常用的涂料溶剂；1992年国际组织签订了国际议定书（UNEP），主要针对大气污染的防治及各国VOC的消减计划；欧盟各国和日本也都出台了相关的法律法规。

未来涂料的发展势必要将“3E”[环境（environment）、能源（energy）、经济（economy）] 纳入考虑范畴，即要降低对生态环境的影响、减少二氧化碳排放，降低涂料成本。目前涂料产业的主要趋势就是围绕环境问题、减少VOC排放、降低能源消耗、提高产能和性能这四个要素，向着绿色环保涂料的方向发展。在可预见的未来，水性涂料、粉末涂料、高固体分涂料和辐射固化涂料等绿色环境友好型涂料将是发展的方向。尤其是水性涂料由于适用范围广、施工环节也不需要专用的特殊施工设备和工具，必将成为环境友好型涂料的主导产品。目前建筑涂料的品种主要就是乳胶涂料，且建筑涂料的产量占到涂料总产量的45%～50%，虽然工业涂料的水性化程度比较低，发展比较缓慢，故市场广阔，前景可期。

1.2 聚合物基础知识简介

1.2.1 聚合物的特点

聚合物也称为高分子，但有时高分子可指一个大分子，而聚合物则指许多大分子的聚集体，其相对分子量高达 10^4～10^6。高分子化合物的主要特征是它的分子由许多相同的结构单元通过共价键重复连接而成。例如，聚氯乙烯由氯乙烯结构单元重复连接而成：

$$—CH_2\underset{\displaystyle Cl}{\underset{|}{C}}H—CH_2\underset{\displaystyle Cl}{\underset{|}{C}}H—CH_2\underset{\displaystyle Cl}{\underset{|}{C}}H—CH_2\underset{\displaystyle Cl}{\underset{|}{C}}H—$$

聚氯乙烯是由一种重复单元组成，也有一些高分子化合物是由两种或两种以上重复单元组成。一条高分子链所包含的重复单元的个数称为聚合度，用 *DP* 表示。

合成聚合物的化合物称作单体。单体性质活泼，一般属于可燃性化合物，有微毒至中等毒性，分子量小，因强度不够而没有使用价值。单体只有通过聚合反应才能变成大分子的结构单元。性质稳定、分子量更大的聚合物才有作为材料使用的可能。

大分子链上重复出现的组成结构相同的最小基本单元称为链节，如—$CH_2C(Cl)H$—就是聚氯乙烯的链节。

大分子链中某一个链节发生内旋转时会影响到距它较近的链节，使它们随之一起运动，这些相互影响的链节的集合体被称作链段（segment）。

链节是聚合物最小的结构单元，链段是聚合物最小的运动单元。

同高分子主链连接但分布在主链旁侧的化学基团称为侧基，侧基的不同直接影响高分子材料的性质，如聚苯乙烯的主链全部由碳原子组成，而侧基是芳香基。主链上的侧枝为支链，又称为侧链，分为长支链和短支链，支链对聚合物的化学、物理、力学性能都有很大影响，分支点易受化学攻击、氧化和热降解。短支链含有两三个结构单元，它使高分子链的规整度降低，不易结晶，对固态性能有影响，但对聚合物溶液性质影响不大；长支链可以和高分子主链同样长，它对聚合物溶液和熔体性能有影响，对结晶性影响不大。与线型聚合物相比，含支链的聚合物的密度、强度和刚度较低。

由一种单体聚合而成的聚合物称为均聚物，如聚乙烯；由两种以上单体共聚而成的聚合物称为共聚物，如丁二烯－苯乙烯共聚物。

聚合物主要是作为材料来使用的，重要的是它们的物理力学性能而不是它们的化学性能（当然，某些功能高聚物除外），这一点与小分子有机化合物主要利用它们的化学性能不同。高聚物的分子结构与其性能的关系密不可分，不同的高聚物有不同的分子结构，自然会显示出不同的材料性能。例如，改变丙烯酸酯共聚物上的酯基，可以很大程度上改变聚合物的性能。

对材料的物理力学性能有重要影响的还有聚合物的分子量。乙醇、苯等小分子具有固定的分子量，但聚合物往往由分子量不等的同系物混合而成，其分子量存在一定的分布，通常所说的聚合物分子量是指平均分子量。平均分子量相同，其分布可能不同，因为同分子量部分所占的百分比不一定相等。分子量分布也是影响聚合物性能的重要因素，低分子量部分过多将使聚合物固化温度和强度降低，分子量过高又会使塑化成型困难。

高分子材料是由以脂肪族和芳香族的 C—C 共价键为基本结构的高分子构成的，也称为有机材料，其热稳定性差，容易燃烧，原因是碳和氢容易与氧结合而生成能量较低的水和二氧化碳，所以，绝大多数有机物受热容易分解且容易燃烧。

高聚物一般服从“相似相溶”原理。有机化合物一般是弱极性或非极性化合物，对水的亲和力很小，故大多数有机化合物难溶或不溶于水，而易溶于有机溶剂。

对于小分子物质，存在于分子间的范德华力与化学键相比要弱得多（作用能比化学键能小1～2个数量级），但是对于高聚物而言，由于相对分子量大，每一个高分子链与相邻链之间的次价力作用点数目庞大，尽管每个作用点作用能很小，但由于范德华力没有方向性和饱和性，其叠加起来形成的总的作用能要远远超过高分子主链上每一个化学键的键能。这就可以解释为什么拉伸线型高聚物时，往往主链先断，而不是链与链之间先行滑脱。也可以解释为什么高聚物没有气态：由于链间的相互作用力很大，在加热高聚物的过程中，首先被破坏的将是主链上的化学键，而不是链间的相互作用力。正是这种高分子间作用力，使高分子链不易分开，高聚物具有很高的力学强度，而小分子物质则很容易破碎。这是高聚物不同于小分子物质的一个主要特点，也是高聚物作为材料使用的依据。

1.2.2 大分子形状

大分子中结构单元可连接成线型，还可以发展成支链型和交联型（图1－1）。线型聚合物的侧基不能称作支链。

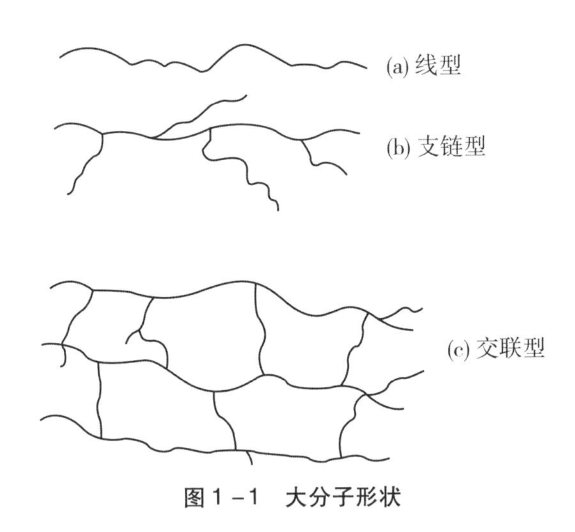

图1－1 大分子形状

形成线型大分子的单体应带有两个官能团；线型或支链型大分子以范德华力聚集成聚合物，可溶于适当溶剂中，加热时可熔融塑化，冷却时则固化成型，称为热塑性聚合物。支链型聚合物不容易结晶，高度支化的聚合物甚至难溶解，只能溶胀。

交联聚合物可以看作许多线型大分子由化学键连接而成的体型结构。交联程度浅的网状结构，受热时可软化，但不熔融，适当的溶剂可使其溶胀，但不溶解；交联程度深的体型结构受热时不再软化，也不易被溶剂所溶胀，而成刚性固体。

简而言之，单体以结构单元的形式通过共价键连接成大分子，大分子再以次价键（范德华力）聚集成聚合物。与共价键（键能为130～630 kJ/mol）相比，分子间的次价键作用力（键能8.4～42 kJ/mol）要弱得多，分子间的距离（0.3～0.5 nm）比分子内原子间的距离（0.11～0.16 nm）也要大得多。但次价键胜在数量庞大且没有饱和性及方向性，最终的叠加效果要远超过共价键的键能。

1.2.3 聚合反应

由低分子单体合成聚合物的反应总称为聚合反应，按照单体－聚合物结构变化划分，基本有三类。

1.2.3.1 官能团间的缩合聚合

缩合聚合简称缩合或缩聚，是官能团单体多次缩合成聚合物的反应。其特点是在形成缩聚物外，一般还有小分子副产物产生，如水、醇、氨或氯化氢等，也就是说，缩聚物的结构单元要比单体少若干原子。

1.2.3.2 双键的加成聚合

烯类单体的π键断裂后加成聚合起来的反应产物称作加聚物。其特点是结构单元的元素组成与其单体相同，仅仅是电子结构有所变化，故加聚物的分子量是单体分子量的整数倍。单烯类聚合物为饱和聚合物，而双烯类聚合物大分子中留有双键，可进一步反应。

1.2.3.3 环状单体的开环聚合

环状单体σ键断裂后聚合成线型聚合物的反应称作开环反应。

1.2.4 聚合机理

若按聚合机理分类的话，聚合反应又可分成逐步聚合和链式聚合两大类。多数缩聚和加聚反应属于逐步聚合，其特征是低分子转变成高分子是缓慢逐步进行的。两个单体分子反应形成二聚体，二聚体与单体分子形成三聚体，二聚体相互反应则成四聚体。在逐步聚合过程中，体系由单体和分子量递增的系列中间产物组成。多数烯类单体的加聚反应属于链式聚合。链式聚合从活性种开始，活性种可以是自由基、阴离子、阳离子，因此就有自由基聚合、阴离子聚合和阳离子聚合。链式聚合历程由链引发、链增长、链终止等基元反应组成，链引发指活性种的形成，活性种与单体加成使链迅速增长，活性种的破坏就是链终止。

1.2.5 聚合方法

聚合反应需要通过一定的聚合方法来实现。聚合反应主要有本体聚合、溶液聚合、悬浮聚合和乳液聚合，前两者为均相体系，后两者为非均相体系。在丙烯酸运动场地面材料中所使用的丙烯酸树脂乳液几乎都是阴离子型乳液聚合类。简单地说，乳液聚合就是将单体在水中分散成乳液状态的聚合，基本的配方由单体、水、水溶性引发剂和水溶性乳化剂组成。传统乳液聚合中常用的乳化剂属于阴离子型，而阴离子乳化剂在碱性环境中比较稳定，所以乳液聚合所得的树脂乳液产品呈弱碱性，以这种乳液为成膜物质生产的涂料也是弱碱性的。

乳液聚合是在聚合体系机械稳定性的情况下，在乳液液滴中进行的化学反应。聚合过程会放出大量的聚合反应热，以水作为聚合介质，容易控制体系温度。为了形成机械稳定的乳液体系，除了单体和去离子水，体系中还需包括稳定剂、引发剂、缓冲剂、分子量调节剂和中和剂。

对于大多数乳液聚合体系，稳定剂的选择非常重要。常用的稳定剂有表面活性剂和保护胶体等。在乳液聚合中使用的表面活性剂又称为乳化剂。一般是将阴离子型乳化剂和非离子型乳化剂结合在一起用，阴离子型乳化剂可在乳液颗粒外层形成双电层，以静电斥力阻止粒子聚集，为乳液提供机械稳定性；非离子型乳化剂则以静电屏蔽作用使颗粒分散稳定化，且不受 pH 影响，为乳液提供化学稳定性。

表面活性剂在乳液聚合的各阶段及对聚合完成后得到的乳液体系都非常重要。在聚合开始阶段，表面活性剂促进形成乳液颗粒；聚合过程中，赋予乳液颗粒分散稳定性；聚合完成后，保持乳液体系的储存稳定性。表面活性剂的类型、用量、纯度和配比等都对乳液的稳定性、粒径、黏度、凝胶量、润湿性等性能产生影响。

用阴离子型乳化剂的乳液体系，粒径较小，然而易起泡沫；非离子型乳液体系对 pH 的变化不敏感，表现较稳定。

当表面活性剂用量不足，亲水亲油平衡值（hydrophile-lipophile balance value，HLB）和电荷不合适时，乳液体系易形成凝块。当聚合体系不含乳化剂时，经常加入保护胶体。保护胶体的功能是增强体系的稳定性和提高体系的黏度。

顺带说一句，以阳离子型表面活性剂为乳化剂生产的乳液很少，这是因为阳离子表面活性剂中存在反应性氨基和亚氨基，它们会对聚合产生阻聚作用。如含有醋酸乙烯酯单体的聚合体系，由于醋酸乙烯酯容易水解形成乙醛，乙醛和氨基反应生成氮的衍生物，从而形成稳定自由基，对反应产生阻聚作用。当以硫酸盐、过氧化物引发聚合时，除大部分四元胺类表面活性剂外，其他阳离子表面活性剂能与引发剂反应，从而导致引发剂有效成分损失并引起胺类表面活性剂的分解。

1.2.6 聚合物的分类

从有机化学和高分子化学角度考虑，按主链结构将聚合物分为碳链聚合物、杂链聚合物和元素有机聚合物。

碳链聚合物的大分子主链完全由碳原子组成，绝大部分烯类和二烯类的加成聚合物属于此类。

杂链聚合物大分子主链中除了碳原子，还有氧、氮、硫等杂原子，这类聚合物的主链中都留有特征基团，如醚键（—O—）、酯键（—OCO—）、酰胺键（—NHCO—）等。

元素有机聚合物属于半有机高分子，主链中没有碳原子，主要由硅、硼、铝和氧、氮、硫、磷等杂原子组成，但侧基多半是有机基团，如甲基、乙基、乙烯基、苯基。聚硅氧烷是典型的代表。

1.2.7 高聚物的力学三态

聚合物凝聚态粗分为非晶态（无定形态）和晶态两类，许多聚合物处于非晶态，有些部分结晶或高度结晶，但结晶度很少达到100%。

非晶态高聚物表现出力学性能不同的三种状态，分别为玻璃态、高弹态和黏流态，它们之间的区别主要是变形能力不同，故称为三种力学状态。力学状态不是热力学状态。当物质从一种相态转变为另一种相态时，其热力学函数要发生突变，那是热力学状态之间的相变。而高聚物的力学三态之间的转变并非热力学上的相变，因为三种力学状态都属于一种相态——液态，而不是我们想象中的固态。

我们平时谈论到物质的三种表现，即固态、液态和气态，是常见的物质凝聚态。但对高分子聚合物来说，没有气态，这一点前面已经在范德华力的介绍中解释过了。聚合物存在晶态和非晶态（无定形）两种相态，非晶态在热力学上可视为液态。

液体冷却固化时有两种转变过程：一种是分子做规则排列形成晶体，这是相变过程；另一种是液体冷却，分子来不及做规则排列时体系黏度已变得很大（如10^{12} Pa·s），冻结成无定形状态的固体，这种状态又称为玻璃态或过冷液体，此转变过程称作玻璃化过程。玻璃化过程中，热力学性质无突变现象而有渐变区，取其折中温度，称为玻璃化转变温度（T_g）。

非晶态聚合物在玻璃化转变温度以下时处于玻璃态。玻璃态聚合物受热时，经高弹态最后转变成黏流态（图1-2）。玻璃态、高弹态和黏流态这三种状态称为力学三态。在这三种状态下，聚合物表现出完全不同的物理性质。

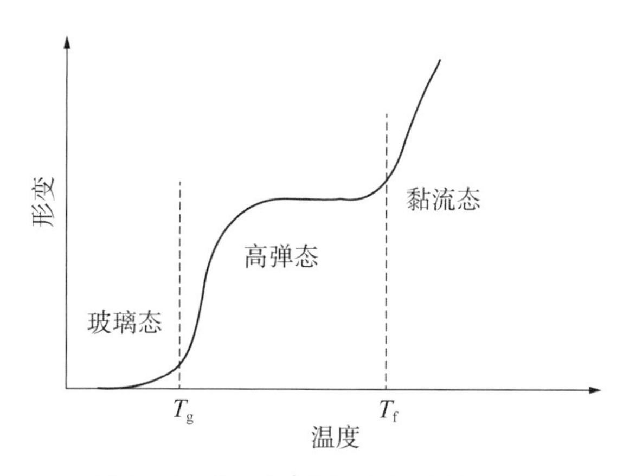

图1-2 非晶态高聚物的温度变性曲线

玻璃态时，聚合物一般处于温度较低的状态，链段的运动处于“冻结”状态。当温度接近玻璃化转变温度并持续上升时，进入玻璃态转变区，在此温度范围内，链段运动已经开始"解冻"，大分子链构象开始改变，进行伸缩，具有坚韧的力学特性。

从分子运动角度来看，非晶态高聚物随温度变化出现的三种力学状态与内部分子在不同温度下处于不同运动状态密切相关。这是高聚物的特点，即一种高聚物结构不变，只是由于分子运动的情况不同，就可以表现出非常不同的性质。

在玻璃态下，由于温度低，分子运动的能量较低，不足以克服主链内旋转的位垒，因此链段的运动不能被激发，链段处于冻结的状态，只有那些活化能较低的较小单元能运动，此时高聚物的力学性质和小分子玻璃差不多，比较坚硬，受力后变形量很小。随着温度升高，分子热运动能量逐渐增加，当达到玻璃化转变温度时，已足以克服内旋转的位垒，几十个相邻单键内旋转的协同运动被激发，链段开始运动来改变链的构象，高聚物因此进入高弹态。受力时高分子链可以通过主链上单键的内旋转从蜷曲状态逐渐伸展开（只需将部分旁式构象转变为反式构象），产生大变形，外力除去后又自发地恢复到蜷曲状态。温度继续升高，整链的运动被激发，在外力作用下，链与链之间相互滑动，高聚物进入黏流态，受力时将产生不可逆变形。

1.2.8 玻璃化转变温度

玻璃化转变温度是非晶体聚合物从高弹态向玻璃态转变的温度。玻璃化过程中，热力学性质无突变现象，而是有渐变区。渐变区对温度敏感，温度范围为 3 ～5 ℃，取其折中温度，这便是玻璃化转变温度。非晶体聚合物在玻璃化转变温度以下时处于玻璃态。玻璃态聚合物受热，经高弹态最后转变成黏流态。当处在玻璃态时，由于温度低，链段的热运动不足以克服内旋转位垒，故链段的运动处于"冻结"状态，只有侧基、链节、键长、键角等局部运动。在力学上表现为模量高和变形小，具有胡克弹性行为，质硬而脆。

当高聚物冷却时，自由体积逐渐减少，到玻璃化转变温度时，自由体积达到最小值，为2.5%，这时高聚物进入玻璃态。在玻璃态下，自由体积被冻结，并保持恒值，分子链段运动也被冻结，没有足够的空间进行分子链扩散和构象调整。因此，高聚物的玻璃态可视为等自由体积状态。

常见丙烯酸酯聚合物的玻璃化转变温度见表 1－1。

表 1－1　常见（甲基）丙烯酸酯均聚物的玻璃化转变温度

均聚物	T_g/℃	均聚物	T_g/℃
聚甲基丙烯酸甲酯	105	聚甲基丙烯酸	130
聚甲基丙烯酸叔丁酯	104	聚丙烯腈	125
聚甲基丙烯酸异丙酯	81	聚丙烯酸	106
聚甲基丙烯酸乙酯	65	聚丙烯酸叔丁酯	41
聚甲基丙烯酸异丁酯	53	聚丙烯酸十二烷基酯	16
聚甲基丙烯酸十八烷基酯	38	聚丙烯酸甲酯	6

续表 1－1

均聚物	T_g/℃	均聚物	T_g/℃
聚甲基丙烯酸酯正丙酯	33	聚丙烯酸异丙酯	－5
聚甲基丙烯酸正丁酯	22	聚丙烯酸乙酯	－24
聚甲基丙烯酸正戊酯	10	聚丙烯酸正丙酯	－52
聚甲基丙烯酸正己酯	－5	聚丙烯酸正丁酯	－56
聚甲基丙烯酸正辛酯	－20	聚丙烯酸十四烷基酯	20
聚甲基丙烯酸月桂酯	－65	聚丙烯酸环己酯	16

1.2.9 自由体积

无定形材料的体积由两部分组成，一部分是被分子占据的体积，称为已占体积（V_0）；另一部分是未被分子占据的体积，称为自由体积（V_f）。当高聚物冷却时，自由体积逐渐减小，到玻璃化转变温度时，自由体积达到最小值，为2.5%，此时高聚物进入玻璃态。在玻璃态下，自由体积被冻结并保持恒值，高分子的链段运动亦被冻结，这时没有足够的空间进行分子链的扩散和构象调整，因此高聚物的玻璃态可视为“等自由体积状态”。图1－3以比容（单位质量的体积）对温度作图，斜线部分即为自由体积。在玻璃态下，加热高聚物时，随着温度升高，分子已占体积膨胀，但自由体积没有膨胀。温度达到玻璃化转变温度后，两部分体积同时膨胀，高分子聚合物的链段获得足够的动能和必要的自由空间进行扩散和构象调整。因此，玻璃化转变温度也可以定义为“高聚物温度膨胀（或收缩）系数改变点”。只有当温度高于玻璃化转变温度时，自由体积才超过2.5%，其大小取决于温差（$T-T_g$）和体积膨胀系数。

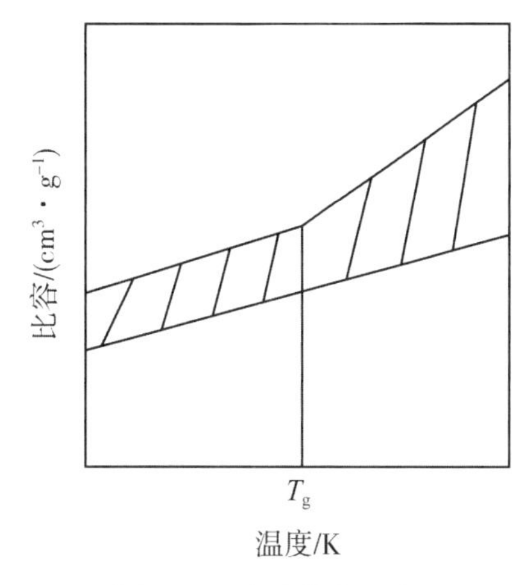

图1－3 自由体积示意

1.2.10 聚合物的柔性

大多数高分子主链由σ电子云的C—C单键组成，由于它的对称性，第一个C可以相对于第二个C绕轴旋转，这就是分子的内旋转（图1－4）。若不考虑取代基对这种旋转的阻碍作用，即假定旋转过程中不发生能量变化，则称为自由内旋转。

一个C—C单键中两个碳原子上的原子或基团呈反式、左旁式和右旁式3种构象时位能最低，构象最稳定，这3种构象的分子称为内旋转异构体。一个由1000个C—C单键组成的高分子主链就可能有1.3×10^{477}（3^{1000}）个不同的内旋转异构体，数目庞大。由于分子热运动，分子的构象在时刻改变着，因此高分子链的构象是统计性的。不受外

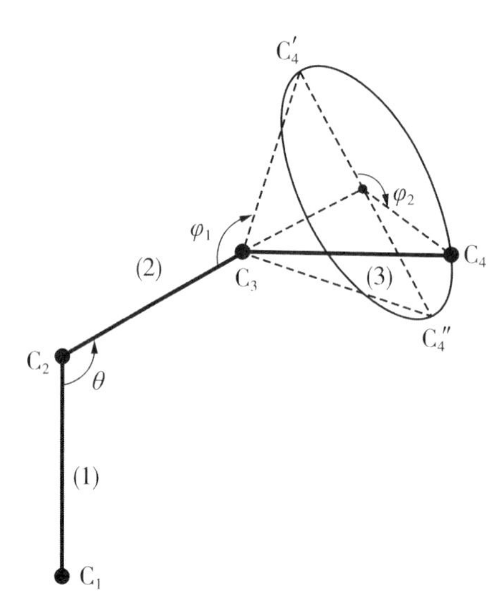

图 1-4　碳链中 C—C 键的内旋转

力作用的孤立分子链呈伸直构象的概率极小，而呈蜷曲构象的概率极大，这使构象熵达极大。高分子链以不同程度蜷曲的特性称为柔性，高分子链的柔性在力学性能上的突出表现就是高聚物独有的高弹性。内旋转越自由，蜷曲的程度越大。外力作用时，链尺寸发生很大的变化，而链尺寸的变化只是通过改变链的构象来实现，即由蜷曲形态通过主链内旋转逐渐伸展开，构象熵减少了，体系必然同时产生恢复力对抗熵的减少。与键力不同的是，此时是熵力，所需克服的仅仅是内旋转位垒，比键力要弱得多，而变形量相对于普弹变形要大得多，且容易实现。可以看到，高弹变形时，原子间距离并没有受到影响，并不需要外力对键力做功，内能几乎不变。因此，在外力作用下，内能增加或熵减小均可以导致体系自由能的增加，前者反映一般固体的普弹性，本质是能致变形，后者则是高聚物的高弹性，本质是熵致变形。

实际上，内旋转也不是完全自由的，其难易程度取决于内旋转位垒的大小，凡使内旋转位垒增加的因素都使柔性减小。内旋转位垒首先与主链结构有关，键长越长，相邻非键合原子或原子基团的距离就越大，内旋转位垒就小，链的柔性就大。取代基的极性、位置和体积也影响大分子链柔性，一般来说，取代基极性越强、体积越大，内旋转位垒越大，大分子链的柔性就越小。

由于高分子链中单键旋转时相互牵制，一个键的转动肯定要带动附近一段链一起运动，这就组成了高分子上能够独立运动的最小单元——链段。链段越小，表明高分子链越柔顺。链段之间是自由联结的，链段的运动是通过单键的内旋转来实现的，甚至高分子链的整链移动也是通过各链段的协同移动来实现的。整个大分子链可看作由若干个链段组成，链段的运动是相对独立的，因此，在分子内旋转的作用下，大分子链具有很大的柔曲性。

1.2.11 常见的化学基团

1.2.11.1 羟基

羟基又称为氢氧基，符号为—OH，是一种极为常见的极性基团，其吸收峰为波长230 nm 的光，因地球大气中臭氧、水汽和其他大气分子的强烈吸收，波长低于295 nm 的太阳光不能到达地面，因此羟基有很好的稳定性。

在有机物中，简单烃基后面跟着羟基的称为醇，如乙醇 CH_3CH_2OH，而糖类为多羟基的醛或酮，羟基直接连在苯环上称为酚。

羟基和氢氧根是不同的，如 $Ca(OH)_2$ 中含有氢氧根，即 OH^-，羟基是官能团，其水溶液呈酸性，氢氧根为离子，其水溶液呈碱性。

1.2.11.2 酯基

酯基是一种官能团，符号为—COOR，在羧酸衍生物中，酯的官能团中的 R 一般为烷基等其他非 H 基团，若 R 为 H（氢原子），则为羧酸。在有酸或碱的条件下，酯基能发生水解反应生成相应的酸和醇。酯基的主要反应就是水解反应，故酯基的耐水性较差。这就是聚氨酯跑道、球场材料多使用聚醚型多元醇而不使用聚酯型多元醇的原因。

1.2.11.3 羧基

羧基是有机化学中的基本官能团，符号为—COOH。醋酸（CH_3—COOH）、氨基酸都含有羧基，这些含有羧基的化合物就叫作羧酸。

羧基从构成上看是由羰基和羟基组成的一价原子团，羧基中的羰基在羟基的影响下变得很不活泼，故羧基难以被还原成醛基。

羧基会与羟基发生酯化反应：

$$—COOH + —OH \rightarrow —COO— + H_2O$$

平常家中做菜，尤其是腥味较大的鱼时，最后时刻都会加点白酒（乙醇含羟基）和醋（醋酸含羧基），两者反应能够生成具有一定香味的酯类物质覆盖腥味。

1.2.11.4 羰基

羰基是由碳和氧两种原子通过双键连接而成的有机官能团（C ═ O），是醛、酮、羧酸和羧酸衍生物等的组成部分。

1.2.11.5 醛基

醛基的化学式为—CHO，是羰基中的一个共价键跟氢原子相连而组成的一价原子团，是亲水基团。醛具有很高的反应活性，参与众多反应，大多为缩合反应。

1.2.11.6 环氧基

环氧基为具有—CH(O)CH—结构的官能团，反应性强，含有这种三元环的化合物统称为环氧化合物（epoxide）。环氧基开环聚合合成或与其他化合物加成反应后，分子链增长。

环氧树脂是一个分子含有 2 个以上环氧基，并在适当的化学试剂存在下能形成三维网络状固化物的化合物的总称。

1.2.11.7 异氰酸酯

异氰酸酯的结构式为—N ═ C ═ O，其化学性质非常活泼，基团中氧原子电负性大，是亲核中心，可以吸引含活泼氢的化合物分子上的氢原子而生成羟基，但不饱和碳原子上的羟基不稳定，重排成为氨基甲酸酯或脲。可以和异氰酸酯发生反应的含活泼氢的化合物有醇、水、胺（氨）、醇胺、酚、硫醇、羧酸、脲等。

1.2.11.8 氨基

氨基由 1 个氮原子和 2 个氢原子构成，活性大，易被氧化，化学式为—NH_2，是有机化学中的基本碱基，大多数含有氨基的有机化合物都有一定的碱的特性。

1.2.11.9 酰胺基

酰胺基为羧酸中羟基被氨基（或胺基）取代而生成的化合物，也可看作氨（或胺）中氢被酰基取代的衍生物。酰胺一般是接近中性的化合物，但在一定条件下可表现出弱酸或弱碱性。酰胺在通常情况下较难水解，在酸和碱的存在下加热则可加速反应，但比羧酸酯的水解慢得多。*N* 取代酰胺同样可以进行水解，产生羧酸和胺。

蛋白质是以酰胺键（或称肽键）相连的天然高分子化合物，哺乳动物体内蛋白质代谢的最终产物就是碳酸的二酰胺（H_2NCONH_2，即尿素）。

酰胺在强酸强碱存在下长时间加热，可以水解成羧酸和氨（或胺）。

在运动场地面铺装工程中，底料采用苯丙乳液加水泥加石英砂现场搅拌调配的，搅拌过程中会有一股氨臭味，实际上就是水泥水化产生强碱环境，使含有酰胺基的乳液遇碱反应生成氨气，往往温度越高时臭味越重。

1.3 聚丙烯酸酯树脂乳液基本介绍

高分子材料成千上万，为何恰恰是丙烯酸会成为运动场地面铺装材料的主流产品呢？这就要从丙烯酸的分子结构谈起。

首先要说明一下，丙烯酸树脂实际上应该称为聚丙烯酸酯树脂，因其基本以乳液形式出现，应被称为聚丙烯酸酯树脂乳液，但这个名称太长，就直接被简称为丙烯酸乳液，甚至在行业内就叫乳液。事实上，丙烯酸乳液是个集体名词，里面包含好多种产品。打个比方，手机这个概念并不是特指某样具体的实物，而是可以用来指称众多品牌众多款手机的一个集体名词。聚丙烯酸酯树脂也是一样，由于酯基的不同，就会形成具有不同特点特性的丙烯酸酯树脂。我们可以把丙烯酸比作一个人，把酯基比作不同的工具，譬如锄头、笔、枪等，一个人拿了锄头就能耕地，拿了笔可以写文章，拿了枪可以上战场……可见配备了不同的工具后一个人就会具有不同的能力和作用。同理，正是酯基的不同赋予了聚丙烯酸酯树脂完全不同的特点和性质。丙烯酸地面材料系统是一个多层结构系统，每层结构具有不同的功能和作用，在设计产品配方时就需要找到能满足这些功能和作用的聚丙烯酸酯树脂来配合。所以，千万不要以为所有的丙烯酸涂料产品都是由一种聚丙烯酸树脂制作的。

顺便再强调一句，我们平常所说的“丙烯酸”是“聚丙烯酸酯涂料”的一种口头上的简称，它和真实名称叫丙烯酸的物质是完全不同的，丙烯酸是聚丙烯酸酯树脂合成中不可或缺的一种单体。所以要明白，在涂料行业，为了表达方便简单，我们实际上是用了“丙烯酸”的名号，将其作为聚丙烯酸酯涂料的简称。

1.3.1　丙烯酸酯单体简介

1.3.1.1　丙烯酸酯单体定义

丙烯酸酯单体包括丙烯酸、甲基丙烯酸或其衍生物（酯类、腈类、酰胺类）及其他烯属单体。

丙烯酸酯和甲基丙烯酸酯的分子结构如下：

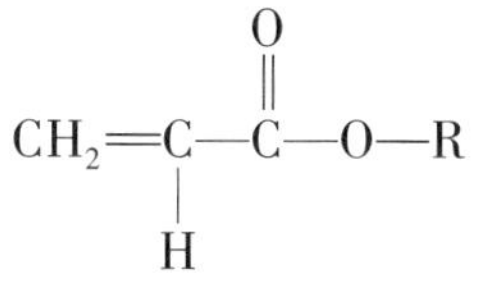

$$CH_2{=}C(H){-}C({=}O){-}O{-}R$$

丙烯酸酯

$$CH_2{=}C(CH_3){-}C({=}O){-}O{-}R$$

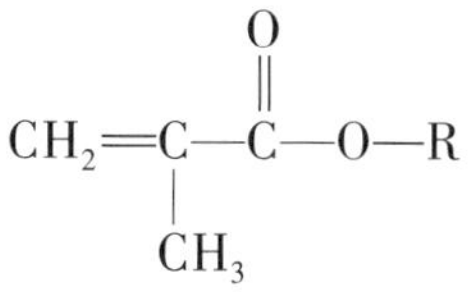

甲基丙烯酸酯

其中，R 为 H 或 1～18 个碳原子的烷基，也可以是带各种官能团的烷基，它们统称为丙烯酸酯单体。上述丙烯酸酯和甲基丙烯酸酯在结构上的不同，在于后者在 α 位置是甲基（CH_3），前者是氢（H），甲基是弱供电子基团，可使相邻酯基更稳定，故甲基丙烯酸酯比丙烯酸酯有更好的耐光老化性。同时，因为 α 位甲基影响主链的旋转，所以，一般甲基丙烯酸酯聚合物比丙烯酸酯聚合物更硬。

丙烯酸酯单体中的双键经聚合反应生成聚丙烯酸树脂。聚丙烯酸树脂的主链为碳-碳链，有很强的光、热和化学稳定性，所以用聚丙烯酸树脂生产出的涂料具有很好的耐候性、耐污染性、耐酸性、耐碱性等性能。聚丙烯酸酯涂料还具有优异的施工性能，酯基的存在可防止聚丙烯酸酯涂料结晶，多变的酯基还能改善在不同介质中的溶解性，与各种涂料用树脂的配伍性和混溶性使涂料有良好的耐久性和相对的丰满度。

实际上，用于运动场地面铺装只是聚丙烯酸树脂广泛用途中的一个领域。凡是需要优良耐候性的场合，均可考虑采用聚丙烯酸酯涂料，如汽车面漆、建筑内外墙涂料、建筑防水材料等。这些不同场合下使用的涂料肯定有各自不同的特殊性能要求，这就要具有相应性能的具不同酯基的聚丙烯酸树脂来配合实现。

丙烯酸酯单体上的酯基由丙烯酸上的羧基与各种脂肪醇酯化得到，随着醇结构的变化，合成不同链长和结构酯基的丙烯酸酯单体，可以制备性能各异的涂料，满足各种需求。

聚丙烯酸酯涂料依据成膜的特点还可以分为热塑性涂料和热固性涂料。丙烯酸运动场地面材料基本属于热塑性涂料。热塑性涂料中，通过调节丙烯酸酯与甲基丙烯酸酯单体的比例，可改变丙烯酸酯共聚物主链的柔性或刚性。

丙烯酸单体品种众多，其中，丙烯酸甲酯（MA）、丙烯酸乙酯（EA）、丙烯酸正丁酯（BA）和丙烯酸辛酯（2-EHA）四大单体为通用丙烯酸酯，是全球丙烯酸酯工业化生产规模最大的支柱性产品，产量占丙烯酸酯总产量的95%。

1.3.1.2 丙烯酸单体的物理性质

表1－2为一些常用的丙烯酸酯单体的物理性质。

表1－2 丙烯酸酯单体的物理性质

单体名称	相对分子量	沸点/℃	相对密度（d^{25}）	折射率（n_D^{25}）	溶解度（25 ℃）/（份/100份水）	玻璃化转变温度/℃
丙烯酸（AA）	72	141.6	1.051	1.4185	∞	106
丙烯酸甲酯（MA）	86	80.5	0.9574	1.401	5	8
丙烯酸乙酯（EA）	100	100	0.917	1.404	1.5	－22
丙烯酸正丁酯（n-BA）	128	147	0.894	1.416	0.15	－55
丙烯酸异丁酯（i-BA）	128	62	0.884	1.412	0.2	－17
丙烯酸正丙酯（PA）	114	114	0.904	1.4100	1.5	－25
丙烯酸环己酯（CHA）	154	75	0.9766	1.460	—	16
甲基丙烯酸（MAA）	86	163	1.015	1.4185	∞	130
甲基丙烯酸甲酯（MMA）	100	100	0.940	1.412	1.59	105
甲基丙烯酸乙酯	114	160	0.911	1.4115	0.08	65
甲基丙烯酸月桂酯（LMA）	254	160	0872	1.440	0.09	－65

续表1-2

单体名称	相对分子量	沸点/℃	相对密度(d^{25})	折射率(n_D^{25})	溶解度(25 ℃)/(份/100份水)	玻璃化转变温度/℃
苯乙烯	104	145.2	0.901	1.5441	0.03	100
丙烯腈	53	77.4～79	0.806	1.3888	7.35	125

从表1-2的数据中不难看出，不同酯基的丙烯酸酯单体在折射率上基本没有变化，而在玻璃化转变温度上却相差甚远。苯乙烯并不是丙烯酸酯类，但其综合性质比较接近甲基丙烯酸酯类单体，且价格较甲基丙烯酸酯要便宜，很多时候被用来在乳液中取代甲基丙烯酸酯而和丙烯酸酯共混，即苯丙乳液。但苯乙烯耐候性较差，长期使用受紫外光作用会发生黄变。

1.3.1.3 常见丙烯酸酯单体的功能

丙烯酸酯单体物理性质的不同赋予其不同的物理功能，在聚合物中扮演不同的角色、承担不同的功能。表1-3是常见丙烯酸酯单体在聚合物中的作用。

表1-3 常见丙烯酸酯单体在聚合物中的作用

单体名称	在聚合物中的作用
甲基丙烯酸甲酯、甲基丙烯酸乙酯、苯乙烯、丙烯腈	提高硬度，属于硬单体
丙烯酸与甲基丙烯酸的低级烷基酯、苯乙烯	抗污染性
甲基丙烯酸甲酯、苯乙烯、甲基丙烯酸月桂酯	耐水性
丙烯酸乙酯、丙烯酸正丁酯、甲基丙烯酸丁酯	保光、保色性
丙烯酸正丁酯、丙烯酸乙酯	柔韧性，属于软单体
丙烯酸乙酯、丙烯酸丁酯、丙烯酰胺、丙烯酸羟乙酯、丙烯酸羟丙酯	附着力
甲基丙烯酸甲酯、甲基丙烯酸月桂酯、苯乙烯	耐水性
丙烯腈、甲基丙烯酸、甲基丙烯酸甲酯、甲基丙烯酸丁酯	耐溶剂性能
丙烯腈、*N*-甲基丙烯酰胺	耐磨性
甲基丙烯酸芳香酯	增加光泽
甲基丙烯酸酰胺、丙烯酰胺、羟甲基丙烯酰胺、丙烯酸羟乙酯、甲基丙烯酸缩水甘油酯、丙烯酸、甲基丙烯酸	功能性单体，提高硬度、附着力、耐水性、耐油性和涂膜强度

1.3.2 丙烯酸乳液

丙烯酸酯单体中含有C═C不饱和双键、羧基及羧基衍生物，可以通过乳液聚合、悬浮聚合、本体聚合、溶液聚合等多种均聚或共聚的方式进行聚合，生成分子量高的聚丙烯酸酯树脂。选用不同结构的单体、助剂、溶剂、配方，以及不同的制备技术和生产工艺，可以合成出不同类型、不同性能、不同用途、结构稳定的丙烯酸乳液。

前面说过，运动场地面材料所使用的丙烯酸乳液几乎都是使用阴离子乳液聚合的。这类聚合反应的一般方式是由引发剂产生一个活性种 R′，然后引发链式聚合。活性种可以是自由基、阴离子等，它进攻单体的双键，使双键打开，形成新的活性中心。这一过程多系重复进行，单体分子逐一加成，使活性链连续增长。在这一情况下，适当的反应可使活性中心消灭，从而使聚合物链停止增长。

为了方便理解，我们可以打个比方：丙烯酸酯单体好比一个人，他平时是张开两只手的（这两只手好比双键），可跳可跑，可转圈也可卧倒，可见性格活泼，动作活跃。假如这时有几十个乃至成百上千个这样的人同时打开双臂，全部人手挽手站成一排，这时再想跳再想跑，再想转圈和卧倒就不是件容易的事了。这么多人手挽手站成一排，就可以理解为单体聚合加成为高分子聚合物，它的性质更加稳定，体量更大，更具强度和力量。推倒一个人容易，推倒这么一排人就不那么容易了。

丙烯酸酯单体聚合成聚丙烯酸酯乳液也是件相当复杂和充满技术含量的事，包括单体的选择、玻璃化转变温度的设计、引发剂的选择、用量及加入方式等，还有温度控制对聚合反应也会产生重要影响。

丙烯酸乳液的粒径一般为 50 ～ 200 nm，呈蓝白色或蓝玉色，粒径越小，蓝光越明显，粒径越粗，越显白色，且其固含量一般不会超过 50% 。

根据乳液聚合时所用单体配方的不同，乳液也表现出不同的成膜性质和物理性能。聚丙烯酸树脂有优异的耐候性，光、热和化学稳定性强，这是因为聚丙烯酸树脂的主链为碳链结构，碳碳单键键能大，稳定性好。聚合物受到太阳光的照射是否引起大分子链的断裂，取决于光能和键能的相对大小。共价键的离解能为 160 ～ 600 kJ/mol，只有光能大于这一数值，才有可能使高分子链断裂。光的能量与波长有关，波长越短，能量越大。我们知道太阳电磁辐射 99.9% 的能量集中在红外区、可见光区和紫外区。在地面上观测到的太阳辐射的波段范围为 295 ～ 2500 nm，短于 295 nm 和长于 2500 nm 波长的太阳辐射，因地球大气中臭氧、水汽和其他大气分子的强烈吸收而不能达到地面（图 1 – 5）。

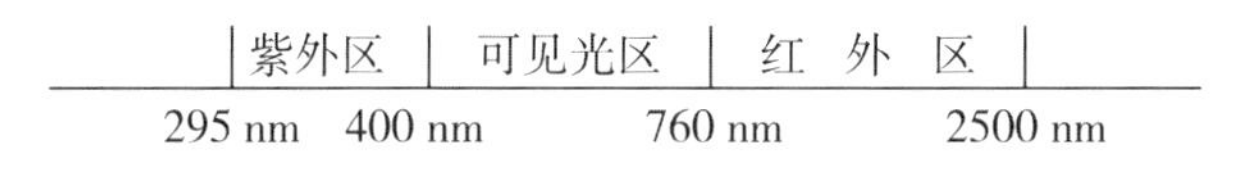

图 1 – 5　地面观测到的太阳辐射波段

照射到地面的近紫外光波长为 300 ～ 400 nm，相当于具备 400 kJ/mol 至 300 kJ/mol 的光能，有可能使高分子的共价键断裂。聚合物往往对特定的波长敏感，不同的基团或共价键有特定的吸收波长范围。丙烯酸乳液中的 C—C 键的吸收波长为 195 nm、230 ～ 250 nm，日光中的这些波长无法到达地面，因此不可能对丙烯酸乳液造成损害。我们常说丙烯酸乳液耐紫外光性能好，但实际上太阳光谱中丙烯酸乳液的吸收峰值波段在传播过程中已经被过滤和吸收掉了。

1.3.2.1 热塑性丙烯酸树脂和热固性丙烯酸树脂

丙烯酸树脂根据结构和成膜机理的不同可分为热塑性丙烯酸树脂和热固性丙烯酸树脂。

（1）热塑性丙烯酸树脂一般为线性高分子聚合物，可以是均聚物，也可以是共聚物，相对分子量较大，重均分子量 M_w 为 80000 ～ 90000，在成膜中不发生进一步交联，可反复受热软化和冷却凝固，具有良好的保光性、保色性、耐水性、耐化学性，干燥快，施工便利。运动场地面材料所用的丙烯酸树脂基本都是热塑性的。

（2）热固性丙烯酸树脂是以丙烯酸酯单体（丙烯酸甲酯、丙烯酸乙酯、丙烯酸正丁酯和甲基丙烯酸甲酯）为基本成分，交联成三维网状结构的不溶不熔的聚合物。这些单体分子量较低，结构中含有剩余官能团，在常温或加热时，官能团之间或与其他体系树脂，如氨基树脂、环氧树脂、聚氨酯等中的活性官能团能够进一步反应，固化形成交联网状结构。交联方式分为两类：①反应交联型，聚合物中的官能团之间不具有交联反应的能力，必须外加环氧树脂、聚氨酯等至少有 2 个官能团的交联树脂，经反应而交联固化，但交联组分加入后不能久储，一般是施工时现场按比例加入，也称为外交联；②自交联型，聚合物链上本身含有 2 种以上有反应能力的官能团（羟基、羧基、酰胺基和羟甲基等），当达到一定温度时，官能团间即可相互反应完成交联。热固性丙烯酸树脂具有良好的丰满度、光泽、硬度、耐溶剂性、耐候性、耐磨性和抗刮伤性，在高温烘烤时不变色、不返黄。其中，自交联型丙烯酸乳液是运动场地面涂料中常用的，但由于其交联密度低，一般也将其视为热塑性树脂使用。

1.3.2.2 丙烯酸乳液的技术指标

1. 聚合物类型

并不是当所有树脂成分都是丙烯酸酯时才能称为丙烯酸乳液，实际上丙烯酸乳液是以丙烯酸酯或甲基丙烯酸酯为主要单体合成的树脂统称，由丙烯酸、甲基丙烯酸或其衍生物（酯类、腈类、酰胺类）及其他烯属单体经聚合而得，这就出现了纯丙乳液、苯丙乳液、叔丙乳液等。

2. 固含量

乳液是树脂乳化增稠后的产物，在这一过程中需要添加不少水，形成的乳液以颗粒状乳胶分散于水中间，乳液的质量中包含大量的水分，实际树脂的质量在乳液总质量中的比例就是我们通常所说的树脂固含量。对于丙烯酸乳液而言，其固含量较低，一般不超过 50%，影响实际固含量的因素包括树脂种类、粒径大小及分布等。

3. pH

运动场地丙烯酸涂料基本都是阴离子型丙烯酸乳液产品，而阴离子型乳液在碱性条件下相对比较稳定，故丙烯酸乳液一般呈弱碱性，pH 为 7.5 ～ 9.5。

4. 最低成膜温度（MFFT 或 MFT）

丙烯酸乳液在形成连续涂膜的过程中，水分挥发、体积收缩，使乳胶粒子形成密堆排列，颗粒紧密堆积过程中产生的毛细管力压缩乳胶颗粒变形融合而形成连续涂膜。可见乳胶颗粒的变形是乳液成膜中很重要的一环。对热塑性丙烯酸树脂而言，温度越低，硬度越大，乳胶颗粒则越难以变形，因此存在一个最低成膜温度，即在低于这个最低成膜温度时，乳液中水分即便挥发，乳胶颗粒仍然是离散状态的，未能融为一体形成连续、完整、均匀的涂膜；而高于这个最低成膜温度，当水分挥发时，乳胶颗粒中的分子则会相互渗透、扩散、变形、聚集形成连续、完整、无微裂缝的涂膜。最低成膜温度的英文为 minimum forming film temperature，取各单词首字母得其简称 MFFT，有时更是直接简称为 MFT。每种乳液都有一个最低成膜温度，这是丙烯酸涂料在配方设计和施工时必须考量的技术参数。运动场要求使用在常温下施工、常温下固化成膜的丙烯酸涂料，故必须选择 MFT 比较低的乳液。但 MFT 太低的话，涂膜的强度不够，耐污性差，无法满足实际使用的需要，所以很多时候都会在选用 MFT 较高的乳液情况下，在配方中添加成膜助剂来降低 MFT。一般而言，成膜助剂用量越大，MFT 下降的幅度也越大，但成膜助剂的用量达到一定程度后，MFT 几乎不再降低。

此外，对水性涂料而言，由于水的存在，MFT 很难降到 0 ℃以下，到 0 ℃附近后加大成膜助剂的用量成膜温度也不会明显下降。

5. 玻璃化转变温度

参见第 1.2.8 小节。

6. 黏度

黏度的英文为 viscosity。液体的黏度是液体在外力（压力、重力、剪切应力）的作用下，分子间相互作用而产生阻碍其分子间运动的能力，即液体对流动的阻力。通常将剪切应力与剪切速率的比值称为动力黏度。在国际单位制中，单位是 Pa·s，与常用单位泊（P）的关系为 1 P = 0.1 Pa·s，1 cP = 1 mPa·s。

若同时考虑黏度和密度的影响，则采用运动黏度，其定义为动力黏度与液体密度之比，其国际单位是 m^2/s。

根据不同的工作条件，涂料有不同的黏度要求，大致可分为三种情况：贮存状态下的黏度（Brookfield 黏度）、涂料搅拌时的黏度（KU 黏度）和涂料施工时黏度（ICI 黏度）。

乳液通俗地说有稠和稀的表观感觉，稀稠和固含量没有对应的关系，由于增稠剂的存在和使用，即便固含量很低的乳液也能表现得很稠，即很高的黏度。乳液的黏度与温度有关，一般和温度成反比。

7. 粒径大小及粒径分布

乳液中聚合物粒子的粒径一般较小，观察乳液外观时，有的呈浑白，有的有微蓝光散射，有的则半透明而呈彩虹色，这是由乳液中高分子聚合物颗粒的粒径大小和粒径分布决定的。乳胶粒以聚集体的形式分散在乳液中，粒径的大小决定着乳液的很多物理性质，如黏度、成膜性质及涂膜性能、渗透性、分散性、着色性等。

粒径的大小不仅影响贮存性能，也影响施工性能和涂膜的最终质量。一般来说，粒径小的乳胶渗透性较好，小粒径还可降低成膜温度，提高涂膜的光泽和机械强度。通常，树脂中含有的亲水基团越多，亲水性越高，形成的乳胶粒径就越小。

8. 单体残存量

存在于乳液中未参加聚合反应的残存单体含量，是衡量乳液质量的重要指标。残留的单体分布在水相和乳胶粒内部，不但对乳液的稳定性有不良影响，而且会使乳液产生特殊的刺激性臭味，对生产和施工人员的健康都会有不良影响。因此，聚合物乳液残存单体含量有明确的标准限值，如规定丙烯酸酯和苯乙烯要控制在0.1%以下。

1.3.2.3 乳液的稳定性及其影响因素

1. 乳液稳定性的本质

乳液体系实际上是一种热力学亚稳状态，乳胶粒能否稳定地分散，取决于两个方面，一是乳胶粒的结构、形态及表面状态；二是乳液所处的条件，如在强烈的机械作用、长期放置、受高低温影响、存储运输或者加入某些不相容的物质等情况下，乳液会出现破乳或凝聚，进而成为不稳定体系。乳液承受外界因素对其破坏的能力就是乳液的稳定性，这种稳定性主要受乳胶粒所受作用力的支配，作用力分为聚结阻力和聚结推动力。

1）聚结阻力

（1）静电力。吸附在乳胶粒表面的离子型乳化剂使乳胶粒带上同种电荷而相互排斥，正是排斥力使乳胶粒稳定地悬浮在乳液体系中。

（2）空间位阻。在乳胶粒表面吸附和接枝的亲水性大分子链向水中伸展，成为乳胶粒间发生碰撞而聚结的空间位阻。

（3）溶剂化作用。非离子型表面活性剂或保护胶体在乳胶粒表面形成具有一定厚度的溶剂化层，它会阻碍乳胶粒相互接近而发生聚结。

2）聚结推动力

（1）乳胶粒间的亲和力。这类亲和力通常为范德华力，与构成乳胶粒的大分子的极性和密度有关，如果亲和力大，乳胶粒碰到一起就会发生聚结。

（2）界面张力。乳胶粒很小，但数量庞大，和介质间的相界面很大，故具有大的界面能，界面张力越大，乳液体系稳定性越弱。

（3）外力作用。乳液聚合、存放和应用过程中经常会受到外力的作用，包括重力、热运动、机械作用力和化学作用力等，这些外力超过一定限度就会使乳液失去稳定性。

可见，只有当推动力小于或等于阻力时，乳液体系才具有稳定性，否则就会导致破乳。

2 乳液稳定性的影响因素

1）电解质的影响

对于带电乳胶粒而言，当介质中电解质浓度较高时，异性离子向乳胶粒表面扩散的概率就大，致使乳胶粒表面吸附的异性离子的量增加，电中和的结果将使ζ电位下降，影响乳胶粒间的稳定性。

即便是使用非离子型乳化剂，电解质的加入也会影响乳液的稳定性，因为非离子型乳化剂对乳液的稳定作用依靠的是其水化作用，水化的结果是在乳胶粒表面形成一定厚度的水化层，必须破坏这个水化层乳胶粒才能聚结。加入电解质后，电解质本身也要溶解、水化，这样就会从乳胶粒的水化层中夺取部分水，致使乳胶粒表面的水化层减薄而稳定性下降。电解质本身的水化作用越强，其对乳液的凝聚作用就越大。

2）机械作用的影响

乳液在生产、存放、运输和应用过程中，都会遇到搅拌、混合、转移等各种各样的机械处理，因此承受不同形式的机械剪切作用，这将赋予乳胶粒相当大的能量。当这个能量超过聚结活化能时，乳胶粒就会越过其势能屏障发生凝聚而使乳液失去稳定性。同时，剪切作用会使乳胶粒表面的双电层或水化层变形。双电层变形会导致乳胶粒表面的电荷脱吸，使 ζ 电位降低，减少乳胶粒间的静电斥力；而水化层变形则会使水化层厚度减薄，乳胶粒的水力半径减小。这些会使乳液稳定性降低，甚至失去稳定性。

3）冻结与融化的影响

在环境温度降至 4 ℃以下时，乳液中的水逐渐形成冰晶，随着温度进一步降低，冰晶逐渐扩大，把乳胶粒封闭在冰晶之间，使乳胶粒受到巨大的压力，迫使其相互靠近，甚至会使其越过势能屏障而发生聚结。同时，形成冰晶的过程也是从乳胶粒表面的水化层中夺取水的过程，致使水化层逐渐减薄，进而使稳定性下降。

乳液冻结后再于一定的高温条件下融化，融化后能恢复到原来状态的乳液冻融稳定性好；不能复原的，轻则表观黏度升高，重则凝聚，乳液冻融稳定性差。乳液能承受冻结—融化反复的次数称为冻融指数，冻融指数越大，乳液的冻融稳定性就越高。

4）长期放置的影响

乳液长期放置过程中，不停地做着布朗运动的乳胶粒会因碰撞而聚结；同时在重力和浮力作用下，乳胶粒也会沉降或升浮，造成粒子间间距减小，这会使乳胶粒的碰撞概率增大。事实上，乳液体系是个热力学不稳定体系，不论生产后具有多么高的稳定性，长期放置都终将使其不可避免地形成不可逆凝胶而遭破乳。从能量角度上讲，颗粒物凝聚的结果是颗粒物附聚在一起以缩小表面积、降低表面能，这个现象是可以自发发生的，而将颗粒物均匀分散开来必须借助外力才能实现，不能自发实现。

另外，在放置过程中发生的某些化学变化也会影响乳液的稳定性。比如，采用过硫酸盐做引发剂时，乳液中残留的引发剂会在存放条件下继续慢慢分解而产生氢离子，导致乳液的 pH 下降，进而使其稳定性降低。

5）高温的影响

温度升高时，乳液会出现以下的变化而引起乳胶粒的聚结：

（1）乳胶粒的热运动加剧，部分乳胶粒的热运动能量有可能超过其热能屏障而发生聚结。

（2）当温度升高到所用的非离子型乳化剂浊点以上时，水化层减薄到使乳化剂不能溶于水中而沉析出来，此时乳化剂失去乳化作用，使乳液稳定性降低，甚至发生破乳。

（3）温度升高时乳化剂在水中的溶解度增大，就会有更多乳化剂从乳胶粒表面转移到水中，导致乳液稳定性下降。

（4）温度升高时乳液体系的黏度会下降，也会带来不稳定性。

（5）温度升高会加速残留引发剂的分解速率，放出氢离子，使体系 pH 下降，导致稳定性下降。

6）稀释的影响

当聚合物用水稀释时，水相增多，致使在水中溶解的乳化剂量增大，结果使覆盖在乳胶粒表面的乳化剂量减少，加上稀释后体系黏度减小，这些都为乳液的稳定性带来不良影响。

7）pH 的影响

pH 代表体系的氢离子浓度，pH 越低，氢离子浓度越大，氢离子和其他阳离子一样，起着降低带负电乳胶粒的稳定性的作用。若 pH 太低，即氢离子浓度太大，则会导致乳液破乳。当然，这是针对阴离子型乳液而言的，对于碱增稠性质的乳液来说，在一定范围内，pH 越高，乳液黏度越大，体系的稳定性就越高。

8）水溶性有机物质的影响

水溶性有机物质溶解时会从乳胶粒周围的水化层中夺取水而使水化层减薄，降低乳液稳定性。另外，加入有机溶剂会增大乳化剂在水中的溶解度，减少乳胶粒表面的乳化剂量，这也会导致稳定性降低。

1.4 涂料化学中几个重要概念

1.4.1 表面和界面

自然界的物质主要以固相、液相和气相三种形态存在，其中固相和液相称为凝聚相。所谓界面（interface），是指两相之间的共有边界。由于气体可以相互扩散而无法形成清晰的边界，所以三相可以组合成五种界面：固－液界面、固－固界面、液－液界面、固－气界面和液－气界面。界面可以看作将两相分割开的中间区域或者薄层，一般只有零点几纳米到几纳米，但在组成、密度、性质上与两相有交错并有梯度变化。

表面（surface）的严格定义是指固体或液体与真空的交界面，和界面是两个完全不同的概念，但在日常概念中，表面指的是人的肉眼能观察到的物体的外部，基本上就是指的固－气界面和液－气界面，也就是将固－气界面和液－气界面视为固体表面和液体表面，忽略了气相的影响。

简而言之，一个物体的真正表面在大气中是看不到的，我们能看到的实际上是物体表面黏附气体或液体而形成的界面而已。

1.4.2 表面张力

位于液体内部的分子所受的力与液体表面的分子所受的力是不同的。内部分子被其周围的分子从各个方向以相同的力吸引着，所受的力是对称的、平衡的；而表面分子受到来自液相分子和气相分子的引力，所受的力是不对称的，具有较高的自由能，液相引力大于气相引力，表面分子所受这种不平衡力总是力图将表面分子拉入液体内部，使液体表面积尽可能缩小，即将该体系的表面自由能降至最低。因此，表面张力（surface tension）自发地降低液体表面积，驱使粗糙或不平整的液体表面流动成为平滑的表面，使表面自由能降低。

表面张力的数值等于垂直于表面中单位长度的假想线的作用力，也等于扩大单位面积表面所需的功。国际单位制单位是 N/m。

1.4.3 黏聚力和附着力

黏聚力（coherence）又叫内聚力，是同种物质内部相邻各部分之间的相互吸引力。这种相互吸引力是同种物质分子之间存在的分子力的表现。只有在各分子十分接近时（小于 10^{-6} cm）才显示出来。黏聚力能使物质聚集成液体或固体，特别是在与固体接触的液体附着层中，由于黏聚力与附着力相对大小的不同，液体浸润固体或不浸润固体。

附着力（adhesive force/adhesion）是两种不同物质接触部分的相互吸引力，是分子力的一种表现，只有当两种物质的分子十分接近时才显现出来。两种固体如果没有密切接触，它们之间的附着力不能发生作用，液体与固体密切接触，它们之间的附着力能发生作用。

涂料与所涂布物体之间具有的附着力表现为涂膜与被涂布物表面结合在一起的坚固程度。这种结合力是由涂膜中聚合物的极性基团（如羧基或羟基）与被涂布物表面的极性基团相互作用而成的。被涂布物表面有污染或水分、涂膜本身有较大的收缩能力、聚合物在固化过程中相互交联而使极性基数量减少等，均是导致涂膜附着力下降的因素。

导致附着力下降的因素还有：被涂布物内部低分子物质向被涂布物表面迁移并聚集在漆膜与被涂布物表面之间，削弱了涂膜中聚合物极性基团与被涂布物表面极性基团间的作用力。

1.4.4 贝纳德对流

湿膜干燥固化的过程中，由于溶剂不断挥发，涂膜表面黏度和固含量增大、密度增加、温度下降、表面张力上升，涂膜的表面和里层之间因此产生表面张力梯度，推动富集溶剂的低表面张力的下层涂料向高表面张力的上层涂料运动并展布在涂膜表面，以减少上下层涂膜的表面张力梯度，达到表面张力均匀化；而表层涂料因密度大于里层涂料，在重力作用下会下沉到涂膜底部。湿膜的这种表层运动和上下对流运动在连续不断地重复，力求恢复上层和下层之间的平衡，这便导致了局部的涡动液流，在表面形成不平衡的结构，即贝纳德对流（图 1－6）。这是一种近似六边形的对流结构，源点位于对流结构的中间，而涂料则下沉到对流结构的边缘。当湿膜因溶剂挥发、黏度升高而失去有效流动性时，如果涂膜表面张力尚未达到均匀化，那么正在流动的涂膜就不能继续流平而出现橘皮或浮色、发花等表面缺陷。

涂料表面张力过高、流平性差、溶剂挥发过快或施工条件及施工环境等的影响，均易导致贝纳德对流。

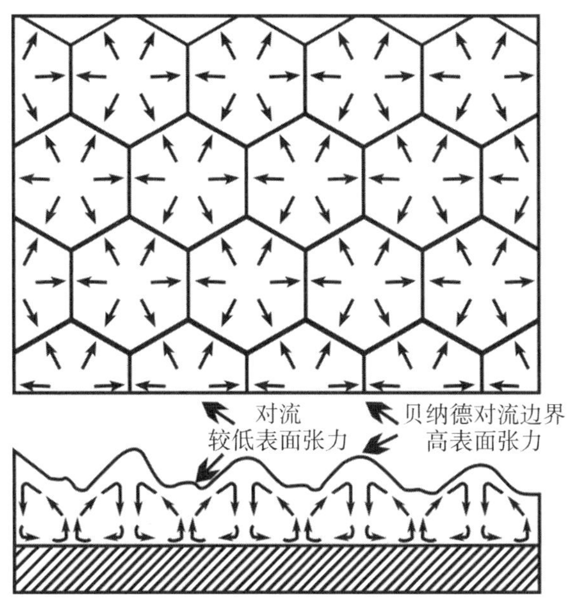

图1－6　贝纳德对流

此外，湿膜表面若受热不匀，也会产生表面张力梯度，受热处涂膜溶剂挥发速度较快，表面张力高于非受热处，因而促使湿膜中的涂膜从非受热处向受热处流动。涂料在涂膜中的这种平行移动会造成表面的不平整、厚度不均或发花等弊病。

在清漆和单色漆涂膜中，贝纳德旋涡对流造成的弊病是以橘皮现象显现的。

而在一种以上颜料组成的涂料中，粒度较小或密度轻的颜料比粒度大、密度较重的颜料更容易随着对流结构流动，富集在对流结构之间的边界区，而粒子较粗、密度较大的颜料在对流结构中央浓度较高。不同颜料的不同流动性会导致它们的分离，由于颜色不同而出现明显的花纹。当涂膜中的颜料呈水平方向层状分离时，称为浮色，即表层的颜色与下层的颜色不一致，涂膜多种颜料中一种或几种以较高浓度集中于表层，呈均一的分布，但却与原配方的颜色有明显的差别。如果颜料沿垂直方向分离，通常呈条斑状或蜂窝状，某些颜料会浓集在贝纳德对流结构的六边形边界上，使六边形排列清晰可见，称之为发花。

当一种颜料絮凝，其他颜料未絮凝，且以极细粒度分散体存在时，比较容易产生浮色和发花。

减轻或消除橘皮、浮色和发花的途径就是降低湿膜上下对流速度及降低颜料分离程度。

为了更加形象地理解，我们可以通过数据来感受一下：

颜料的原始粒径为 10～500 nm，其凝聚体尺寸（以 d 表示）一般都在 20 μm 以上，一般丙烯酸涂层的厚度（以 L 表示）为 0.35～0.45 mm。取 $d=20\ \mu m=20\times10^{-6}$ m，$L=0.4$ mm $=0.4\times10^{-3}$ m，则 $A=L/d=0.4\times10^{-3}\ m/20\times10^{-6}\ m=20$。也就是说，当湿膜的厚度是颜料粒径的 20 倍左右时，颜料粒子在湿膜中有充足的空间上下移动。

1.4.5 应力集中

现代的断裂理论基本上是在 Griffith 理论基础上发展起来的。Griffith 认为，脆性材料的拉伸强度因材料结构的不均匀性而远未达到其理论强度。实际的脆性固体，由于在应力方向上产生裂纹缺陷而强度变弱，裂纹或裂缝增长，最后导致材料破裂。当裂缝延伸释放出的应变能等于或超过形成新的断裂表面所需要的能量时，裂缝才增长。

材料表面或内部存在微裂纹是材料破裂的关键因素。裂缝所引起的应力集中，类似于椭圆形空隙所引起的应力集中。长轴直径为 a，短轴直径为 b 的椭圆形孔，长轴两端的应力 σ_t 与平均应力 σ_0 的比值为 $\sigma_t/\sigma_0=1+2a/b$，当 a/b 很大时，应力集中就很严重。裂缝可视为 $a\gg b$ 的椭圆形孔。裂缝尖端处的最大张力为

$$\sigma_m=\sigma_0[1+2(\alpha/\rho)^{1/2}]$$

式中，α 为裂缝长度之半，ρ 为尖端的曲率半径。

因此，狭长尖锐的裂缝可导致材料的迅速破坏，强度大为降低。

对于聚合物材料，裂缝尖端会产生明显的黏弹变形，裂缝扩展还应包括黏弹功在内。这种黏弹功来源于屈服变形，它常比表面能大很多，所以聚合物的破坏过程具有松弛性质。

1.4.6 拉伸强度和微观缺陷

高分子材料理论估算的拉伸强度一般是实际拉伸强度的几倍乃至几十倍。为什么？

这涉及高分子材料内部的微观缺陷。理论估算是基于材料均匀和无缺陷的，而实际上毫无缺陷的材料是不可能存在的。微观缺陷的存在会导致应力集中，应力集中会导致局部的破坏，进而导致整个材料的破坏。宏观表现为拉伸强度降低、拉断伸长率降低等。

微裂缝可以视为一个椭圆，当外力方向和短轴方向平行和长轴方向垂直时，在裂缝的两个端点会形成应力集中，产生的应力约为

$$F'=F(1+2a/b)$$

若 $a\geqslant b$，则 $F'\geqslant F$，此时裂缝很快扩散。

其实很容易通过简单的试验来感觉上述定律。一张完整的纸，双手端平水平拉扯，纸张是不易被撕破的；而一旦纸张内部出现了一条小裂纹，此时双手沿着垂直于裂缝长度方向水平拉扯，手一用力纸张便会沿着原有的裂缝被撕开，非常轻松。

1.4.7 流动性和流平性

流动性是流体在外力作用下产生移动的能力，这种性能与流体的表面性质无关。而流平性涉及流体的表面性质，即流体能否在外力的作用下形成平滑表面（通常指气液表面）。因此，流动性好不代表流平性好，反之亦然。

1.4.8 皂化作用

对涂料而言，皂化（saponification）指的是底材（如新制的混凝土或以水泥、砂子和石灰为基材的基面）中的碱和水分作用而造成漆膜的分解。皂化的涂膜会变得发黏或褪色，严重情况下，该涂膜会由于皂化而完全液化。

第2章　运动场丙烯酸涂料介绍

自2015年起，油性材料（泛指那些施工时需要添加有机溶剂进行稀释或其本身体系内含有一定质量分数的有机溶剂的材料）现实和潜在的危害越来越被人们清楚地认识到、感受到，在客观上促进了人们对环保及自身健康的关注，环保理念也越来越被理解、接受和深入人心。溶剂型材料离不开有机溶剂，而有机溶剂易挥发、易燃易爆、有毒有味，会对大气和环境造成危害，施工时也会对施工人员健康造成伤害，再者，有机溶剂通常价格昂贵，施工中基本无法回收，造成成本提升。而水性材料的分散介质为水，水不燃、不爆、无毒、无味，更不会污染环境，生产施工中安全性高，不会对生产和施工人员的健康产生危害，同时，水便宜、易得，也能显著降低产品成本。随着安全生产法规的建立，更加严格的环保标准的实施，采用水性材料已经是大势所趋。本书所介绍的水性丙烯酸涂料就是这一类环境友好型运动场地面材料。

2.1　运动场丙烯酸涂料的成分分析

本书介绍的丙烯酸涂料的成膜物质基本为阴离子型丙烯酸酯乳液，后面有关产品质量评价、问题分析、材料及工程质量问题分析与解决方案都是基于这一点，对于涉及的非阴离子型乳液会特别声明。

前面介绍了涂料化学、高分子聚合物及丙烯酸酯的一些基本知识，这将有利于我们对丙烯酸涂料的理解和认识。水性丙烯酸涂料是以水为分散介质的非均相体系（水溶性涂料除外），在其众多的组成成分中，主成膜物质是以乳胶粒形式分散于水相中的丙烯酸乳液，其是丙烯酸涂料最为重要的组成部分。事实上，几乎所有的丙烯酸涂料产品在组成上都没有本质的不同，但具体到原材料和配方上还是有所差别。原材料的选择和配方设计是各个厂家不会对外透露的机密，这两者对产品质量的影响非常关键。虽然各个厂家或品牌的涂料产品在配方上不尽相同，但配方的整体构成并没有什么太大的秘密可言，基本是大同小异，当然，涂料的产品质量最终可能就是由这个“小异”决定的。

运动场丙烯酸涂料的配方基本由成膜物质、颜料、助剂、清水四个部分组成。以下我们对四个组成部分予以介绍。

2.1.1　成膜物质

成膜物质就是丙烯酸乳液（严格地说，丙烯酸乳液应该是主成膜物质，一般，丙烯酸涂料的材料配方中还会有其他一些次要的成膜物质）。乳液生产厂家会根据市场的需求提供数种性能各异的丙烯酸乳液供涂料生产企业选择使用。涂料生产企业也会根据自身产品所要具有的性能和质量要求、产品档次及成本控制等来选择满足其要求的丙烯酸乳液。目前市场上主要是有纯丙乳液、苯丙乳液、叔丙乳液、硅丙乳液等，其中纯丙和苯丙使用最多。苯丙乳液中“苯”是指的苯乙烯，由于苯乙烯在各方面的功能和甲基丙烯酸酯非常相近，且价格相对便宜，因此在乳液配方设计时常用苯乙烯来代替甲基丙烯酸酯以降低成本。苯乙烯具有黄变性，缘于苯乙烯苯环中的叔碳原子容易氧化形成过酸（ROOH），生成发色基团，使涂膜变色、分化，耐候性变差。因此，苯丙乳液中苯乙烯的含量不能过大，否则会对涂膜的表面色泽产生不良影响。

丙烯酸乳液已经在第 1.3 节做过较为详细的介绍，在此不再赘述。

2.1.2 颜料

颜料是一类有色的微细颗粒状物质，不溶解于分散介质，以微粒的形式分散在丙烯酸涂料中，而不是以分子形式溶解其中。事实上，颜料不能溶于水、油等物质。颜料的粒径范围通常为 30 ～ 100 μm，其颜色、遮盖力、着色力及其他特性与其在介质中的分散状态有极大的相关性。颜料是丙烯酸涂料中不可或缺的组成部分，不仅能赋予涂层颜色、提供遮盖力，而且能提高涂层的附着力和其他物理性能，改善涂料的施工性能。

在丙烯酸涂料行业中，颜料分为着色颜料和体质颜料（或填料）。着色颜料又分为无机颜料和有机颜料两大类。

2.1.2.1 着色颜料

1. 无机颜料

无机颜料主要包括铁、钛、锌、镉、铅等金属氧化物或盐及炭黑。无机颜料一般价格相对便宜，具有耐晒、耐热、耐溶剂性好、遮盖力强的特点，但是色谱不够齐全，着色力低，颜色鲜艳度差，部分金属盐和氧化物有较大毒性，如氧化铬等已经被明令禁止使用。钛白（二氧化钛，分子式为 TiO_2）、氧化铁是涂料产品中最常用的无机颜料。钛白颜色纯正鲜艳，是一种极为稳定的白色化合物，在常温下几乎不与其他化合物作用，对氧、硫化氢、二氧化硫、二氧化碳和氨都是稳定的，不溶于水、油脂、有机酸、盐酸和硝酸，也不溶于碱。钛白颜料几乎等同强度地反射所有波长的可见光。钛白本身的折射率较大，如涂料中一般使用的金红石型钛白的折射率为 2.71，而一般丙烯酸树脂的折射率为 1.55，两者折射率之差较大，钛白的优越遮盖力源于此。钛白颜料的产值和产量在无机颜料中均占世界首位。

透明氧化铁颜料有铁黄、铁黑和铁红等，虽色谱不全，色相也不够鲜艳，但它们具有优良的耐候性，耐酸、耐碱等化学稳定性，不渗色、不迁移，同时还具有很强的紫外光吸收功能，更重要的一点是成本低。

2. 有机颜料

有机颜料结构多样、色谱齐全、颜色鲜艳纯正、着色力强、密度小、低毒性，但有些产品耐光、耐候、耐溶剂性较差，虽然高档的有机颜料在这些方面也表现出色，但是价格昂贵。目前用量最大的有机颜料是铜酞菁系列颜料。酞菁化合物，尤其是铜酞菁，具有优异的耐热性、耐光性、耐候性，颜色鲜艳、着色力强，无渗色。主要有蓝色和绿色两大类，改变酞菁组成和晶型就能产生不同的色相。有机颜料的产量要比无机颜料小得多。

3. 着色颜料的一般属性

一般使用色调、明度、饱和度这三个参数来描述一个颜色。目前国际上广泛采用孟塞尔颜色系统来标定颜色，其标定符号为HV/C，其中H代表色调（hue），V代表明度（value），C代表饱和度（chroma）。只有H、V和C三要素的值都相同两个颜色才完全相同。

（1）色调。色调也称为色相，表示红、黄、蓝、紫等颜色的特性，是一种视觉感知属性。物质的色调取决于光源的光谱组成和物体表面所反射（或透射）的各波长辐射的比例使人眼产生的感觉，是彩色彼此相互区别的特性，可见光波段的不同波长刺激人眼产生不同的色彩感觉。色调体现了颜色的“质”。

（2）明度。明度是人眼对光源或物质明亮程度的感觉，能够表征颜色的明暗和深浅。明度体现了颜色在“量”方面的不同，即表征的是一个物体发射光线多少的知觉属性。明度与反射率有关，物体表面反射率越高，明度越高，光源亮度越大，明度也越高。

（3）饱和度。饱和度在色调的基础上所表现色彩的纯洁程度，故又称为彩度。它在吸收光谱中表现为波长是否“窄”，频率是否单一。物体反射出光线的单色性越强，饱和度越大。饱和度取决于该色中含色成分和消色成分（灰色）的比例。含色成分越大，饱和度越大；消色成分大，饱和度越小。

黑白色只用明度描述，不用色调、饱和度描述。

4. 着色颜料的颜色性能评价指标

1）着色力

着色力又称为着色强度（tinting strength），是表征一种颜料与另一种基准颜料混合后所显现颜色强弱的能力，通常以白色颜料为基准来衡量各种彩色或黑色颜料的着色能力。

着色力是颜料对光线吸收和散射的结果，且主要取决于吸收能力。吸收能力越大，着色力越高。着色力是控制颜料质量的一个重要指标，当颜料用于着色时，对于获得同样着色强度，着色力高的颜料的用量就比着色力低的颜料少。着色力的强弱不仅与颜料的化学组成有关，还取决于颜料粒子大小、形状、粒径分布、晶型结构和颜料粒子在涂膜中的分散度等因素。着色力一般随着颜料粒径减小而增加，但不是一直呈现这种反比关系，当颜料粒径降到一定程度，其着色力反而会因为粒径的减小而降低，可见颜料存在一个使着色力最强的最佳粒径。彩色颜料的着色力随颗粒大小波动情况不如折射率大的白色颜料表现明显。这主要是由于彩色颜料的着色力主要取决于吸收，吸收系数作用较大，与粒径大小的关系并不十分突出；而白色颜料的吸收作用很小，其着色力主要由散射决定，而散射和颗粒大小关系大，因此白色颜料的着色力随颗粒粒径变化明显。一般来说，当颜料粒径与可见光波长之比为0.25～0.6时，颜料的着色力最大。通常无机颜料最大着色力的粒径偏大，如金红石型钛白粒径为0.2～0.3 μm时着色力最好。彩色颜料最大着色力的粒径偏小。深色颜料的着色力主要取决于对光的吸收，粒径大小影响较小。相似色调的颜料，有机颜料比无机颜料的着色力要强得多。

2）消色力

消色力是指一种颜色的颜料抵消另一种颜料颜色的能力。一般颜料的着色力越强，其消色力也越强，通常用于评定白色颜料。总的来说，有较大的折射率，就有较高的消色力。金红石型钛白在白色颜料中的折射率最大，它的消色力也最强。

3）遮盖力

颜料加到透明的基料中使之成为不透明，完全盖住底色，所需要最少的颜料量表征遮盖力。遮盖力通常指遮盖1 m^2 面积使之不露底色所需要颜料的质量（单位：g），即以 g/m^2 为单位。

从光学角度看，涂料的遮盖力取决于颜料与周围介质的折射率之差。差值越大，漫反射越强，遮盖力越好。当差值大于0.2时，光线散射现象变得很明显，颜料由此具有遮盖力。丙烯酸树脂的折射率大多在1.55，碳酸钙的折射率为1.58，两者差值0.03，非常之小，所以碳酸钙在丙烯酸涂料中是没有遮盖力的。而金红石型钛白的折射率为2.71，与丙烯酸树脂1.55的折射率的差值高达1.16，故在丙烯酸涂料中有非常好的遮盖能力。颜料的遮盖力还与粒径大小和分布有关。每种颜料均有最好遮盖力时的最佳粒径。高折射率的颜料的遮盖力与粒径的大小关系比较大，低折射率的颜料的遮盖力与粒径大小关系不大。

白色颜料的遮盖力主要依靠光的漫反射，而彩色颜料在涂料中的遮盖力除漫反射外，颜料对光的吸收也有很大的贡献，颜色越深，光的吸收对颜料的遮盖力贡献越大。黑色颜料对光的强吸收是它在涂料中产生遮盖力的主要原因。

涂料施工和应用时，常会发现涂料干膜和湿膜的遮盖力差异较大，这是由于干膜或湿膜的折射率之差存在变化。丙烯酸涂料刮涂在基面上时，有时能看到基面的颜色，这是因湿膜中水分含量大，颜料和水的折射率（1.33）相差不多，遮盖力看起来就很不理想。而湿膜中的水分挥发后形成干膜，空气取代了水分，空气的折射率（1.00）比水要小，涂料中的颜料与空气的折射率之差就比较大，由此产生较高的遮盖力。

最后再说一下，颜色实质上是光与物体相互作用的结果通过观察者的视觉系统而产生的印象，它并非人眼看到的客观物质的性质，本质上讲，颜色是不同波长的可见光作用于人眼所呈现出的一种视觉反应。可见颜色是主观而非客观量，因为色彩是人眼在接收光的刺激后，视网膜的兴奋传送到大脑中枢而产生的感觉。每个人的视觉并不一样，故色彩感受有所差异，且这种色彩感受与当时的周围环境、生理状况、心理情绪等因素都有关系。一句话，你眼中的颜色和别人眼中的颜色总不可能完全一样的。

2.1.2.2 体质颜料

体质颜料，即平常所说的填料，是一类在涂料产品中以“填充”为主要目的的微细颗粒物状物质，不溶于水，表观多为白色或浅灰色，其遮盖力、消色力很低。在涂料体系中，填料主要有两方面作用：一是在涂料中起骨架作用和填充作用，可增加涂膜的厚度、降低涂料的成本；二是通过加入填料改变涂膜的物理性质和化学性质，如通过选择不同的种类和数量的填料，可有效改善涂料的储存性能和施工性能，提高涂膜的机械强度、耐磨性、耐水性、抗紫外光和抗龟裂性能。

第一个作用固然重要，但现代涂料业更加重视利用和开发第二个作用。

填料种类繁多，用途各异，每个涂料生产厂家都会根据自身产品的功能需要和质量要求，选择不同种类和数量的填料。常见的填料主要有碳酸钙、石英粉、滑石粉、高岭土、云母粉、硅灰石头、白云石等。一般体质颜料呈碱性，应该在较大的范围内对酸碱稳定，且应尽可能少含有可溶性物质，因为可溶性物质对黏结性的稳定性会造成伤害，导致涂层的渗透性增大，损害涂层的整体性和防护功能。此外，被研磨的体质颜料表面有—OH 基团，易被水润湿。

1．碳酸钙

碳酸钙是无臭无味的白色粉末，是应用最广的填料之一，其化学式为 $CaCO_3$，相对分子量 100.09，分为重质碳酸钙和轻质碳酸钙两种。

重质碳酸钙又称为石粉、大白粉等，是以天然方解石、石灰石、白垩、贝壳为原料，用机械的方法将其磨碎，并达到一定的细度，然后干磨或湿磨加工成粉，再经过滤、干燥及粉碎等工序制成，其质地粗糙，密度较大，难溶于水，但可溶于酸而放出二氧化碳。主要技术性能指标如下：外观为白色粉末，碳酸钙含量不低于 95%，水分不多于 0.5%，吸油量为 10%～20%。

轻质碳酸钙是由天然石灰石加工而得，先将石灰石经过煅烧成为氧化钙，然后配成石灰乳的悬浮液，再通入二氧化碳以沉淀成碳酸钙，将沉淀物进行过滤、干燥和粉碎即为成品。轻质碳酸钙颗粒细，不溶于水，有微碱性，不宜与不耐碱性的颜料共用。主要技术性能指标如下：外观为白色极细的轻质粉末，吸油量为 15%～25%，碳酸钙含量不低于 96.5%，水分不多于 0.5%，白度为 90%，相对密度为 2.6 g/cm^2。

碳酸钙价廉、无毒、色白、资源丰富、易于在配方中混合且性质较为稳定，在涂料行业被大量使用。

2．石英粉

石英粉是由天然石英石或硅藻石除去杂质后，经湿磨或干磨、水漂或风漂而制成的粉状物料，其主要成分是二氧化硅（SiO_2），是结晶型白色粉末，属于中性物质，化学稳定性高，耐酸不耐碱，不溶于水，耐高温，耐磨性强。常在耐酸和耐磨涂料中作为填料使用，对涂料的刮涂性及耐候性均有帮助，缺点是不易研磨，容易沉淀。石英粉主要技术指标如下：外观为白色或灰白色粉末，吸油量为 15%～25%，二氧化硅（SiO_2）含量不低于 98%，水分不多于 0.5%。

石英粉和砂两者从主体成分上看差不多，但还是有些区别。我们平常所说的砂是天然的，而石英粉一般是经过人工磨碎加工而成的。天然砂的表面较滑，而石英粉表面则较粗糙，所以相同细度的石英粉比天然砂在黏结强度上会更大。

3．滑石粉

滑石粉是将天然滑石矿粉碎而成，其主要成分为水合硅酸镁，分子组成为 $3MgO \cdot SiO_2 \cdot H_2O$，为白色鳞片状结晶，并含有纤维状物，含有杂质者呈淡黄、淡绿、淡蓝色等。滑石粉晶体属单斜晶系，呈六方形或菱形。滑石粉中与氧结合的镁原子夹在两个片状二氧化硅之间，形成层状结构，相邻层之间依靠弱的范德华力结合在一起，当有剪切力作用时，层间容易分离。滑石粉是已知矿物中最软的，莫氏硬度为1，密度为2.7～2.8 g/cm^3，化学性质不活泼，非导电体，有滑腻感。

滑石粉的片状结构对其应用具有决定性影响，其吸油量也比球状填料大，能影响涂料的黏度和流变性质，能防止颜料沉降和涂料流挂。滑石粉的强度增强效果没有那么明显，但能在涂抹中吸收伸缩应力，减少或避免出现裂缝和空隙。滑石粉的缺点在于易于粉化，因此必须选择适当用量。主要技术指标如下：外观为白色或灰白色粉末，吸油量为20%～40%，滑石含量不低于80%，细度不超过45 μm，水分不多于1%。

4. 高岭土

高岭土也称为瓷土、中国黏土，主要矿物成分为高岭石，它是各种结晶岩破坏后的产物，分子式为 $Al_2O_3 \cdot SiO_2 \cdot nH_2O$，片状结构。由于其片状颗粒边缘带正电，表面带负电，高岭土在水中会形成一种不稳定的结构。如果用量大，这种作用会使涂料形成凝胶而不能流动。一般，加入高岭土可以改变涂料触变性和抗沉淀性而煅烧黏土对流变性能没有影响，但却可以像没有经过处理的黏土一样具有消光作用、增加遮盖性和增加白度。高岭土一般吸水性较大，不适合提高涂料的触变性，不适合构成拒水涂膜，产品粒径在0.2～10.0 μm之间。

2.1.3 助剂

水性涂料以水为分散介质，水的表面张力高达72.5 mN/m，远高于一般有机溶剂的表面张力。除了水溶性涂料，水性涂料多为非均相体系。水的表面张力高，不利于消泡，也降低了水性涂料对基材的润湿能力、渗透能力和展布能力，往往会导致施工性不良，容易产生气泡、缩孔、鱼眼、针眼等表面缺陷。和溶剂型涂料相比，水性涂料从生产到施工各环节（如增稠、防霉、消泡、流动、流平等）的问题解决都要借助于助剂。因此，丙烯酸涂料质量的好坏和助剂的选择和使用关系相当大。实际上，助剂的总使用量一般不会超过涂料产品总质量的5%，但其功能相当于人体内的微量元素，缺少了哪一样都会或多或少对涂料某一方面的性能产生影响。

随着环保理念深入人心，未来水性涂料助剂的发展空间广阔，要求也会更高，不仅要功效显著、绿色环保、不含挥发性有机化合物（VOC）和聚氧乙烯烷基醚（APEO）、不产生有害的空气污染物（HAPs），而且要求多功能、使用方便、价格合理。

水性丙烯酸涂料中常用的助剂类产品按功能可分为如下几类：

（1）生产用助剂：润湿剂、分散剂、消泡剂。

（2）储存用助剂：防沉剂、防结皮剂、防霉剂、防腐剂、冻融稳定剂。

（3）施工用助剂：流平剂、触变剂。

（4）成膜用助剂：成膜助剂、流平剂。

（5）改善涂膜性能用助剂：附着力促进剂、防滑剂、抗划伤剂、光稳定剂。

（6）功能性助剂：抗菌剂、阻燃剂、防污剂、抗静电剂、导电剂。

上述列举的助剂只是助剂大家庭中的部分产品，即便是这部分产品，也不是所有水性涂料产品都会用得到。涂料的配方是基于涂膜所要满足的物理化学性能来选择使用助剂类产品的。

助剂类产品国内国外品牌众多，产品质量和价格也大相径庭，不同品牌、不同质量的助剂产品会对涂料产品的质量和造价产生不小的影响。

下面主要对几种最常用的助剂的使用原因及其作用做定性的介绍，基本不涉及太过专业的助剂的化工名称。

2.1.3.1　防腐剂和防霉剂

水性涂料组分中的高分子树脂、颜料、填料、助剂等许多物质往往都是各种微生物的营养源，水更是生命要素，这些都构成了微生物生存的物质条件。同时，水性涂料从生产时起就存在受到微生物污染的可能性。受污染的涂料在一定温度、湿度、pH 等条件下开始繁殖生长微生物，导致涂料发生霉变、污染、劣化、变质，出现黏性丧失、散发不愉快气味、产生气体和色黑、颜料絮凝、乳液稳定性丧失等。涂料涂装固化后，涂层在潮湿、高温的环境下也会受到微生物的侵害发生大面积发黑、机械强度降低、粉化，不仅影响美观，而且会丧失对基材的保护作用。因此，水性涂料配方设计时既要考虑罐内防腐，也要考虑固化后涂层的防霉、防藻，适当添加杀菌剂、防霉剂、防腐剂和漆膜防霉剂、漆膜防藻剂，抑制微生物的生长与繁殖，保护涂料与涂层不受破坏。

事实上，能够侵蚀涂料的微生物主要是细菌类和部分霉菌。

2.1.3.2　pH 调节剂

前面交代了丙烯酸涂料基本上是使用阴离子丙烯酸乳液制备的，而阴离子型乳液通常在偏碱性的状态下有最佳的稳定性，所以涂料的 pH 对其储存稳定性、抗微生物能力、防沉性、施工性及涂层性能都有很大影响，只有当体系的 pH 超过 7 时才能保证涂料各项性能的稳定性。在涂料生产中经常使用的碱溶胀增稠剂对酸碱性敏感，在碱性条件下，碱溶胀增稠剂才起作用。所以，水性涂料的生产中要使用 pH 调节剂来调整最终产品的酸碱度，使之能保持在偏碱性的状态下。早期主要用氨水来调节 pH，但氨水具有刺激性、挥发性和不稳定性，气味令人极不愉快，而现在市面上有不少质量更好的非氨水类 pH 调节剂，它们不仅有调剂 pH 的功能，还兼有颜填料润湿、促进颜填料分散和防止颜填料絮凝的作用，因此被称为多功能助剂，如美国安格斯（Angus）公司的 AMP－95。

AMP－95 的化学名称为 2－氨基－2－甲基－1－丙醇，其除了用作 pH 调节剂稳定 pH 之外，还有如下一些特有功能：

（1）在配方中作为强力共分散剂，提高颜料的分散效率并防止颜料再凝聚。

（2）提高光泽感。

（3）提高增稠性能。

（4）改进缔合增稠剂的性能。

（5）减少纤维素增稠剂的用量。

（6）帮助制造低气味涂料。

2.1.3.3 润湿剂和分散剂

丙烯酸涂料由十几种材料依照一定配方生产，是个多相的分散体系，各相物质物理性能各异，表面张力差异大，各成分之间的界面关系相当复杂。这会导致很多颜料和填料不能被丙烯酸乳液很好地湿润，使丙烯酸涂料各组分材料不能均匀地分散而带来诸如絮凝、沉淀、结块成团等质量问题。

颜填料颗粒一般包含三种形态：①原始粒子，也称为聚集体（aggregates），由单颜料晶体或一组晶体组成，粒径相当小；②凝聚体（conglomerates），以面相接的原始粒子团，其总面积远小于单个粒子面积的总和，再分散困难；③附聚体（agglomerates），由湿气或空气的包封而脆弱地联系在一起，以点、角相接的原始粒子团，其总面积比凝聚体大，但小于单个粒子面积的总和，分散容易。具体如图2－1所示。

图2－1 颜料粒子的各种形态

此外，絮凝体（flocculates）在涂料行业中经常被提及。絮凝体是指已经分散均匀的颜料，在储存的过程中，分散的粒子彼此靠近、吸附，形成的松散结构，施加剪切力后可重新分散均匀。它和附聚体的区别在于：絮凝体的原始粒子表面已被成膜物质包裹，而附聚体的粒子表面吸附的是空气或水分。

要想获得一个稳定良好的涂料分散体系，单纯靠丙烯酸树脂、颜料和水的相互作用，有时是难以办到的，这个时候必须借助于润湿剂和分散剂。

润湿剂和分散剂都是表面活性剂。润湿剂在颜料润湿过程中发挥作用，能够降低液－固界面的张力，可提高颜料的分散效率，缩短研磨时间。分子量低的润湿剂效率高。分散剂在颜料分散稳定过程中发挥作用，能够吸附在颜料粒子表面，构成电荷斥力、空间位阻效应，使分散体处于稳定状态。实际上分散剂和润湿剂的实际作用很难区分，近年开发的许多高分子表面活性剂同时具有润湿和分散作用。因此，人们多称其为润湿分散剂。

2.1.3.4 消泡剂

作为水性材料的丙烯酸涂料是以水为分散介质的，在生产过程中需要添加很多种助剂。像乳化剂、润湿剂和分散剂等都属于表面活性剂，能降低体系的表面张力，生产时极易产生大量气泡。同时，增稠剂的使用会使泡沫的膜壁增厚、弹性增加，使泡沫稳定而不易消除，反而成了泡沫的稳定因素。丙烯酸涂料现场施工时需要添加清水来搅拌，这一过程会将空气带入涂料体系，产生泡沫。大量泡沫会使剪切力无法传递给物料，导致颜料分散不充分，给生产和施工带来很多麻烦，进而影响涂膜的质量，出现鱼眼、针孔和缩孔等表面缺陷，因此必须设法抑制泡沫的产生和消除泡沫。

消泡剂一般属于表面活性剂，种类繁多，比较常用的是有机硅类消泡剂和矿物油类消泡剂。关于泡的产生及消泡原理，请参阅附录4“丙烯酸专题小文章”之“泡沫”一节。

2.1.3.5 增稠剂

丙烯酸涂料是以水为分散介质的，水的黏度很低，不能满足涂料储存、运输和施工的要求。因此在生产时通过添加增稠剂来实现这种黏度的变化。增稠剂种类较多，按材料性质可分为有机增稠剂和无机增稠剂；按相对分子量可分为低分子增稠剂和高分子增稠剂；按功能团主要分为无机增稠剂、纤维素类增稠剂、聚丙烯酸酯增稠剂和缔合型聚氨酯增稠剂。

1. 无机增稠剂

这一类增稠剂有膨润土、凹凸棒土、海泡石等，其增稠机理主要为吸水膨胀而形成触变性。这类增稠剂由凝胶矿物组成，一般具有层状或扩张的格子结构，在水中分散时，其中的金属离子从片晶往外扩散，随着水合作用的进行发生溶胀，到最后与片晶完全分离，形成胶体悬浮液。此时，片晶表面带有负电荷，它的边角由于出现晶格断裂面而带有少量的正电荷。在稀溶液中，其表面的负电荷比边角的正电荷大，粒子之间相互排斥，不产生增稠作用。但随着电解质浓度的增加，片晶表面电荷减少，粒子间的相互作用由片晶间的排斥力转变为片晶表面负电荷与边角正电荷之间的吸引力，平行的片晶相互垂直地交联在一起形成“卡片屋”的结构，引起溶胀，产生凝胶，从而达到增稠的效果。

2. 高分子有机增稠剂

1）羟乙基纤维素（HEC）增稠剂

纤维素类增稠剂在水性涂料中应用较广，几乎都是非离子型（羟甲基纤维素为阴离子型），属于次成膜物质，其中使用最多的是羟乙基纤维素，它是天然纤维素葡萄糖单元上的羟基被羟乙基取代的产物。各种纤维素衍生物的牌号系列是根据黏度而区分的，黏度一般为其2%水溶液的黏度。

HEC能提高抗流性、降低流平性、增大飞溅性，对涂料的稳定产生影响。纤维素分子是一个脱水葡萄糖组成的聚合链，通过分子内或分子间形成氢键，以及水合作用和分子链的缠绕实现黏度的提高。当体系受到剪切力的作用，剪切速率逐渐增加时，HEC分子可以从无序到按剪切力的方向有序排列，变得易于滑动，表现为黏度下降。这种增稠机理与乳液、颜料和其他助剂无关，因而适用面广。

纤维素具有亲水性，很少能与乳胶粒子产生吸附，故在水相中是游离的，会导致乳胶粒子的絮凝和相分离，涂料开桶时会出现上层清液富含增稠剂乳胶粒子脱水收缩的现象。同时，纤维素为高分子化合物，遇水容易结块，也易受霉菌攻击而降解为单糖，导致体系黏度下降，在使用时必须添加一定的防腐剂。

纤维素类增稠剂与涂料中各组分相容性好，低碱黏度高，触变性高，对pH变化容忍度大，保水性好，抗流挂性好，但流平性差，对涂膜的光泽有影响。因此，丙烯酸涂料使用单一的纤维素类增稠剂显然是不行的。

顺便说一下，国内外已开始用和纤维素结构相似的瓜尔胶来替代价格昂贵的羟乙基纤维素在水性涂料中的使用，并取得了良好的效果。瓜尔胶及其衍生物具有高耐碱性和强假塑性，在高剪切速率下黏度很低，配置的涂料在抗流挂性、涂刷性和流平性上都有不错的表现。瓜尔胶对微生物表现出稳定性，但仍需添加一定量的杀菌剂。为提高瓜尔胶的黏度，体系的 pH 必须调节为 9 ～ 10。

2）丙烯酸类增稠剂类

丙烯酸类增稠剂溶于 pH 为中性的水中时，离解度很低，分子处于螺旋状态存在于水中，此时聚丙烯酸酯水溶液黏度很低。随着涂料体系 pH 的升高，聚丙烯酸酯的羧基离解而溶于水，羧基之间存在的电荷产生斥力，使原先是螺旋态卷曲在一起的聚丙烯酸酯链伸展、拉开成棒状，产生对流体流动的阻力，因而增加了体系的黏度，即产生增稠作用。

缔合型丙烯酸增稠剂是在亲水的聚合物链段中引入疏水性单体聚合物链段，从而使这种分子呈现出一定的表面活性剂的性质。当它在水溶液中的浓度超过一定特定浓度时，形成胶束，同一个缔合型增稠剂分子可以连接几个不同的胶束，这种结构降低了水分子的迁移性，因而提高了水相黏度。此外，缔合型丙烯酸增稠剂可以吸附在乳胶粒子与颜料粒子上，它们之间形成三维网络，使乳液黏度增加，但这种结构是不稳定的，一旦对它施加机械力，结构即被破坏，黏度下降；解除应力又重新纠结，黏度再度上升，使得涂料具有一定的触变性，有利于施工。

丙烯酸类增稠剂的增稠效果受 pH 影响很大，即黏度随着 pH 的变化而变化。pH 小于 7 呈乳液状，且不溶胀，无增稠作用；pH 为 8 ～ 10 时溶胀而有增稠作用；pH 大于 10 则溶于水而失去增稠作用。但在储存中，水性涂料 pH 难免发生变化，会造成黏度上升或下降，对施工性能有所影响。

其增稠特点是：增稠效率高，本身黏度低，在涂料中极易分散，有一定的触变性和适度的流平性，抗飞溅性好，抗菌性较好，对涂膜的光泽无不良影响。因为仅在碱性条件下起作用，故耐水性不理想。

3）聚氨酯增稠剂

聚氨酯增稠剂的分子中引入亲水及疏水基团，使之具有类似表面活性剂分子的性质，其增稠机理主要得益于特殊的亲油—亲水—亲油形式的三嵌段聚合物结构。在水体系中，当增稠剂浓度大于临界胶束浓度时，亲油端基缔合形成胶束，胶束与聚合物粒子缔合形成网状结构，使体系黏度增加，同时，由于一个分子带几个胶束，这种结构降低了水分子的迁移性，因而提高了水相黏度。

与聚丙烯酸酯及纤维素类增稠剂相比，聚氨酯增稠剂具有良好的流平性及光泽度，较好的疏水性、洗刷性、防飞溅性、耐划伤性及抗生物分解性。

缔合型聚氨酯增稠剂与分散相粒子的缔合，可提高分子间势能，在高剪切速率下表现出较高的表观黏度，有利于涂膜的丰满；随着剪切速率的消失，其立体网状结构逐渐恢复，有利于涂料的流平。

聚氨酯增稠剂对涂料配方的适应性不如纤维素类增稠剂，其对配方的成分非常敏感，某一成分的变化可能导致黏度较大的改变。

2.1.3.6 流平剂

水性涂料用的流变助剂从功能上主要分两大类，即低剪增稠剂和高剪流平剂。涂料涂装后、涂膜未干前，在表面张力作用下，逐渐收缩成最小表面积而形成平滑表面的过程叫作流平，流平的驱动力是表面张力。

实际施工中，流平性不好会出现刷涂时的刷痕，喷涂时的橘皮，滚涂时的滚痕，成膜过程中的缩孔、针眼、流挂等现象。克服这一系列弊病比较有效的方法就是添加流平剂，添加适合的流平剂能极大地改善涂料的流平性，明显提升成膜性能，改善底材润湿，也有助于颜料的分散。

流平剂的作用就是调节高剪切速率下涂料的黏度，使其满足施工要求，得到平整、完好的涂膜，但不会提高低、中剪切速率黏度。

流平剂基本以高沸点的芳香烃类溶剂，酮类、酯类或多官能团的优良溶剂混合物为主要组成，常用的流平剂是丙烯酸类流平剂和有机硅类流平剂。

2.1.3.7 成膜助剂

运动场地丙烯酸涂料都是在常温下涂装和使用的，涂膜固化后必须有一定的强度、硬度及耐玷污性，这就要求所采用的丙烯酸乳液要有较高的玻璃化转变温度，相应的最低成膜温度也比较高，给丙烯酸涂料在常温或较低温度下施工和成膜带来困难。

前面我们介绍自由体积在丙烯酸涂料成膜中的作用，成膜助剂的主要机理就是在成膜过程中提供足够的自由体积，以使乳胶粒子变形和乳胶分子链段扩散、缠绕而融合成连续的膜。自由体积是影响成膜速率的主要原因，它在很大程度上是由温差（$T-T_g$）决定的。加入成膜助剂就等于提供自由体积，从而为丙烯酸树脂相互扩散和渗透提供条件，使之在低于原有的最低成膜温度的温度条件下成膜，换句话说，就是降低了成膜温度。本质上讲，成膜助剂对于丙烯酸乳胶粒子而言就是一种强溶剂，能使粒子表面变软，从而降低成膜温度。

成膜助剂一般具有高沸点、低玻璃化转变温度、特慢挥发的特点，同时还应有水解稳定性和与乳液的相容性，尽量无其他副作用，且冰点低、环保和低气味，最好无气味。

成膜助剂的添加使较高涂膜性能和较低施工温度得到统一，但是成膜助剂要尽可能少用，不是用量越多越好的。成膜助剂在成膜前不能挥发掉，即要求比水挥发慢得多。一旦成膜，成膜助剂就完成了它的使命，就应该从涂膜中彻底挥发掉。而实际上，成膜助剂的特慢挥发性决定成膜助剂不可能很快全部、彻底从涂膜中挥发，而是会有一定比例的成膜助剂残留在涂膜里面慢慢挥发。因此，过多添加成膜助剂会降低乳液和涂料的稳定性。同时，过多的成膜助剂残留在干膜里面会影响涂膜的硬度发展和整个使用期的表面黏性（耐玷污性）。也要看到，成膜助剂是挥发性有机化合物（VOC），对环境是不利的，事实上，水性涂料产品中 VOC 的最大来源就是成膜助剂。

成膜助剂种类较多，不同的组成和结构可产生不同的性能。常用的成膜助剂有 Texanol、Lusolvan FBH、Coasol、DBEIB、DPnB、DOWANOL PPh 等，其中 Texanol 是最常用的成膜助剂，也叫醇酯十二或十二醇酯，其沸点为 250 ℃。

助剂类产品还有防腐剂、防沉剂、防滑剂、耐磨剂等，在此不再一一介绍。

2.1.4 清水

水性材料是以水作为分散相的，水对于水性材料而言既是天使，也是恶魔。说水是天使，因为水价格便宜、易得、没有燃爆和中毒的危险，不论在生产、储运和施工过程中都不会对人体和环境产生危害，所以水性材料是绿色环保的天使；说水是恶魔，因为它表面张力高、黏度低，水性材料生产中要解决消泡、增稠等问题，施工中易出现针眼、缩孔等表面缺陷。乳液聚合时对水要求很苛刻，天然水或自来水均不能满足要求，原因是这类水中可能含有金属离子，尤其是钙、镁、铁、铅等高价金属离子会严重影响聚合乳液的稳定性。因此，乳液聚合时应当使用去离子水或蒸馏过的清水。

鉴于水的质量对于丙烯酸涂料质量的重要性，建议生产时只要有可能最好使用去离子水或蒸馏水。

所有丙烯酸涂料产品几乎都是由上述四个部分组成的，可以说在这方面没有秘密。但质量为什么会千差万别，价格高低不一呢？这里面一个主要原因便是对原材料的选择和使用。比如作为核心成分的成膜物质——丙烯酸乳液，在市面上生产厂家不少，产品品种、牌号繁多，既有国产的，也有合资的，更有进口的，不同厂家、不同品牌、不同产品，乳液质量良莠不齐，价格差异明显，所有这些都会直接反映在丙烯酸涂料产品的质量和价格上。再比如助剂类产品，进口产品在市面上都很多，美国的、德国的和日本的等，国内产品也不少，进口和国产助剂产品在质量和价格上都存在相当大的距离，采用不同的助剂产品对涂料的质量及成本也会产生不小的影响。

总的来说，丙烯酸涂料产品的质量在根本上取决于配方水平、原料质量和生产工艺，科学的配方、优质的原材料和合理的生产工艺是高质量产品的保证。我们可以做这样一个比喻：配方是脑，配方不科学，产品是傻子；原料是腰，原料不优质，产品是瘫子；工艺是脚，工艺不合理，产品是瘸子。如此比方未必精准，但充分表明了配方、原料和工艺这三者对涂料质量的重要性。如果从排列组合的角度来分析的话，配方差异、原料不同和工艺有别这三者到底能产生多少种组合啊？每一种组合都会对应着不同的质量，有的差异明显，有的不易觉察。事实上，即便完全相同的原材料，在生产过程中的投料顺序不同也会产生质量迥异的涂料产品。

2.2 水性涂料的流变学特征

一个理想固体，在施加外力时产生弹性变形，一旦除去外力，变形又完全恢复；一个理想流体，包括液体和气体，在外力的作用下产生不可逆的变形，仅仅释去外力，仍不能回复到原状。只有少数液体，其流动性能近似理想液体。大多数液体显示了介于液体和固体之间的流动性能，它们或多或少是弹性而黏稠的，所以称为黏弹性。涂料就是呈现这种性能的液体。描述物体在外力作用下产生流动和变形规律的学科就是流变学。流变学有三个要素：剪切应力、剪切速率和黏度。

2.2.1 剪切应力

作为流变模型，可将液体看作由多层极薄液层堆积的长方体。它们充满于两块平行板之间，其底板固定不动，而其他各层是能移动的，如果在面积为 A（单位：m^2）的液体顶板上，以切线方向施加力 F（单位：N），液体就接连地被拉向倾斜，这个单位面积上的曳力称为剪切应力，以符号 τ 表示，如图 2－2 所示。

$$\tau = F/A$$

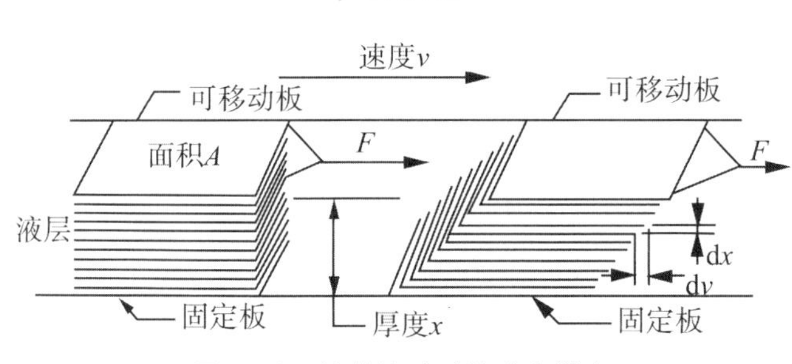

图 2－2　流体流动时的速率梯度

2.2.2 剪切速率

当顶板在力 F 的作用下以切线方向移动时，由于内聚力的作用，其下层的液层随之移动，一层接一层地，即第二层拉曳第三层，第三层拉曳第四层，依次类推。这一接力赛式动作，最后传递到固定底板，则剪切速率 D 表示为

$$D = \mathrm{d}v/\mathrm{d}x$$

2.2.3 黏度

剪切应力与剪切速率之比称为绝对黏度，其符号为 η，单位为 Pa · s，是流体流动阻力的量度：

$$\eta = (F/A)/(v/x) = \tau/D$$

黏度在流变学上占有重要地位，它往往随着温度、剪切应力、剪切速率、剪切历程等的变化而变化，流变学上使用曲线表示其关系。

2.2.4 流动特性曲线和黏度特性曲线

一个液体的剪切应力和剪切速率之间的关系，决定了其流动行为。以剪切应力 τ 为纵坐标，剪切速率 D 为横坐标的曲线图，称为流动特性曲线图。以绝对黏度 η 为纵坐标标，剪切速率 D 为横坐标的曲线图，称为黏度特性曲线图。

液体的流动（黏度）特性曲线，可分为牛顿流体和非牛顿流体两大类，丙烯酸涂料属于后者。

2.2.4.1 牛顿流体

一种液体，在一定温度下具有一定的黏度，在剪切速率变化时，黏度保持恒定，称为牛顿流体（图2－3），如水、溶剂、矿物油和低分子量树脂溶液都是牛顿流体。

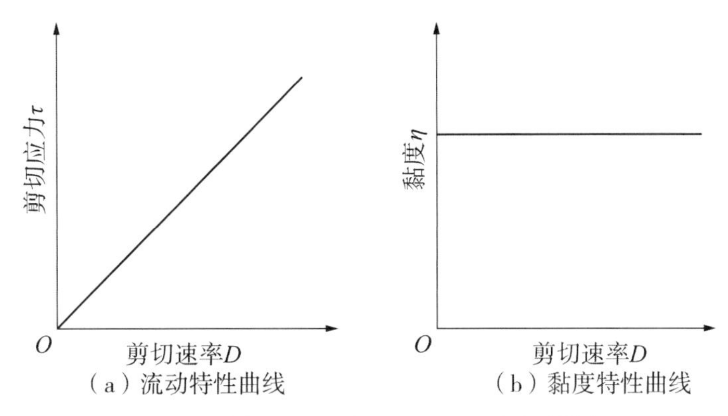

图2－3　牛顿流体流动特性曲线和黏度特性曲线

2.2.4.2 非牛顿流体

若一个液体的黏度随着剪切速率的变化而变化，则它是非牛顿流体（图2－4）。黏度随着剪切速率的增加而降低的液体称为假塑性液体；反之，黏度随着剪切速率的增加而上升的液体称为胀塑性液体。水性涂料是典型的假塑性流体，其黏度随着剪切速率的增加而下降。当剪切速率上升时，流变结构遭到破坏，黏度下降；反之，重新形成结构，黏度又上升。非牛顿流体的黏度不是定值，在某一剪切条件下测得的黏度称为表观黏度。在任何给定的剪切速率下，其黏度是恒定的。

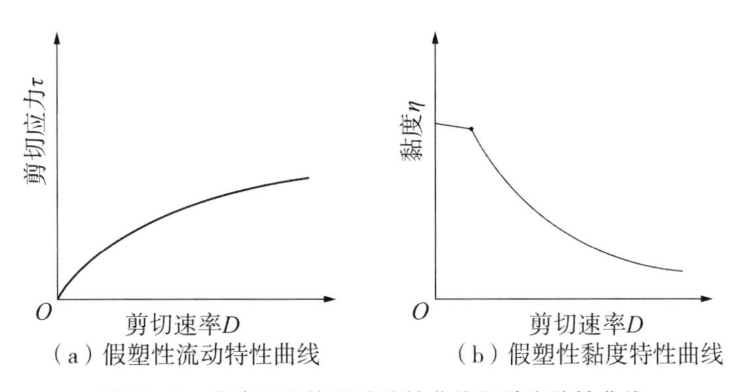

图2－4　非牛顿流体流动特性曲线和黏度特性曲线

有些流体不仅具有假塑性现象，而且其黏度的变化与进行测试前的经历和测试的方法有关，即对时间具有依赖性，这种流体称为触变性流体。具有触变性的流体，其黏度的大小既取决于剪切速率的大小，也取决于剪切作用时间的长短。一个触变性流体，在某一剪切速率下，能够测得一系列黏度值，其黏度与剪切历程有关。经受剪切的时间越长，其黏度越低，直至某一下限值（图2－5）。

触变性涂料的黏度特性是：当剪切速率增加时，黏度逐步下降；一旦释去剪切力，黏度又回升。由于原始结构已遭破坏，必须经过一定时间，才能恢复到原始值，结构的破坏仅是暂时的。剪切速率增加和回降时黏度特性曲线所包围的区域是衡量其触变性能的尺度。

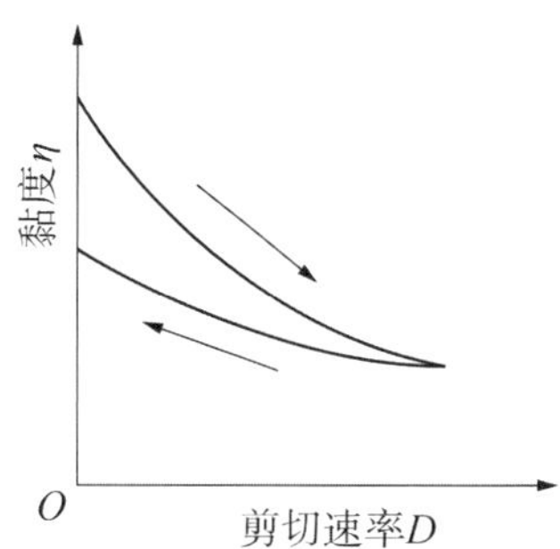

图2－5　触变性黏度特性曲线

触变性的起因解释之一是静止时流体体系内有某种很弱的网状结构形成，如通过氢键形成聚合物间的物理交联和由极性吸附形成的聚合物的交联。这种网状结构在剪切力的作用下被破坏，一旦撤去剪切力，网状结构又慢慢恢复。

触变性对一次涂装就要获得较厚涂层的涂料是有利的。在高剪切率时（刷涂时），涂料黏度低、流动性好，便于施工；在低剪切率时（静止或涂刷后），涂料具有较高的黏度，可防止流挂和颜料沉降。触变性可以解决水性涂料各个阶段的矛盾，满足储存、施工、流平、干燥各个阶段的技术需要。涂料在生产、储存和施工中的剪切作用和理想的流变特性见表2－1。

表2－1　涂料在生产、储存和施工中的剪切作用和理想的流变特性

项目	剪切速率/s^{-1}	理想黏度
混合	10～100	中等黏度
高速分散	10^3～10^5	高黏度
砂磨和球磨	10^5～10^7	低至中等黏度
泵送与包装	10～100	低黏度
储存	0.001	高黏度
涂刷	10^3～10^5	较高黏度（提高一次成膜厚度和遮盖力）
流平	0.01～0.1	很低黏度
流挂	0.001～0.1	高黏度

2.2.4.3 影响涂料黏度的基本因素

水性涂料属于多级分散体系，分散体系的黏度与溶剂型体系的黏度不同，影响其黏度的主要因素有：①连续相，也就是外相的黏度；②分散体，也就是内相的粒径分布、形状和分散体的含量，而与分散体的相对分子量无关。

当分散体（内相）浓度（体积）增加时，体系外相黏度不变，而体系黏度增加。羟乙基纤维素溶于水，作为增稠剂使用时，它在水性涂料中只增加外相的黏度，当乳胶粒子发生絮凝时，因为它包容有外相的液体体积，所以内相体积增大，黏度上升。

体系黏度和分散体粒径有关。乳胶粒子外层吸附乳化剂和水，结果是增加了内相的体积和粒径。分散体粒径越小，其比表面积就越大，而所吸附的乳化剂和水就越多，总体上使内相体积增大，因此体系的黏度也越大。

当乳胶发生絮凝时，在一个絮凝的大粒子中，含有许多小乳液粒子，粒子间为外相液体所填满，此部分外相液体成了内相体积的一部分，使内相体积增大，体系黏度上升。絮凝体内包含的外相液体越多，体系的黏度增加越多。

乳胶粒子通常不是刚性的，而是可以发生变形的。因此，体系的黏度与外力的作用有关。在搅拌作用下，受剪切力作用，粒子从球变形为椭圆形，体系黏度下降。变形越大，体系黏度下降越多，具有剪切稀化的现象。当外力撤除时，粒子又变回球形，体系黏度也恢复原来的值。

通常，分散体系的黏度可以用门尼公式来计算：

$$\ln \eta = \ln \eta_0 + K_e V_i/(1 - V_i/\varphi)$$

式中，η 为体系的黏度；η_0为体系外相浓度，如乳液中的水相（连续相）；K_e为爱因斯坦因子，与分散体形状有关，当分散体为球形时，该值最大，为2.5；V_i为分散体在体系中的体积分数；φ 为堆积因子，球体相同时，其值为0.639，但若球体大小不同，其值将增加（大球之间可填入小球），分散体的分布越宽，φ 值越大。当 V_i等于 φ 时，体系的黏度为无限大，此时分散相粒子正好达到紧密堆积状态。

可以用此公式来定性解释涂料的许多相关现象，如剪切变稀和触变性。门尼公式成立的条件是刚性粒子，并且无相互作用，而实际上乳胶粒子通常是可以变形的，在外力作用下会由球形变成橄榄球形，此时 φ 值增加，K_e减小，故式中右边第二项减小，黏度也随之减小，即具有剪切变稀特性，外力撤去后，球体复原、体系黏度恢复。

在乳液体系中，通常会发现乳胶粒径越小体系黏度越大，这是因为乳胶粒子外层会吸附一层乳化剂和水，这不仅为其提供了变形的可能性，也增加了内相的体积，粒子越细，所吸附量越多。

2.3 丙烯酸涂料的功能和要求

丙烯酸运动场地面材料是一个多层结构的涂料系统，不论是铺装于球场上的地面材料，还是铺装于跑道上的丙烯酸胶乳跑道，都是一个由底及面、由下往上层层涂装的多层结构系统。每一层材料在整个丙烯酸涂层系统中起着不同的作用，承担不同的功能，故要求具有不同的产品特性，在配方设计时就要需要选择能赋予这些特性的丙烯酸乳液。丙烯酸材料系统之所以被称为系统，就在于它是多种不同功能和特点的涂层按设计要求有机组合在一起的。

我们以球场系列的丙烯酸涂料为例，将各个结构层的名称、作用和功能及为满足这些功能的丙烯酸乳液应具备的特点和要求进行了简单罗列，见表2－2。

表2－2　球场系列丙烯酸系统中各结构层名称、功能和丙烯酸乳液的特点要求

<table>
<tr><th>结构层名称</th><th>结构层的作用和功能</th><th>所需的丙烯酸乳液的特点和要求</th></tr>
<tr><td>丙烯酸混凝土底油层</td><td>在丙烯酸涂层系统和基础之间起着上接下黏的作用，类似双面胶的功能</td><td>①粒径相对较小；
②渗透性好；
③粘接力强；
④具有耐水性；
⑤耐酸碱性</td></tr>
<tr><td>丙烯酸平整层</td><td>对基础具有覆盖保护和平整作用，为后续丙烯酸涂层提供理想基面，也是整个丙烯酸系统的基石</td><td>①具有耐水性；
②良好的黏合力；
③耐酸碱性</td></tr>
<tr><td>丙烯酸弹性层</td><td>为整个丙烯酸系统提供合适的弹性性能</td><td>①较强的黏合力；
②较低的 T_g；
③良好的耐水性</td></tr>
<tr><td>丙烯酸弹性密封层</td><td>对弹性层具有密封平整和保护作用，软中带硬、刚中有柔，为后续纹理层提供理想的基面</td><td>①较强的黏合力；
②一定的柔韧性；
③室温固化</td></tr>
<tr><td>丙烯酸纹理层</td><td>是整个丙烯酸系统的耐磨层和球速调节层</td><td rowspan="2">①黏合力强；
②耐磨性好；
③耐候性好；
④保色性佳；
⑤耐水性好；
⑥耐污性佳；
⑦防霉、防藻</td></tr>
<tr><td>丙烯酸耐磨面层</td><td>对纹理层具有色泽装饰作用，使整个丙烯酸系统的完成面颜色更加一致和均匀</td></tr>
<tr><td>丙烯酸白划线层</td><td>具有极佳的耐磨性和遮盖功能，色泽纯白</td><td>①黏合力好；
②一定的硬度；
③耐水性好；
④耐候性好；
⑤耐磨性好；
⑥耐污性好；
⑦防霉、防藻</td></tr>
</table>

由表2-2可以看出，不同的结构层具有不完全相同的功能和作用，需要不同的丙烯酸乳液来实现。因此，我们日常口头上所说的丙烯酸涂料其实不是一款单个的产品，而是几种不完全相同但又相互相关的产品的有机组合，其中任何一个结构层的产品质量都会影响到整个丙烯酸系统完工后的质量。

2.4 丙烯酸涂料的成膜机理

2.4.1 成膜机理

丙烯酸运动场地面材料基本都是热塑性涂料，热固性涂料使用较少，自交联类型的也有一些，但由于自交联的交联密度较浅，在性能上和热塑性更加接近，故一般自交联类材料也被归为热塑性类。本节主要介绍热塑性丙烯酸涂料的成膜机理。

溶剂型涂料中的聚合物溶解于溶剂中，随着溶剂挥发，体系固含量逐渐增加，最后形成颜填料等包覆其中的均一涂层；而乳胶型丙烯酸涂料以水为分散介质，聚合物粒子依靠乳化剂的作用稳定分散，而非溶解在水中，其成膜过程与一般溶剂型涂料相比有其特殊性。

那么看起来如浆糊一般的热塑性丙烯酸涂料，最终是如何固化成坚韧的涂膜的呢？这要从微观上来分析。水性涂料要固化，其中的水分必须从体系中挥发出去。水作为连续相，丙烯酸乳胶粒子分散在其中，粒子之间保持一定的距离，这样可避免粒子在存储和运输时出现絮凝等现象，粒子彼此间不受太大影响。涂料兑水稀释后以较低的黏度在基面上被刮涂开来，涂料的表面积成百上千倍地增大，水分开始大面积快速挥发，挥发速度和基面的表面积大小、风速、大气温度及大气相对湿度等因素有关。随着水分不断从体系中逸出，涂膜中的水分越来越少，涂膜的体积也不断收缩，乳胶粒子之间的距离越来越靠近。这时，如果大气温度在涂料的最低成膜温度之上，粒子会变软，随着水分的进一步挥发，出现毛细管力，将变形变软的粒子挤压在一起，最后形成连续完整的涂膜。

当然，实际的成膜过程远不止这么简单。人们对于成膜的研究可以追溯到20世纪50年代，对于成膜的解释先后出现了好几种不同的理论。经过多年的研究和探讨，目前人们普遍认为成膜过程由三个阶段构成，即水分蒸发阶段、乳胶粒变形阶段和聚合物分子链扩散阶段。事实上，这三个阶段并没有绝对的时间划分和界限。我们可以稍详细地分析一下这三个阶段：

水分蒸发前的涂料，乳胶粒子在乳化剂作用下较均匀和稳定地分散在液相中，彼此独立，并不接触，如图2-6所示。

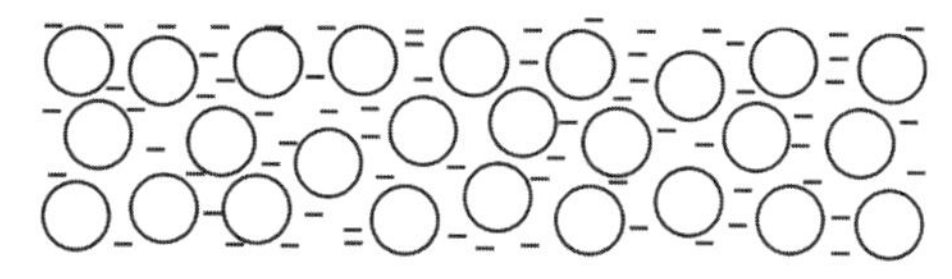

图2-6　水分蒸发前的涂料状态

第一阶段，水分蒸发，粒子堆砌。丙烯酸涂料涂装在基面上之后，涂料的表面积大幅增大，湿膜中含有大量的水，这时乳胶颗粒和颜料在电荷或熵斥力及范德华力的同时作用下稳定地分散于水中，彼此之间是相互分离的；随着水分的挥发，颗粒逐渐靠拢，但仍可自由运动（图 2－7）。这一阶段水分的挥发与单纯的水的挥发类似，为恒速挥发，挥发速度主要取决于水分的蒸气压、表面温度、流过表面的气流速度和表面积与体积的比。

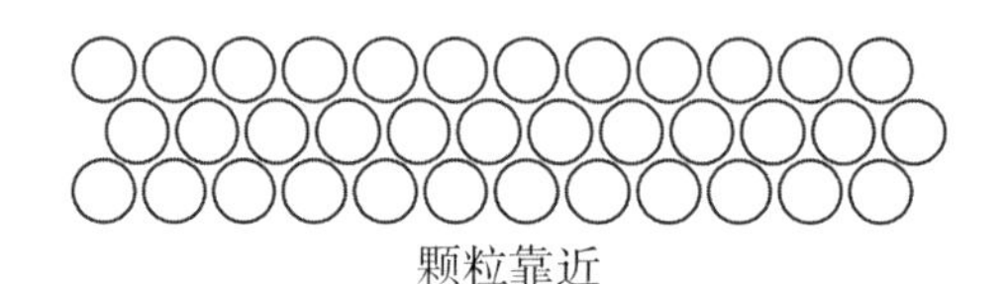

图 2－7　乳胶颗粒相互靠近

随着水的继续挥发，乳胶颗粒和颜料颗粒表面吸附的保护层被破坏，出现絮凝并开始紧密堆积，形成不可逆的相互接触，当乳胶颗粒占涂层 74% 的体积时，乳胶颗粒相互靠近、相互挤压而达到密集的填充状态，水充满在乳胶颗粒的空隙之间。这一阶段，涂层自表面向下出现不断增长的黏度梯度，受到高黏度涂层表面的制约，水分的蒸气压显著降低，挥发难度增加，水分挥发速度为初期的 5%～10%。乳胶颗粒堆砌是乳胶成膜的初始阶段和必要条件，没有颗粒堆砌成膜就无从谈起。

第二阶段，粒子变形、融合。水分继续挥发，覆盖于颗粒表面的吸附层被进一步破坏，裸露的乳胶颗粒表面之间直接接触，其间隙愈来愈小，直至出现毛细管力。毛细管力主要和粒子间的水有关，毛细管力的强力压迫高于乳胶颗粒的抗变形力，迫使球形的乳胶颗粒开始变形。随着水分挥发的增多，在某一个特定阶段会发生相反转（六方堆积化为 0.74），高分子成为连续相，水为分散相，水从紧密堆积的不可动的粒子缝隙中蒸发，促使粒子变形成多面体、蜂巢结构，这时乳胶颗粒逐渐变形融合，由球形变为斜方形十二面体，直至颗粒间的界面消失，如图 2－8 所示。此阶段水分主要通过内部扩散及至表面而挥发，因此挥发速度缓慢。

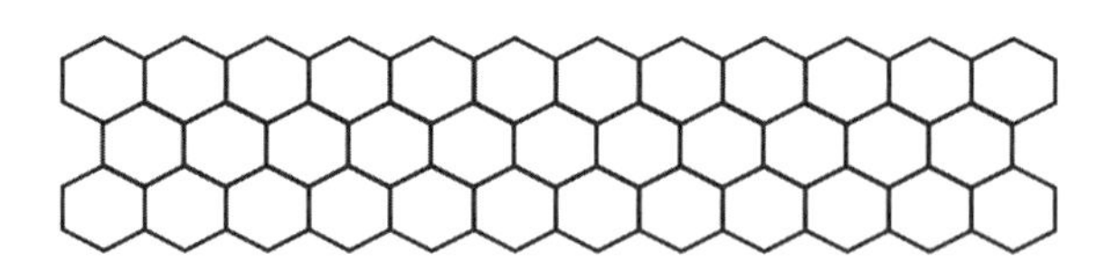

图 2－8　变形颗粒的密堆积

第三阶段，聚合物分子链的扩散、渗透和缠绕。乳胶颗粒不是单个分子而是以聚合物分子的聚集体形式存在的，乳胶颗粒之间界面融合后排列紧密，中间基本没有缝隙，但乳胶颗粒的高分子之间还要完成扩散才能最终形成连续完整的涂膜。

乳胶颗粒的变形接触是粒子融合和链段扩散的基础，粒子受到外界的融合驱动力，自身会产生相应的内应力，对于聚合物胶粒，其将通过变形屈服的形式消除应力，使乳胶粒之间的距离进一步缩短，为链段扩散创造可能。随着毛细管力的消失，又出现一种新的作用力，那就是粒子的弹性力和熵作用而产生的扩散力，弹性力趋向阻止粒子的进一步融合，而扩散力则促使聚合物链之间的相互融合。在整个过程中，各种力相互交织在一起发挥作用，如促使成膜的力占据上风，乳胶颗粒中的聚合物链段之间就能相互扩散、渗透、缠绕和融合，逐渐形成连续、均匀、完整的涂膜，如图2－9所示。

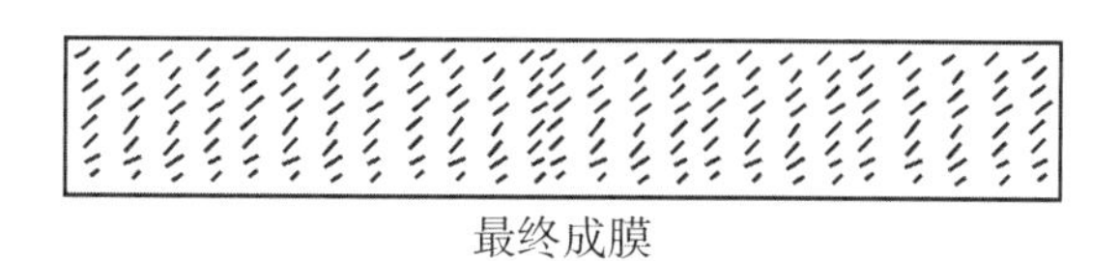

最终成膜

图2－9　均一固体膜

由此可见，在乳胶颗粒成膜过程涉及多种力的作用，包括胶体排斥力、范德华力、毛细管力、弹性力和扩散力，但能不能成膜还要看乳胶颗粒本身的性质。一方面，表面张力引起的毛细管力和扩散力等将促使乳胶颗粒的成膜；另一方面，成膜与粒子本身的自由体积有关，要求 $T-T_g$ 足够大，否则不能成膜，这也是乳胶涂料都有一个最低成膜温度的原因所在。成膜助剂常被添加到涂料中以降低最低成膜温度，调整涂料的成膜性能。从本质上讲，添加成膜助剂就是在成膜过程中提供足够的自由体积，以使乳胶颗粒变形和乳胶分子链段扩散、缠绕而融合成连续的膜。

从上面的分析可以看出，考虑到高分子链段的扩散或渗透使涂膜进一步均匀化而达到良好的性能，乳胶颗粒的聚合成膜实际上是一个相当长的过程。

我们用一个顺口溜来总结成膜的过程：水分挥发第一步，紧密堆积界面无，粒子变形软乎乎，扩散交融好成膜。

在成膜中，毛细管力功不可没，毛细管力促使乳胶粒子紧密接触并最终促使乳胶颗粒间的融合。乳胶颗粒相互接触时形成的毛细管弯月半径大约为乳胶颗粒半径的0.155倍。假设有一个直径为20 μm的乳胶颗粒，密度为1.0 g/mL，根据拉普拉斯公式 $P=2\gamma_{LG}/r$，两个球间痕量的水产生的压力相当于每个乳胶颗粒自身重量的11万倍。将此可以想象乳胶颗粒承受的挤压力有多大。

从本质上讲，乳胶成膜过程是一种聚合物分子链的凝聚现象，是一个从颗粒相互接触、变形到聚合物分子链相互贯穿的过程，这个过程与聚合物分子链的初始构象、分子运动性质、成膜条件和扩散动力学过程密切相关，并对最终的乳胶膜的性能有重要影响。

一般的场地铺装从业人员大多不是化工专业出身，有时对这些专业的表述不太理解。为了将成膜的过程、成膜的条件表达得更直观一些，我们以“冰冻汤圆”现象来做类比加以说明。

冰冻汤圆是常见的食品，将散装的冰冻汤圆放进一个盆里后放入冰柜中，过段时间取出来会发现，汤圆一个个冻结挤在一起，看起来像是个整体，甚至用一只手捏住一两个汤圆便可将整盆冰冻汤圆提起来，同时可以看到汤圆与汤圆之间的空隙，这时这堆汤圆基本是固定形状的，但不具有相应的强度，只要稍稍用力一敲，汤圆即刻便会一粒粒散开。但若将冰冻汤圆放入开水里煮，在开水的高温作用下，冰冻汤圆表面开始软化，汤圆慢慢变软。此时，汤圆在开水中有足够的空间翻滚，但将煮熟汤圆一粒粒放在一起的话，稍稍过一会，待汤圆冷却下来，你会发现汤圆已经黏结在一起，很难将一个汤圆和另一个汤圆完整分离开，只有将汤圆拉得变了形、破了皮才可能将之分离出来。

我们可以将成膜物质的乳胶颗粒视为汤圆，冰冻汤圆好比处于玻璃化转变温度 T_g 以下的乳胶颗粒，这种状态下的乳胶颗粒硬且没有足够的空间运动；而煮熟了的汤圆从开水中吸收了热量，自身变软，当一个个碰到一起时，彼此相互扩散产生粘连，形成一个黏结的整体，类似于乳胶颗粒成膜时的热融合。

冬天低温施工时，如果大气湿度低且风大，丙烯酸涂料中的水分会挥发到空气中，乳胶颗粒也能相互接近、紧密堆积；但是若大气温度低于最低成膜温度，乳胶颗粒没有办法从外界吸收热量，就没有可能变软，故粒子之间更多只是点式接触，只是简单的个体堆积，类似冰冻汤圆的堆积，没有形成界面的融合及链段的扩散和融合。这种情况下，丙烯酸涂料的成膜是低质量的，即不连续、不均匀的，布满了微裂缝，宏观表现为强度不够、耐击打性能不足。

再说一下热固性涂料的交联固化，这类乳液的成膜除了具有热塑性涂料成膜的物理过程，还会伴随化学过程，且化学过程对成膜质量的影响更大。在交联固化的乳液体系中，乳胶颗粒中的聚合物链段上含有一定数量的反应性官能团，最终涂膜的性能与乳液成膜过程中聚合物链段的扩散速率和交联速率密切相关。如果交联速率比聚合物链段的扩散速率快，交联反应就集中在乳胶颗粒内部发生，乳胶颗粒之间几乎无交联反应的发生，最终涂膜的界面微裂纹多，界面断裂只需克服微弱的作用力，断裂处在颗粒之间，涂膜的机械强度明显不足；如交联发生在颗粒之间，涂膜的断裂处在交联网络之中，断裂所需的作用力明显大于前者，其机械强度也就得到大幅提升。

2.4.2 影响成膜的主要因素

乳液成膜过程与高分子链的初始构象、分子运动、成膜条件和扩散动力学过程密切相关。影响成膜的主要因素包括聚合物的玻璃化转变温度、聚合物的结构、作为分散介质的水、乳化剂、颜填料和成膜条件等。

2.4.2.1 水的影响

水分在水性涂料中的作用非常特殊，施工时离不开水，固化成膜后不能含有水，平时使用时要憎水。

对水性涂料而言，没有选择分散介质的余地，只能是水，它只有一条蒸气压－温度曲线、一个汽化热数值，所以想要调控分散介质的性能非常困难。在水性涂料成膜过程中，空气相对湿度的影响特别大，在不同的时间和天气条件下，其成膜速率都不同。为了调节水性涂料的成膜性能，有时也会加入一些有机溶剂，如加入成膜助剂不但可以降低最低成膜温度，还可以改善涂料的成膜性能。

从理论上讲，成膜温度只有高于玻璃化转变温度，高分子链段才可以运动，成膜才能进行，但在实际中，在低于玻璃化转变温度的条件下，乳液也可以形成连续的涂膜，这主要是水在成膜过程中起到的增塑作用，只是对不同的体系，水的增塑作用不同。

2.4.2.2 乳化剂的影响

在乳液的成膜过程中及成膜后，乳化剂一直处于体系之中，因而乳化剂不仅影响乳液的成膜，也影响涂膜的性能。对成膜的影响主要体现在：乳胶体的稳定、乳胶粒的堆积、水分的蒸发、乳胶粒的变形及聚合物链段的相互扩散。

成膜后，部分吸附在胶膜表面的乳化剂会一直保留其上而不能脱附，影响涂膜的耐水性能。

2.4.2.3 颜填料的影响

颜料和填料的加入会使成膜的难度提高。涂料的最低成膜温度是指涂料形成不开裂的连续涂膜的最低温度，它不等同于涂料中乳液的最低成膜温度，在有颜填料的涂料中，涂料的最低成膜温度高于乳液的最低成膜温度。

涂料成膜涵盖水分挥发、乳胶颗粒变形和乳胶分子链段扩散缠绕而融合成连续膜的过程。乳胶颗粒变形和分子链段扩散都要求乳胶聚合物体积（这里所谓乳胶聚合物体积是指乳胶涂料中除颜料和填料外所有组分的混合体）中有大于2.5%的自由体积，否则，乳胶颗粒处于玻璃态而无法变形，乳胶分子链段和自由体积处于冻结状态下而不能扩散。在成膜过程中，乳胶聚合物体系的玻璃化转变温度是变化的，随着成膜助剂和水的挥发，乳胶聚合物的玻璃化转变温度是不断升高的，成膜难度是不断增加的。

2.4.2.4 增稠剂的影响

增稠剂种类不少，总体上可分为非结构型增稠剂和结构型增稠剂，非结构型增稠剂（纤维素、聚乙烯醇）通过增加涂料中水相黏度来使整个涂料黏度增加，对乳胶涂料的成膜一般是有利的，但用量过多会降低涂层的耐水性；结构型增稠剂与乳胶涂料中的高聚物粒子发生作用，产生键合，高聚物粒子由原来的圆球变形成毛刺球体，体积增大，这样，当水介质挥发后粒子融合铺展成膜时相互不易靠近，接触所需变形也大，这就可能延长涂料的湿边时间，延缓干燥速度，提高最低成膜温度。这种变化对成膜的利弊不可武断定论，还要根据涂料原本的特点、施工时的温湿度条件等结合判断。

2.4.2.5 成膜助剂的作用

成膜助剂的助成膜机理就是在成膜过程中提供足够的自由体积，旨在降低最低成膜温度。本质上就是成膜助剂吸附到乳胶颗粒上时，因溶解作用而使颗粒表面有所软化，从而在较低温度下成膜，达到较高的涂膜性能和较低的施工温度间的平衡。

成膜助剂种类较多、功能各异，要根据涂料的实际需求选择添加。此外，成膜助剂属于VOC，对人体、环境都有不利影响，添加量须合理，否则会降低乳液和乳胶涂料的稳定性，甚至造成乳液破乳，涂膜干燥后硬度不足和表面黏性。

2.5 丙烯酸涂料的生产工艺

虽然丙烯酸涂料的大致组成万变不离其宗，但准确的配方和所使用原材料的供应商名称、材料名称牌号等是生产厂家的机密。而生产工艺却是相对透明简单的，虽然各厂家在具体生产工艺流程上会有不同，在精细化、精准化程度上有差别，但总的来说丙烯酸涂料自身的特性决定了这种差异不会太大，更多的是细节上的差异。

水性涂料的生产设备相对简单，不会用到高温反应釜之类设备，其基本生产工艺就是在常温下经过配方配料→混合预分散→研磨分散→调漆→过滤→包装这一系列流程。

2.5.1 配方配料

根据生产作业单上配方列明的材料清单领取生产所需材料，根据配方工艺要求，在低速搅拌下依次将去离子水、颜料润湿剂、分散剂、杀菌剂、消泡剂和适量羟乙基纤维素等加入分散釜中，充分混合分散，形成均匀的分散体。

2.5.2 混合预分散

慢慢加入颜填料，边搅拌边添加。颜填料投料完成后，慢慢提高高速分散机的搅拌速度，搅拌至形成颜填料均匀分散的浆料。一般来说，当分散盘周边的速率达到20 m/s以上时，易分散的颜料只需10 min左右便可达到很好的分散效果；而对于难分散的颜料（如大颜料颗粒、硬附聚体），在高速分散几分钟后也只能将颜料颗粒初步破碎，使颜料颗粒的内部表面更多地与液料接触而被润湿，但要达到微细分散，还是离不开研磨分散这道工序。

2.5.3 研磨分散

将分散好的浆料用齿轮泵泵入研磨设备中，研磨到规定的细度。

研磨分散属于一种精细研磨，对中、小附聚粒子的破碎很有效，但对大的附聚粒子不起作用，所以研磨分散前必须进行预分散。砂磨机的研磨介质一般是玻璃珠粒，直径为1～3 mm，粒径越小、研磨接触点越多，越有利于研磨分散。当然，粒径也不是越小越好，太小的话粒子自身的动能太低，不能向大粒子传送足够的剪切作用，造成大粒子的破碎效果不理想。此外，玻璃珠粒粒径太小还容易堵塞筛网装置。

可用细度板来检测研磨分散的效果。具体方法如下：把待测涂料倒入细度板凹槽的底部，用刮板均匀地沿细度板的沟槽方向移动，然后观察沟槽中出现显著斑点的位置，以最先出现斑点的沟槽深度读数表示涂料的细度。细度常用微米（μm）尺度表示。

2.5.4 调漆

研磨分散结束后，一边搅拌一边添加配方中剩余组分，如丙烯酸乳液、成膜助剂、增稠剂、防腐剂和 pH 调节剂等。

2.5.5 过滤

根据不同细度要求采用不同目数的过滤网进行过滤，确保在生产过程中未被破碎的较大颗粒或外来污染物被剔除出去，确保涂料的均匀性。

2.5.6 包装

包装是最后一道工序，一般使用 55 加仑铁桶或 5 加仑的胶桶作为包装桶。

上述工艺只是一般丙烯酸涂料生产的大致流程，并不用于指导实际生产的标准生产工艺流程。但从中我们可以得知，本质上讲，丙烯酸涂料的生产就是配方中十几种原材料在常温下的分散和融合。简言之，涂料生产就是这十几种原材料的有序排列，即这十几种原材料必然存在合理、科学的投料顺序，可与分散速率、分散时间形成理想匹配，使各原材料组分在涂料体系中各司其位、各尽其职，充分发挥出各自在配方设计中所设定的作用和功能。如此，才能生产出符合配方质量要求的丙烯酸涂料产品。

2.6 丙烯酸涂料的性能

丙烯酸涂料的性能包括三个方面，分别为涂装前的液料性能、涂装时的施工性能和干燥后的涂层性能。每个方面都有不同的性能指标来评估衡量。

2.6.1 涂料涂装前的液料性能

指涂料生产完成并包装后，经过存储、运输，直到使用时的质量状况。下面介绍其主要性能指标。

2.6.1.1 外观

目测观察涂料有无分层、发浑、变稠、胶化、结皮、沉淀等现象。

涂料经过较长时间的存放，可能会出现分层和沉淀，如果沉降层较软，容易被重新分散开来，涂料基本可继续使用；变稠和胶化时加适量清水搅拌仍不能分散成正常均匀状态，则涂料不可使用。

2.6.1.2 密度

密度即在规定的温度下，单位体积物体的质量。

密度是涂料极为重要的一个核心指标。如果密度值和配方实际值有较大误差，就说明生产投料时可能存在失误，也就是未能严格按配方生产，涂料的物理性能可能达不到设计的要求。测定密度可以确定产品包装时固定体积容器中涂料的质量。

2.6.1.3 细度

对于面漆而言，细度是个重要指标，涂料中颜料、填料的分散程度，是否含有微小杂质或固体树脂，都可以用测定细度的方法来判定。细度对涂料的成膜质量、涂膜的光泽度、耐久性、储存稳定性均有很大的影响。但也不是越细越好，过细不但耗大研磨时间、占用研磨设备、浪费电力，有时还会影响影响涂膜的附着力。

测细度的仪器为细度计，测量不同的细度需要不同规格的细度计。

2.6.1.4 黏度

黏度是表示流体在外力作用下流动和变形特性的一个物理量，是对流体具有的抗拒流动的内部阻力的量度。丙烯酸涂料都是非牛顿流体中的假塑性流体，呈现出黏度随着剪切力的增加而降低的特点。黏度之于丙烯酸涂料也是个核心指标，它直接关系到材料储存、运输过程中的稳定性和施工时的流动性、流平性等。

对于非牛顿流体的黏度，一般采用固定剪切速率的测定方法，所用的测定仪器为旋转黏度计。

2.6.1.5 不挥发分含量

不挥发分也称为固体分，是涂料组分中经过施工后留下来成为干涂膜的部分，它的含量高低对成膜质量和涂料的使用价值有很大影响。为了减少 VOC 对环境的污染，生产高固体分涂料是涂料发展努力的方向。

测定不挥发分最常用的方法是：将涂料在一定温度下加热烘烤，干燥后剩余物质与试样质量比较，以百分数表示。

2.6.1.6 冻融稳定性

水性涂料在经受冷冻、融化若干次循环后仍能保持其原有性质，则具有冻融稳定性。《乳胶漆耐冻融性的测定》（GB/T 9268—2008）中对此有详细规定：试样在（-18 ± 2）℃条件下冷冻 17 h，然后在（23 ± 2）℃下放置，分别在 6 h 和 48 h 后进行检测。

2.6.1.7 钙离子稳定性

乳液聚合过程中，表面活性剂（乳化剂）对乳液聚合的稳定性和成品乳液的稳定性起着重要作用，故乳液胶体性质极大地受到所使用的表面活性剂的影响。目前常用的表面活性剂为阴离子型和非离子型两类。非离子型表面活性剂是通过水化膜的隔离作用使乳胶颗粒间形成空间位阻，阻止粒子相互接触从而起到稳定乳液的作用；阴离子型表面活性剂的稳定作用则是通过形成双电层来实现的，阴离子部分首先吸附在乳胶颗粒表面，在乳胶颗粒与液体界面间形成一个负电层，在液相中，此负电层又吸引带正电的电子层，从而形成双电层，此双电层能有效地使乳胶颗粒相互排斥，维持乳液体系的稳定性。

但在涂料产品的生产和施工过程中，总是要添加颜料、填料、各类助剂及盐类等添加物，这些添加物在水中都有可能形成电解质而使聚合乳液的分散状态受到不同程度的破坏。于是，用钙离子稳定性这个指标来表示聚合乳液与上述各类添加物的混合稳定性，一般也称为化学稳定性。

阴离子型表面活性剂可使乳胶颗粒表面带负电荷而形成双电层结构，并得到稳定体系。因此，一旦在乳液中添加与颗粒表面电荷符号相反的钙离子或其他离子，正二价的钙离子（Ca^{2+}）十分容易扩散进入双电层中，引起 Zeta 电位的降低和双电层厚度的压缩，降低势能屏障。当势能屏障消失时，Zeta 电位趋于零，乳胶颗粒就凝聚，乳液就遭到破坏。

某些用非离子型表面活性剂的乳液有时也会出现钙离子稳定性不良的情况，其原因可能是钙离子金属盐的盐析作用（即脱水作用）破坏了乳胶颗粒表面由非离子表面活性剂所生成的比较弱的水化膜，引起乳胶颗粒凝聚，造成乳液破坏。

测定方法为：在 20 mL 刻度的试管中加入 16 mL 乳液试样，再加 4 mL 0.5% 的 $CaCl_2$溶液，摇匀，静置 48 h，若不出现凝胶且无分层现象，则钙离子稳定性合格；若有分层现象，量取上层（或下层）清液高度，清液高度越高，则钙离子稳定性越差。

2.6.1.8 VOC 含量

由于 VOC 对环境的危害越来越受到关注，为降低丙烯酸运动场地面材料的 VOC 排放，《中小学合成材料面层运动场地》（GB 36246—2018）对涂料液料的 VOC 提出了严格的限值，不得大于 50 mg/L。

2.6.1.9 可溶性重金属含量

可溶性重金属对土壤和水体会产生严重危害，GB 36246—2018 对运动场地面材料中的可溶性重金属有严格的限值，具体参阅 GB 36246—2018。

2.6.1.10 游离甲醛含量

甲醛不属于 VOC，但对人体的危害非常大，GB 24368—2018 对运动场地面材料中游离甲醛含量的限值为不得大于 5 mg/L。

2.6.2 涂料涂装时的施工性能

涂料只有在施工后形成坚韧的涂层才能发挥作用，其施工性能从将涂料涂装到基面开始，至涂层形成为止，主要包括以下 7 种。

2.6.2.1 施工性

施工性也称为工作性，英文为 workability，包含流动性、黏聚性和保水性三个方面，直接关系到丙烯酸涂料施工时的顺滑性、成膜时的流平性和干燥速度的快慢。施工性好的涂料能很好地控制起皱、缩边、渗色、咬底及缩孔和表面细裂纹的出现。

2.6.2.2 干燥时间

涂料的干燥过程根据涂膜物理性状（主要是黏度）的变化过程可分为不同阶段，习惯上分为表面干燥、实际干燥和完全干燥三个阶段。

2.6.2.3 使用量（或涂布率）

使用量是指单位质量（或体积）的涂料在正常施工情况下达到规定涂膜厚度时的涂布面积。在运动场地面材料铺装行业，一般习惯用在单位面积上涂布规定厚度的涂膜所需要的浓缩涂料的体积来表示使用量，按国际惯例，体积用加仑（gallon）表示（美式加仑，1 gal = 3.785 L），故每层使用量通常以 gal/m^2 为单位。

使用量可作为设计和施工单位估算涂料用量的依据和参考，事实上，实际施工受到施工方法、施工环境、底材粗糙度等诸多因素影响，实际消耗量会与测定的使用量存在一定的差异。

2.6.2.4 涂层厚度

测量丙烯酸地面系统的完工厚度不是件简单的事，厚度的大小直接关系到材料成本、涂层的耐磨性和使用寿命等；厚度又受到底材种类，表面粗糙程度、平整程度，以及所用石英砂粒径、用量等诸多因素的影响。同时，丙烯酸涂料是兑水施工的，因此不能通过施工层数来判断结构厚度，即施工层数多的未必比施工层数少的厚度更大。故对丙烯酸系统整体厚度的控制一般是通过掌控进场的丙烯酸涂料的总体积数量来保证的。当然，这也需要对涂料密度、固含量及石英砂的堆积密度等有一定了解才能估算出来。

2.6.2.5 遮盖力

色漆均匀地涂刷在基面上，通过涂膜对光的吸收、反射和散射，使底材颜色不再呈现出来的能力称为遮盖力。有湿膜遮盖力和干膜遮盖力之名，前者一般用遮盖单位面积所需的最小用漆量来表示，单位为 g/m^2，后者常用对比率来表示。

2.6.2.6 湿边时间

湿边时间（wet-edge time）又称为湿边可搭接时间，指保持现存边缘涂膜的物理状态，允许同样涂料涂布于相邻区，并能与现存涂膜成一体而不觉察差异的时间。即湿膜保持湿态，足以使搭接处可涂布而不产生重叠接痕的时间。高温时湿边时间会明显缩短，可能产生涂布时无法“湿接”而出现刮痕的现象。

2.6.2.7 重涂性

重涂性表征在涂层表面用同一涂料进行再次涂布的难易程度和效果。有些涂料添加的表面活性剂过多，表面张力比较低，对底材有很好的润湿展布性能，但重涂性不佳。

2.6.3 涂层固化后的性能

2.6.3.1 涂层外观

涂层干燥后，检查涂层有无表面缺陷，如刷痕、起泡、起皱、缩孔等。

2.6.3.2 光泽度

水性涂层一般都是哑光或半哑光的，表面光泽不高。但涂层表面须粗细均匀，因为涂层表面的平整度和粗糙度会极大地影响涂层表面反射光的强弱，反射光差别过大就会造成光泽不均，视觉感不佳。

2.6.3.3 颜色

颜色是一种视觉，就是不同波长的光刺激人的眼睛之后，在大脑中所引起的反应。涂层的颜色是由照射光源、涂层本身性质和人眼决定的。

2.6.3.4 硬度

硬度就是涂层对作用其上的另一个硬度较大的物体的阻力。常用的有邵氏硬度和铅笔硬度。

2.6.3.5 渗水性

丙烯酸涂层完工后具有憎水性，要求涂层不具有渗水性，以避免水对涂层结构的影响。

2.6.3.6 防滑性

防滑性是对地面材料的基本要求，一般要求摩擦系数不得低于0.5。

2.6.3.7 冲击强度

冲击强度也称为耐冲击性，用于检验涂层在高速冲击力作用下的抗瞬间变形而不开裂、不脱落能力，综合反映涂层柔韧性和对底材的附着力。

2.6.3.8 柔韧性

当涂层受到外力作用而弯曲时，所表现的弹性、塑性和附着力等的综合性能称为柔韧性。

2.6.3.9 附着力

附着力是涂层与底材表面理化作用而产生的结合力的总和。目前测定附着力的方法主要有划格法、划圈法和拉开法。

2.6.3.10 耐磨性

耐磨性是涂层抵抗机械磨损的能力，是涂层的硬度、附着力和内聚力的综合体现。《色漆和清漆 耐磨性的测定 旋转橡胶砂轮法》（GB/T 1768—2006）规定用Taber磨耗仪，在一定的负荷下，经一定的磨转次数后，以涂层的失重表示其耐磨性，失重越小，耐磨性越好。

2.6.3.11 耐刷洗性

耐刷洗性是测定涂层在使用期间经反复洗刷除去污染物的相对磨蚀性。

2.6.3.12 耐光性

涂层受到光线照射后保持其原来的颜色、光泽等光学性能的能力称为耐光性。主要从保光性、保色性和耐黄变性三个方面进行检测。

2.6.3.13 耐热性、耐寒性、耐温变性

耐热性、耐寒性、耐温变性都表示涂层抵抗环境温度变化的能力。

2.6.3.14 耐水性

耐水性是指材料抵抗水破坏的能力，水对于材料性能的破坏体现在不同方面，最明显的表现是使材料的力学性能降低。耐水性测定方法大致有常温浸水法、浸沸水法和加速耐水法。

2.6.3.15 耐湿性

耐湿性是指涂层对潮湿环境的抵抗能力。具体参见ASTM D4585—92。

2.6.3.16 耐污染性

一般用一定规格的粉煤灰与自来水1∶1配比混合后均匀涂刷在涂层表面，待规定时间后用合适的装置冲击粉煤灰，一定的循环周期后，测定涂层的反射系数下降率。下降率越小，耐污性越好。

2.6.3.17 盐雾试验

在近海地区，大气都含有盐雾，这是海水的浪花和海浪冲击岸时泼散成的微小水滴经气流输送而形成的。盐雾中的氯化物（如NaCl、$MgCl_2$）有吸湿性且氯离子有腐蚀性，会对金属产生强烈的腐蚀作用。在防腐蚀保护研究方面，人们一直将盐雾试验作为

人工加速腐蚀试验的方法。盐雾试验有中性盐雾试验和醋酸盐雾试验之分。

2.6.3.18 大气老化试验

大气老化试验用于评价涂层对大气环境的耐久性，其结果是涂层各项性能的综合体现，代表了涂层的使用寿命。

2.6.3.19 人工加速老化试验

人工加速老化试验就是在实验室内人为地模拟大气环境条件并给予一定的加速，这样可避免天然老化试验时间过长的不足。GB/T 1865—2009 对比有详细测试要求。

2.6.3.20 TVOC 释放量

为确保运动场地面材料在使用中的安全环保，GB 36246—2018 还对地面材料完工后的 TVOC 释放量指定了限值，即每小时不得大于 5 mg/m^2。

2.6.3.21 气味等级

为杜绝运动场地在使用时，尤其高温条件下散发刺激性气味，GB 36246—2018 中也规定了气味等级检测。

2.7 如何鉴别丙烯酸涂料的优劣

在体育场地铺装行业，丙烯酸涂料是一种被广泛使用的材料，其水性无毒及对人体和环境无害的特点非常符合目前中国政府提倡的“资源节约型、环境友好型”的号召。

目前运动场地丙烯酸涂料产品品牌众多，虽然进口品牌在市场上仍然可见，但国产品牌实际上已占据国内大部分市场，并也开始对国外出口。与此同时，国内仍有公司或小作坊自己生产丙烯酸涂料，但却假冒进口品牌骗取客户信任，以获取更高额的利润。所有这些造成当今丙烯酸涂料质量良莠不齐，价格天差地别，让许多客户感到无所适从，不知如何选择。

首先，明确地告诉大家，丙烯酸涂料并不是一个高技术含量的产品，只要原材料质量好、配方科学合理、生产工艺合理，就是好的产品。从这点上讲，不必“迷信”进口产品。只要你掌握了鉴别丙烯酸涂料质量优劣的本领，你就可以淘到性价比令你满意的丙烯酸涂料。

第一，要固体样板和液体样品一起参考来看。固体小样板可以做得层次分明，颜色鲜艳一致，但小样板弄得漂亮，并不代表涂料质量一定好。因为涂料的一些缺陷在小样板上很容易克服，但一到大面积施工时就会暴露出来，如色泽不纯、粗糙不均、刮痕明显等。我们经常会发现国内不少丙烯酸厂家提供的固体小样板比进口品牌的小样板精致得多、漂亮得多，当然不能以此来断定前者丙烯酸涂料产品的实际质量就一定比后者好。因此，为了防止“样板花招”引起的误判，还需要观察液态丙烯酸样品来综合判断丙烯酸的优劣。应从以下三个方面来考量：①闻其味。一般，好的涂料都有淡淡的气味，但不会刺激性很强，也不会让人眼鼻有明显不舒适的感觉；开桶有腐臭味或其他刺激性气味的自然不是好涂料。②观其形。好的涂料有较好的流动性，质地细腻均匀，有油光可鉴之感，黏度适中，划痕很快愈合（图2－10）。劣质的涂料则有如下表现：像豆腐花一样过度黏稠，划痕不消；表面粗糙；分层沉淀且沉淀物板结等（图2－11）。当然，涂料出现水料分离的现象，只要是松散絮凝，稍稍搅拌能分散均匀，还是可以使用的。③看其色。不论什么颜色，色泽一定要均匀、生动、有光泽、不呆板，表观细腻，无粗细不均，表面呈油光可鉴之感。色泽斑杂、粗细不均，有黑点、霉点现象的不可能是好产品。

图2－10　高质量涂料外观

图2－11　劣质涂料外观

第二，将丙烯酸涂料和石英砂及水按厂家要求混合搅拌后观察有无沉砂现象。若有，则说明涂料在配方上有缺陷，它将直接导致施工时涂层的砂料分离，从而产生大面积色差和刮痕。然后将搅拌好的材料刷涂在马口铁上，待其干燥后观察其成膜后的均匀性、光泽度。若成膜均匀，光泽一致，则说明丙烯酸涂料的流平性不错，颜料分散效果好，涂料细度满足要求。

第三，测试丙烯酸的耐水性和黏合力，可将固体样板放置于水中浸泡几天后再观察。好的涂料不会有什么明显的变化；而劣质的丙烯酸涂料则会出现涂层起皱，用手一搓，涂层很容易被搓掉。耐水性差的材料，水对其最直接的影响就是降低材料的力学性能。

当然，实际上全面判定涂料质量优劣要复杂得多，要测试的项目还有很多，上述方法只适合在非实验室条件下对涂料好坏做个简单判断。

丙烯酸运动场地面系统产品编

第3章　丙烯酸球场系列

丙烯酸球场系列地面材料是一类国际上普遍铺装使用的运动场地面材料，广泛用于网球场、篮球场、排球场、小型足球场等，因丙烯酸的英文名为“acrylic”，在国内又音译为“亚克力”或“压克力”，故一说到亚克力或压克力地面材料，实质上就是指丙烯酸类的材料。

丙烯酸材料在网球运动中是当仁不让的主流的产品。网球界四大满贯赛中的美国网球公开赛和澳大利亚网球公开赛都是在丙烯酸场地上举行的。中国网球公开赛、上海大师赛和广州女子网球公开赛也都是在丙烯酸场地上举行的。1990年美国做过一个调查：网球场地面材料种类繁多，但90%是丙烯酸材质的，可见丙烯酸材料在网球运动场中的绝对统治地位。以休闲健身为目的的各种球类运动场地上铺装丙烯酸材料的更是不胜枚举。

丙烯酸球场系列在产品系统结构上大同小异，各个生产商都会在自己的产品说明书上详细图示出来。产品结构的差异显示出生产商在配方设计、结构层搭配上的不同侧重考量。为能直观地表达这种差异，我们特别选择国内外有代表性的品牌来介绍丙烯酸球场系列产品并对其异同进行比较说明。国外品牌选择美国德克瑞①（Deco Turf），这是行业内最具世界范围影响力的品牌之一，众多国际著名网球赛事选择铺装的丙烯酸产品都来自该品牌；国内品牌选择宝力威（PolyWin），该品牌自2007年问世以来在国内市场取得长足发展，产品远销非洲、南亚和东南亚，其丙烯酸球场系列中的丙烯酸弹性系统也于2013年7月获得了国家发明专利，在行业内享有比较高的知名度和美誉度，在国产丙烯酸涂料产品中具有一定的代表性。

丙烯酸球场系列产品包括丙烯酸硬地系统（口头上常说的“硬地丙烯酸”）和丙烯酸弹性系统（口头上常说的“弹性丙烯酸”）。我们就德克瑞和宝力威这两个品牌的两个产品系统做一个说明和比较。

---

① “德克瑞”中文商标已被一家中国公司在国内注册了。但Deco Turf自进入中国市场后，一直就使用“德克瑞”这一名称，在行业内也普遍被认可，故本书沿用使用习惯，还是用“德克瑞”称呼Deco Turf。

3.1 丙烯酸硬地系统（硬地丙烯酸）

3.1.1 美国“德克瑞”硬地丙烯酸

图3－1为美国“德克瑞”硬地丙烯酸的结构示意。

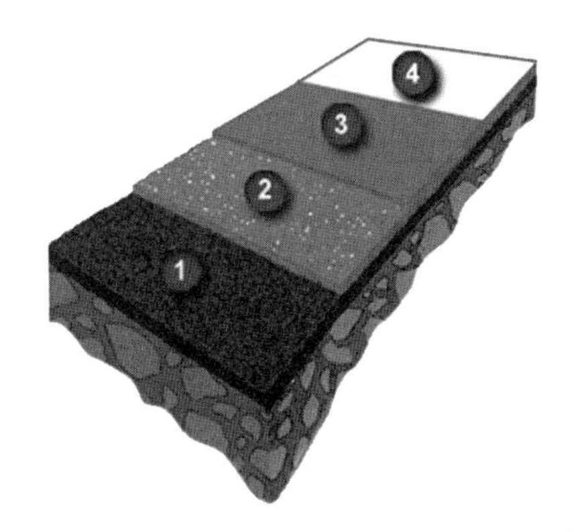

1—填充层；2—纹理层；3—饰面层；4—界线层。

图3－1 美国“德克瑞”硬地丙烯酸结构示意

3.1.2 国产“宝力威”硬地丙烯酸

图3－2为国产“宝力威”硬地丙烯酸的结构示意。

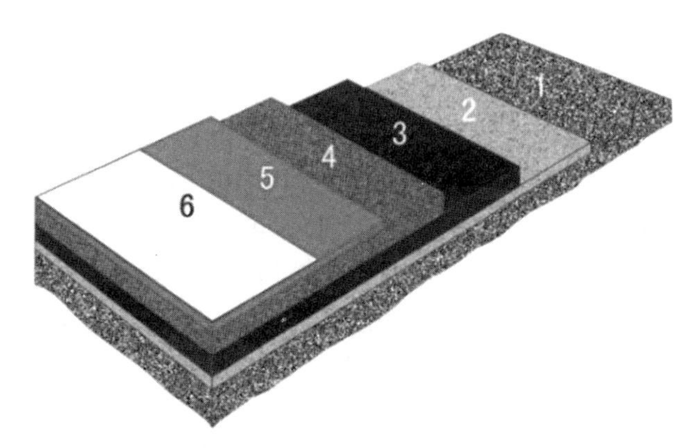

1—混凝土或沥青基础；2—丙烯酸混凝土底油层（仅适用混凝土基础）；
3—丙烯酸平整层；4—丙烯酸纹理层；5—丙烯酸面层；6—丙烯酸白划线层。

图3－2 国产“宝力威”硬地丙烯酸结构示意

3.1.3 硬地丙烯酸结构层作用功能分析

硬地丙烯酸结构相对简单，这两个品牌除了在对应的结构层名称上有点不同，本质上说是完全相同的。

3.1.3.1 丙烯酸混凝土底油层

底油是丙烯酸涂层系统和水泥混凝土基础之间的黏接桥梁，在基础和主体涂层结构之间起着双面胶的作用。底油本身基本上都属于丙烯酸酯类产品，可以是纯丙乳液、苯丙乳液和丁苯乳液，它和之后施工的丙烯酸平整层之间的黏接强度高；同时，底油粒径细小，能渗透混凝土的毛细孔中，和混凝土之间形成“你中有我，我中有你”水乳交融般的咬合和镶嵌，从而确保整个丙烯酸涂层系统和水泥混凝土基础之间的强力附着，从根本上避免丙烯酸涂层的脱层、分层和起皮等质量问题的出现。

丙烯酸底油具有渗透性强、黏接强度高、耐碱性好的特点，是整个丙烯酸涂层系统质量好坏的关键一环。

丙烯酸底油层实际上具有以下功能：①增强黏接，起到“双面胶”作用；②一定的防潮防水功能；③使水泥混凝土表面的吸收性均匀一致；④对低标号混凝土有一定的补强功能。

将混凝土基础打磨酸洗处理好之后，将丙烯酸混凝土底油和清水依照要求的比例混合搅拌均匀，在基础微微湿润且无明水的情况下，用滚筒、喷枪或刮板涂布于混凝土基面上。底油的目的在于渗透混凝土的毛细孔，形成嵌套和咬合，并不追求厚度，实际上底油层宜薄不宜厚。

满足丙烯酸涂料施工要求的混凝土基础，一般只需涂布 1 层底油便可。对于标号不足的混凝土基础，可能要涂布 2 层或以上底油，因为标号不够的混凝土，密实度都不够理想，对底油的吸收需求更多，这些被吸收的底油干燥后可以对这类基础进行适当的补强，可以理解为用聚合物对混凝土进行加固。

丙烯酸底油主要是阴离子型，阳离子型丙烯酸底油使用并不普遍。阳离子型丙烯酸底油抗碱性极强，体系中引进大量阳离子正电荷使其具有独特的交联机理，能够和碱进行功能性交联，混凝土基础无须中和处理便可直接涂布，我们在后面会介绍这款产品。

沥青是不需要丙烯酸底油层的。德克瑞所展示的产品结构是基于沥青基础的。在混凝土基础上，德克瑞事实上有一款与众不同的底油产品：水性双组分环氧树脂底油。这款产品充分利用环氧树脂不含酯基、抗碱性强和混凝土之间黏接强度高的特点，为保证环氧底油和后续丙烯酸填充层的牢固黏附，第一层填充层必须和环氧底油层在同一天内完成涂装和固化，即环氧底油不能裸露过夜。

3.1.3.2 丙烯酸平整层（填充层）

“德克瑞”结构中填充层的名称可能源自国外网球场更多是采用沥青混凝土基础。沥青混凝土表面孔隙率较大，需要用材料将之填平密实，故称之为“填充层”倒也名副其实。当然，并非所有场地都建在沥青基础上，使用水泥混凝土基础的也相当普遍，因此也有不少品牌将这层底层结构层称为平整层，因该结构层施工时要添加石英砂，会对基础平整度的细微不理想之处进行平整修饰。对沥青空隙的填充也是一种平整，所以平整层的涵盖范围更加广泛一些。

不管名称如何变化，其主要功能是一致的。在实际工作中，人们在口头上更习惯将填充层或平整层统称为丙烯酸底料或直接就称为底料。

丙烯酸平整层是丙烯酸系统结构的基石和支撑层，它不仅是球场基础的贴身保护层，彻底将基础密封覆盖起来，同时其含有的石英砂具有一定的体积，对水泥基础的细微不平整处具有一定的平整作用；对于沥青混凝土基础更是具有孔隙填充和表面平整的双重修饰作用。

一般硬地丙烯酸系统结构在混凝土基础上需要施工 2 层丙烯酸平整层。对沥青混凝土而言，第一层平整层实际上是用来填充沥青孔隙的，甚至有时沥青孔隙过大，需要施工 2 层或更多层才能将孔隙填平，也就是说，沥青的表面多孔性特征使丙烯酸平整材料的使用量要远大于水泥混凝土。

目前市面上正统的丙烯酸平整材料都是以聚丙烯酸树脂乳液为成膜物质，采用一定的配方设计在工厂生产的，其实际组成和第 2 章所介绍的基本一致。这种平整材料在施工时只需添加石英砂和清水，经充分搅拌后便可使用，既方便快捷又绿色环保安全。

有时有些材料生产商和工程商为了降低丙烯酸材料成本，并不直接生产和采购丙烯酸平整材料，而是在市场上购买一些聚合物乳液，如 EVA 乳液、SBR 乳液或苯丙乳液，在施工现场自行添加石英砂、水泥、108 胶水和清水，搅拌后刮涂于基础面之上代替丙烯酸底料。这种做法其实并不能降低多少成本，还会存在不少隐患。首先，需要考虑乳液的选择是否过关，因为要添加水泥，必须选用和水泥相容性好的乳液，避免出现乳液破乳絮凝、结团现象的发生；其次，现场配料的准确性和稳定性无法保证，这取决于施工人员的作业态度和敬业精神；再次，这种现场配料不添加任何诸如增稠剂、消泡剂和润湿剂之类的助剂，混合料的黏度不足、流动性差，保水性更是不理想，容易产生沉砂及固化后表面细裂纹较多等问题。为了克服沉砂，又会添加 108 胶水类辅料来调节黏度，而过多地添加此类胶水会降低涂膜的耐水性，同时延缓涂膜的干燥速度、增加 VOC 和甲醛含量；最后，水泥的加入量控制不好的话会使底料涂层固化后变硬变脆，拉断伸长率大为降低，极易脆裂。

以前市面上还有以乳化沥青来替代丙烯酸平整材料的。十几年前的场地工程中，为降低材料成本，很多工程商弃丙烯酸底料不用而改用价格便宜的乳化沥青，但其终究因质量问题太多、太严重而在这些年渐渐被淘汰，现在很少看到用乳化沥青做平整层材料的了。

乳化沥青的主要缺陷在于：①乳化沥青是热塑性材料，温度敏感性高，高温时会发软，尤其将乳化沥青用于修补积水位时，因高温变软，其上丙烯酸涂层在外力作用下会出现高密度的网状裂纹；②高温时沥青受热膨胀会向上渗透，穿越丙烯酸涂层导致表层丙烯酸被污染、发黑（图 3 -3）；③水损严重，乳化沥青包裹石英砂形成的底涂层一旦开裂，当有水浸泡时，乳化沥青会在水的作用下渐渐丧失对石英砂的包裹能力，导致其从石英砂表面剥离，底涂层从底材上脱落、起皱，并有从开裂处向裂缝两侧扩散的趋势；④乳化沥青气味大，不环保，施工时对施工人员及周边人员和环境有一定的影响。

图3－3　乳化沥青底涂球场

3.1.3.3　丙烯酸纹理层

这个结构层德克瑞称之为“ texture course”，宝力威称之为“纹理层”，盖因这是个含砂彩色涂层，干燥后会形成具有一定粗糙程度的表面纹路。两者的区别在于德克瑞的纹理料采用石英砂内置配方，施工时只需兑水即可，而宝力威的纹理料是现场施工时添加石英砂和清水的，属于石英砂后置配方设计。

德克瑞的纹理料采用内置石英砂设计，由于其配方中的石英砂得到了经精心挑选与严格计算，避免了现场加砂的随意性带来的涂层质量问题，保持了调速效果的稳定性和一致性，确保不论在哪里施工都品质一致、物性一致、质量稳定。顺便说一下，德克瑞的纹理料本身为灰白色，实际施工时还会在纹理料中配置一定数量的丙烯酸彩色面料（一般按体积比 11：3)，其目的一方面是提升纹理料的施工爽滑性，另一方面为丙烯酸终饰面层提供一个同色基面，使得最终完成面色泽均匀一致，避免色泽斑杂。

宝力威的纹理料则是彩色丙烯酸浓缩面料现场配砂兑水而成，干燥后形成一个彩色纹理涂层，该涂层可以根据客户的要求进行调整，以满足客户对场地完成面的纹理粗细及球速快慢的个性化要求。由于现场配砂，石英砂的质量不同、粒径级配差异及添加量的多寡等均会使得纹理层的物性存在一定幅度的变化（如表面摩擦系数和耐磨性等），场地球速也随之富于变化。这种变化也可理解为灵活的调速性能，这是它的优势。

综上，可以看出德克瑞注重稳定性，而宝力威注重灵活性，两者各有所长。

纹理层增加了整个丙烯酸系统的厚度，提高了系统的强度和耐磨性能，既是平整层的覆盖保护层，又是整个丙烯酸系统的耐磨层和球速调节层，丙烯酸纹理层是整个硬地丙烯酸系统的核心和关键，一般施工不少于 2 层。

再说一下调速料。现在国内有些厂家抛出了丙烯酸调速料的概念，其本质和德克瑞的石英砂内置纹理料是一样的，就是将原本要在施工现场添加的石英砂作为生产配方的一部分在生产环节中加入，这种高 PVC 含砂涂料在施工时只需添加少许清水搅拌均匀便可刮涂，干燥后形成所谓调速层（实际上就是纹理层），这便是所谓的调速料。

从物料组成上讲，调速料和现场加砂纹理料基本一致，最大的不同体现在两者黏度体系的设计上。由于调速料矿物粉料占比较高，属于高 PVC 涂料，其低剪和中高剪黏度的兼顾和平衡就显得尤为重要，要确保调速料的储运稳定性和施工工作性。

3.1.3.4　丙烯酸面层（饰面层）

丙烯酸面层（德克瑞称为“finish course”，也称作“top coat”）对丙烯酸纹理层的色泽和表面有装饰作用，使丙烯酸系统最终完成面颜色更均匀、纹理更一致。丙烯酸彩色浓缩面料仅添加清水搅拌均匀后涂装于纹理层面上，形成面层。

丙烯酸面层一般涂装 1 ～ 2 层，施工绝不超过 2 层。因为丙烯酸面层固化后质地比较致密，透气性会降低，尤其在水泥基础上，当面层超过 2 层时，极易出现起泡、起鼓等质量问题。在沥青基础上同样不适合涂装过多的面层，涂装过多使得面层较为细腻，多层面层会使场地表面趋于光滑，摩擦力降低，球速变快，运动时易摔跤。

将丙烯酸结构中的彩色涂层细分为纹理层和面层是行业内普遍采用的做法，但实际上这两个彩色涂层都是使用同一款产品——丙烯酸彩色浓缩面料，英文为“acrylic color concentrate”，为方便称呼，一般简称为丙烯酸面料，甚至行业内直接叫作“面料”。施工时，丙烯酸面料采用不同的物料配置就产生了不同的涂层，简而言之，丙烯酸面料配料时加砂兑水便是纹理层，兑水不加砂便是终饰面层。

关于宝力威的丙烯酸面料，在此还是要多交代一下：不同于其他大多数丙烯酸生产厂家只提供一种配方、一种物理性能的丙烯酸面料，宝力威设计、生产和提供 3 款配方差异化的丙烯酸面料，分别是丙烯酸硬性面料、丙烯酸弹性面料和丙烯酸柔性面料。这三款面料最大的区别在于搭配使用的成膜物质：丙烯酸乳液具有不同的结构和玻璃化转变温度，因而涂层干燥后具有不同的硬度和柔韧性，在使用时也有侧重。在硬地丙烯酸体系中，硬性面料用得最普遍；而在下面介绍的弹性丙烯酸体系中，弹性面料和柔性面料更为常见。

顺带说一下，国内外也有些厂家的丙烯酸系统结构中是不分纹理层和终饰面层的，而是统一称为面层。这类产品实际上为含砂量比较大的丙烯酸面料，如意大利的威思迈（VESMACO）、澳大利亚的高比（Courtpave）均为此类产品。生产这类含砂面料的厂家都对石英砂的质量对丙烯酸涂层质量的重要性予以高度关注，担心就地采购、现场添加的石英砂在粒径分布、圆度、白度及含铁含泥量等指标上达不到要求。故厂家在生产时就将原本需要在施工时添加的石英砂作为生产配方的一部分加入产品，施工时只需添加适量的清水便可涂装。如此，最大限度地保证在世界任何一个角落施工，其丙烯酸涂层的纹理质地、色泽等方面性能最大可能地稳定一致，避免石英砂因产地不同、质量不同、添加量不同而导致涂层质量的差异或破坏。

3.1.3.5 丙烯酸白划线层

球场界线一般刷1～2层丙烯酸白线漆就可产生极佳的耐磨效果和视觉效果。丙烯酸白线漆一般无须加水，只须轻微搅匀即可。

硬地丙烯酸以其优良的性价比而广泛铺装于各级各类球场项目工程中，甚至在室内外体育看台及城市绿道上也被普遍接纳和认可，当然，一般会根据实际功能需要对结构进行针对性调整，如体育看台基本使用经济版硬地丙烯酸系统。从市场上现有的地面材料来看，在耐用性、实用性、适用性及经济性方面综合考量起来，似乎只有丙烯酸材料是体育看台面层材料的不二选择。环氧树脂硬度高，耐磨性好，但在户外使用时，在紫外光的作用下，其内部的芳香醚键会断裂产生发色基团，导致变色；而弹性地材，如PU、硅PU或聚脲，则价格不菲。

3.2 丙烯酸弹性系统（弹性丙烯酸）

3.2.1 美国“德克瑞”弹性丙烯酸

图3－4为美国“德克瑞”弹性丙烯酸的结构示意。

1—填充层；2—粗颗粒橡胶层；3—细颗粒橡胶层；4—纹理层；5—饰面层；6—界线层。

图3－4 美国“德克瑞”弹性丙烯酸结构示意

3.2.2 国产“宝力威”弹性丙烯酸

图3－5为国产“宝力威”弹性丙烯酸的结构示意。

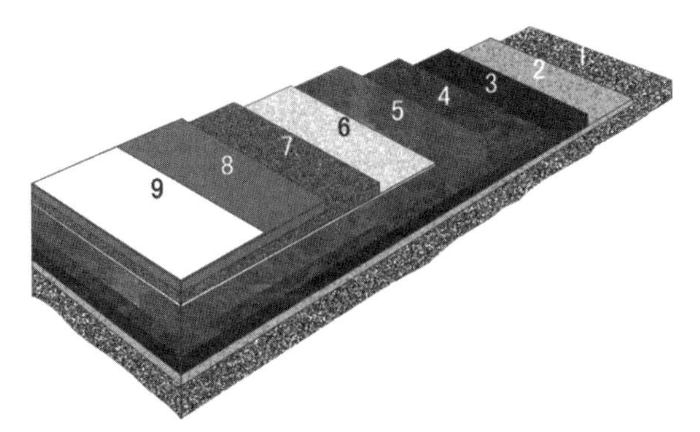

1—混凝土或沥青基础；2—丙烯酸混凝土底油层（仅适用混凝土基础）；3—丙烯酸平整层
4—丙烯酸粗颗粒弹性层；5—丙烯酸细颗粒弹性层；6—丙烯酸弹性密封层
7—丙烯酸彩色纹理层；8—丙烯酸彩色面层；9—丙烯酸球场白划线层

图3－5　国产“宝力威”弹性丙烯酸结构示意

3.2.3　弹性丙烯酸结构层作用功能分析

从两个品牌的弹性丙烯酸的结构可看出，德克瑞的结构层相对较少，较为简单，也就是在硬地丙烯酸的填充层和纹理层之间添加粗细颗粒橡胶弹性层，而宝力威的结构层中基本涵盖德克瑞所有的结构层，还多了一层独特的丙烯酸弹性密封层。可以这么来理解，德克瑞的纹理层在一定程度上兼具宝力威结构中弹性密封层和纹理层的功能；而宝力威则是将德克瑞的纹理层的功能更加细化，分为弹性密封层和纹理层。

从完工后实际使用效果来看，德克瑞弹性丙烯酸质地稍稍偏软，球速偏慢。宝力威弹性丙烯酸则因其能提供三款不同硬度的丙烯酸面料，即可产生三种物理性能差异化的硬段涂层，且通过弹性密封层的过渡、缓冲和弹性软段的搭配，能组合设计出不同球速、不同使用效果和打球体验的地面材料系统。因此，宝力威弹性丙烯酸具有非常灵活的可调节性，几乎可以设计搭配出覆盖国际网联球速认证体系中 1 ～ 5 速球的全部速度。

下面就以宝力威弹性丙烯酸的产品结构为例来解析各结构层的功能作用。

3.2.3.1　丙烯酸混凝土底油层

参见第 3.1.3.1 小节。

3.2.3.2　丙烯酸平整层（填充层）

参见第 3.1.3.2 小节。

3.2.3.3　丙烯酸粗颗粒弹性层（以 SBR 颗粒弹性料为例）

目前市面上丙烯酸弹性料中弹性颗粒种类繁多，在此我们仍以最传统的黑色丁苯橡胶（SBR）颗粒弹性料为例做介绍，并在后面对其他类型的弹性料稍加介绍。

粗颗粒弹性层是整个弹性丙烯酸系统结构的弹性主体和主要表现者，它使用的是柔韧性极佳的高弹丙烯酸乳液，内含优质精选的黑色 SBR 颗粒，颗粒粒径级配合理，能充分传达出高弹的特点，是减轻场地对人腿、脑部震荡的关键，能有效降低运动时的疲劳感觉。

根据弹性丙烯酸系统结构整体厚度要求的不同，粗颗粒弹性层的施工层数相应不同。一般 3 mm 厚弹性丙烯酸至少要刮涂 1 层粗颗粒弹性层，4 mm 厚要 2 层，5 mm 厚要 3 层。

粗颗粒弹性料在现场施工时只需添加清水即可，绝对不要添加任何其他材料，如水泥或石英砂。可以明确一点：任何需要在弹性料的施工中添加水泥的丙烯酸产品在配方上是不科学的，在结构设计上是不合理的，其结果就是将弹性丙烯酸系统变成加厚版的硬地丙烯酸，是存在重大缺陷的伪弹性丙烯酸产品。

当然这并不表明石英砂和丙烯酸弹性料是水火不容的，前面介绍过的意大利威思迈的丙烯酸弹性料就是添加一定比例的石英砂的，这些砂是在生产过程中依配方添加的，其主要目的是控制固化后弹性层的垂直变形幅度，石英砂添加多少、添加什么粒径，都是经过精心设计的，完全不是在施工物料配置时随意添加的。石英砂的密度远较橡胶颗粒大，体系中含有石英砂的弹性料在黏度设计时也是有技术考虑的，而在工地上私自添加石英砂，连物料都不可能搅拌分散均匀，更不用说流畅涂装了。

3.2.3.4 丙烯酸细颗粒弹性层（以 SBR 颗粒弹性料为例）

细颗粒弹性层是整个弹性丙烯酸系统结构弹性特点的次要表现者，它将柔韧性极佳的高弹丙烯酸乳液作为黏结剂，内含优质精选的黑色 SBR 橡胶粉，胶粉粒径要和粗颗粒弹性料中的橡胶颗粒在级配上能相互配合，能有一部分的粒径重叠，共同完成弹性材料在弹性丙烯酸结构中的作用和功能。细颗粒弹性层不是弹性的主体，它的主要作用在于平整粗颗粒弹性层的粗糙表面，促进弹性层在厚度和密度上的一致性、在纹理上的均匀性，同时为下一结构层的涂装提供理想的基面条件。

总体而言，不论弹性丙烯酸系统结构整体厚度如何，细颗粒弹性层的施工层数一般不得少于 2 层。作为水性材料，每一层的施工厚度不能太大，故一层薄薄的细颗粒弹性层显然是无法胜任上述功能要求的。一般来说，细颗粒弹性层施工时表现出第二层总比第一层材料用量要小一些的特点。

粗细颗粒搭配形成的弹性层也是调节场地球速的一个手段，通过控制弹性层的厚度、密实度、粒径的大小级配来调节弹性层的硬度，进而调节场地球速的垂直速度。弹性层厚度大、结构疏松则硬度偏低，地面的冲击吸收值高，反弹的高度偏低，球的能量损失较多，球速就倾向于变慢；反之，弹性层厚度薄、密度大、密实度高则硬度就偏大，地面的冲击吸收值低，反弹的高度偏高，球的能量损失较少，球速就倾向于变快。

当然，有些厂家只提供一种规格的弹性料，不区分粗细弹性料，如意大利的威思迈丙烯酸弹性料。这种不分粗细颗粒的弹性料使用的弹性颗粒粒径一般居于传统粗细颗粒粒径大小之间，有时为了提升成膜后的密实度，还会在生产过程中添加一定比例的特定粒径大小的石英砂。添加石英砂的本意并非在降低成本，毕竟添加量很有限，真正的目的在于利用石英砂自身刚硬不变形的性质，提升弹性层的密实度和控制上层硬段涂层垂直变形的幅度。弹性丙烯酸完工后，在使用过程中由于受外力作用，表面硬段丙烯酸涂层向下发生变形，若此时弹性层的密实度好，则可以承受一定幅度的、由上层涂层传递来的垂直变形，这时遵守胡克定律；若弹性层结构相对疏松，则托不住上层涂层的下行变形，当此上层涂层垂直变形幅度过大并超过上层涂层的极限强度时，就会发生塑性变形而出现表面裂纹，且运动时存在滞后感，总有慢半拍、跟不上的感觉。

因此，在弹性层中添加适量的合适粒径的石英砂颗粒，是在不降低弹性层有效弹性性能的基础上增加弹性层的密实度，并控制上层涂层下行幅度，尽可能克服涂层压裂风险。选用的石英砂对含铁率有严格要求，粒径大小通常以橡胶颗粒最大粒径的一半为宜。

附　其他材质的弹性料

以大车轮胎的胎面胶为原料，经切割、破碎、打磨和筛分得到的 SBR 胶粉一直是弹性丙烯酸弹性料的不二选择，盖因其胶含量高、弹性好、价格低、材料易得，这种选择也符合循环经济的绿色环保理念。到目前为止，国外厂家也还是大多采用精制精选的 SBR 颗粒作为弹性料的弹性体，但在中国情况已经发生了变化。

2015 年起，全国人民逐渐关注塑胶跑道安全性、环保性。随后，不少省份纷纷出台地方标准。《中小学合成材料面层运动场地》（GB 36246—2018，以下简称为“新国标”）在危害物限值中对多环芳烃（PAHs）及苯并［a］芘提出严苛的要求。这一限值成为限制 SBR 颗粒在运动场地面材料中使用的利剑。

一般来说，橡胶颗粒的多环芳烃含量和其生产中使用的矿物油密切相关。国产矿物油在这块存在软肋，欧盟对进口轮胎的质量有严格的 PAHs 限值要求，所以出口欧盟的轮胎几乎都是使用进口矿物油的，而在国内使用的轮胎就没有执行那么严格的 PAHs 限值要求，直接导致新国标下国内 SBR 颗粒在塑胶跑道、人造草填充及弹性丙烯酸中的使用被大大压缩。

新国标就是一个指挥棒，生产商、工程商和业主单位都要围绕它来展开生产、销售和验收工作。为满足新国标的要求，各种各样的弹性料便应运而生。这其中最主要的是三元乙丙橡胶（EPDM）替代 SBR，最具创意的是用软木颗粒这种纯天然的弹性颗粒来替代 SBR。

1. 丙烯酸 EPDM 弹性料

其实不能说 EPDM 颗粒的 PAHs 含量就一定能满足新国标的限值要求，还是要看矿物油的种类和质量及矿物油在整个 EPDM 中所占的质量分数。

和 SBR 相比，EPDM 的胶含量低，国内在塑胶跑道这块普遍使用的是 13% 胶含量的 EPDM，有的甚至低于 10%。这种低胶含量的颗粒明显硬度大、比重偏大、弹性不足。而一般国际上对 EPDM 颗粒胶含量的要求为不低于 25%，硬度为 55 ～ 75，比重为

1.4～1.6。国内有的厂家的EPDM颗粒胶含量为13%，比重为1.8，产品配方明显不合理，至少是这种配方的EPDM颗粒基本不适合运动场地面材料之用。

EPDM颗粒在塑胶跑道上主要使用的是1～3 mm粒径，但这种粒径并不适合作为弹性丙烯酸弹性料使用，弹性料对EPDM颗粒有自己独特的粒径级配要求。但弹性料每年消耗的EPDM数量和塑胶跑道相比远不是一个数量级，可因数量小，一般EPDM厂家不乐意按照弹性料的粒径要求添置筛网设备筛分胶粒。因此，国内EPDM厂家提供的产品在粒径级配和胶含量上都很难满足弹性料的要求，且几乎一批货一个样，造成了使用国产EPDM颗粒的弹性料的质量非常不稳定。

粒径分布是相当核心的指标，要满足正态分布的基本要求，即两头小中间大的分布格局，偏离这种分布就会带来弹性层的质量问题进而导致整个弹性丙烯酸系统出现质量问题。这类质量问题包括：颗粒过大时，弹性层固化后结构疏松、孔隙率大，整体偏软，外力作用于上层涂层时产生较大的垂直变形幅度，导致涂层产生塑性变形而断裂，即弹性丙烯酸表面出现裂纹；颗粒过细时，产生不了厚度且质地较硬，弹性效果较差，体现不出弹性丙烯酸的特征。

从整体上看，SBR弹性料比EPDM弹性料更具弹性，能更好地体现弹性丙烯酸这种地面材质的特征。在冬季低温时，EPDM弹性层会变得越发刚硬；SBR也会变硬，但程度要较小些。

2. 丙烯酸软木弹性料

这是款颇具创意的弹性料，出人意料地将纯天然的软木颗粒作为弹性颗粒引入弹性料中，国外已有类似的产品，如希腊KDF公司就有粗细颗粒的软木弹性料（图3－6）。

图3－6　软木弹性丙烯酸

目前软木弹性料使用的是地中海沿岸国家生长的软木橡胶树——栓皮槠的树皮经加工而成，国内也有软木树种——栓皮栎，我们也尝试过，但效果不理想，我们会在后面提及一下。

先介绍一下地中海式气候下生长的软木颗粒制成的软木弹性料。

前面说到的 SBR 弹性料和 EPDM 弹性料都是以合成橡胶为弹性颗粒的，由于 SBR 和 EPDM 的比重略有差异，但都大于水的密度，实际生产时只需对弹性料液相的配方稍加调整并计算好颗粒的投放量就可以了，即相同质量的液相中添加的不同材质的弹性颗粒要具有大致相同的比表面积，从而保证液相对固相颗粒的黏合强度，故从本质上讲，SBR 弹性料和 EPDM 弹性料在配方上没有太大区别。

由于 EPDM 和 SBR 这两种颗粒的表面几乎都不具有吸收性，只要配方合理且存储条件适合，可长期放置而不出现固液相分离等问题。而软木颗粒则完全不一样，如果认为只要用软木颗粒替换掉弹性料中的 SBR 或 EPDM 颗粒就能生产出储存稳定、施工流畅顺滑的软木弹性料，那就是对软木颗粒的性质特点的认识和了解太过肤浅、太不全面。这种简单更换颗粒就可以的念头，实质上源于对软木颗粒这种天然高分子材料和人工合成橡胶之间巨大区别的不甚了解。

软木颗粒（图 3－7）是软木橡胶树的树皮，是纯天然环保材料，它的表面及内部并非如铁板般密实，而是充满了空隙和空气，具有相当的吸收性，且对某些物质具有强烈的选择性吸收，如对羟乙基纤维素（HEC）具有明显的吸收。对水的吸收自不必说，软木颗粒长时间浸泡水中，起初漂浮于水面，之后悬浮，最后下沉。我们在实验中多次观察到：但凡液相配方中使用 HEC 的，软木颗粒在液相中分散搅拌均匀后测试的黏度值要远大于放置几天后复测的黏度值。为证实我们的判断，我们将 HEC 调成 2% 的溶液，再在其中加入一些软木颗粒搅拌均匀后测得黏度值为 2600 cps，一周后复测黏度值为 2200 cps，一个月后再测黏度值，结果为 2100 cps，说明一周之内软木颗粒吸收了对黏度起重要作用的 HEC 并基本达到饱和，一周后和一个月后测得的黏度值基本一致也恰好说明了这一点，就算考虑温度不同对黏度的影响，这两个黏度值在误差范围内基本可算是一样大小了。当然这个实验比较粗糙，旨在定性地说明软木对 HEC 的吸收。

我们对于软木颗粒的吸水性也进行过简单测试，将软木颗粒投入装有清水的透明密封罐中，盖上盖子反复摇晃数次，可以看到软木颗粒是漂浮于水面上的，放置数日后再观察，发现相当多的软木颗粒已经沉入瓶底。这说明软木颗粒具有相当大的吸水性，其内部丰富的空隙使其吸水后的质量大大增加，超过水的浮力了。

实验中也发现当软木颗粒和 HEC 同时与清水接触时，软木颗粒对 HEC 的吸收强度要大于对清水的吸收强度，说明软木具有选择性吸收。

再说说软木颗粒的容重。软木颗粒取自树皮的不同部位就会有不同的容重，差别很大，有 80 kg/m^3、120 ～ 140 kg/m^3、170 ～ 180 kg/m^3，甚至超过 200 kg/m^3。软木颗粒的价格和容重成反比，容重越小价格越高，软木颗粒颜色的深浅基本和容重成正比，容重越大，颜色越深，越靠近树皮的外表皮。当然并非所有容重的软木颗粒都适合作为弹性料，综合考虑价格、性能和色泽，一般以 120 ～ 140 kg/m^3 容重为宜，这种容重的软木颗粒和相同粒径级配的 SBR 和 EPDM 颗粒相比，堆积密度只有后面者的 1/7 ～ 1/5。

图3－7　软木颗粒

因此，选择容重和硬度适合的软木颗粒也是件颇具技术含量的工作。同时还必须考虑到丙烯酸弹性料是水性材料，软木颗粒长时间浸泡于水性乳液中的稳定性、防腐性和对液相的吸收性。

从上面简单的分析，我们可以明白软木颗粒和人工合成橡胶颗粒之间的区别，这种区别使软木弹性料不可能简单地通过颗粒置换得到，其需要充分考虑软木颗粒的吸收性和低容重的特点，在弹性料液相配方上重新设计。

希腊 KDF 公司的软木弹性料分为粗颗粒和细颗粒两种，粗颗粒的黏度高达 12000～14000 cps，而细颗粒的黏度比较小且有明显的吸水现象。按照厂家提供的兑水稀释比例混合均匀后，施工拖带严重，软木颗粒黏附刮板，完全不能顺畅地展铺开来。这和 KDF 公司软木弹性料的成膜物质有关——它使用的是黏结性强的 SBR 乳液而非丙烯酸弹性乳液，也和存储时间、存储条件有关。

软木弹性料长时间储存时，会产生很多变化，大致如下：

（1）长毛发霉。即便是封闭、完整地储存，使用某种国产软木颗粒配制的弹性料三个月后开桶发现蘑菇已长得超过 10 cm，表面发霉也很严重，有明显臭味；使用葡萄牙进口软木颗粒的弹性料也出现轻微的发霉，散发淡淡霉味。这是在使用相同液料配方下得出的实验结果。实验所用葡萄牙软木颗粒是经过 120 ℃高温杀菌消毒过的，弹性料出现的轻微发霉问题不出在软木上，可能是杀菌剂投放量略低或液料中其他组分在空气温湿度条件下引起的。

（2）黏度变化。软木颗粒对 HEC 的吸收性很强，导致在储存过程中软木颗粒会不断吸收 HEC 和水分直至饱和，一方面使自身体积膨胀、比重增加，另一方面造成自由液相量减少，而液相黏度的变化存在不确定性，这就给材料施工稀释时的兑水比例带来不确定性。同时也要看到，被富含 HEC 的液体浸泡饱和的软木颗粒在干燥过程中也会存在麻烦——包裹于软木颗粒表面的液相胶水可能固化了，但吸附于软木颗粒内部的液体未必能彻底干燥，这会导致软木颗粒在外力冲击下可能存在类似唧浆的现象，进而影响液相和软木颗粒之间的黏附稳定性。

因此，软木弹性料若采用 SBR、EPDM 弹性料那种液固相共存的形式，会充满不确定性：材料黏度不确定（受温度、存储时间等影响）、施工兑水比例不确定、能否完全干燥不确定。

鉴于此，软木弹性料最好采用双组分形式，液相组分为黏合剂，即平时所说的胶水，软木颗粒为固相组分，按比例配置，一组材料由一桶黏合剂和一包软木颗粒构成。

顺便说一下国产软木颗粒。栓皮栎是我国主要软木树种，全国年产软木原料约 5 万吨，其中陕西省占50%，以秦岭山区的软木原材料质量最佳。栓皮栎和地中海式气候下生长的栓皮槠属不同树种，质量迥异。宝力威曾从河南、山东和陕西三省四个软木供应商处采购软木颗粒尝试生产国产软木颗粒弹性料，并和葡萄牙软木颗粒按相同配方做对比实验。材料配置好之后密封于塑料桶内 3 个月，3 个月后开桶，国产软木颗粒配制的材料有一股腐木霉味扑鼻而来，更令人惊讶的是，材料表面竖起了几根细细长长的蘑菇。而葡萄牙软木颗粒配制的材料开桶后有淡淡木头霉味，但没有出现大量发霉、长蘑菇的现象，防腐防霉变性非常好。这种差异是软木颗粒生产过程中不同的后处理工艺造成的，葡萄牙软木颗粒都是要在 120 ℃的高温下进行不少于 40 min 的高温消毒处理，国产软木颗粒显然在这块处理上明显不足。

当然也应该看到国外软木供应商对于软木颗粒在运动场地的应用更有经验，他们早已针对运动地坪材料开发出相应即买即用、容重适用的各类规格软木产品，如人造草皮的软木填充颗粒、塑胶跑道用软木颗粒，对于球场丙烯酸弹性料所用的特殊规格的软木颗粒也有合适的产品供选择。国内软木供应商对软木颗粒在运动场地的应用领域还缺乏认识和了解，现有的软木颗粒不论从颜色、容重，还是杀菌处理，抑或粒径级配方面都不能很好地匹配运动场地面材料的使用。但我们相信，国产软木行业一旦重视起来，认真开拓运动场地面材料市场，这些问题都是可以解决的。

3.2.3.5 丙烯酸弹性密封层

丙烯酸弹性层的完工标志着弹性丙烯酸结构下半部分软段的完成，接下来就要施工上半部分的硬段。为了确保软段和硬段之间默契配合，避免出现硬段龟裂，需要将又软又硬或半软半硬的过渡结构层置于软段、硬段两者之间，于是出现了作为这两者之间平稳过渡层就弹性密封层。弹性层虽然粗细搭配施工，一层层平整上来，但即便细颗粒弹性层完成后，表面还是相对粗糙的。弹性密封层的作用是在形成弹性层保护层的同时彻底平整弹性层的粗糙面。从功能上说，密封层可以被理解为一种纹理层，因为它也有提高厚度、调节球速和表面粗糙程度的作用。但从本质上讲，弹性密封层更应被理解为一层缓冲层，它是弹性软段和耐磨硬段之间的平稳过渡层，具有软中带硬、刚中有柔的特性，一方面控制耐磨硬段的垂直变形幅度，避免反弹速度的垂直分量过低和涂层表面压裂，另一方面高效地利用弹性软段的弹性性能。弹性密封层硬度过大就会抵消弹性软段的弹性特征，硬度偏小又会过度使用弹性软段的弹性特征，这两个极端是必须克服的，避免过犹不及。要达到这个目的和要求，就需要对弹性密封材料精心设计，合理施工、配料，合理选择石英砂的规格，合理决定施工的层数和厚度。

根据弹性丙烯酸系统结构厚度的不同，弹性密封层一般施工 1 ～ 2 层。3 mm 的低厚度弹性丙烯酸，一层弹性密封层就够了，3 mm 以上厚度建议采用 2 层弹性密封层更为保险。

3.2.3.6 丙烯酸纹理层

丙烯酸纹理层是含砂的彩色涂层，属于弹性丙烯酸系统上半部分硬段的核心组成，它既是弹性密封层的覆盖保护层，又是整个弹性丙烯酸系统最终的耐磨层和球速调节层，可以根据客户对场地球速的偏好予以调节：主要是通过施工时所添加的石英砂的数量、形状和粒径来调节最终完成面的粗糙程度，从而完成球场摩擦力的调节。

参见第 3.1.2.3 小节。

3.2.3.7 丙烯酸饰面层或面层

参见第 3.1.3.4 小节。

强调一句，弹性丙烯酸系统中的纹理层和面层一般使用丙烯酸弹性面料或丙烯酸柔性面料，可达到 ITF3 速和 ITF4 速，如果使用硬性面料，就基本是 ITF5 速了。

3.2.3.8 丙烯酸白划线层

参见第 3.1.3.5 小节。

3.2.4 弹性丙烯酸主要结构层的材料分析

通过上面的层层分析，我们对弹性丙烯酸系统各结构层的作用和功能有了一个较为全面的认识和理解。可以说，在球场类地面材料中，最具技术含量的就是弹性丙烯酸，硬地丙烯酸是纯硬质系统，PU 或硅 PU 属于弹性体，而只有弹性丙烯酸是要将软和硬这两个本身矛盾的性能和谐地统一到一个产品系统里面来。弹性丙烯酸最大的特点就是下软上硬，其结构由多种涂层组合构成，实现硬度在层层之间连续变化，不能出现硬度的拐点，否则就会产生质量问题。目前市面上不少弹性丙烯酸工程完工后会出现“不弹不裂，弹则必裂”的极端现象，其原因就是没有解决好各涂层间硬度连续变化的问题，换言之，未能做到将软和硬这对矛盾特征有机统一在一个系统中。

“不弹不裂”实质上就是本应具有弹性的底层软段已经没有弹性，主要原因是施工中添加了水泥或（和）过多石英砂，或使用了胶含量低、硬度偏大的塑胶颗粒，使弹性层变得硬邦邦的，和硬段涂层在硬度上基本一致，这样虽然在使用时基本不会出现裂缝，但实际上这已经不是真正意义上的弹性丙烯酸了，变成了加厚版的硬地丙烯酸了；“弹则必裂”则是弹性软段密实度疏松，导致与耐磨硬段在硬度上差距过大，好比把一块薄薄的玻璃放在棉被上，人再站在玻璃上行走跳跃，玻璃能不碎吗？

对于弹性丙烯酸的结构设计，在大的方面，大多数生产厂家其实没有本质的不同，只不过在实现各结构层的功能要求时，所使用的丙烯酸乳液在物理性能上有所区别，所使用的弹性颗粒在粒径级配上是否科学合理、施工时的兑水量是否合理也是结构设计非常重要的因素。在这几个方面中，尤以弹性颗粒的材质、粒径级配扮演着极为重要的角色，决不能等闲视之。

3.2.4.1 丙烯酸弹性料

我们常用打比方的形式来解释硬地丙烯酸和弹性丙烯酸的异同：硬地丙烯酸好比一块面包，弹性丙烯酸好比牛肉汉堡，而弹性料就是那块牛肉，弹性丙烯酸越厚，这块牛肉就越厚，价格也就越高。再从性能上讲，弹性层是弹性丙烯酸的核心构成，是弹性丙烯酸之所以为弹性丙烯酸的根本，故弹性料的重要性不言而喻，深入了解弹性料十分必要。

弹性料从组成上来看可以粗略地分为两个部分：一部分是由弹性丙烯酸乳液、各类助剂、少量矿物粉料组成的液相，实际上就是黏合剂，也就是平常所说的胶水；另一部分就是弹性颗粒组成的固相。胶水在体系中有两个去向：一是包裹弹性颗粒的表面，这部分胶水称为结构胶水；二是充斥于弹性颗粒间隙之间，称为自由胶水。固液两相的配比非常关键，液相比例低了，肯定不好，极端的情况是液相作为结构胶水使用都不够，造成对固相的裹覆不彻底，引发黏结力不足，即固相颗粒表面因不能被液相彻底包裹而形成不了有效黏结，干燥后的弹性层会出现松散现象。通常情况下则是结构胶水充足但自由胶水显著不足，这种状况下的弹性料，如果生产完成马上用于施工，一般问题不大。但储存时间久了就会产生乳胶颗粒粘连半硬现象，开桶后的典型表现为弹性料表面干涩、黏度大、材料粘连、取料困难，而实际上液相部分可能沉入桶底。这一现象实际上就是液固相搭配不合理引发了相反转。在涂料体系中，液相为连续相，固相为分散相，但在自由胶水严重不足的弹性料中则会出现相反转，即固相颗粒成为连续相，而液相胶水成为分散相。材料在存放过程中，颗粒在重力作用下会下沉，但下沉到一定程度后，由于颗粒间的嵌挤力和摩擦力作用，便不会再下沉，但液相会从颗粒的间隙中慢慢下渗至底部。上部的颗粒间隙随着液相量的减少可能会出现毛细现象，毛细管力会将弹性颗粒挤压在一起，造成附着在弹性颗粒表面的乳胶颗粒的半干式粘连。在细颗粒弹性料中，这种问题更易出现。

液相比例太高也是不合理的，自由胶水过多会导致弹性颗粒彼此游离悬浮于自由胶水之中，彼此分散开来，施工时兑水稀释会加剧颗粒间的分离，干燥后的弹性层难以形成我们希望的橡胶颗粒紧密堆砌的密级配，弹性颗粒只能天女散花般星星点点地散布于自由胶水之中形成疏松结构。如此，“胶水越多，黏结力越差”的尴尬局面就不可避免了。

最理想的状况是固相颗粒的粒径分布呈正态分布，液相充足，结构胶水能对固相形成全面彻底的包裹，自由胶水刚好充盈于固相颗粒之间的空隙或稍稍大于这一比例。如此，固相表面结构胶水厚度很薄，能充分固化成膜并依靠胶水的内聚力将颗粒紧紧黏合成一个整体。若自由胶水比例过大，则固相颗粒间充盈的过多的自由胶水会形成具有一定厚度和体积的胶束，极易出现胶束表面干燥而内部永远不能彻底干燥的情况。这样一来，胶束的拉伸强度将大大降低。同时，固相颗粒不能紧密堆砌在一起的话，弹性层结构疏松，密实度不足，就会引发其上硬段涂层的压裂。

弹性层施工时是需要兑水稀释的，以达到满足施工的黏度要求。过度稀释一方面会造成液相黏度低，固相下沉，施工性能变差；另一方面相当于增加了液相，即自由胶水体积增多（虽然自由胶水中的成膜物质质量未增加），固相分散在液相中，固化后倾向于形成疏松结构的弹性层。同时，兑水多，水分挥发时间拉长，固化时间相应延长。

不论是进口德克瑞抑或是国产宝力威的弹性丙烯酸产品，在弹性层设计上采用的都是橡胶粉粒粗细搭配，粗颗粒弹性层作为弹性主体。细颗粒弹性层作为弹性次要体现者，它更重要的功能在于平整粗颗粒弹性层完工后的粗糙面，提高弹性层弹性特征的一致性和均匀性，为下一道涂层提供相对没那么粗糙的基面，这些是被行业普遍接受和认可的产品结构设计理念。

丙烯酸弹性料本质上讲是个多重分散体系，作为成膜物质的丙烯酸乳液是最基本的三级分散体系，以水、乳化剂和引发剂等为连续相，丙烯酸树脂为分散相；弹性丙烯酸的液相部分为二级分散体系，以丙烯酸乳液为连续相，以矿物粉料为分散相；丙烯酸弹性料是一级分散体系，以液相胶水部分为连续相，以弹性颗粒为分散相。

在这三级分散体系中，每一级分散体系的质量都非常重要，上一级分散体系的好坏会直接影响下一级分散体系的质量，进而对最终的弹性料产品产生影响。不论哪一级分散体系，本质上都是以液体为连续相，以固体粉粒或胶粒为分散相的，分散相的均匀性能否达到要求直接关系到弹性料的表观均匀性及成膜质量，固体颗粒之间液相薄层的厚度在其中起着很大的作用，相互作用的分子力随着薄层厚度的减少而增大。

德克瑞和宝力威的弹性料在现场施工时只需要根据当时的气温和湿度状况，添加适量的清水搅拌均匀，无须添加任何其他辅料，特别是石英砂和水泥。但是国内有些丙烯酸厂家的弹性料在施工时是要添加水泥的，可以这么说，但凡在弹性料施工中需要添加水泥的弹性丙烯酸系统，其产品在配方设计和结构层搭配上都存在比较大的缺陷。这类产品在耐磨硬段的材料配方设计上根本达不到德克瑞纹理料的水准和要求，也没有像宝力威一样引入弹性密封层来过渡的理念。德克瑞是通过纹理层来实现硬度连续变化的，宝力威则是通过弹性密封层来承担硬度的连续过渡。

我们知道弹性丙烯酸是下软上硬的软硬组合，“下软”和“上硬”在硬度的变化上如果衔接得不好，就会造成弹性丙烯酸面层的开裂。为什么？因为下面太软了，上面太硬了，当外力冲击上面的硬段涂层时，该涂层将产生变形，向下垂直变形幅度一旦超过涂层所能承受的极限，便会产生不可逆的塑性变形，不规则裂缝产生、涂层断裂。为了避免这种情况的出现，他们只能将弹性层变硬，通过施工时添加水泥使来增加硬度，如此，产品结构上下硬度差别不大，上层受到外力冲击时的垂直变形幅度减小，开裂的问题就被基本解决的了。但是，产品的弹性也随之消失，原本上硬下软的产品理念就被破坏了，这时这种弹性丙烯酸和硬地丙烯酸已经没有什么区别的了。

上面提到的意大利威斯迈的弹性料是含有极小比例石英砂的，但需要强调的是，这些石英砂不论在添加数量上，还是在其大小和弹性颗粒尺寸的匹配上，都是有着精心的设计和考量的。它的目的既不是要借此降低材料成本，也不是要大幅度提升弹性层的硬度，而是作为一种密实度的调节手段，利用石英砂坚硬不变形的特点，适度使用，充斥于弹性颗粒之间，一方面提升堆积密实度，另一方面适度降低弹性层的压缩幅度，控制耐磨硬段涂层的下行幅度，避免压裂纹出现，这和国内一些厂家的弹性料在施工现场大量添加石英砂的操作是有本质区别的。

最后还要交代一句，弹性料在干燥过程中，当水分挥发到一定程度时，必然会出现相反转的现象，即橡胶颗粒成为连续相，而水成为分散相，内部的水要通过颗粒间的空隙扩散出去。

3.2.4.2 丙烯酸弹性密封料

德克瑞的纹理层可以直接铺装于弹性层上而不龟裂，必然是其采用的丙烯酸乳液在功能上能同时满足涂层产生较大垂直变形而不断裂和耐磨耐候的要求。宝力威则是将德克瑞的纹理层的功能一分为二，即细分为弹性密封层和纹理层来分别实现。

宝力威为什么要这么做呢？从其产品结构示意图我们可以看出，弹性丙烯酸实际上是一款软中带硬的复杂结构，产品下半部分的弹性层是具有弹性特征的软段——邵氏硬度在 35 ～ 55 之间的橡胶颗粒弹性体，而上半部分（丙烯酸纹理层和丙烯酸面层）则是具有一定强度和邵氏硬度的耐磨硬段。如果直接将耐磨硬段涂装于软段的弹性层上面，基本会出现两种情况：一是如果硬段部分硬度过大且和软段部分的硬度不匹配，两者就会因为硬度的变化不连续而有拐点突变，导致在使用过程中，在外力冲击下，耐磨硬段的垂直变形过大，使产生压裂的概率大增；二是使用柔韧性较好的硬段部分，虽然这样可以克服硬度不连续变化导致的压裂，但也会使整个弹性丙烯酸结构偏软，球的反弹角度和高度都偏低。为了避免这类现象，宝力威在弹性软段和耐磨硬段之间设计了过渡层，即弹性密封层，它的硬度居于两者之间，能有效地吸收耐磨硬段传来的冲击，降低耐磨硬段的垂直变形幅度，从而从结构设计上杜绝压裂问题出现的可能。从功能上看，弹性密封层机械强度略弱，其主要作用是控制硬段涂层的垂直变形幅度，而硬段涂层则承担耐磨耐候的重任。

从结构层数上来看，宝力威的涂装层数比德克瑞的要多，多就多在宝力威的弹性密封层上。弹性密封层不仅增加整个结构的厚度，而且对硬段涂层具有极大的容忍度，在表面裂纹尽在掌控的情况下，能设计搭配出丰富的球速空间、地面弹性，能在更大范围内满足不同客户的个性化需要。

说弹性密封层是弹性丙烯酸的质量命脉和技术核心一点也不夸张，它就像是暗藏于弹性丙烯酸内部的一个“协调员”，协调上下涂层的矛盾、软硬的矛盾、快慢的矛盾、裂与不裂的矛盾。可想而知，如果这个协调员的能力有缺陷，那会带来多少麻烦。

3.2.4.3 丙烯酸彩色浓缩面料

在前面的硬地丙烯酸的介绍中，我们介绍了宝力威有三款硬度和柔韧性不同的丙烯酸面料，分别为丙烯酸硬性面料、丙烯酸弹性面料和丙烯酸柔性面料。这三款面料都可以作为纹理层和面层之用，营造出硬度不同、韧性有别的耐磨硬段，而这些耐磨硬段再在弹性密封层的协调调度下与弹性软段搭配，就能产生丰富的弹性丙烯酸特征，从场地球速上讲，几乎可以涵盖国际网联场地球速认证体系中所有的球速范围——1 速到 5 速，即慢速到快速。三款面料的可选择性使宝力威的弹性丙烯酸具有极强的可调节性和自我设计功能，能满足对场地球速的众多个性化需要，极大地丰富了弹性丙烯酸的产品线。

比如，宝力威柔性面料可直接兑水稀释搅拌均匀后涂装两层于弹性密封层上，这一设计几乎和德克瑞的弹性丙烯酸结构如出一辙，唯一不同的是宝力威的弹性密封料对位的是德克瑞的纹理层。这种搭配可获得 ITF 球速认证的 2 速或 3 速，即中慢或中速。而采用宝力威弹性面料作为耐磨硬段，则球速会偏快，对应 ITF 的 3 速或 4 速，即中速或中快；若使用硬性面料，球速会更快一些，表面硬度更大一些，对应 ITF 的 4 速或 5 速，即中快或快速。

铺装弹性丙烯酸的目的就在于追求一个“弹”，故一般硬性面料不常用于弹性丙烯酸系统，主要还是使用弹性面料和柔性面料。当然，这两种面料也可以用于硬地丙烯酸系统，甚至可以设计出 ITF4 速的硬地丙烯酸场地。

前面我们介绍了意大利威思迈丙烯酸面料，其是含砂的丙烯酸面料的代表，他们的弹性丙烯酸也比较有特点：一是弹性料中含有一定比例的石英砂；二是结构中没有设计类似于弹性密封层或纹理层的结构层，而是直接在弹性层上涂装含砂的丙烯酸面料。这类弹性丙烯酸场地一般球速适中，球速调节变化空间较小。

3.2.5 其他类型的弹性丙烯酸

除了上面我们介绍的以粗细弹性橡胶颗粒（或软木颗粒）作为弹性层的弹性丙烯酸产品，市场上还有其他几款较为小众的所谓弹性丙烯酸产品。严格来说，只有弹性软段是由弹性丙烯酸树脂作为黏结剂的，才能称为弹性丙烯酸系统。我们下面将要介绍的几款所谓的弹性丙烯酸，它们的弹性层都不是以弹性丙烯酸树脂作为黏结剂的，而是以单组分聚氨酯胶水或乳化沥青作为黏结剂的，而其耐磨硬段仍然为丙烯酸涂层。换言之，这几款小众弹性丙烯酸与传统弹性丙烯酸相比，在耐磨硬段上没有变化，其变动的是弹性软段部分，即弹性层。

3.2.5.1 卷材式产品

这款产品结构也很简单，橡胶颗粒卷材作为弹性层（一般都是 SBR 橡胶颗粒弹性卷材），丙烯酸涂层作为表面耐磨层。橡胶卷材由单组分聚氨酯胶水和黑色橡胶颗粒组成，在工厂定制成固定宽度和厚度的卷材，一般宽度为 1.25～1.5 m，厚度在 3～5 mm

之间。施工前先将地面处理干净、干燥后，在基础面上和卷材的背面刷涂上胶水，待胶水呈拉丝状时，将卷材粘贴于基础面上。橡胶卷材将成为这款产品的弹性主体，之后，再在橡胶卷材上刮涂 2 ～ 3 层丙烯酸纹理层和 1 ～ 2 层丙烯酸饰面层就完成全部的施工结构。

从产品的结构上来看，这并没有太大的问题。一旦深入施工环节，考虑材料相容性的问题，这种产品搭配组合还是有着较多的不足和隐患。

从施工上讲，施工难度相当大。将定宽的卷材整整齐齐地铺装在基础面上，相邻的卷材边缘无缝拼接不是件容易的事，因为基础不会似一块平板玻璃，总会有平整不理想的地方。此外，刮涂胶水也要厚薄均匀。最关键的是，橡胶卷材粘贴在基础上时，两者之间不能有空气，否则日后就会起鼓。因此，卷材粘贴后要用重物来回碾压，将里面的空气排尽。还有，卷材是固定厚度的，它不可能改善基础平整度不佳的弊病。

再从材料的相容性上来讲，卷材是使用单组分聚氨酯作为黏结剂的，里面会含有游离的异氰酸酯，地表的水分或施工时来自丙烯酸涂层的水分和异氰酸酯会发生化学反应，生成二氧化碳气体。如果这种反应发生在表面丙烯酸涂层已经完工的情况下，就会使涂层起泡、起鼓甚至脱层。所以，使用这种产品时，在卷材完工后最好要整场浇水，一是清洁卷材表面，二是将多余的游离异氰酸酯给反应掉，以绝后患。

还有老生常谈的质量隐患：表面龟裂和反射性裂纹。表面龟裂仍然是丙烯酸涂层和卷材在硬度上的搭配问题，当硬度不匹配时，压裂是不可避免的，这一点在上面已经讲得很清楚。反射性裂纹是怎么回事呢？丙烯酸涂层下面是条带状的卷材，卷材与卷材之间是有缝隙的，温度的变化导致不同材料具备不同的收缩幅度，最终的可能是硬段的丙烯酸涂层在卷材间的拼缝处形成应力集中而断裂，有时即便没有出现明显裂纹，也能很清晰地看到卷材拼缝的痕迹。这种裂纹和丙烯酸涂层下面的卷材拼接缝有关，我们也将之归类为反射性裂纹。

综上，可以看出这种卷材式的弹性丙烯酸成本高、施工难度大、质量隐患多，在市场上的接受和认知程度都相当低。

3. 2. 5. 2　现铺式产品

在从使用的材料上，现铺式和卷材式产品没有区别，但在施工性和质量稳定性上有所不同。现铺式就是在施工现场将橡胶颗粒（大多数是 SBR 颗粒，偶有 EPDM 颗粒或其他热塑性颗粒）和单组分聚氨酯胶水混合搅拌均匀后（一般要加适量的催干剂），用摊铺机或手工摊铺在混凝土或沥青基础之上。通常是一边涂布聚氨酯底油一边摊铺橡胶颗粒层，这样的目的是促进胶水对基础黏结的同时提高胶粒层和基础之间的黏结强度。摊铺机摊铺的效果更好，具有更好的平整性和整体硬度的一致性，使用摊铺机铺装时厚度一般不低于 5 mm；手工摊铺受制于施工师傅的技术、力度等，在平整性上和整体硬度一致性上颇为逊色。考虑到机械设备的使用成本，一般小面积的工程都会采用人工摊铺，使用手动摊铺机或电热烫板进行施工。

现铺式与卷材式相比也有自身的优缺点。它不是固定等厚的材料，现场铺装时能有效地克服基础平整度不良的缺陷。但这也会在解决一个问题的同时带来另一个问题：如果基础平整度不佳——这个问题被现铺的弹性胶粒层解决了——那么胶粒层在整体上就会厚薄不均，这又会引起完工后场地弹性特征的明显不一致。在这样的场地上打球，你会发现球的落点不同，表现出来的速度也很不一样，简单地说，你会发现场地明显存在球速忽快忽慢的现象，打球的感觉会差很多，而在平整度良好的基础上则不存在这类困扰。

现铺式的弹性胶粒层和卷材式弹性层的另一个不同就是，现铺式完工后是一个完全无缝的整体，自身不存在裂缝，故不会存在因弹性层自身的裂缝向上反射而将弹性层上面的丙烯酸涂层拉裂的问题，或应力集中导致的丙烯酸涂层出现裂纹。当然，如果弹性胶粒层是铺装在混凝土基础上的，且铺装厚度过薄，胶粒层会因自身抵抗不了混凝土的拉伸而断裂，这种断裂纹会传递到丙烯酸涂层上。这种裂缝很有规律，其形状、走向和长度与混凝土基础的裂缝是一致的。

现铺式在控制表层丙烯酸涂层压裂上同样不太理想。现铺式处理的某些基础低洼处，胶粒的铺装厚度越大，弹性就越好，质地就越软。丙烯酸涂层在这种过软的承托面上产生的垂直变形就越大，压裂的可能性也越大，且大多时候几乎不可避免。实际情况还取决于所用弹性颗粒的材质、粒径大小和级配等因素。比如，即便基础平整度十分理想、现铺的胶粒层厚度十分均匀，但若使用的颗粒粒径比较大，整个胶粒层必然趋于疏松，很难承担起阻挡丙烯酸涂层下行的重担，最后只能任其下行距离过大而断裂。

现铺式产品中使用的单组分聚氨酯胶水中依然存在游离的异氰酸酯，且比卷材式更为严重。因此，弹性胶粒层干燥后务必放水处理以促使清水和多异氰酸酯反应，排走生成的二氧化碳气体。

3.2.5.3 乳化沥青版弹性丙烯酸

这不是一类被市场认可、接受的产品，而是一款利用业主方对材料的不熟悉，或以低于正常市场价格承接工程时，为降低材料成本而进行的偷梁换柱式行为。其核心之举就是用乳化沥青替代丙烯酸乳液作为成膜物质，用弹性橡胶颗粒按一定比例混合均匀后形成弹性料。

之前我们介绍的SBR、EPDM和软木弹性料都是没有更换成膜物质的，只是更换了弹性颗粒的材质和种类。而卷材式、现铺式和乳化沥青版弹性层则是保留了弹性橡胶颗粒却更换了成膜物质。虽然都抛弃了弹性丙烯酸中最为核心的东西——聚丙烯酸酯树脂，但聚氨酯胶水在耐水性、黏结力上还是有保证的，而乳化沥青类弹性料采用了价格低廉、气味大、环保性能差、耐水性差、水稳定性差、热敏感性高的乳化沥青。乳化沥青自身的缺陷决定了这类弹性料产品的缺陷，其现在也没什么市场，甚至都很少被提及。

乳化沥青的缺陷可参见第3.1.3.2小节。

3.2.6 弹性丙烯酸的敏感性

我们说过，弹性丙烯酸系统是所有球场地面材料中最具技术含量的。之所以这么说，主要是其具有多重敏感性，从弹性颗粒的材质到弹性颗粒的粒径级配，从结构搭配设计到施工条件等，其都体现出不同程度的敏感性，而我们实际看到的情况是所有各种敏感性的叠加。当然，下面要介绍的这些敏感特性并非弹性丙烯酸所独有，但确实在弹性丙烯酸系统中表现得更加明显。

3.2.6.1　弹性丙烯酸的结构敏感性

硅 PU 或 PU 材料，不论是哪家的产品，只要产品质量合格，在厚度基本相同的情况下，其主要的物理性能如冲击吸收值、拉伸强度、拉断伸长率差别不会相差太大，即便有些人为了降低材料成本，施工时添加了些石英砂，导致这些性能的降低，但也只是量的变化，还没有上升到质的变化。有些硅 PU 系统分为加强层和弹性层，即便对两者的厚度比例做出较大调整也不会使这些性能发生突变。因此，这类弹性体地面材料具有相对较弱的结构敏感性。

硬地丙烯酸实际上也是相同的情况，各结构层硬度都相对比较大，属于硬质材料，不论如何调整各结构层的搭配，冲击吸收值、拉伸强度、拉断伸长等物理性能都不会有什么大的变化，甚至整个硬地丙烯酸系统厚度有较大变化时，这些物理性能也呈惰性状态（厚度大时拉伸强度会增加），故硬地丙烯酸系统基本属于无结构敏感性。

但弹性丙烯酸系统则大有不同，其具有极其明显的结构敏感性，究其原因，在于弹性丙烯酸构造的复杂性。弹性丙烯酸是功能完全不一样的多种结构层有机组合而成的一个复杂系统，其中任何一个结构层的组成变化，如厚度的变化、弹性颗粒胶含量的变化及粒径级配的变化、石英砂添加量的变化等，都会引发结构敏感性，导致硬度、弹性、冲击吸收值、脆性、塑性等物理性能的变化。

对于不同厚度的弹性丙烯酸而言，其表现出一定的结构敏感性（物理性能的差异）是不难理解的。我们在这里不讨论厚度差异所产生的结构敏感性，而着重探讨在弹性丙烯酸系统整体厚度不变的情况下，各结构层的厚度或施工层数调整、变化时带来的结构敏感性。

厚度相同的弹性丙烯酸系统，其物理性能就一定基本一致的吗？答案是否定的，不仅可能不一致，有时甚至可能是天壤之别。

为使讨论相对简单一点，我们大致把弹性丙烯酸的各结构层划分为几个组成部分（表 3－1）。

表 3－1　弹性丙烯酸结构层划分

<table>
<tr><th>宝力威弹性丙烯酸结构层</th><th>结构层划分</th><th>德克瑞弹性丙烯酸结构层</th></tr>
<tr><td rowspan="2">丙烯酸面层
丙烯酸纹理层</td><td rowspan="2">耐磨硬段</td><td>丙烯酸面层</td></tr>
<tr><td>丙烯酸纹理层</td></tr>
<tr><td>丙烯酸弹性密封层</td><td>过渡层</td><td>丙烯酸纹理层</td></tr>
<tr><td>粗颗粒弹性层
细颗粒弹性层</td><td>弹性软段</td><td>粗颗粒弹性层
细颗粒弹性层</td></tr>
<tr><td>丙烯酸平整层</td><td>底涂层</td><td>丙烯酸填充层</td></tr>
</table>

在表3-1中，我们将弹性丙烯酸的结构粗略划分为四个部分，分别为底涂层、弹性软段、过渡层和耐磨硬段。对于不同厚度的弹性丙烯酸系统而言，正规的生产厂家都会对这四个组成部分有着严格的厚度匹配或单位面积上材料用量的要求（日常是以施工层数来代替这类表述的，这虽然不够准确，但因简单易表述而被广泛接受）。这类要求实际上是生产厂家配方工程师千百次的理论计算和测试后归纳总结出来的，不是简简单单、随随便便地堆砌。只有严格遵循要求去组织施工，才能确保各结构层有机地结合在一起，达到硬度层层匹配，光滑无拐点变动，获得真正的软中带硬、刚中带柔、弹而不裂的弹性丙烯酸核心特征。

单独讨论弹性丙烯酸的结构敏感性有着非常重要的实际意义。现实中弹性丙烯酸工程质量问题频频，很多时候都源于施工人员或工程承包公司对结构敏感性的无知无畏。

有些工程为达到“保厚度，降成本”的目的，就会更改各结构层原本合理的厚度配置，最常见的手法就是增加底涂层厚度，削减弹性层厚度。原因很简单，丙烯酸平整材料的成本相对较低，若使用现场配水泥、石英砂的苯丙乳液，则成本要便宜些，而丙烯酸弹性料（不论SBR或EPDM弹性料）的价格高于丙烯酸底料。更关键的是，弹性料的单位面积用量要远大于丙烯酸平整材料，这就直接导致弹性层和底涂层之间的厚度变换会产生诱人的材料价格差值。这种厚度变化虽然并没有改变弹性丙烯酸系统的整体厚度，但是由于弹性层的厚度转移到底涂层上，弹性丙烯酸系统的弹性性能大幅丧失。

作为底涂层的丙烯酸平整层承担的主要功能是覆盖基础面，为弹性层营造一个纹理均匀、吸收性一致的基面，一般在混凝土基础上涂布1层、沥青基础上最多2层就能满足功能要求，无须提升厚度。

以5 mm厚弹性丙烯酸为例来简单阐述各结构层厚度的变化对物理性能的影响，参见表3-2。

表3-2　弹性丙烯酸结构层厚度变化

结构层	标准厚度 *S*/mm	改动后的厚度 *C*/mm
硬段层	0.85～1.10	0.85～1.10
过渡层	0.50～0.80	0.50～0.80
软段层	2.60～3.10	1.10～1.60
底涂层	0.40～0.50	1.80～2.00

由标准厚度搭配的S款变成各结构层厚度被调整后的C款，导致冲击吸收值、球速等核心指标都出现大幅变化，也就是场地变硬、球速变快、运动疲劳感增加、对腰腿震荡加剧等。

当然还有一种不被注意的结构变化：弹性层的总厚度不变或变化不大，但是厚度在粗颗粒弹性层和细颗粒弹性层之间重新分配。这种结构变化的目的并不在于降低材料成本，更多时候是迫于无奈时的无知无畏。比如受工地现有材料的限制，本应施工3层粗颗粒弹性料和3层细颗粒弹性料的，出于各种原因，粗颗粒弹性料有余而细颗粒弹性料不足，就临时起意改变为4层粗颗粒弹性料和2层细颗粒弹性料。这一变动会产生显著的结构敏感性，即弹性层整体密实度降低，呈相对疏松、孔隙率略高的状态，表现出偏软的特征，球速降低、冲击吸收值提升，会有发不了力、慢半拍的感觉，这是实用性不佳的方面。另外，粗颗粒层过多引发的弹性软段偏软，也会导致耐磨硬段产生裂纹。因此，但凡对弹性丙烯酸结构敏感性有一些了解，都不会如此大胆、不计后果地做出这种变动，在做这些变动时都会三思而后行，慎之又慎。

还有的操作就是增加过渡层的厚度，削减耐磨硬段的厚度，毕竟相对于丙烯酸弹性密封料来说，丙烯酸面料的价格还是贵不少。这种操作极可能源于适当降低材料成本的考量，也有可能是施工现场材料不足而不得已为之。

过渡层虽是半软半硬的涂层，但一旦厚度增加，其刚性也会增强，这在很大程度上抵消了弹性层的弹性特质，会使冲击吸收值降低、球速变快，同时厚度上缩减了耐磨硬段，其耐磨性、耐久性都会降低，整体物理性能倾向于硬地丙烯酸。

在实际项目中还有一种胆大妄为的操作：球场界线内比赛区域采用标准结构搭配，而球场界线外的缓冲区域则肆无忌惮地调整各结构厚度，往往最终的结果是比赛区域场地性能正常，而缓冲区成了各种质量问题的温床，包括地面过硬、网裂纹遍布等，尤其是大密度的网裂纹，是最遭业主诟病的。

弹性丙烯酸结构层的变化还有其他一些形式，在此不一一列明。最后再强调一句：对于不同厚度的弹性丙烯酸系统而言，厚度的差值一般体现于弹性层的厚度上。这好比塑胶跑道，不论国际标准的 13 mm 厚，还是幼儿园跑道的 9.5 mm 厚，两者之间的 3.5 mm差值只能在跑道弹性吸震层上增减，跑道面层的 3 mm EPDM 耐磨层厚度是无论如何不能改变的。

人为主动变更弹性丙烯酸系统结构比较多见，但也存在非人为的被动或不知不觉改变结构的情况，如基础平整度不佳而又未能进行补平处理时，便会被动被迫在局部区域改变结构，主要是弹性层厚度超过设计厚度引发的局部结构敏感性导致的耐磨硬段压裂。顺便强调一下：千万不能用丙烯酸弹性料来修补场地积水，一则成本高，二则出现表面裂纹的风险大大增加。

3.2.6.2 弹性丙烯酸的材质敏感性

2015 年前，据我们掌握的信息，世界各地各大丙烯酸品牌的丙烯酸弹性料几乎都是使用黑色 SBR 胶粉粒，这类胶粉粒基本是以大型车轮胎的胎面胶为原料精心筛分而得的。在这种情况下，这种传统弹性丙烯酸就不具有典型的材质敏感性，这时材质敏感性基本来自耐磨硬段涂层的差异上，这种差异是由丙烯酸面料配方设计和成膜物质的选择及搭配使用的不同造成的。但这种材质敏感性是丰富场地材料的一种手段，是生产厂商追求的，也是市场欢迎的，是积极的而不是破坏性的。

2015 年后，各省份地方标准陆续出台。2018 年，新国标 GB 36246—2018 颁布。这些标准都对多环芳烃有严格的限值要求，国产轮胎胶很难满足要求，因此 SBR 颗粒的使用受到大大制约。在此情况下，为了能在检测中顺利过关，在材质上一向稳定的丙烯酸弹性料迎来了百花齐放的局面。厂商纷纷选择不同材质的弹性颗粒来取代 SBR 颗粒，主要有 EPDM 颗粒、TPS 颗粒（苯乙烯类热塑性橡胶）、TPE 颗粒（实际上是 SEBS 类热塑性橡胶)、TPV 颗粒及软木颗粒，其中，目前使用量最大的是 EPDM 颗粒，最有特点和发展潜力的是软木颗粒，TPV 因价格昂贵而很少使用。热塑性橡胶颗粒具有高度的温度敏感性，即高温变软、低温发硬，导致弹性丙烯酸地面系统在高低温时物理性能差异过大甚至产生破坏性敏感性，故热塑性橡胶颗粒能否适合弹性料之用，要具体问题具体分析，在此不予谈论，只简单探讨一下使用 SBR、EPDM 和软木颗粒的弹性料的材质敏感性。

适用于弹性料的 SBR 颗粒基本来自大型车的轮胎胎面胶，而这种胎面胶中所使用的橡胶主要有三种，分别为天然橡胶（NR）、顺丁橡胶（BR）和丁苯橡胶（SBR）。它们在轮胎中承担不同的功能，且这三种橡胶的胶含量约占胎面胶总质量的 50%。以这种胎面胶切割、破碎和筛分所得的颗粒一般称为 SBR 颗粒，但实际组成并不只有丁苯橡胶，甚至在部分轮胎中，丁苯橡胶所占的比例不是最大的。SBR 颗粒胶含量高、弹性好、温度稳定性好、变形回弹快，极适合作为弹性料中的弹性颗粒使用。但是出于价格及技术方面等原因，国内轮胎业使用环保的环烷油不多，大多使用芳烃油。芳烃油具有毒性，尤其是含有致癌的多环芳烃，导致大多数 SBR 颗粒在满足新国标的要求时存在困难。

使用 EPDM 颗粒代替 SBR 是当下最主流的选择，一则是行业内对 EPDM 更为熟悉和了解，二则货源易得、价格也十分了解。塑胶跑道目前是国内运动场地铺装行业中 EPDM 的最大主顾，普遍使用胶含量为 13% 的 EPDM 颗粒，且 EPDM 橡胶在生产中多使用更加环保的环烷油或石蜡基油作为填充油，故在多环芳烃限值这块基本能满足新国标的要求。EPDM 丙烯酸弹性料解决了多环芳烃限值问题，但其较低的胶含量又带来了弹性层偏硬的问题，使整个弹性丙烯酸场地的冲击吸收值下降、球速偏快。可见，用 EPDM 代替 SBR 后，弹性丙烯酸表现出相当的材质敏感性，同时，这种替换也带来了价格敏感性，毕竟 EPDM 价格和密度要高于 SBR 颗粒且单位使用量也更大，直接导致材料成本上扬。遗憾的是，这些不利的价格敏感性还都是以牺牲性能换来的。

软木颗粒是一种天然、绿色、环保无污染的材料，软木颗粒由于品种不同、取材位置不同等而具有不同的容重，可以加工筛分成不同粒径级配的软木颗粒供选择使用。软木具有优异的弹性和极低的泊松比，多孔隙表面和丙烯酸乳液能够产生极佳的黏附力，软木颗粒的单价虽然比较昂贵，但因密度小，单位面积使用量不大，成本反而不会太高。因此，不论是从环保性还是满足弹性性能上讲，抑或价格上考量，推广使用软木弹性料应该有不错的市场前景。

选择不同容重的软木颗粒可以产生不同冲击吸收值的弹性层，球速拥有很大的调节空间。但在实际生产时，厂家不可能存放那么多款不同容重的软木颗粒，故实际上，厂家会根据自身对弹性丙烯酸的理解而选择其认为最能体现其这份理解的具有特定容重的软木颗粒。

总之，弹性丙烯酸的材质敏感性主要体现在弹性料的弹性颗粒材质差异上。从发展历史来看，SBR 弹性料是正源，SBR 颗粒的性质尤其适合弹性料之用且符合环保与循环经济的理念；EPDM 弹性料是替代产品，它实际上以更高的成本为代价，使弹性丙烯酸的核心特征相对弱化，而换来一个多环芳烃限值满足新国标的结果。由于 EPDM 胶含量不同且基本偏低，加上不同厂家的 EPDM 在密度和硬度上的差异，以 EPDM 替代 SBR 所表现的敏感性跨度很广，从轻微的适度敏感到破坏性敏感都有可能出现。与之相比，软木弹性料将是未来版的产品，它将在方方面面满足人们对环保、性能和价格的各种需要，且能保持甚至优化弹性丙烯酸的核心性能。

3.2.6.3 弹性丙烯酸的弹性颗粒粒径级配敏感性

弹性料中不同材质的弹性颗粒会使弹性丙烯酸产生敏感性，导致物理性能的变化，但即便使用相同材质的弹性颗粒，弹性丙烯酸也会表现出适度敏感性甚至破坏性敏感性。这种情况下的敏感性来源于弹性颗粒粒径级配的差异。

一般来说，弹性颗粒粒径越大，弹性层弹性特征越明显；粒径越小，弹性特征相对越弱。相同粒径范围的弹性颗粒，如果级配相差太多，也会产生很明显的敏感性的。比方产品规格标明 0.5 ～ 1.5 mm 的 EPDM 颗粒，只是简单地说明这批颗粒最大粒径不大于 1.5 mm，最小粒径不小于 0.5 mm，但如果粒径分布相差过大，其表现出来的物理性能的敏感性也是相当显著的。我们可以简单将 0.5 ～ 1.5 mm 的跨度分为三段：A 段为 0.5 ～ 0.9 mm，B 段为 0.9 ～ 1.3 mm，C 段为 1.3 ～ 1.5 mm。我们来比较这三段颗粒不同的占比所产生的影响。

（1）若 A 段占比过大，B 段、C 段占比偏小，则弹性层的密实度比较高，B 段、C 段颗粒悬浮于 A 段中间或点缀于 A 段表面，考虑到水性材料一次性施工厚度不能过大（一般不超过 1 mm），故不会出现悬浮密实的情况，只会出现点缀密实的情况，即粗大颗粒星星点点地散布在细小颗粒层的表面。这种点缀密实型的弹性层密实度好，但表面相对粗糙，会增加弹性层完工后的打磨工作量。

（2）C 段占比大，A 段和 B 段占比小，这种级配形成的弹性层就会以 C 段颗粒为骨架，B 段、A 段颗粒填充于 C 段颗粒的空隙中，但由于 A 段、B 段占比太小，其量若不足以填充 C 段的空隙，形成的弹性层结构疏松、表面粗糙、硬度偏低，容易诱发耐磨硬段的压裂，且回弹慢，有发不上力、慢半拍的感觉；即便是 A 段、B 段颗粒能完全填充满 C 段的空隙，又会带来施工厚度太大造成的干燥时里外不彻底的质量问题，就算是干燥彻底了，也会因为大颗粒弹性层弹性太强，给耐磨硬段带来压裂风险。

（3）B 段占比大，A 段次之，C 段最少（占比为 0 ～ 15%），这种级配产生的弹性层是以 B 段为骨架，A 段细颗粒填充 B 段颗粒间的空隙，C 段颗粒点缀于 A 段、B 段形成的骨架密实型弹性层表面，形成一种骨架密实点缀型弹性层，具有密实度高、弹性适中的效果，最能体现弹性丙烯酸所要求的性能。那么，如果没有 C 段颗粒岂不更好？是的，没有 C 段的话，就会形成完美的骨架密实型弹性层，结构密实、表面构造深度基本均匀一致。但实际颗粒的筛分是达不到这种精度的，毕竟颗粒不是绝对的球形，一般都是不规则的，总有些颗粒在形状上有明显长宽特点，筛分时，其长度大于筛孔孔径，但宽度可能小于筛孔孔径，这样的颗粒也是可以过筛的。再交代一句，对于 0.5 ～ 1.5 mm的颗粒，如果 1.5 mm 指的是公称最大粒径（nominal maximum size of aggregate），还是允许不超过 10% 的颗粒粒径大于 1.5 mm 的。

粒径级配实际上是国内弹性料面临的最大也是最无奈的挑战和问题。一方面，很多丙烯酸涂料生产厂家对弹性颗粒粒径级配的重要性不太理解和重视，另一方面，市场上也确实无法采购到能满足弹性料技术要求的弹性颗粒，因为一次性订货量不大，胶粒厂也不太愿意花费精力和电力将颗粒磨碎到较小的粒径，然后再定制筛网去筛分，这对他们来说是个繁琐麻烦的事，大多时候他们都是库存有什么就卖什么，更可怕的是，实际的粒径和他们标明的粒径有时完全不是一回事，至于级配数据，那是想都不要想的。一句话，一批货一个样且几乎都满足不了正态分布的要求是常态。

为了确保弹性料的质量，那些注重质量和信誉的生产厂家就会自己筛分或出钱请小型胶粉厂依照要求定制设备进行筛分；考虑到国内的 EPDM 颗粒胶含量低、粒径级配存在乱象，有些厂家直接去海外寻找愿意按其要求定制生产特殊规格和级配要求的 EPDM 颗粒的原料商。

一句话，颗粒的粒径级配事关弹性层质量的命脉，在允许范围内的级配变化基本不会影响弹性丙烯酸的质量，仅会带来轻微的敏感性，但一旦粒径发生变化或级配出现大的变动，就会引发强烈的破坏性敏感。

3.2.6.4 弹性丙烯酸的温度敏感性

丙烯酸运动场涂料几乎都是使用热塑性丙烯酸乳液作为成膜物质的，热塑性丙烯酸乳液固化后，其物理性能受到温度变化的影响较大，表现出低温时发硬。高温时发软的特征，不论是 SBR 颗粒，还是 EPDM 颗粒，抑或软木颗粒，都不同程度地表现出冷硬热软的性质。

当起着黏结作用的成膜物质和起着骨架和填充作用的弹性颗粒都或多或少地表现出冷硬热软的性质时，整个弹性层就会表现出明显的温度敏感性，最直接的结果就是一年四季中，弹性丙烯酸球场的硬度会发生周期性变化，即夏季高温时硬度偏低，球速较慢；秋冬季时硬度偏大，球速偏快，冲击吸收值低。

弹性丙烯酸的温度敏感性是不可能完全消除的，这个都是可以理解的。生产厂家可以通过优化配方，选择玻璃化转变温度适合的成膜物质和适用材质的弹性颗粒，并严格设计其粒径级配来最大限度地降低温度敏感性，使弹性丙烯酸物理性能在较大的温度范围内控制为相对小的浮动，达到高温有弹性，低温有韧性的要求。

总而言之，弹性丙烯酸被誉为技术含量最高的运动场地面材料并非浪得虚名，通过上面的敏感性分析可见一斑。弹性丙烯酸实际工程质量都是诸多敏感性特征叠加作用决定的。

第4章 （丙烯酸）胶乳跑道系列

4.1 跑道历史简介

跑道的发展历史体现了人类的科技进步和对人与自然和谐相处的不懈追求，通过回顾跑道材料的发展演变历史，我们能明显地感受到这一点。我们先简单回顾一下跑道材料的发展历程。

跑道的发展轨迹基本为天然材料跑道—20世纪50年代的沥青跑道—20世纪60年代的聚氨酯跑道—20世纪70年代的预制型跑道—20世纪80年代的胶乳跑道（丙烯酸跑道），如图4－1所示。

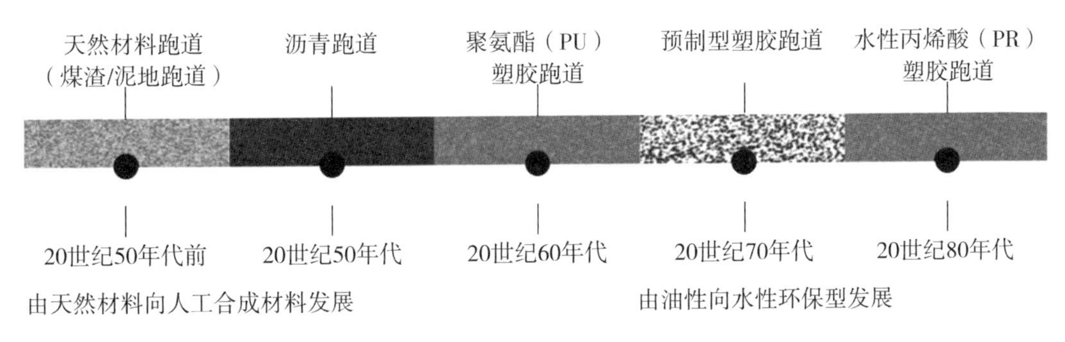

图4－1 跑道材料发展历史

欧美国家几乎经历了整个跑道发展的完整历史，在不同的发展阶段都有代表性的跑道产品。

天然材料的跑道系统就是最早的煤渣跑道（图4－2）或泥土跑道，这种跑道造价低廉，但有两个明显的缺陷：一是它们需要经常性的维护保养，如添加煤渣或泥土来平整跑道和重新标划跑道线等，费时费力且维护成本并不低；二是雨后跑道松软，基本无法使用，预定的使用不得不被推迟或取消是经常性的事。

这类跑道虽然还有在使用，但新建的跑道项目几乎不采用了。

最早的现代意义上的跑道，即所谓全天候地面材料是在20世纪60年代普及开的。这一发展意味着，跑道系统第一次具有耐磨性和使用不受一般天气影响的特点。大多数这类跑道是由橡胶颗粒、乳化沥青或者沥青和砂子搭配组成的，称为“沥青跑道”。在美国，尽管仍有许多沥青跑道还在使用，但考虑到其种种不足及越来越高的费用，市场上建设这种沥青跑道的需求已经十分少了。

图4－2　煤渣跑道

沥青跑道受温度影响最大，夏季跑道偏软而冬季又很硬，更为重要的是，沥青老化后会变得更硬。尽管里面有胶粒的成分，但实际上一个老旧沥青跑道对跑步的人来说和普通街道没什么区别，基本没有什么安全舒适性。同时，这种砂、沥青、胶粒混合跑道的成本也在不断上涨，已经很难找到一家沥青拌厂愿意以能被市场接受的价格来生产这种特殊的沥青混合物，因为这种跑道沥青的生产要先让工厂暂停常规沥青产品的生产，之后还要清洗生产设备以便重新开始生产常规沥青混合料。现存的使用状况较好的沥青跑道，为延长使用寿命，也会涂装各种材料密封其裸露的表面。

如今，绝大多数跑道是由胶乳或聚氨酯黏合橡胶颗粒而成的，胶乳或聚氨酯地面材料一般施工于沥青或混凝土基础之上，厚度为3/8″～1/2″（9.5 mm～12.7 mm）。

所用的胶粒或是黑色或是彩色，黑色的橡胶粒是粒状或丝状，可以是天然胶或SBR丁苯胶，也可以是EPDM三元乙丙胶，新生胶或回收胶都可以。彩色胶粒几乎都是EP-DM胶且仅有颗粒状。总的来说，新生胶要比回收胶贵，彩色胶要比黑色胶贵。当使用回收橡胶时，它的质量和表现性能取决于胶块打磨前是否将不同的碎屑分离开来。任何类型胶粒的性能表现都取决于它的化学成分、生产质量、同黏合剂的相容性及施工的水平。

聚氨酯系统跑道是20世纪60年代出现的，1968年的墨西哥奥运会首次使用聚氨酯塑胶跑道后，塑胶跑道即刻风靡世界。聚氨酯跑道可以是透气的也可以是不透气的。除了预制型跑道外，聚氨酯跑道几乎都是在施工现场搅拌和铺装的。聚氨酯跑道可以是彩色的，也可以是黑色的。聚氨酯跑道现在常用的有四种类型：①最基本的聚氨酯跑道系统，由橡胶颗粒和聚氨酯黏合剂黏结而成的一个基底软垫层，这个基底软垫层可以单独作为跑道使用（经济型跑道）；②在基底软垫层上喷涂胶粒和聚氨酯的混合物，产生一种具有纹理特质的表面（透气型跑道）；③在基底软垫层上刮涂聚氨酯胶黏剂和抛洒胶粒来密封和覆盖，产生不透气的纹理表面（复合型跑道）；④全胶型聚氨酯跑道，这是款基底软垫层全厚度使用PU材料，每一层都是在现场搅拌和浇筑的，也是不透气的和具纹理面的。

聚氨酯塑胶跑道具有全天候使用的特点，弹性好、耐候性强，但造价较高。时至今日，聚氨酯跑道仍然是跑道中使用量最大、最普及的产品。

胶乳跑道20世纪80年代就在美国出现了，胶乳跑道出现的真正原因无从考证，但就目前胶乳跑道的实际使用现状来反推，应该就是胶乳跑道优越的环保性和相对低廉的造价恰好契合了某些细分市场的实际需要。如很多中小学、幼儿园及一些平时以健身锻炼为目的的跑道项目没有必要花费巨资去修建满足国际田径联合会（IAAF）认证的聚氨酯塑胶跑道，胶乳跑道能很好地满足这些客户对跑道的需求。胶乳跑道在美国被称为latex track，这类跑道基本上以水性聚合树脂（PolyResin）作为黏合剂的成膜物质，这些水性聚合树脂包括丙烯酸树脂、SBR树脂、乙烯基类树脂及各种树脂的组合，其中使用最广泛的就是丙烯酸树脂，故国内一般也将胶乳跑道称为丙烯酸跑道。

聚氨酯取其英文名称polyurathane中的poly和urathane两个单词的第一个字母得其简称PU，故聚氨酯跑道也称为PU跑道。胶乳跑道的英文名称为latex track，但并不取其英文首字母简称为LT跑道，国内有公司取聚合树脂的英文polyresin的poly和resin两个单词的首个字母合成PR作为胶乳跑道的简称，这种简称并不严谨和科学，也没有获得市场的广泛认可，只是作为区别于PU的对应简称而已。

需要强调的是，水性跑道是个宽泛的概念，一般是指以水性树脂作为黏合剂的跑道系列产品，包含水性聚氨酯跑道、水性丙烯酸跑道和水性羧基丁苯跑道等。尽管水性跑道、胶乳跑道、丙烯酸跑道在内涵上有明显的层层包含关系，作为一本专门介绍丙烯酸地面材料的书，本书中所说的水性跑道就是胶乳跑道或丙烯酸跑道，指的都是同一产品。

和聚氨酯跑道一样，胶乳跑道也有好几款产品。由于受到水性树脂特性的制约，胶乳跑道并没有类似于全胶型聚氨酯跑道的产品，严格说，连类似于混合型聚氨酯跑道的产品也没有，且几乎所有的胶乳跑道都具有一定的透水、透气性能。

回顾跑道发展历史轨迹，从煤渣跑道，到沥青跑道，到PU跑道，再到胶乳跑道，跑道材料的每一次变迁，都是一次技术上的进步，都是一次对人类环境和自身健康的关爱。胶乳跑道是当今先进水性树脂技术的全新运用和发展，在跑道材料发展中具有里程碑意义，它将高质量、低成本和绿色环保的概念引入跑道的建设理念中，让人们在真正健康的跑道上享受跑步的乐趣。

4.2 国内跑道市场现状

国内跑道发展的历史相对来说并不具完整连续性。当然，早期的天然材料跑道（如煤渣跑道、泥土跑道）是相当普遍的。自20世纪70年代起，我国也开始研究和铺装聚氨酯塑胶跑道。自此以后，尤其是进入21世纪以来，新建的塑胶跑道项目几乎是聚氨酯（PU）材料的天下。国内PU生产厂家数目庞大，由于市场竞争日趋激烈，为降低成本，厂家纷纷在配方上不断调整，主要表现为增加填料的使用量，导致PU材料变得过硬；为降低硬度又要添加塑化剂（如氯化石蜡等），添加了塑化剂后PU变软了，但是强度又不够了；为解决这个问题又要加入大量的MOCA。PU配方如此变化后导致PU不再是环保材料，邻苯系列超标、MOCA超标，藏在PU里面的短链氯化石蜡长时间存在并发出刺激性的气味，对环境和人体产生危害。同时，PU材料在生产、施工过程中会用到大量有机溶剂，有机溶剂最终散发到大气中，不仅是一种浪费，更会对人体和环境产生危害。

2015年后，塑胶跑道行业进入了一个自上而下的大整顿、大治理的阶段，在这个为期3年的整治期内，许多省市相继推出地方标准或团体标准来约束塑胶跑道的化学指标和物理性能，国内大大小小的PU厂家大多依据这类地方标准或团体标准对PU材料进行优化完善。2018年下半年，国家颁布了国家强制性标准《中小学合成材料面层运动场地》（GB 36246—2018），整治期基本结束。正是在这个整治期内，胶乳跑道得到一个发展的契机，有机会走进前台被人知晓。一时间国内出现了好几家大力发展胶乳跑道的公司，全国各地上马了不少胶乳跑道的工程项目，一度搞得轰轰烈烈，让人们仿佛看到了胶乳跑道的春天就要来了。但是很遗憾，这些胶乳跑道的工程质量大多不能令市场接受、认可、满意，主要质量问题有：①表面颗粒的黏结强度弱、耐磨性欠缺、掉粒子情况严重；②秋冬季跑道硬度太高，几乎没有保护性能，夏季高温时又偏软，究其原因，不外乎在水性跑道黏合剂的配方设计和施工工艺两方面都有不足和缺陷，存在很明显的用油性材料思维去设计和施工水性材料的偏差。随着2018年GB 36246—2018（下文均以新国标代替）在全国范围全面实施，PU材料的质量经历整顿后全面提升，PU跑道又毫无意外地重归跑道行业的主导地位。

胶乳跑道的表现终究没能说服市场，哪怕是在本应被视为胶乳跑道核心市场的中小学、幼儿园，其也没能站稳脚跟。虽然市场上仍会有项目会选择胶乳跑道（在苏州地区使用胶乳跑道的意愿明显要强过国内其他地区），但胶乳跑道目前的地位尴尬，享受绿色环保之名、已为人知，但仍然摆脱不了市场配角的命运。

当然不能因为这一轮胶乳跑道在国内的不太成功的经历就全盘否定它，这段经历更深的原因在于，一些公司在对胶乳跑道产品不论从配方还是施工工艺都不甚了解的情况下仓促上马胶乳跑道。国内真正对胶乳跑道的特点有深刻理解和认识的配方工程师寥寥无几，拥有水性材料思维的施工团队也是凤毛麟角，能提供满足胶乳跑道需要的合格的SBR和EPDM颗粒也几乎没有。但不能否定这是一次有益的尝试和探索，若干年后，当我们回顾中国跑道发展史时，这段经历也必将有浓墨重彩的一笔。暂时的蛰伏也未必是坏事，只要潜下心来悉心研究、努力摸索，是金子总会发光的。当然，对于这段不成功的经历也要认真分析，归纳下来主要有以下原因：

（1）国内PU厂家众多，虽然竞争激烈，但市场很大，厂家生意不愁，加上之前的国标GB/T 14833—2003和GB/T 14833—2011前后修订的标准过低，只注重物理性能，忽视了化学性能，导致PU材料质量再怎么不断恶化也不愁没有市场，厂家也不太有意愿投资开发水性跑道产品。

（2）国内油性跑道和水性跑道价格倒挂。在美国，胶乳跑道价格远低于聚氨酯跑道，国内胶乳跑道的工程价是每平方米200元以上且只能是透气性的，而透气性PU跑道的工程价是每平方米100～130元，甚至低于每平方米90元的也有。这种价格倒挂限制了胶乳跑道的推广使用和被接受程度。

（3）胶乳跑道被不适当地拓宽了使用范围。跑道有很多种用途，有举办世界性重大比赛的，有举办地区性比赛的，有用于一般休闲健身的，有成人用的，有中小学生用的，也有幼儿园用的，等等。可见很多跑道其实是有特定使用群体的，各类群体具有各自的身体、力量特点，正是基于此，美国高中、大学等都有相应主管机构制定与跑道实际使用者相适配的跑道标准要求，如跑道道宽、跑道厚度等。很显然，并不是每间中学都有必要铺装满足奥运会比赛要求的塑胶跑道，那样成本太高。胶乳跑道就是针对幼儿园和中小学的一类真正环保型跑道，在美国，这类跑道价格低廉、无毒无味，非常适合正在生长发育的青少年使用。而我国则没有为不同使用人群制定相应的跑道标准，从幼儿园到大学再到全运会、奥运会，全都是一个标准。体重15～25 kg的小朋友有必要使用和70～80 kg的专业运动员一样标准的塑胶跑道吗？

（4）胶乳跑道本身为热塑性，并非交联固化型，这是胶乳跑道某些性能缺陷和不足的根源，故胶乳跑道表现出秋冬季发硬、夏季发软的现象。但只要控制好变化的幅度，这本身是正常的、可以接受的。但国内一些胶乳跑道施工中还要添加交联剂或促进剂产生交联，这在一定程度上解决了在非理想气候条件下不能大厚度施工和干燥速度慢的问题，但却使硬度随温度变化的严重性加剧，直接导致跑道的核心物理性能——冲击吸收值可能不达标。

（5）胶乳跑道的摊喷分离（R&S工艺）施工工艺独特且对气候条件要求苛刻，场地铺装行业内一大批拥有丰富PU跑道施工经验的施工队伍，由于长期的油性跑道施工思维和惯性，不太适应和擅长R&S工艺施工。

（6）特别强调一下，国内很难找到能满足胶乳跑道要求的SBR颗粒和EPDM颗粒，胶乳跑道对胶粒的胶含量、硬度、密度及粒径级配有着严格要求，跑道质量的好坏和胶粒的这些性能之间有重大的关系，这一点我们会在后面仔细叙述。

2018年后，一些厂家也在不断完善和改进配方，胶乳跑道的质量整体是在进步和提升的。实际上，胶乳跑道在国内从严格意义上说也不是个新东西，21世纪初其实已经在国内出现了。广州市溢威涂料有限公司自2009年便开始着手研发胶乳跑道，当时也是本着丰富产品的目的，带着兴趣去做这项工作的，第一条胶乳跑道在2011年于广州市番禺区市头村小学铺装完成，但质量不理想，一个学期的使用后，表面EPDM颗粒掉粒严重。坦率地说，这是一个失败的项目。但之后该公司不断优化、改进配方，历经3年上百次的试验，终于在2012年获得效果较为满意的胶乳跑道产品并积极倡导摊喷分离施工工艺，设计并定制了一整套水性跑道专用的施工设备，并于2012年7月13日为该胶乳跑道申报国家发明专利，于2014年8月13日获得国家发明专利。

满足IAAF要求的PU跑道自然是很好的材料，具有非常优越的性能，但价格昂贵，这类跑道对中小学、幼儿园来说确实有点“高配”了，但劣质低价的PU跑道环保性不达标，更不适合学校之用。当然，水性PU跑道也早已有之，但其价格不菲，也不适合。因此，开发出价廉质优、性价比高的胶乳跑道产品确实是当务之急，这类跑道也将是最适合在以健身休闲、教学、训练和一般比赛为目的的跑道项目上使用的产品。

胶乳跑道的不足和缺陷无须回避，它的优势同样不可替代，它的出现不是要取代PU 跑道，它也确实没那个能力，但它应该有它的一片天地，一片和 PU 跑道和谐共存、互补的天地。

其实我们可以把胶乳跑道理解为以较低的价格、完美的化学性能（无 TDI、MDI、塑化剂、MACO）取胜，适合于那些对环保性要求苛刻的使用场合（幼儿园、中小学），但以牺牲一点物理性能——主要是温度变化引发的热塑性变化——为代价的产品。

不管怎样，国内胶乳跑道质量要进一步提升，不断改进施工工艺是绝对绕不过去的坎。未来胶乳跑道在中国市场的命运如何，我们不得而知，是就此浑浑噩噩沉沦，还是期待涅槃重生，在最适合它的细分市场闪耀光芒呢？把这一切都交给时间去评判。但胶乳跑道作为一种跑道产品，在 20 世纪 80 年代就出现了，确实有它自身的特点特色。作为一本专门介绍运动场地丙烯酸涂料的书，不介绍胶乳跑道是不完整的，也是说不过去的，所以在这里还是有必要系统介绍一下这款产品。

4.3 胶乳跑道简介

4.3.1 什么是胶乳跑道

首先我们先来看看胶乳跑道发展比较成熟的美国是如何定义胶乳跑道的。United States Tennis Court & Track Builders Association（就是目前的 American Sports Builders Association，简称 ASBA）在 20 世纪 90 年代的一份跑道整体介绍资料文件中是这样定义胶乳跑道的："Latex track surfaces are generally defined as rubber particles of specified size, shape and composition bound together by a water-based resin binder. They are resilient, all weather surfaces. Most are permeable." 大致中文意思为：总的来说，胶乳跑道地面材料被定义为被一种水性树脂黏合剂黏结在一起的具有特定尺寸、形状和组成成分的橡胶颗粒。胶乳跑道安全且全天候使用，大多数胶乳跑道都具有透水、透气性。

从文字上看，这个定义不免有些简单，也不够全面，但核心的东西还是抓到了：水性树脂黏合剂和特殊要求的橡胶颗粒。橡胶颗粒基本就是 SBR 和 EPDM 颗粒这两种，水性树脂则主要包括丙烯酸树脂、SBR 树脂、乙烯基类树脂及几种树脂的杂合物等。

从这个定义也可以看出，胶乳跑道是没有类似 PU 跑道中的全胶型跑道类型的，以透气型跑道为主，充其量可以拓展到接近复合型跑道，这是水性树脂的性质决定的。

综上，我们可以将胶乳塑胶跑道定义为：将规定尺寸规格、形状和级配的橡胶颗粒（SBR 或 EPDM），用水性聚合树脂作为成膜物质的黏合剂黏合成型后，表面喷涂以水性聚合树脂为成膜物质的罩面保护胶作为防紫外光罩面保护涂层而形成的跑道系统。这种跑道系统具有极佳的弹性，快速的疏水性能，极强的耐磨性能和防紫外光性能，绿色环保，无毒无味，全天候使用。大多数胶乳跑道都具有一定的渗透性。

4.3.2 胶乳跑道的特点

胶乳跑道的特点是由其组成决定的，由于采用水性树脂材料，具有绿色环保无毒无臭的特点，其是一款真正的环境友好型跑道产品，是一种极其适合幼儿园、中小学使用的环保绿色跑道产品。其主要特点归集如下：

（1）水性。使用水性聚合树脂作为成膜物质，生产、储运和施工过程中不添加任何有机溶剂，VOC 含量低。

（2）无毒。铅、汞、铬、镉等重金属含量极低，不使用邻苯类塑化剂、氯化石蜡及其他可能会导致人体化学过敏的有害物质。

（3）无味。在施工和使用过程中，绝不散发任何刺激性气味，是真正意义上的环境友好型的产品。

（4）辅料成本为零。施工过程中只需添加少量清水，无须添加其他辅料，尤其是二甲苯之类的有机溶剂，也不需要添加催干剂。

（5）施工简单。基本没有材料损耗，施工设备清洗方便快捷，只需清水刷洗即可，无须使用有机溶剂清洗。

（6）全天候使用。适用于各种气候条件，其超强的抗紫外光性能，使其在高温热带也能颜色不褪、成分不分解，质量保持稳定；同时又能抵御冬日的严寒，具有非常好的尺寸稳定性。

（7）使用范围广。既可铺装于中小学、幼儿园，也可用于公园绿道、散步道及缓跑径。

（8）翻新简单。成本低、速度快，不会产生任何危害人体和环境的废物。

（9）材料配伍性好。具有良好材料兼容性，不仅能独立产生胶乳跑道系统，而且可以对旧的 PU 跑道或沥青跑道的表面翻新改造，还可以和 PU 黏合剂配合使用形成半油半水的混组型跑道。

（10）胶水胶粒相容性好。水性黏合剂配方独特，能很好地润湿 SBR 及 EPDM 颗粒表面，形成牢固的黏合力。

胶乳跑道采用当今最为先进的水性树脂产品，独特配方生产，其设计充分考虑到为跑步者提供最佳的地面表现能力、吸震性和安全性，其优越的弹性能最大限度地减少肌肉扭伤、降低疲劳感，避免受伤和事故发生的可能性。相对低廉的价格和水性、环保、无毒、无味的特性，使胶乳跑道在高性能、低造价和健康环保之间达到一定程度的兼容和平衡。

4.4 胶乳跑道系列产品介绍

胶乳跑道在美国被称为 latex track，在美国大中小学广泛铺装使用。美国某乳胶跑道生产厂家在其产品介绍中特别强调："The advantage of a latex track system is the initial cost-it enables many schools with limited budgets to have a synthetic surface on their track."中文意思为：胶乳跑道的优势就是它的初始成本低，这使许多预算有限的学校也能在他们的跑道上铺装合成地面材料。从这段表述中可以看出，胶乳跑道价格相对低廉且是针对学校市场的。

顺便插一句，对于 PU 跑道会散发令人不愉快气味的烦恼，美国学校也有。曾经一所学校铺装胶乳跑道后，学校相关人士感叹："It was a low odor material. We didn't have to address concerns of angry parents."中文意思为：这个跑道是气味极低的材料。我们不必不得不去解决那些愤怒父母的顾虑了。

美国胶乳跑道产品的品牌为数不少，主要有 SportMaster、No Fault、L. E. Renner、NEYRA、Action-Track 和 Plexipave（柏士壁）。美国柏士壁的胶乳跑道产品系列最为丰富，有 5 款之多，其中还包含曾获得 IAAF 认证的胶乳跑道。

近年来，国内也有公司陆续开发出这类产品，如广州市溢威涂料有限公司于 2011 年研发出透气型水性丙烯酸（PR）塑胶跑道，已经申请并获得国家发明专利。在详细介绍胶乳跑道产品之前，有必要花点篇幅将胶乳跑道有关产品的名称进行归类统一。总体上看，胶乳跑道由以下五个产品组成：

（1）涂布于基础基面上的底涂层，这一层在国内普遍被称为底油层（primer），在国外的胶乳跑道结构中，这一层称作 tack coat，意思为"有黏性的涂层"。因为它的作用为下粘基础层，上接吸震层，起着将上下牢固粘接在一起的功能，所以称之为粘接层更清晰明了一些，粘接层所用材料称作粘接剂也直截了当。当然，称之为底油层虽然不准确，但也不是不能接受。

（2）将橡胶颗粒黏结在一起的胶水。这种胶水国外产品称为 binder，同类产品国内有不同的称呼，如胶黏剂、粘接剂或胶粘剂等。这些称呼都没错，但考虑到 binder 在胶乳跑道中的实际功能就是将松散颗粒黏合在一起形成一个整体，所以我们觉得使用"黏合剂"这个名称应该更加准确和形象一些。但凡在胶乳跑道体系中提及的黏合剂，都是水性的，下文不再以水性聚合树脂黏合剂或水性黏合剂来强调。

对于透气型胶乳跑道来说，其结构中使用黏合剂的部分包括吸震层和耐磨层，不少厂家只提供一种黏合剂产品，上下通用，也有的厂家根据吸震层和耐磨层功能定位的差异化分析，开发两种不同的黏合剂产品，用于吸震层的为黏合剂底胶，简称底胶，用于耐磨层的为黏合剂面胶，简称面胶。

（3）耐磨层完工后在其上喷涂的彩色涂层。柏士壁的这款产品就叫 PLEXITRAC Coating，意思就是"柏士壁跑道面层"，在国内，一般被称为罩面保护层或罩面层，这一层实际上就是跑道的最后一层涂层。

（4）翻新陈旧跑道时，柏士壁还有一款 PLEXITRAC surfacer，可翻译为"柏士壁跑道喷面胶"。这款产品内含 EPDM 颗粒，有利于营造纹理防滑表面。国内通常有两个方法达到这个功能，一是用黏合剂面胶拌和 EPDM 颗粒，二是直接使用弹性丙烯酸中的粗颗粒 EPDM 弹性料。因此，喷面胶和罩面胶在胶乳跑道中是两个不同功能的产品，不要混淆了。

（5）在国内油水混拼的跑道中，油性吸震层和水性耐磨层之间要喷涂一层促进两者粘接的涂层，有公司称为层间弹性底油，这没毛病，但考虑到这层也起双面胶作用，本书称之为层间粘接层，其材料称作层间粘接剂。

上述名称统一只是为了本书的表述简洁、清晰明了，不表示一定准确或排他。上述几款产品将在第4.5节中做详细介绍。

我们下面主要介绍美国柏士壁的几款胶乳跑道产品，最后介绍一下国内胶乳跑道产品。

4.4.1 美国“柏士壁”胶乳跑道

柏士壁有5款胶乳跑道，涵盖从旧跑道的翻新到经济型跑道，从透气型跑道到获得IAAF认证的跑道，品种较为齐全。

4.4.1.1 旧跑道面层翻新（Surfacer）

将跑道喷面胶直接喷涂于陈旧跑道基面之上完成对旧跑道的面层翻新（图4－3），简单快速、成本低。

跑道喷面胶是一款经特别配方设计的彩色丙烯酸涂层，主要用于密封、翻新和重涂陈旧基面，如沥青表面、SBR粒子表面或现存其他弹性运动场表面。喷面胶内含粒径为0.5～1.5 mm的EPDM颗粒，能营造出具有彩色纹理特征且色彩鲜艳的颗粒涂层，抗紫外光性能优越，能有效延缓基面材料的老化、氧化。由于自身的弹性优良、恢复能力突出，喷面胶可以提升陈旧跑道的弹性和抗冲击性能。在施工工艺上，既可以空气喷涂，也可以使用刮板刮涂。

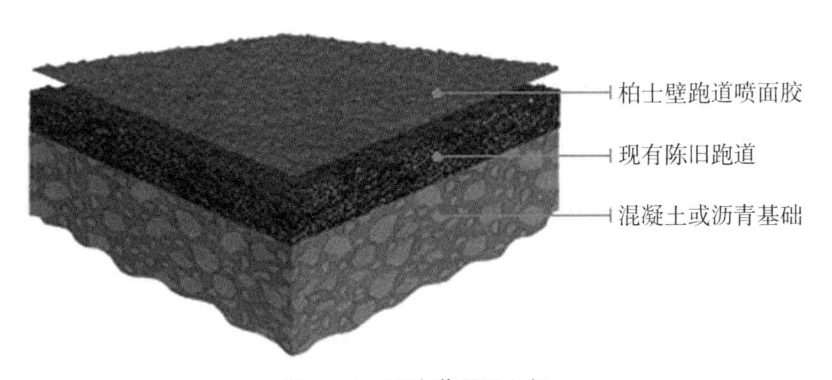

图4－3　旧跑道面层翻新

4.4.1.2 “柏士壁”黑色经济型（Lighting）

这是一款结构简单、低成本的胶乳跑道产品（图4－4），在完成弹性颗粒吸震层之后，直接在吸震层上喷涂跑道罩面胶即可。这种经济型跑道一般完工后都是黑色的。

罩面层是罩面胶兑水稀释后喷涂而成的，罩面胶是具有一定韧性、黑色的丙烯酸涂层，也是经特殊设计的、用于跑道系统的最后一层涂层。在黑色经济型跑道中使用黑色跑道罩面胶。

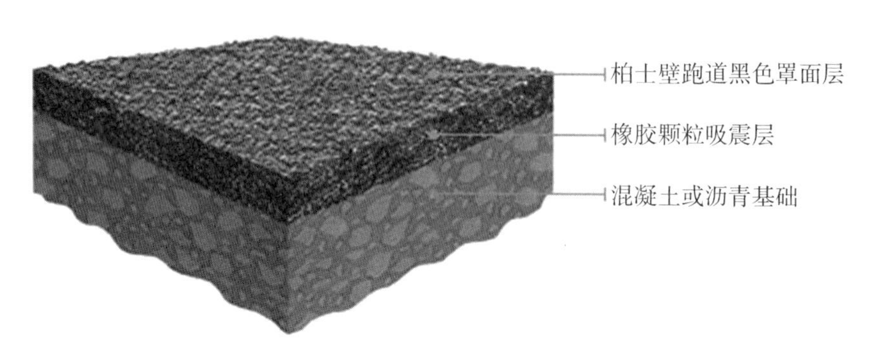

图4-4　黑色经济型跑道

4.4.1.3 “柏士壁”彩色经济型（Flash）

这是一款在黑色经济型跑道基础上升级的经济型跑道（图4-5），其罩面胶和SBR黑色颗粒黏合剂采用红色（或其他色），赋予跑道更多视觉美感。

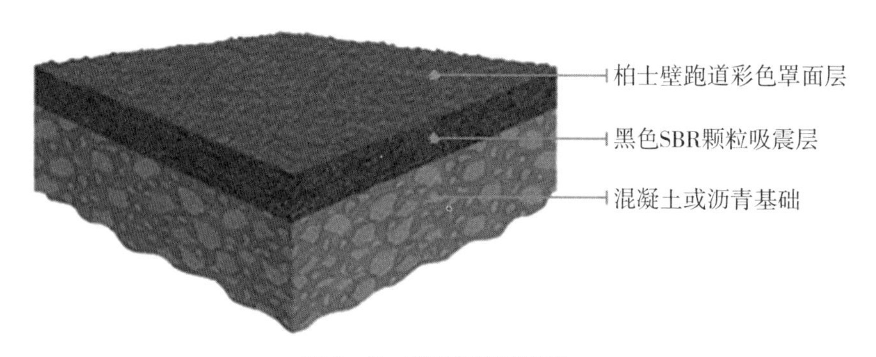

图4-5　彩色经济型跑道

4.4.1.4 “柏士壁”透气型（Accelerator）

这是一款相对比较主流和普遍使用的跑道类型（图4-6），也可以说是柏士壁胶乳跑道系列的核心产品，柏士壁其他胶乳跑道产品都可视为在此透气型跑道基础上发展演变而来的。

从结构上讲，透气型跑道比较完整，从下往上分别为粘接层（产品示意图中未显示该层）→吸震层→耐磨层→罩面层，吸震层使用SBR黑色颗粒和彩色黏合剂，耐磨层使用彩色EPDM颗粒和同色黏合剂，以彩色罩面胶罩面。

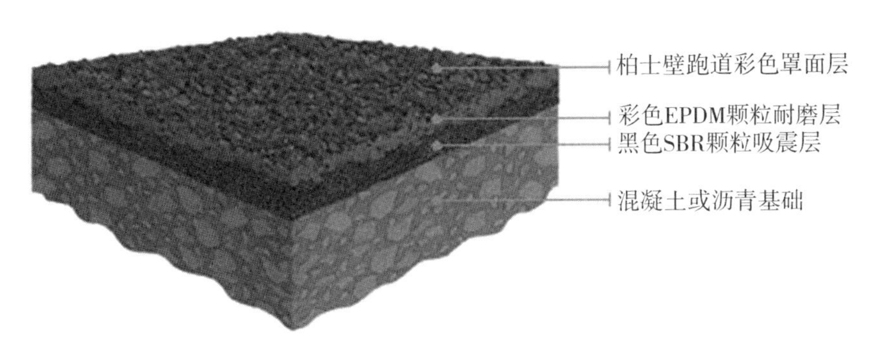

图 4-6　透气型跑道

4.4.1.5　“柏士壁”XP 型胶乳跑道

该款跑道是曾获得 IAAF 认证的产品（图 4-7）。2016 年因武汉某大学要铺装进口水性跑道一事，我们曾和柏士壁公司的销售人员有过业务联系，并问起过这款跑道是否为 IAAF 认证产品，当时被明确告知：“We no longer have IAAF certification for XP as there was little demand for this surface and it was not economical at 15 ～ 16 mm.”（对于 XP 这款跑道我们不再有 IAAF 认证，因为它的需求量小，对 15 ～ 16 mm 的厚度而言也不经济。）市场需求量小的原因估计是其目标市场和 PU 跑道重叠，但在竞争力上明显不足。从这段文字可以看出，对于胶乳跑道而言，它应该有属于它自己的不同于 PU 跑道的细分市场，而这个市场也不会对跑道设置必须拥有 IAAF 认证证书才被接收的门槛。XP 跑道的经历再一次表明胶乳跑道应该专注于自身的细分市场，不要过于拓宽实际适用范围，否则反而得不偿失。

图 4-7　XP 型胶乳跑道

4.4.2　国产“宝力威”胶乳跑道

改革开放以来，随着经济的高速发展，综合国力不断提升，这一点在学校建设这块最明显的体现就是进入 21 世纪以来，国内大中小学及幼儿园普遍开始铺装塑胶跑道。我国从 20 世纪 70 年代便开始 PU 跑道的铺装，在很长一段时间内，PU 跑道在我国一直处于垄断地位，对于胶乳跑道不要说见过了，可能连听都没听说过；即便听说了，有时也会惊吓到一些客户，尤其是以“丙烯酸跑道”这个名称来介绍时更加如此。因为在行业内，丙烯酸被市场作为硬地球场地面材料来使用的定位已经根深蒂固，硬地丙烯酸的大量使用使市场和客户都错误地以为丙烯酸质地较硬，是不可能用来做弹性跑道产品的。很多客户从来就没有将丙烯酸和跑道联系在一起，所以一提到丙烯酸跑道，客户就会非常吃惊：丙烯酸能做跑道吗?

通过前面第 2 章的分析我们知道，聚丙烯酸树脂品种繁多，具有不同的玻璃化转变温度，是完全能找到满足跑道需要类型的。事实上，聚丙烯酸树脂不仅可以用作跑道黏合剂的材料，而且具有相当多的优点：水性、环保、无毒、无臭，是真正的环境友好型产品，在生产、施工和使用过程中，绝对不会对人体和环境产生任何危害。这些是胶乳跑道相对于 PU 跑道的优势。对于基本不会举办大型国际国内赛事的校园来说，胶乳跑道是个非常理想的选择。因此，校园跑道的建设选材完全不必画地为牢，被所谓的国际标准、IAAF 认证所困，而应本着健康、适用、实用的目的来选择。我们甚至可以说，胶乳跑道就是以服务学校市场为核心的跑道产品。

2015 年后，国内水性跑道市场很是热闹了一阵子，但终归因技术储备不足、对胶乳跑道认识理解不深、施工工艺不匹配等归于寂寞。但这段经历还是唤醒了人们对水性材料的渴望，提升了人们对水性材料的认识，促进了水性跑道的发展。目前国内已经有不少厂家开始关注胶乳跑道这一块，相应的产品研发、生产和施工也都慢慢开始了，出于营造市场噱头或自我保护等起了各式各样花哨的名称，在此就不一一列举了，但产品实质都是属于胶乳跑道。

同时要强调一下，胶乳跑道并不仅仅局限于塑胶跑道项目，对产品的厚度、结构进行适当调整也完全适用于城市绿道项目中，如散步道、缓跑径、健步道等。

国内的胶乳跑道产品选择介绍“宝力威”的跑道系列产品。

4.4.2.1 “宝力威”经济型胶乳跑道

这是一款在国内很少见到的高性价比跑道系统（图 4－8)，之所以冠名为经济型，就是因为其性价比高，对于一般休闲健身用途的跑道而言再适合不过了。

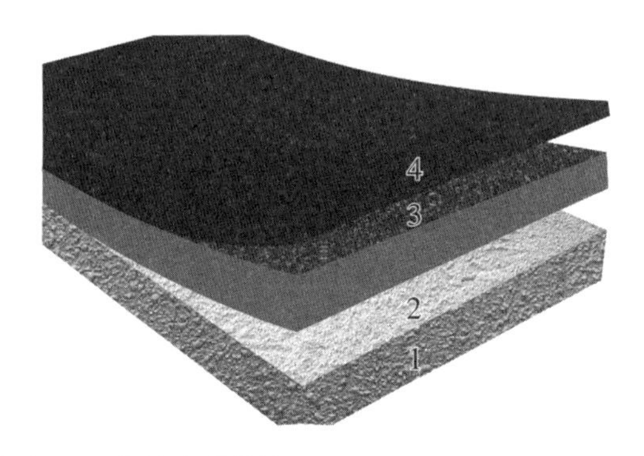

1—水泥或沥青基础；2—水性跑道粘接层；3—黑胶粒吸震层；4—黑色罩面保护层。

图 4－8　经济型胶乳跑道

4.4.2.2 “宝力威”透气型胶乳跑道

这是胶乳跑道最主流、最基本的产品类型（图4－9），结构完整，其他跑道产品系统都是在此基础上派生出来的。

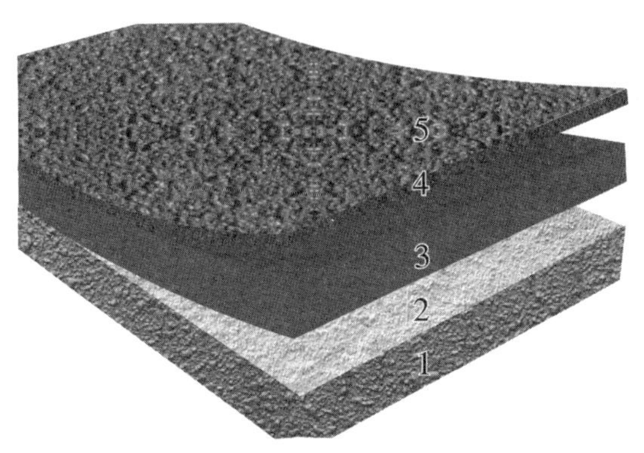

1—水泥或沥青基础；2—水性跑道粘接层；3—SBR（或EPDM）黑色颗粒吸震层；4. EPDM耐磨喷涂层；5—彩色罩面保护层。

图4－9　透气型胶乳跑道

4.4.2.3 “宝力威”混组型水性跑道

这是一款混合型跑道产品（图4－10），采用“底油面水”的半油半水结构，它实际上是在当前国内PU跑道和胶乳跑道价格倒挂的现实条件下诞生的一款妥协性的跑道产品。全厚度胶乳跑道价格高、施工工艺特殊、施工气候条件苛刻，但市场和客户又有建设水性跑道的需求，在这种市场环境下，只能将油性PU和水性聚合树脂有机结合起来，混配成价格合适、施工工艺更贴近PU跑道的混组型跑道，以赢得市场。

1—水泥或沥青基础；2—PU粘接层；3—PU胶水/SBR（或EPDM）黑色颗粒吸震层；4—水性跑道层间粘接层；5—EPDM耐磨喷涂层；6—彩色罩面保护层。

图4－10　混组型水性跑道

一般来说，多层结构的地面材料系统的材料类型是由其最外层材料的性质决定的。混组型跑道的最外层 3 mm 厚度采用水性黏合剂黏结 EPDM 颗粒，最后喷涂水性罩面保护胶，故尽管其弹性吸震层使用油性 PU 黏合剂，但其表面材料为水性，因此也被认为是一款水性跑道。

混组型跑道在结构上有一层很特别的结构层：层间粘接层。层间粘接层是水油两相材料间的过渡层，起着类似双面胶的作用，其实际功能和跑道的粘接层相似但也不完全相同。PU 胶水黏结的橡胶颗粒吸震层的颗粒表面被低表面张力的 PU 胶水包裹，直接在这样的基面上喷涂表面张力高的水性黏合剂，水性胶水不能充分润湿吸震层而造成水性胶水回缩，最终导致耐磨层不能完整地附着在吸震层上，使回缩露底、秃顶、脱层等现象出现的概率增大。引入层间粘接层能很好地解决这类问题，且成本不高、效果明显，能有效地将水油两种材质有机地统一在一个产品体系中。

粘接剂和层间粘接剂可以是同一个产品，也可以是不同的产品，具体要看生产厂家对这两个结构层的理解及对水性树脂种类和特性的选择。

4.4.2.4 陈旧 PU 跑道翻新

从结构上看，翻新陈旧 PU 跑道实质上就是涂布混组型跑道的上半部分结构（图 4－11），包括层间粘接层、EPDM 耐磨层和罩面保护层。施工工艺的重中之重是陈旧 PU 跑道表面的清洁处理，必须要将其表面清洁得非常干净后才能开始翻新工作。前面说过，透气型跑道几乎都有一定透水性，换句话说，表面具有一定的孔隙，内部有一定的空隙，这些必定是藏污纳垢之所，雨水、灰尘、砂子等都会填塞其中，即便是不透水的跑道，其表面长期暴露在外，黏附的异物自然也不少。因此，翻新要成功的第一步就是彻底进行陈旧跑道的表面清洁，否则起鼓脱层现象在所难免。

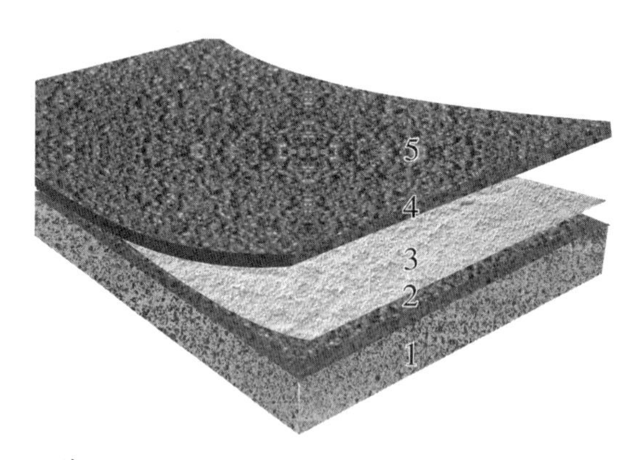

1—跑道基础；2—陈旧 PU 跑道；3—水性跑道层间粘接层；4—EPDM 耐磨喷涂层；5—彩色罩面保护层。

图 4－11　陈旧 PU 跑道翻新

就像美国某公司在其产品说明书中感叹的：“Another drawback to latex is that the track may bubble when resurfaced.”（胶乳跑道另一个不足是表面重新喷涂后跑道可能会起泡。）该表述容易引起误解，让人误以为起泡是材料自身原因造成的，这就不准确也不客观了，实际上是让胶乳跑道代为受过了，因为出问题的不是材料质量而是施工环节。

换个角度说，胶乳跑道翻新陈旧 PU 跑道是另一种意义上的混组型跑道，区别在于它是以整个陈旧 PU 跑道作为另一种意义上的吸震层的。

4.5 胶乳跑道产品分析

胶乳跑道作为一个地面系统，是由多种产品有机组合在一起的，它们在整个系统中分工合作、各司其职，承担不同的功能，起着不同的作用，共同协作，有效组合成具有一定物理功能特征的跑道系统。

在前面，我们简单地对胶乳跑道产品的名称进行了一番归类统一，下面就对这些产品做详细的介绍。

4.5.1 水性跑道粘接剂

大家可以发现，在这里我们并没有使用“底油”这个概念，而是使用了“粘接剂”这个概念。“柏士壁”（PLEXIPAVE）的胶乳跑道产品在基础基面上施工的第一层被称为“tack coat”而非我们耳熟能详的“primer”（底油），这种表述是非常准确的，它是底油层和粘接层的不同功能差异在名称上的反应。

宽泛地说，底油可以归入界面剂的范畴。所谓界面剂，就是以改变物体界面的物理化学特性为目的的产品，故涂布底油层相当于对底材进行了一次改性，尤其对混凝土底材而言，底油使底材界面从无机界面改性为有机界面。若涂料对底材润湿、附着不良，在底材上涂布 1 层起着类似双面胶作用的底油还是有非常积极的作用的，往下底油在底材上能充分润湿形成附着，朝上底油和后续丙烯酸涂层之间也能有效黏结。在丙烯酸球场系列的施工中，只要是混凝土基础，一般都要求涂布一层丙烯酸底油，但实际上只要混凝土基面处理到位，不涂布丙烯酸底油而直接刮涂丙烯酸底料也不会出现什么重大质量问题，因为混凝土的表面张力要大于水性涂料，通过刮涂赋予的机械力，可以将丙烯酸底料刮开、刮平，并以流体形式和底材实现全覆盖式的接触，保证丙烯酸底料对底材基面的充分、全面的润湿，形成附着。不涂布底油，会出现底材对丙烯酸底料的不均匀吸收，吸收率高的地方，大量树脂会进入混凝土孔隙中，可能导致对矿物粉料的黏合力减弱和涂层干燥后的不均匀；而有了底油层的话，混凝土的表面孔隙基本被底油占据，这将使无机底材被改造成为一个吸收性小且均匀的有机基面。因此，底油的重要作用也是要肯定的，对丙烯酸球场系列而言，底油不用问题不大，但用了是锦上添花，效果更佳。

胶乳跑道吸震层中的橡胶颗粒是以颗粒状松散形式摊铺在混凝土基面上，再喷涂水性黏合剂而固化成型的。那么问题来了，颗粒层不可能以丙烯酸底料那样的流体形式对底材基面形成全覆盖式的接触，只能是以一个个胶粒面和底材形成“点接触”，这种接触点数量虽多，但面积不大且不连续，极易脱附，无法形成强大的附着力。胶乳跑道粘接层的涂布，就是要将吸震层中众多颗粒和底材之间的点接触变成颗粒通过粘接层和底材形成覆盖式的面接触。粘接层在英文中被称为“tack coat”，中文意思是“有黏性的涂层”，这种有黏性的涂层在胶乳跑道独特的施工方法——摊喷分离法（R&S 工艺）中是不可或缺的。

在底材基面上涂布一层粘接层后，粘接层是整体覆盖黏结的，在这种情况下，吸震层中胶粒即便是和粘接层形成点接触，也会最终通过粘接层实现和底材的面接触从而保证和底材的附着强度。从功能上看，粘接层除了要承担底油的渗透、黏附作用，还要承担起对摊铺其上的松散颗粒的初步“定位黏结”作用，最后和喷涂在颗粒上面的水性黏合剂一起形成“三明治”构造，将夹在中间的胶粒牢牢黏合起来（后续的颗粒层实际上是以上一层颗粒层的水性黏合剂为粘接层，再和之后喷涂的黏合剂一起构成“三明治”构造，以此类推）。从实际使用量上看，粘接层材料的单位使用量是要明显大于底油的单位使用量的，粘接层的单位使用量为 0.15 ～ 0.2 kg/m^2，而底油则为 0.05 ～ 0.08 kg/m^2，这个量的区别实质上就是两者不同作用和功能的体现。

粘接层所用的材料其实并不仅仅局限于丙烯酸树脂，“柏士壁”产品中就是使用羧基丁苯乳液作为粘接剂的，因为羧基丁苯乳液中含有极性基团，有非常好的粘接性能。

不论混凝土基础，抑或沥青基础，水性跑道粘接层都是必不可少的。在沥青基础上，粘接层的材料用量会更大。对于表面过于粗糙的沥青基础来说，若采用纹理构造粗于 AC10 的 AC13 或 AC20 的沥青混凝土，则建议先施工 1 层丙烯酸底料将沥青表面孔隙密封后再涂布跑道粘接层。

4.5.2　水性跑道黏合剂

胶乳跑道目前基本都是具透气性的，由于热塑性材料的成膜特性，胶乳跑道做成完全不透水的真正复合型也是困难的，其基本结构为 10 mm 厚的 SBR（或 EPDM）吸震层和 3 mm 厚的 EPDM 颗粒耐磨层及罩面保护层。

关于吸震层和耐磨层所用的水性黏合剂，有的厂家只提供一种黏合剂产品，上下通用；而有的厂家会充分考虑透气型跑道的特点，分析吸震层和耐磨层在跑道结构的位置和作用，将黏合剂细分为黏合剂底胶和黏合剂面胶。

实际上，用“透气型”这个词已经不准确了，透气但不透水的材料是存在的，但透水不透气的材料似乎没有。而胶乳跑道其实并不似球场丙烯酸涂层那般具有半透气性，它实际上是能够透水的，只不过是沿用习惯才保留“透气型跑道”这种称呼。既然具有透水性，雨水可穿过耐磨层渗透到吸震层并在彻底挥发前一直滞留在吸震层的空隙中。胶乳为水性的，多多少少会含有亲水基团，这会导致吸震层耐水性能的降低。鉴于此，黏合剂底胶在配方设计中会考虑提升其耐水性。耐磨层暴露于阳光、空气中，且由于跑道的垂直排水和水平排水功能，其被雨水长时间浸泡的机会并不多，故黏合剂面胶的配方设计在考虑耐水性能的同时更加关注耐磨性、抗紫外光性和黏结强度。国内有些产品在施工时要添加3%左右的促进剂，其主要作用是和黏合剂中的羧基反应，提升耐水性和拉伸强度，降低成膜时间，但可能带来另外一个问题——固化后偏硬。

黏合剂的颜色是十分丰富的，但有些厂家只提供中性黏合剂，即不在黏合剂产品配方中添加色浆组分。这种中性黏合剂施工前呈乳白色，固化后呈透明涂膜。总的来说，中性无色浆的黏合剂用于吸震层并无什么不妥，不论吸震层中用的是黑色的SBR，抑或彩色的EPDM颗粒，因为吸震层是隐蔽结构，其颜色对外表层的影响不大，但中性黏合剂用于耐磨层的话，有些弊病就会显现出来。

从成本上考虑，吸震层几乎都会使用黑色颗粒（不论SBR或EPDM），而耐磨层则使用彩色EPDM颗粒。那么对耐磨层而言，其施工的基面为黑色的橡胶颗粒层，这时使用中性黏合剂配合彩色颗粒的话，会有遮盖不理想的感觉。毕竟彩色颗粒不可能对黑色吸震层形成全覆盖，总是会有空隙的，而这空隙会被中性黏合剂占据，固化后是透明的涂膜，实际反射出来的仍然是黑色的吸震层的颜色。因此，耐磨层完成后在视觉上会有在彩色颗粒的彩色大背景下时不时有些黑点闪过的感觉。如果使用和彩色EPDM一样颜色的黏合剂，在EPDM颗粒覆盖不到的地方也会有彩色黏合剂覆盖，如此就不会出现上述的颜色斑杂的瑕疵了。

中性黏合剂还有一个问题：耐水白性一般较差。雨水浸泡后，很多这种热塑性透明涂层会吸收水分膨大而泛白，水分蒸发后又回归正常颜色。

4.5.3 水性跑道罩面保护胶

对于胶乳跑道而言，罩面保护胶是最终完成面，其作用有三个：①使跑道表面色泽更加均匀一致；②进一步增强EPDM的锚定力、黏结力；③延长EPDM颗粒的使用寿命、延缓其老化。

罩面保护胶是胶乳跑道的不可或缺的一层结构，原因在于黏合剂都是采用玻璃化转变温度相对比较低的弹性丙烯酸乳液作为成膜物质的。玻璃化转变温度为零下几摄氏度到十几摄氏度，故黏合剂在常温时处于高弹态，会有一定的黏性，会黏附灰尘、树叶等杂物，使跑道表面很快被污染、变脏变黑。罩面保护胶的全面覆盖就是在彻底克服黏合剂高温回黏缺陷的同时增强EPDM的锚定力和提升跑道完成面的色泽均匀性、抗紫外光性能和耐磨性。

罩面保护胶通常采用具有两种玻璃化转变温度的核壳丙烯酸乳液为成膜物质，高温不回黏，柔韧性好，弹性佳，能很完美地和耐磨层匹配使用。

罩面保护胶也不应该设计为中性无色的，而是应该和之前耐磨层中使用的黏合剂同色，一般是和EPDM颗粒同色。这样的颜色要求一方面使跑道色泽均匀一致，另一方面避免跑道产生眩光，更重要的一点是避免中性罩面保护胶耐水白性差引发的雨天跑道发白现象。发白的跑道大小不一，星星点点，非常不美观，但雨水蒸发后颜色又会复原。出现在这种情况的原因在于：中性罩面保护胶固化后形成透明涂膜，下雨后或放水冲洗时，涂膜中的亲水基会吸收水分而膨胀变大，光照射其上会发生米氏散射，即吸水膨胀的大颗粒将吸收到的光等频率全部反射出去，所以看到的是白色。一旦水分蒸发，大颗粒消失，米氏散射条件不再具备，颜色就回归正常。

4.6 橡胶颗粒的材质性能和粒径级配要求

从国内国际的跑道橡胶颗粒的使用历史和现状来看，SBR 颗粒和 EPDM 颗粒一直是最主要的产品。在 ASBA 的 *Buyer's Guide for track Construction* 小册子中，关于胶粒有这样一段描述："The rubber used may be black or colored. Black rubber particles may be granular or strand and they may be made from natural rubber, styrene-butadiene rubber (SBR) or ethylene-propylene-diene rubber (EPDM), virgin or recycled. Colored rubber particles are almost always made of virgin EPDM rubber and they come in granular form only." 翻译为：跑道所用橡胶可以是黑色的或者是彩色的。黑色颗粒可以是胶粒状或胶丝状，它可以由天然橡胶、丁苯橡胶（SBR）或者三元乙丙橡胶（EPDM）制得，可以是新生胶，也可以是循环再生胶。彩色橡胶颗粒几乎都是由 EPDM 新生胶制得的，且只能为胶粒形状。

跑道行业的橡胶胶粒主要就是 SBR 和 EPDM 颗粒，这一点在前面介绍国内外胶乳跑道时也体现得很明显。因此，我们在此还是着重介绍 SBR 和 EPDM 颗粒的性能要求和粒径级配要求。

4.6.1 SBR 颗粒性能要求

现在一提起 SBR 颗粒，潜台词就是过不了新国标的检测。但我们要强调的是，新国标从没有明令禁止 SBR 的使用，即便新国标设定了严格的多环芳烃限值要求，但是只要这轮胎生产时使用环保的橡胶油，如石蜡基油或环烷油，基本上都能顺利过关。并不是轮胎胶绝对不能使用，而是要根据新国标的要求仔细进行甄别和选择。

废旧轮胎是高分子弹性材料，属于工业有害固体废物，它们的大分子分解到不影响土壤中植物生长的程度需要数百年的岁月，废旧轮胎长期露天堆放，不仅占用了大量土地，而且经过日晒雨淋，极易滋生蚊虫，传播疾病，此外还会引发火灾，燃烧时释放的烟雾和一氧化碳会严重污染大气，所以废旧轮胎是恶化自然环境、破坏植被生长、影响人类健康、危害地球生态安全的有害垃圾之一。为保护人类生存环境，减少废旧轮胎对环境的污染，实现废旧轮胎资源的综合利用是当务之急，也是绿色循环经济的要求和体现。经济发达国家在废旧橡胶回收利用技术上的重大突破之一是制造不同细度的胶粉以取代再生胶，广泛应用于公路、建材、橡胶制品及运动场地的铺装等领域。20 世纪 80 年代以来，美国、德国、瑞典、日本、澳大利亚、加拿大等国都相继建立了一批废橡胶胶粉公司，其生产能力已大大超过再生胶。

废旧轮胎几乎全身都是宝，其中高达 58%～60% 的橡胶混合物可以制成有用的再生胶和各类不同粒径的橡胶颗粒，这类橡胶颗粒所具有的性能是各种合成运动场地面的理想材料。

虽然我们将轮胎胶颗粒称为 SBR 颗粒，但不能将轮胎胶和 SBR 胶画上等号，事实上 SBR 胶只是轮胎胶组成的一部分而已。SBR 即丁苯橡胶，是以丁二烯和苯乙烯为单体共聚而得的高分子弹性体，1937 年在德国首先实现工业化生产，是最早工业化的合成橡胶，目前也是合成橡胶中产销量排第一位的，超过 50%。SBR 橡胶的耐磨性、耐热性、耐油性和耐老化性均比天然橡胶（NR）好，且与天然橡胶、顺丁橡胶混溶性好。丁苯橡胶的缺点是弹性、耐寒性、耐撕裂性和黏着性均较天然橡胶差，纯胶强度低、滞后损失大，生热高，而且由于含双键比例较天然橡胶少，硫化速度慢。但丁苯橡胶成本低廉，其性能不足之处可以通过与天然橡胶等并用或调整配方得到改善。

轮胎颗粒用于体育场地面材料也由来已久，瑞士 CONICA 公司早于 1991 年在英国纽瓦克建立了一家工厂，探索将废旧商用车轮胎转化为循环再生橡胶颗粒，并取得了良好的经济效益和社会效益。CONICA 公司只使用卡车和大巴车的轮胎，就像其说的："CONICA only uses truck and bus tyres, since these basic raw materials allow the highest quality granules to be produced for numerous surface types and other end-uses including moulded products, road building, material recovery, roofing tiles, flooring coverings, belting and rubber coating."（CONICA 只使用卡车和大巴车的轮胎，因为这类轮胎中的原料能生产出最高质量的颗粒，适用于各种地面材料和其他多种终端用途，如成型产品、道路建设、材料回收、屋顶砖、地板覆盖物、传动带和橡胶涂层。）

为什么一定要用卡车和大巴车轮胎呢？因为各种机动车的用途不同、载重不同，对轮胎的要求也不一样，生产轮胎的材料也是不尽相同的。由于轮胎材料构成不同，胶粒的成分也不相同，表现出来的物理性能也有差异。表 4-1 列出了几种不同类型机动车轮胎胶粒的成分分析。

表 4-1　各种机动车轮胎橡胶含量比例

分析项目	PC 胶粒	PC + LT 胶粒	TB 胶粒
天然橡胶	20	40	70（70）
丁苯橡胶	80	45	20（10）
顺丁橡胶	—	15	10（20）
橡胶烃含量/%	47.6	44.6	54.1（60）
附：PC—乘用车轮胎；LT—轻型载重汽车轮胎；TB—载重汽车、大型乘用车轮胎			

结合表 4-1 与简单介绍的 SBR、天然橡胶及顺丁橡胶的各自性质和特点，我们就不难明白为什么运动场用的颗粒都要求是大卡车或大巴车的轮胎了。

CONICA 说轮胎胶能生产出最高质量的胶粒，那么以量化指标的形式来表述，主要表现为表 4-2 中所列几项物理指标。

表 4-2　SBR 颗粒性能要求

胶粒	胶含量	密度	邵氏硬度	拉伸强度	拉断伸长率
SBR 颗粒	60% 以上	1.15 ～ 1.4	55 ～ 75	不低于 15 MPa	不低于 500%

SBR 颗粒一般只用于跑道的吸震层部分，不会作为跑道的耐磨层使用，即便是经济型黑跑道通常也是铺装的黑色 EPDM 颗粒。

4.6.2 EPDM 颗粒性能要求

乙丙橡胶是以乙烯、丙烯或乙烯、丙烯及少量非共轭双烯单体，在有规立构催化剂作用下制得的无规共聚物，是一种介于通用橡胶和特种橡胶之间的合成橡胶，主要分为二元乙丙橡胶（EPM）和三元乙丙橡胶两大类（EPDM）。在运动场地铺装行业使用的是三元乙丙橡胶颗粒，三元乙丙橡胶的英文名称为 ethylene-propylene-diene-propylene-diene monomer，取四个单词的首字母得其简称 EPDM，ethylene 是乙烯，propylene 是丙烯，diene 意为二烯烃，monomer 意为单体，三元乙丙橡胶按第三单体种类不同分为双环戊二烯（DCPD）、乙叉降冰片烯（END）和 1,4 - 已二烯（HD）三类。

乙丙橡胶基本是一种饱和橡胶，具有独特的性能，其耐老化性能是通用橡胶中最好的一种，具有突出的耐臭氧性能，优于以耐老化著称的丁基橡胶；耐热性好，可在 120 ℃下长期使用；具有较高的弹性和低温性能，其弹性仅次于天然橡胶和顺丁橡胶，最低使用温度可达 -50 ℃以下；具有非常好的电绝缘性能和耐电晕性，由于吸水性小，浸水后电气性能变化很小。乙丙橡胶耐化学腐蚀性好，对酸、碱和极性溶剂有较大的耐受性。此外还具有较好的耐蒸汽性，密度为 0.86～0.87 g/cm^3，是所有橡胶中最低的，低密度和高填充性是我们能使用 EPDM 颗粒的原因。

在此要澄清一个概念：EPDM 颗粒并不等于 EPDM。在体育场地铺装行业从业人员口中的 EPDM、EPDM 橡胶、EPDM 颗粒都是指的一个东西：以 EPDM 为核心，配合矿物粉料、橡胶油及颜料等配方生产的 EPDM 颗粒。我们平常耳熟能详的胶含量指的就是 EPDM 质量和整个 EPDM 颗粒质量之间的百分比。举例如下，表 4 -3 为某厂家的 EPDM 颗粒的配方。

表 4 -3 EPDM 橡胶配方组成

主要成分	比例/%
EPDM	40
填充油	12
轻质碳酸钙	45
硫化剂	2
颜料	适量

这是在广州举办的广东国际体育博览会上某 EPDM 颗粒生产厂家的展台上看到的，我们可以根据这个配方大致了解 EPDM 颗粒的组成，至于胶含量 40% 的 EPDM 颗粒在体育场地铺装行业，那是不曾见哪家公司用过的。实际上国内跑道铺装一直以来都是以 13% 胶含量的 EPDM 颗粒占垄断地位的，这种低胶含量的 EPDM 颗粒密度相对大、硬度相对硬，在透气型跑道的耐磨层的配料上，国内一般配置 1.2 kg/m^2 的 13% 胶含量的

EPDM 颗粒实际上也是达不到 3 mm 的厚度要求的。美国对 EPDM 颗粒的胶含量要求比国内要高得多，一般建议 EPDM 颗粒胶含量在 25% 左右。

EPDM 颗粒的主要性能见表 4 -4。

表 4 -4　EPDM 颗粒性能要求

胶粒	胶含量	密度	邵氏硬度	拉伸强度	拉断伸长率
EPDM 颗粒	25% 以上	1.4 ～ 1.6 kg/m^2	55 ～ 75	不低于 3.0 MPa	不低于 300%

EPDM 颗粒既可作为跑道的吸震层，也可作为表面耐磨层之用，可以是黑色，也可以是彩色的。在跑道的成本里，SBR 颗粒价格低廉、性价比高，用 EPDM 颗粒取代 SBR 颗粒，成本会上扬，黑色 EPDM 颗粒比彩色 EPDM 便宜，后者用得越多，成本越高。

4.6.3　橡胶颗粒的粒径级配

胶乳跑道是以橡胶颗粒为“骨架”、以水性黏合剂为“骨骼肌”固化成型并在使用中承受外力冲击作用、提供表面摩擦力的。跑道对使用者是有安全责任和承诺的，跑道自身是必须满足一定的物理性能的，主要为三个指标：冲击吸收（force reduction）、垂直变形（vertical deformation）和抗滑值（skid resistance）。其中抗滑值容易控制，基本不会有问题，主要是前两个指标尤为重要，它们要求跑道软硬适中，既不能太硬，太硬起不了能量吸收保护作用，会使人体震荡加剧；也不能太软，太软易造成运动扭伤、崴伤，也是不行的。这就需要橡胶颗粒和黏合剂配合形成的骨架密实结构来完成这个重任，在这种结构中橡胶颗粒的材质、粒径级配起着举足轻重的作用。我们默认橡胶颗粒是能满足上述要求的 SBR 和 EPDM 颗粒，在这基础上针对粒径级配做一番简单探讨。

粒径指的是颗粒的大小范围或尺寸跨度，一般用目数表示，更多的人喜欢以毫米为单位，因为更加直观。比如跑道吸震层用颗粒一般尺寸为 2 ～4 mm，可以理解为这种产品的全部颗粒中，最小尺寸是 2 mm，没有比 2 mm 再小的颗粒了，最大尺寸是 4 mm，也没有比 4 mm 更大的颗粒了。这种粗略的理解不算错，但实际上并不能这么僵化地理解粒径这个概念。

为准确理解粒径，我们先介绍两个名词：最大粒径尺寸（maximum size of aggregates）和公称最大粒径尺寸。前者是指要求颗粒 100% 通过的最小标准筛孔尺寸，后者指颗粒可能全部通过或允许有少量不通过（一般容许筛余不超过 10%）的最小标准筛孔尺寸，通常比颗粒最大粒径尺寸小一个等级。考虑到橡胶颗粒本身并非绝对对称的球形或其他具有规则形状的，实际上 2 ～4 mm 中的 4 mm 几乎都是指公称最大粒径尺寸，即还是允许一定比例的大于 4 mm 颗粒存在；同样，2 mm 也并非绝对是最小尺寸的，同样允许一定比例的小于 2 mm 颗粒存在。

粒径的确定为胶粒的大小划定了一个大致的范围，允许有一定幅度的波动（实际上这种波动也不可避免），但对波动幅度也是有要求的，否则粒径的标示就毫无意义了。遗憾的是，这种无意义的情况在国内较为常见。

那么粒径的跨度被严格控制了，是不是就万事大吉呢？显然不是，还有一个更重要的指标：粒径级配。

级配是指全部胶粒中各组成颗粒在尺寸大小上的分级和搭配，级配要通过筛分实验确定。筛分实验是将待筛分的胶粒连续通过一系列规定筛孔尺寸的标准筛，测定出存留在各个筛上的胶粒质量，根据被筛分胶粒的总质量与存留在各筛上的胶粒质量，就可求得一系列与胶粒级配有关的数据：分计筛余百分率、累计筛余百分率和通过率。

（1）分计筛余百分率（percentage retained）是在某号筛上的筛余质量占被筛分胶粒总质量的百分率，如下式：

$$a_i = m_i/m \times 100\%$$

式中：a_i——某号筛的分计筛余百分率（%）；

m_i——存留在某号筛上的胶粒的质量（g）；

m——被筛分胶粒的总质量（g）。

（2）累计筛余百分率（cumulative percantage retained）是某号筛的分计筛余百分率和大于该号筛的各筛分计筛余百分率之总和，如下式：

$$Ai = a_1 + a_2 + a_3 \cdots + a_i$$

式中：A_i——累计筛余百分率（%）；

a_i——某号筛的分计筛余百分率（%）。

（3）通过百分率（percentage passing），是通过某筛的胶粒质量占被筛分胶粒总质量的百分率，亦即100%与累计筛余百分率之差，如下式：

$$P_i = 100\% - A_i$$

式中：P_i——某号筛的通过百分率（%）；

A_i——累计筛余百分率（%）。

在一定粒径尺寸的条件下，只有级配满足正态分布的要求才是比较合理的，即粒径分布呈现出纺锤状的两头小中间大的格局。我们举例说明。

胶乳跑道中使用最多的就是1～3 mm规格的橡胶颗粒，那么粒径如何分布才是合理的呢？我们取6目（3.36 mm）、10目（2.00 mm）和18目（1.0 mm）三种标准筛进行筛分，其分计筛余百分率满足表4－5的要求就是合理的。

表4－5　1～3 mm橡胶颗粒分布

分段	粒径	分计筛余百分率/%
A	6目（3.36 mm）	0～15
B	10目（2.0 mm）	60～85
C	18目（1.0 mm）	10～30
D	大于18目（小于1.0 mm）	0～5

从上述数据中可以分析出如下结论：

（1）A段。粒径大于3.36 mm的颗粒不得超过胶粒总质量的15%，所以3 mm是公称最大粒径尺寸而不是最大粒径尺寸。

（2）B段。粒径大小位于2.0～3.36 mm之间，即小于3.36 mm而大于2.0 mm的胶粒质量要占胶粒总质量的60%～85%。

（3）C段。粒径大小位于1.0～2.0 mm之间，即小于2.0 mm而大于1.0 mm的胶粒质量要占胶粒总质量的10%～30%。

（4）D段。粒径小于1.0 mm的胶粒质量占胶粒总质量的比例不得超过5%。

跑道的骨架密实结构需要依靠上述A、B、C、D四段胶粒的配合来实现：骨架主体由占比超过六成的B段构成；B段颗粒间的间隙由C段颗粒来填充；C段颗粒间的间隙由D段来填充；A段颗粒粒径大、占比少，基本是以悬浮形式分散于骨架之中。这种级级填充的构造就形成了骨架密实结构，使跑道具有一定的密实度，在高质量的水性黏合剂的包裹下，固化后就会产生一定的强度和韧性，满足跑道所要求的物理性能。

从级配来看，跑道的密实度其实并不一定要非常高，里面还是有相当比例的空隙的，空隙的尺度相对比较小。吸震层抵抗外来冲击力一方面需要黏合剂的牵扯，另一方面需要骨架颗粒之间的内摩擦阻力和嵌挤力的作用，只有这两方面都运作正常，吸震层才能表现出应有的物理性能：适度的冲击吸收和垂直变形幅度。

如果B段占比超过八成，C段几近不足10%，骨架可以搭建出来，但是因细颗粒太少，骨架间的空隙没有足够的细颗粒填充，这样的吸震层结构偏疏松、强度略显不够，在垂直外力作用下，下行时内摩擦阻力和嵌挤力不足，固化的黏合剂薄膜将承担更大的拉扯力，且一旦下行距离过大，拉扯力超过黏合剂在颗粒表面的附着力或黏合剂的内聚力，薄膜要么从颗粒表面脱附，要么断裂，直接的后果就是吸震层的整体性受到破坏，断裂处的冲击吸收和垂直变形能力将大幅变化。

C段胶粒的数量一定要和B段胶粒的数量匹配，太少的话，密实度不够，太多的话，一则厚度出不来，二则水性黏合剂的包裹黏合效果会不太理想，因为粒径小的颗粒表面积更大。同样道理，D段颗粒的数量也是要严格控制的。D段颗粒粒径太小，其实对提升密实度的意义并不大，但是胶粒筛分不太可能彻底将之排除在外，而粉状小粒径颗粒具有更大的比表面积，黏合剂喷涂时的包裹难度更大。

附　软木颗粒介绍

软木是一种很独特的材料，它来源于软木橡胶树的树皮。软木橡胶树主要有栓皮槠（*Quercus Suber*）、黄檗（*Phellodendron Amurense*）和栓皮栎（*Q. Variabilis*），其中以生长在地中海地区的栓皮槠（图4-12）质量最为优越，广为世界认可。目前这种软木森林全世界约有220万公顷，其中葡萄牙占34%，西班牙占27%，年产量约20万吨，其中49.6%产自葡萄牙，30.5%产自西班牙，摩洛哥5.8%，阿尔及利亚4.9%，突尼斯3.5%，意大利3.1%，法国2.6%。栓皮槠在树龄达到25年时可对树皮（图4-13）进行第一次采剥，之后每九年采剥一次，头两次采剥的软木质量较低。树皮被采剥后的软木橡胶树就露出了橙黄色的内层，但它不仅不会死，而且仍然枝繁叶茂，能长出新皮，其寿命大约为300年。

图4－12　栓皮槠树皮

图4－13　栓皮槠树皮采剥

软木工业被认为是环境友好型的，软木的生产是可持续的，因为橡胶树不会被砍伐，只是采剥树皮，树木会继续存活和生长。生产的可持续性和软木产品及副产品的回收循环的便捷性是软木工业最显著的特点。

软木是由树皮的木栓形成层细胞分裂而来，其作为周皮的一部分，由木栓细胞、石细胞和一个棕色外层区域组成。组成软木的扁平细胞呈辐射状排列，细胞腔（cell cavity）内往往含有树脂和单宁酸（tannin）化合物，细胞内充盈着空气，因而软木有色、质地轻软、富有弹性、不透水、防潮、阻燃、柔软、耐磨、不易受化学药品的影响、100%生物可降解，而且是电、热和声的不良导体。这些优良特性使软木被广泛应用于工业生产和日常生活中，作为运动场地面材料的绿色环保填充料的使用也慢慢走进人们的视野，在儿童游乐场、跑道及球场上的使用也颇受青睐。软木颗粒还具有一个特性：几乎为零的泊松比（zero Poisson's ratio）。这种性质使软木在受到压力或拉力作用时，其半径不会有明显的变化。由于软木数种少，生长范围、产量有限，软木是一种稀缺资源，素有“软黄金”之称。

被剥离的树皮一般要在太阳下晒干，然后煮沸软化，有的还需要在干燥后再在 120 ℃高温条件下进行 40 min 的消毒杀菌处理，确保软木颗粒无菌，在使用时不会发霉长毛。

树皮中最好的部分会用专用转孔设备转孔取出用于制造高质量的软木，剩余的部分则用于其他各种用途——大多数都切碎后被黏合成型制造各种软木产品，如软木地板或软木鞋底。在这个阶段对软木进行的特殊前处理将会决定软木最终产品的确切性质。

软木颗粒（granulated cork）用途广泛，有不同目数和容重，从软木细粉到 12 mm 大小的颗粒都有。在运动场地铺装行业内，非常适合作为人造草的填充颗粒，在跑道和弹性丙烯酸球场上也有很好的表现，市场潜力巨大。

软木的价格在很大程度上是由其容重决定的，低容重（如 55 kg/m^3，非常柔软和富有弹性）的要比高容重（如 220 kg/m^3，这种软木颗粒颜色较深，含有更多的树皮外围的木本成分）的在价格上贵得多。

我国的软木树种主要是栓皮栎，主要分布在秦岭一带，广州市溢威涂料有限公司曾和国内四家软木颗粒厂联系过，并使用它们提供的国产软木颗粒做过许多相关的试验，包括弹性丙烯酸的弹性料和跑道，但整体效果均布不理想，主要原因和问题大致如下：①粒径级配不符合要求；②软木颗粒多没经过消毒除菌处理，在水性黏合剂中长期浸泡后出现严重发霉发臭长毛现象，没有可能长期储存。

当然，更深层的原因应该是国内软木供应商对软木颗粒在运动场地面材料这个领域的应用还不甚了解，有的甚至一无所知，因没有针对这种特殊用途进行相应的前期处理，故他们提供的软木产品在试验中都没有取得满意的效果，但这也不表明栓皮栎软木就完全不适合在体育场地中使用。

4.7 胶乳跑道施工工艺

关于胶乳跑道的施工工艺，美国 ASBA 出版的 *BUYER'S GUIDE FOR TRACK CONSTRUCTION* 是这样介绍的：“Latex systems can be installed in multiple layers or in a single layer，creating a permeable，resilient surfaces. In some systems the rubber is spread over the track surface which is then sprayed with latex binder. In other systems the rubber particles and binder are pre – mixed and then spread.”（胶乳跑道系统种类多，有的可多层施工，也有

的可全厚度一层施工，都能产生一个透水、安全的表面。一些胶乳跑道的施工是先将橡胶颗粒摊铺在跑道面上，然后再喷涂乳胶黏合剂，而另一些跑道的施工是先将橡胶颗粒和黏合剂预先混合搅拌均匀后再摊铺的。)

从上述文字可以看出，胶乳跑道有两种施工工艺，一种是摊喷分离法，国外称之为 R&S 施工工艺，R 为 rake，即耙子；S 为 spray，即喷涂。简单地说，就是先用耙子把橡胶颗粒刮平刮匀，然后再将跑道胶水喷涂于橡胶颗粒上，待其固化后再刮一层颗粒，再喷洒胶水，如此反复直至达到要求的厚度。这个是最主流、最符合胶乳特性的胶乳跑道施工工艺，毕竟水性树脂和 PU 在成膜机理上是完全不同的。另外一种就是预混法（pre-mix）施工，我们简称为 PM 工艺。这种工艺是目前国内 PU 跑道的主流施工方法，对于某些胶乳跑道而言，在一定气候条件的配合下，其独特的树脂技术和干燥能力可以满足一次性全厚度施工。

PM 工艺广为熟知，在此不再赘述，R&S 施工工艺，其实很简单，但国内真正了解的不多，有实际施工经验的更是屈指可数。R&S 施工工艺会在第 19 章中详细介绍，在此先强调一下进行 R&S 工艺施工时应当注意的事项：①施工的气候条件为大气温度在 15 ～35 ℃之间，相对湿度低于 85%，风力三级以下；②颗粒的大小和粒径级配要满足要求，尤其粒径级配要符合正态分布的要求，如此，喷洒的胶水才能对其形成有效的渗透、包裹和黏合；③胶粒要单颗粒层摊铺，确保均匀性，避免胶粒的叠加；④胶水喷涂均匀，避免部分胶粒层胶水喷涂过多，部分胶粒层胶水喷涂不足。

4.8 摊铺机为什么不适合胶乳跑道施工

PU 跑道的吸震层一般都是使用摊铺机施工的，面积比较小的话，也会使用手动摊铺机，也就是所谓的电热烫板来铺装的。这些设备对 PU 跑道来说效果都不错，速度快、铺压密实平整，但却是万万不能用来铺装胶乳跑道的吸震层的。

PU 跑道的吸震层是单组分聚氨酯胶水和橡胶颗粒按比例混合分散均匀后使用摊铺机来铺装。摊铺机的核心部件是一块长条形的金属板，因为可以加热，也被称为烫板，摊铺机正是通过烫板的来回运动来将胶粒压实抹平的。

烫板通电加热后，烫板温度升高，会以烫板为核心的一个小区域内形成一个小气候环境，这个小气候环境的特点就是高温低湿。烫板自身温度高，向周围散发热量，周围的水分子吸收热量后具有了更高的分子能量而逃逸速度加快，造就了高温低湿的小气候环境。

单组分 PU 胶水的固化原理是空气固化，即它要从空气中夺取水分来完成交联固化。而电热烫板周围由于水分子大量逃逸，湿度低，空气中明显缺乏水分，PU 胶水几乎没可能在烫板上和水分子发生交联固化。换言之，这个小气候环境是不利于 PU 固化的，它使 PU 胶水获得更长的施工活化期，在这个活化期内，包裹着 PU 胶水的颗粒具有一定塑性，这种塑性使摊铺机的顺利作业成为可能。

但这一切对于胶乳跑道来说则是另一回事了。水性材料的成膜是需要一定温度、湿度条件的，一要有足够高的温度，二是大气相对湿度要低，温度越高，湿度越小，成膜就越快。电热烫板周围的高温低湿的小气候环境正是水性材料成膜的理想环境。

我们曾在广东博罗县园洲镇某小学的胶乳跑道施工现场做过利用摊铺机施工的试验。将胶乳跑道黏合剂底胶和 SBR 颗粒按 1：2.5 质量比混合分散均匀后倒入摊铺机料仓，烫板加热开关打开，起初不到 20 cm 的长度内的铺压效果勉强还可以，基本还算平整，但之后铺压出的表面就明显出现大大小小、星罗棋布的坑洼，表面已经严重粗糙不平（图 4 – 14）。关闭电源后观察发现烫板表面已经黏附厚度不一的白色涂膜，涂膜上还黏附着不少 SBR 颗粒。烫板自身都已不再是个平滑的表面，并且在施工中还会不断黏附树脂成膜，越来越不平滑，也就越来越无法铺压出平整的吸震层了。

图 4 – 14　摊铺机施工胶乳跑道效果

那么是不是关闭电热烫板的加热功能就可以了呢？我们后续尝试将烫板清洁干净并关闭加热开关，让烫板在常温下铺压。结果同样不能令人满意，金属烫板的表面能较高，水性黏合剂很容易在其上润湿、展铺和黏附，烫板被树脂和胶粒的黏附现象依旧严重。

也有公司为了使摊铺机铺装水性跑道可行而对摊铺机进行了一些改造，我们见过的改造就是在摊铺机的前端两侧分别焊接一个坚固的金属三脚架，再在两个三脚架之间焊接一个平行于烫板的金属支架，这个支架可容纳 1 ～2 个施工人员，摊铺机摊铺后，当表面出现坑洼或不平整时，蹲守在支架上的施工人员就手工进行收平。这样的实际效果肯定也不尽如人意，主要有三点：①收平工具是不是适合水性黏合剂之用，这是个问题；②收平工具在使用时需要反复用清水擦拭再去收平胶粒层，当时看起来很平整，但收平时胶粒层表面会有不少清水混入，这会导致表面树脂下沉或含量降低，水分挥发时体积收缩引发的各种牵引也会使干燥后表面粗糙不匀；③这种不断补料、不停收平的工作强度着实不小。

从上面简单分析中，我们就能明白，为什么胶乳跑道不能使用摊铺机施工，而必须有一套自己独特的施工工艺。油性思维不能简单地套用在水性材料的施工上，树立正确的水性材料施工思维才能更好地运用水性材料。

为适合水性材料施工之用，对于施工工具的针对性的改造是必不可少的。参见第19.3.1小节。

4.9 胶乳跑道的施工气候条件敏感性和施工工艺敏感性

从前面的分析我们知道胶乳跑道也是敏感性的，和球场系列中的弹性丙烯酸系统一样。相同厚度的跑道系统，如果胶粒的材质不同、材质相同而粒径不同，或材质和粒径相同而级配不同，最后完工的跑道质量也必然有所差异，有些差异可能在标准范围内，有些则可能超出这个范围。关于这些敏感性，在此就不多说了，可参看第3.2.6小节。这里主要介绍施工气候条件敏感性和施工工艺敏感性。

4.9.1 施工气候条件敏感性

胶乳跑道的水性黏合剂的成膜机理本质上和第2.4节中所介绍的基本一致，也是对气候条件有着比较苛刻的要求的。胶乳跑道的施工条件可简单汇总为：①阴天或未来8个小时内可能有雨时不能施工；②只有当大气温度在15 ℃以上，35 ℃以下且相对湿度不大于85%时才适合施工；③当基面温度超过54 ℃或大气温度超过35 ℃时严禁施工；④风力三级及以上时不适合施工。

从上述四点可以看出，雨水、风、太阳光照射、大气湿度和温度是左右胶乳跑道施工的重要因素，雨绝对是个负面因素，这个不必多说，而风则具有两面性。风能加速湿涂层表面的空气流动，加速水分的挥发，对于水性材料的干燥是有好处的，不利的一面是，风会把树叶、灰尘等杂物刮到尚未干燥的表面形成表面污染。而当风力太大时，会导致涂层表面内外的成膜环境差异进一步扩大，表面水分挥发更快、干燥收缩更快，而里层水分挥发相对慢一些，收缩时间较表层滞后，收缩幅度较表层小，如此表里间形成应力差，对黏合剂高质量干燥产生一定的负面影响。因此，风力大于三级时也基本不宜进行施工作业。太阳光照射也很重要，有阳光照射的地方与没有阳光照射的阴凉地方的地表温度可相差10 ℃，这么大的温差对于水性材料成膜的影响不可谓不大。但太阳光照射的影响通常和大气温度有关。综合分析下来，最核心的因素就是大气温度和大气相对湿度。

大气温、湿度对胶乳跑道的质量的敏感性大致如下。

1. 低温高湿环境

这种气候条件下，水性黏合剂干燥速度将会被极大地延缓，甚至可能会对成膜产生相当不利的影响。高湿就意味着空气中水分很多，饱和蒸气压大，低温意味着水分子无法获得更大的能量从涂膜中逃逸。我们知道水性材料成膜的首要条件就是水分挥发，在低温高湿条件下，这个首要条件都难以达到标准，固化速度大大降低是很自然的事情。如这个低温实际上还低于黏合剂的最低成膜温度，情况会更加恶化，即便是湿度后来降了下来，成膜质量也是没有保障的。若遇到干燥前大气温度低于4 ℃的情况，未干燥的黏合剂可能会产生冰晶或结冰，直接导致黏合剂黏结力大幅度下降。所以，低温高湿天气时暂缓施工实为上策。

2. 低温低湿环境

低湿表明空气中水分少，大气饱和蒸气压低，有利于湿膜中水分的挥发，满足水性材料成膜的首要条件。但低温的影响则比较复杂：如果这个低温略高于最低成膜温度，在喷涂厚度不大的情况下，干燥速度会相对慢一些，但成膜质量还是有保障的，黏合剂能有效地对胶粒形成强力的包裹和黏合；但若单位面积上喷涂量过大，在胶粒表面包裹的黏合剂和填充于胶粒间隙间的黏合剂可能会因厚度过大而出现具有一定体积的大厚度包裹层或胶束，低湿可能会令大厚度包裹层和胶束的表面快速干燥而将里面的水分挥发渠道“锁死”，导致表干里湿、表硬里软，黏合剂的拉伸强度大幅度下降，出现有胶水无强度的尴尬；如果这个低温低于最低成膜温度，麻烦就来了，低湿条件，如果考虑到风速，湿膜中的水分子借着风力很快就进入大气中了，而黏合剂中的树脂分子还处于硬邦邦的密堆状态，树脂分子间只是简单的堆砌，没有形成乳胶颗粒间大分子链的扩散、融合，最终的局面就是干燥后的黏合剂松散或粉化、多裂纹或碎片状，基本不具备黏结强度、黏结力几近于无，稍一用力，胶粒层状坍塌，这种情况是绝对要避免的。

3. 高温高湿环境

高温高湿环境最好的例子就是蒸笼，蒸笼里面温度差不多100 ℃，但相对湿度也接近100%，蒸笼里总是湿漉漉的，蒸笼里的东西也不可能是干燥的。在这种条件下，水分挥发困难，高温使树脂分子变软，但分子间相隔遥远，彼此不接触，分散于液相之中，自然是无法成膜的。湿膜长时间不能成膜也是非常不利的，湿膜会受到外界风力、灰尘、杂物、不小心的踩踏等影响。

4. 高温低湿环境

总的来说，这种气候条件是水性材料最理想的成膜条件，低湿有利于水分子挥发，高温有利于树脂分子变软，水分子挥发到一定程度，树脂分子相互靠近形成密堆后彼此扩散交融形成连续、完整的涂膜。当然，高温是相对于最低成膜温度而言的，大气温度高于35 ℃时还是不宜施工的。

从上述简单的分析中可以看出，胶乳跑道对于温湿度具有强烈的敏感性，在不同的温湿度条件下，黏合剂的成膜质量大有不同，在实际施工中不可不观察。

4.9.2 施工工艺敏感性

胶乳跑道的气候敏感性实际上就已经暗含施工工艺敏感性，之所以再讲一讲工艺敏感性，也是针对国内跑道施工力量的实际状况、国内地域广大、气候复杂及胶乳跑道产品的差异等诸多因素。

前面已经交代过了，胶乳跑道的主流施工工艺是 R&S 工艺，这种工艺是最适合胶乳跑道产品特性的，但国内外都有厂家表示其产品也适合预混法工艺（PM 工艺）铺装。而国内跑道施工队伍长期从事的油性 PU 跑道铺装都是采用 PM 工艺的，所以则国内这套工艺本身是成熟的。但如果将 PM 工艺简单地移植到胶乳跑道，就带不来想要的结果，甚至是和想要的结果背道而驰，原因不外乎缺乏对水性材料的深入细致的了解，也不考虑实际施工时大气的温湿度条件及所用水性黏合剂的产品特性，即缺少水性材料的实际施工经验。

不论是 R&S 工艺，抑或是 PM 工艺，从材料上讲都是胶粒和黏合剂的组合，但不同的是两者在工艺中的排列顺序。对前者而言，是先摊铺胶粒再喷涂黏合剂胶水；对后者而言，是将两者提前按一定比例混合均匀后再铺装。所以不同的施工工艺其实不是材料的组合不同，而是材料的使用先后顺序有差异，而这种差异在不同的温湿度条件下，对胶乳跑道的施工质量会产生明显的影响，即施工质量对施工工艺具有敏感性：相同质量、数量的材料运用不同的施工工艺在相同的气候条件下会呈现出差异化的工程质量。

再细述的话就有回到气候敏感性上了，一句话，对水性跑道而言，R&S 工艺需要一定的气候条件配合，而 PM 工艺则需要在十分理想的气候条件下实施才能有好的结果，这个理想的气候条件就是大气温度在 21 ～25 ℃，大气相对湿度不大于 50% 。

在相同的气候条件下引起这种工艺敏感性的实质其实并不是工艺的不同，而是一次性铺装的厚度。R&S 工艺是分层施工的，每一层都是单颗粒胶粒层，厚度一般不超过 2 mm，且颗粒间空隙较多，这种情况下 2 mm 厚的颗粒层里外的成膜环境相差不大，干燥速度也能基本保持同步，即便不同步，差异也不大，这就确保每一层颗粒层能充分干燥、完全干透，黏合剂的黏合性能能最大限度地表现出来。在 PM 工艺中，一般是全厚度一次性施工，如 10 mm（或 6. 5 mm）厚吸震层一次性搅拌铺装，这种大厚度结构就会造成表里成膜环境的差异被显著放大：表面与空气接触面大，阳光照射充分或空气流动（风力）快速，水分挥发速度也快，表面黏合剂的干燥速度也相应地快；而由于厚度大，里面的空隙多，水分也丰富，内部尚有大量未固化的黏合剂，表面享受的阳光和风力对里面的影响也较小，这些导致内部的水分挥发速度偏慢，黏合剂的成膜速度也随之下降。但在气温为 21 ～25 ℃，大气相对湿度低于 50% 的情况下，结构层里面的水分是可以快速挥发出去，这将会极大地促进黏合剂树脂的成膜。研究表明：当大气相对湿度由 40% 升至 60% 时，水分挥发速度将近减少一半，由此可见湿度对成膜的巨大影响。

当然，这种理想的气候条件并非时时能遇得上的。遇不上又想采用 PM 工艺的话，就只能放弃一次性全厚度铺装的想法而改为两层铺装。实际施工实践告诉我们，在正常气候条件下，采用 PM 工艺一次性铺装不超过 5 mm 的话，只要黏合剂和胶粒的比例合理，安全干燥是有保障的。有时为加强颗粒间的黏结力，5 mm 颗粒层完全固化后还会再在上面喷涂一层稀释过的黏合剂。

4.10 完工养护

从前面丙烯酸树脂的成膜机理中我们知道，乳胶颗粒间的界面愈合后，颗粒间的大分子链的扩散其实并没有完成，还在缓慢进行中，所以成膜其实是个漫长的过程，那种认为涂层表面硬化后就彻底固化成型的想法是错误的。未经养护的胶乳跑道可能会出现涂层强度不够，使用时在剪切力或摩擦力的作用下极易出现涂层破损、变形、颗粒脱落等质量问题。

为保证涂膜的强度能在使用中充分表现出来，对刚刚完工的涂层予以适当的时间养护是十分必要的，建议胶乳跑道完工后至少养护 7 天后再对外开放。

4.11 使用维护保养

为确保胶乳跑道能够始终处于良好的可使用状态、延长使用寿命，在跑道的使用、维护方面有以下注意事项：

（1）关于钉鞋的使用。胶乳跑道是为跑步、快走或慢跑设计的，跑鞋、网球鞋等软底鞋是适合在跑道上使用的，所有在跑道上运动的鞋应该都是平底鞋。对任何跑道来说，上钉鞋都是一种破坏，如果一定要用的话，请务必使用鞋钉长度不超过 1/8 英寸（3.175 mm）的宝塔钉钉鞋，不要使用大长度的塔钉鞋和任何尖钉钉鞋。因为钉鞋会破坏跑道，所以能不用尽量不用。

（2）在任何时候都绝对不允许宠物进入跑道，尖细的高跟鞋也要限制入内。

（3）美国一家公司在跑道的维护使用指南说：“If it has wheels，it does not belong on the track.”（如果某件物件有轮子的话，那么它就不应该出现在跑道上。）这句话潜台词就是滑板、轮滑鞋或自行车等有轮子的物件严禁进入跑道。橡胶颗粒表面的跑道并不是用来承受轮子运动的，轮子在跑道上的启动、停止或转动都会对跑道表面施加横向剪切应力，这种力达到一定数值足以破坏跑道表面和底部的黏结。

（4）平时使用时应多使用外围跑道，内圈第 1、第 2 条跑道使用频率过高会加速磨损。

（5）人员流动量大的地方和跑道出入口应当铺放保护垫以防止过度磨损。

（6）当跑道用于集体大会、人员聚集时，应当在跑道上铺装保护垫避免跑道不正常磨损。

（7）每年至少 2 次清除跑道上覆盖的灰尘、砂石等，最大限度地降低由尘砂引起的不必要的磨损。跑道表面尘砂过多的话，当跑鞋蹬地施加给跑道表面摩擦力时，由于尘砂的存在就好比用砂纸打磨跑道表面一样，会加速跑道表面的磨损。

（8）操场或跑道四周绿化区浇水施肥时，不要让化肥或草种落在跑道上，也要避免喷淋水在跑道上积聚。

（9）寒冷天气时胶乳跑道的使用。跑道使用效果最好的时候是在温暖的季节，此时胶粒和黏合剂都非常有弹性。但既然被称为全天候跑道，那么在潮湿、寒冷或结冰的条件下也是应当能使用的。寒冷天气毕竟不同于温暖的气候，跑道在使用上还是有些要注意的：①天气寒冷时胶粒和黏合剂都会变硬、脆性增大、弹性减小，一定要限制钉鞋的使用，最好不要上钉鞋。②跑道上覆盖雪的时候，最好的清理积雪的方法是在跑道上跑步或行走，这在阳光下有助于雪的自然融化；在任何情况下都不要使用任何机械设备对积雪进行铲、刮、扫或吹，因为这些动作会对跑道表面造成破坏。

（10）跑道维护建议。①每隔 3 ～ 5 年要进行 1 次跑道分界线的重新标划。②每隔 5 ～ 7 年要进行 1 次整体表面翻新喷涂。③每隔 10 ～ 15 年要进行 1 次耐磨层加固翻新。

第5章　丙烯酸轮滑地面系统

5.1　轮滑运动简介

轮滑运动是一类自由、奔放、无拘无束、展现自我的体育运动，已越来越受到广大群众特别是青少年朋友的青睐，有着非常好的群众基础，尤其在冰雪运动盛行的我国北方，轮滑运动开展得如火如荼，以轮滑运动为办学特色的中小学也为数不少，这也为轮滑运动的普及打下了坚实的基础。

轮滑运动不仅可以增强体质，有助于培养人们勇敢顽强的性格、超越自我的品格、迎接挑战的意志和承担风险的能力，也有助于人们培养竞争意识、协作精神和公平观念。

绝大多数轮滑运动项目并非奥运会正式比赛项目（2020年东京奥运会中滑板被列为正式比赛项目），但国内、国际上各类各级轮滑比赛也为数不少。国际上有国际轮滑联合会（Federation of International Roller）作为全球轮滑运动的主管机构，负责在全球开展推广轮滑运动，组织各类轮滑比赛。我国也有中国轮滑协会，负责轮滑运动在国内的推广及组织各级赛事，并根据国内的实际情况，重点开展5项在国内有较好群众基础、颇受大众欢迎和喜爱的轮滑项目。同时，全国各省区市也几乎都有地方轮滑协会在基层负责轮滑运动的普及推广等工作。

2013年北京开始申办冬奥会，提出“三亿人上冰雪”的目标，2015年北京获得2022年冬奥会的举办权，2018年9月5日国家体育总局颁布实施了《带动三亿人参与冰雪运动实施纲要（2018—2022年）》，在“三亿人上冰雪”的宏伟目标的实施过程中，轮滑运动也发挥了自身独特且不可低估的作用。由于轮滑运动在形式上和内涵上和冰雪运动最为接近和相似，大量轮滑爱好者在“轮转冰”的政策引导下走进了冰雪场地，脱下轮滑鞋，穿上溜冰鞋，成为冰雪运动的参与者、爱好者。到2022年冬奥会举办前夕，已实际带动3.46亿人参与冰雪运动。正是“三亿人上冰雪”形成的厚重的群众体育基础，才有了拔尖人才不断涌现的高光时刻，才有了北京冬奥会上中国队亮眼的表现，获得了参加冬奥会以来最好的成绩，而且在冬奥会中国队的参赛运动员中也确确实实出现了“轮转冰”的运动员。因此，轮滑运动的开展不仅扩大了轮滑人口，推广了轮滑运动，也为国家冰雪运动储备了相当的基础性人才，为夯实冰雪运动的基础添砖加瓦。

5.2 轮滑主要项目简介

轮滑运动是一类以滚轴类鞋或滑板为核心装备的十几种运动的总称，目前我国主要开展以下 5 项：

（1）速度轮滑，最能体现轮滑运动的竞技性，与速度滑冰的运动性质相近，分为场地赛和公路赛两大类。

（2）花样轮滑，最能体现轮滑运动艺术性和技巧性，和花样滑冰相似。

（3）自由式轮滑，也称为平地花式轮滑，是轮滑运动中较年轻的项目，最能体现轮滑运动休闲型和趣味性，简单易学。

（4）轮滑球，除能很好地体现竞技性和技巧性以外，最大的特点是激烈的对抗性，与冰球运动十分相似。比赛一般是在由护栏围起来的长方形场地上进行的，每队上场 5 名运动员，进球多者胜。

（5）极限轮滑（含滑板），是轮滑运动中最前卫、最富刺激性和观赏性的项目，是脱胎于滑冰运动而更具独立性的运动形式，其场地道具最具代表性的是“U”形台和“U”形池，其他还有“金字塔”、滑竿等专项道具。

5.3 轮滑运动的优点

（1）娱乐性和趣味性。踏轮飞翔能将人们从繁重枯燥的工作学习中彻底解脱出来，达到放松身心、放松自我的境界。

（2）健身性。轮滑是一项全身性的运动，对身体各部位均有良好的锻炼效果。①大脑，锻炼人体的平衡能力，堪称脑部体操。②减肥，30 min 运动能消耗掉至少 450 kcal 热量。③关节，轮滑运动对关节的冲击要比跑步降低大约 50%。④心脏，能促进心脑血管系统及呼吸系统机能的改善。⑤体型，增强臂、腿、腰、腹等肌肉的力量，加强手臂摆动，还有助于前臂和胸部的塑性。⑥环保，轮滑运动既不消耗能源也不产生环境污染物。

5.4 轮滑运动的地面材料

在我国开展的 5 项轮滑运动中，尤以速度轮滑和轮滑球（我国只开展单排轮滑球）更受大众欢迎，也更为普及。关于这两项运动的地面材料，我们来看看国际轮滑联合会是如何表述的。

关于速度轮滑的地面材料，国际轮滑联合会在 Part 3. CIC TECHNICAL RULES 中 Art. 106 款如此表述："The track surface may be made of any material, perfectly smooth and not slippery, so that it does not compromise safety of skaters."（轮滑赛道的地面材料可以是任何材质的，但必须平坦且不滑溜，以确保滑行者的安全。）

关于单排轮滑球场地面材料的要求，国际轮联合会在 SECTION I-GENERAL 中第 2. FACILITIES 中 2 - 1 RINK 中的 A 条款中有所表述："Roller-in-line hockey shall be played on sports tile, wood, asphalt or cement or any appropriate surface approved by the CIRILH."（单排轮滑球场地面材料可以是体育地板、木地板、沥青路面或水泥路面及其他被国际单排轮滑球委员会认可的材料。）

国际轮滑联合会对这两项运动的地面材料的要求都是比较开放、笼统、含糊的。这和轮滑运动张扬个性自由、无拘无束、放飞自我的特点有关。在日常生活当中，轮滑运动更多的时候是在大街小巷中、公园小区内等进行的，具有非正式和自发零散性、随意性。但作为正规的竞技比赛项目时，速度轮滑、花样轮滑、轮滑球的比赛场地和训练场地就不可能那么简单随意了，在水泥、沥青地面或水磨石面上举行正规的轮滑比赛是不可想象的，更是不可能的。事实上，这类场地都是按一整套标准要求设计建造的，包括基础结构、合成高分子地面材料的铺装和满足场地使用要求的界线标划。

综合考虑轮滑运动的特点及比较各类合成地面材料的特性后，水性丙烯酸材料脱颖而出，成为轮滑运动最合适、最主流的地面材料。从目前手头掌握的资料来看，铺装丙烯酸涂层举办国际重大比赛的轮滑场最早可以追溯到 2004 年在意大利拉奎拉举行的速度轮滑世界冠军赛，该轮滑赛道首次铺装了意大利威斯迈（Vesmaco）丙烯酸轮滑地面材料且赛事大获成功，场地受到世界轮滑界的普遍接受和认可，迅速成为世界轮滑场地建设标杆，"建拉奎拉赛道那样的轮滑赛道"的风潮风靡一时，极大地推动了丙烯酸涂料在轮滑运动上的普及。威斯迈的型号为 SP101 丙烯酸轮滑地面系列先后获得世界轮滑联合会（International Roller Sports Federation，FIRS）、欧洲轮滑联合会（European Roller Sports Federation，CERS）和意大利轮滑球及轮滑联合会（Italian Hockey and Skating Federation，FIHP）的认证。自此以后，国际轮滑联合会在世界各地举办的速度轮滑比赛都是在铺装了丙烯酸地面材料的场地上进行的。意大利"威斯迈"丙烯酸轮滑产品成为国际轮滑联合会认证的材料，推荐在国际重大赛事中使用，但并不强制一定使用。

综上，我们可以得出这么个基本认知：一般休闲娱乐的轮滑场地只要平坦、坚硬、密实就可以，对材质无硬性规定和要求，这些特点使其能更加轻松自如地融入群众体育中。但对于正规正式的训练比赛场地，基本上都是铺装丙烯酸地面材料的，毕竟竞技体育还是要注重场地的同一性、一致性，讲究规范化和标准化的，否则比赛成绩在不同的场地上就不具备可比性的了，如图 5 - 1 就是一个铺装了丙烯酸面层材料可举办正式比赛的国际标准轮滑场地。

图 5－1　黄石铁山国际标准轮滑场

5.5　丙烯酸材料在轮滑运动中的适用性与实用性分析

高分子材料为数不少，为什么轮滑场地面材料会选择丙烯酸呢？

我们知道轮滑运动是一类以滚轴类鞋或滑板为核心装备的，我们仅以常用的单轴轮滑鞋为例来分析一下轮滑鞋对轮滑地面涂层的作用力。

轮滑鞋上的滑轮是 TPU 材质的，就是热塑性聚氨酯材料，其邵氏硬度在 85 左右。单轴轮滑鞋一般有四个轮子，人穿轮滑鞋站立时，有八个轮子承重，滑行时，是一只鞋四个轮子承重。每个轮子和地面的接触面积是 4.0 cm^2，四个轮子的总接触面积是 16.00 cm^2。假设运动员体重为 60.00 kg，则滑行时轮滑鞋对地面产生的压强为 $60\ kg \times 9.8\ N/kg \div 16.00\ N/cm^2 = 36.75\ N/cm^2 = 0.3675\ MPa$，相当于 1 cm^2 的面积上施加 3.75 kg 的力。

目前地坪材料中使用最多的是 PU、硅 PU、环氧树脂和丙烯酸，其中 PU 和硅 PU 都属于弹性面材，其邵氏硬度一般都低于 75，轮滑鞋踏在其上，人的体重通过滑轮传递到地面涂层上，必然会使这类地面材料受压变形，即滑轮陷入一个凹陷中产生滚动阻力矩，影响轮滑运动的顺畅感和速度感。同时，硅 PU 罩面层几乎都为一层薄而硬的低羟值丙烯酸－聚氨酯涂层，轮滑鞋在其上压滚会造成罩面层的压裂，长久使用会出现无法复原的轮辙，既影响表面美观，也影响顺畅使用，故弹性面材的特性决定其基本不适合轮滑场地面之用。环氧树脂的邵氏硬度高，但在室外使用其不耐紫外光性，极易出现黄变，导致粉化、变色等质量问题。轮滑场地面涂层必须顺而不涩、滑而不溜，要达到安全使用的目的和要求，一般其表面摩擦系数在干燥状态下约为 0.7，而这三种材料一般完成面相对较为细腻，摩擦系数较低，满足不了轮滑运动安全性的要求。

丙烯酸轮滑地面材料在目前市面上的称呼并不统一，也不规范，有称为聚丙烯系统，有叫亚克力的，也有叫压克力的，还有含糊称为高分子胶黏剂或聚合物陶砂的，不一而足。实际上，绝大多数都属于丙烯酸或改性丙烯酸材料这一范畴。

丙烯酸轮滑地面材料是以丙烯酸酯乳液为成膜物质，配合以优质的矿物粉料和助剂产品及水性色浆科学配方、精心生产出来的水性地面材料。丙烯酸以碳碳键为主链，键能大，在紫外光作用下性能稳定，不会出现化学键断裂，具有优异的保光保色性，同时选用耐候性优良的色浆可避免材料变色、褪色、粉化，从根本上解决材料耐候性、抗紫外光的问题，使丙烯酸材料无论在室内室外均可放心安全使用。轮滑场丙烯酸材料一般选择玻璃化转变温度相对较高的丙烯酸酯乳液，涂层固化后邵氏硬度不低于90，精心选择的丙烯酸乳液配合现场施工时添加的石英砂能有效增加丙烯酸涂层的机械强度和纹理构造，提供超强的耐磨性和摩擦力，圆满解决了表面硬度和抗滑值的问题。

经以上剖析，我们不难理解合成材料虽然不少，但综合适用性、实用性和性能、价格、环保及施工等多方面因素来看，丙烯酸无疑是最匹配轮滑运动的地面材料。

顺便说一句，双组分水性聚氨酯是可以用作轮滑场之用的，其采用 HDI 和羟基值适合的羟基丙烯酸树脂，固化后能形成足够的硬度，一般来说这类材料固化后的物理性能主要由羟基所在的树脂决定，因此，我们将之归入丙烯酸类。实际上，这类双组分材料价格不菲，在轮滑项目中使用不多。

5.6 丙烯酸轮滑系列产品介绍

国际轮滑联合会在其官网上有专门空间推荐意大利威斯迈（Vesmaco）的丙烯酸轮滑产品，自 2004 年以来，国际上很多重要轮滑赛事都是在威斯迈的场地上举行的。国内也有针对轮滑运动开发的相应丙烯酸涂料产品。为全面介绍丙烯酸轮滑产品的结构及特点，我们分别对国内外有代表性的丙烯酸轮滑地面系统予以介绍，国外品牌选取意大利威斯迈，国产品牌选取宝力威。

5.6.1 意大利“威斯迈”丙烯酸轮滑地面系统

威斯迈品牌在轮滑界的地位就好比 Decoturf、Plexipave 在网球界的地位，作为一家诞生于 1966 年的丙烯酸品牌，威斯迈的产品主要有“体育系列”和“民用系列”两大丙烯酸产品线，其中最为我们熟知的就是“体育系列”中的轮滑产品系列。

威斯迈的轮滑产品系列相对丰富，可根据实际用途和需要选择不同档次的轮滑地面系统，其最高端的 Durflex 101 SP Roller Professional 是获得国际轮滑联合会 FIR 认证的产品，价格昂贵，且施工过程比较冗长复杂，因为要铺装这款产品，威斯迈公司从沥青基础建设时就需介入，包括设计沥青粒径级配等。沥青养护结束后，101 SP 的施工也必须是威斯迈派遣施工工程师到现场亲自施工，不接受非生产厂家的施工队伍的施工。正如该公司销售人员所说的："For Durflex 101 SP Roller Professional ONLY we provide SUPPLY & APPLICATION by our specialized workers."（对于 Durflex 101 SP Roller Professional 而言，必须由我们提供"材料供应 + 专业人员施工"。）由于这款产品实际使用面也很窄，价格不菲，操作复杂，我们就不予介绍。我们着重介绍一款虽然不是 FIR 认证，但只要有丙烯酸施工经验都可轻易铺装且价格相对适中、适用场合广的轮滑产品——SP200 Roller。威斯迈的轮滑产品是一定要在沥青基础上铺装的，这是高标准轮滑场的一个基本要求，因沥青基础无缝，具整体性，能最大可能确保美观和轮滑运动的流畅。

5.6.1.1 SP200 Roller 轮滑地面系统结构

该产品从结构构成上看其实也没有特别之处，和球场系列的硬地丙烯酸在外观上别无二致，但涂料的内在区别还是有的（图 5-2）。

1—沥青混凝土基础；2—威斯迈丙烯酸底涂层；3—威斯迈丙烯酸面涂层；4—威斯迈丙烯酸罩面层。

图 5-2 SP200 Roller 轮滑地面系统结构示意

实际上关于威斯迈丙烯酸罩面产品 Durflex 100 Color Finish（Durflex 100 彩色罩面涂料），对于经验丰富的施工师傅来说，这款罩面产品不是必需的，因为只要施工技艺掌握得当，在丙烯酸面涂层的施工中就能很好地控制色泽和纹理的均匀性，而对于施工技艺运用不熟练的施工人员来说可能会造成面涂层略有瑕疵，就需要涂布一层罩面层来改善。这一点在威斯迈销售人员的邮件中说得很清楚："It is true that it's a protective finishing treatment but its function is mostly as aesthetic further treatment and is usually suggested for not experienced applicators in order to give a higher uniformity to the court after the application of durflex 200 SP."（没错，Durflex 100 彩色罩面涂料是保护性表面处理层，它的主要功能是作为视觉美感上的处理，并且通常是建议施工经验不足的施工人员使用，旨在完成 Durflex 200 SP 面涂层后进一步提升场地的色泽均匀性。）

5.6.1.2 产品特色

威斯迈丙烯酸轮滑系统的结构简单，黑色底涂和国内外众多厂家的填充层或平整层基本相差无几，但威斯迈的丙烯酸面涂颇具特色，值得一说，主要体现在以下五个方面。

1. 双组分包装

威斯迈的丙烯酸面涂为双组分包装：96 kg 中性色浓缩面料为铁桶包装，4 kg 水性色浆为塑料小桶包装，一个铁桶的中性丙烯酸涂料配一个胶桶的水性色浆构成一组材料。

2. 稀释兑水量少

一般按照丙烯酸面涂质量的不超过 10% 兑水稀释后搅拌均匀便可满足施工黏度要求顺畅刮涂。

3. 无须加砂

施工时本应添加的石英砂，威斯迈在生产时已经添加，其目的在于保证在世界各地施工威斯迈涂层都能有相同品质，这种品质不会被现场添加的良莠不齐的石英砂改变或破坏。

4. 干燥速度快

正因为兑水量少，其干燥速度相较于其他同类产品要快一些，威斯迈材料的施工对气候比较敏感，早晚施工最佳。

5. 单位使用量大

因为施工时兑水少、不加砂，威斯迈的面涂单位面积使用量比其他兑水量大且需要加砂的丙烯酸面料要大得多，一般每层不低于 0.4 kg/m^2。

5.6.2 国产“宝力威”丙烯酸轮滑地面系统

“宝力威”是国内较早推出丙烯酸轮滑产品的，从表面看其产品结构和威斯迈并无区别，当然两者在产品配方上和材料配置上还是有着相当的不同的，这一点从两者施工在兑水加砂两方面的巨大差异就可以判断出来。由于国内轮滑场项目不可能要求必须采用沥青基础，实际上水泥混凝土更为常见，我们就选择在水泥混凝土上介绍“宝力威”的丙烯酸轮滑地面系统。

5.6.2.1 “宝力威”丙烯酸轮滑地面系统结构

“宝力威”的丙烯酸底涂和面涂均使用不含砂浓缩涂料产品，现场施工时需要添加清水和石英砂的，这一点和威斯迈不同（图 5－3）。

“宝力威”面涂层一般要施工三层，这三层面涂层都是需要添加石英砂的，且越是上面的面涂层石英砂添加量越少，有时第三层面涂层可以不添加石英砂，直接作为罩面层使用。和威斯迈产品一样，罩面层其实也不是必需的，一切视实际的施工效果和要求而定。

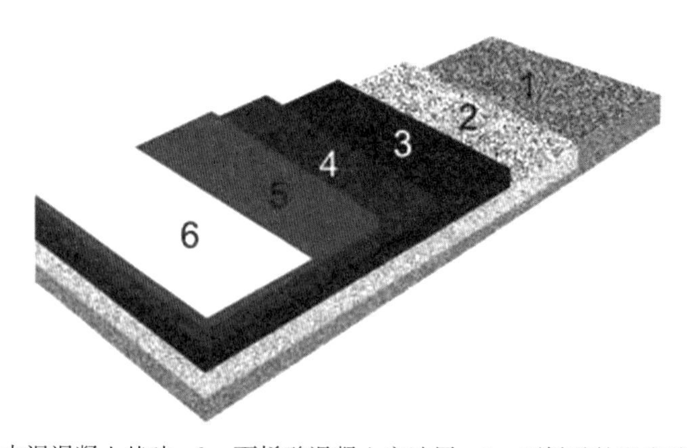

1—水泥混凝土基础；2—丙烯酸混凝土底油层；3—丙烯酸轮滑底涂层；
4—丙烯酸轮滑面涂层；5—丙烯酸轮滑罩面层；6—丙烯酸轮滑界线层。

图5－3 “宝力威”丙烯酸轮滑系统结构示意

5.6.3 轮滑地面系统结构层作用功能分析

从结构上看，“威斯迈”和“宝力威”轮滑系统的核心结构几乎一模一样，但表面上的一样并不能掩盖两者实际的不同。这种不同体现在肉眼看不见的配方设计、成膜物质选择、助剂类产品及矿物粉料的使用上。这些不同在施工环节就能明显感受到。威斯迈材料的触变性强、兑水少、材料固化后表面纹理一致且不可调节；宝力威材料流平性好、可调节性好，能满足客户对完成面纹理粗细的差异性要求。

当然，两种产品的差异性都是建立在能充分满足轮滑运动地面材料所需的物理性能要求基础之上的。在这个基础上，不同品牌就有各自的认识和理解，并将之反映在材料上。威斯迈的中性面涂层充满灵活性，避免了工地经常出现的红色面涂不够用而绿色面涂用不完的尴尬，中性面涂可以随时调节成想要的颜色；宝力威则更注重色泽的均匀性和完成面粗糙程度的可调节性。

5.6.3.1 底涂层

轮滑底涂层的功能作用和球场系列中填充层或平整层基本一致，不再赘述，可参阅第3.1.3.2小节。

5.6.3.2 面涂层

“宝力威”面涂层其实就是纹理耐磨层，是丙烯酸面涂在施工现场和石英砂及清水混合搅拌均匀后涂装于底涂层基面之上的涂层。丙烯酸面涂在生产中须使用具有较高玻璃化转变温度的乳液，干燥后有较高的使用硬度和使用强度。可根据实际功能的需要添加特定目数的石英砂来得到想要的表面粗糙效果。石英砂目数越小、用量越多，粗糙程度越大，抗污性降低。

威斯迈的面涂层极具特点，只需添加8%～10%的清水搅拌均匀后便可施工。

面涂层施工层数一般至少要2层。

5.6.3.3 罩面层

罩面层很多时候是面涂耐磨层的修饰层，使完工后涂层色泽更均匀、纹理更一致。多数时候是由丙烯酸面涂直接兑水稀释后直接涂布的，但有时会根据面涂层的粗糙状况，在罩面材料中适当添加少量且粒径小一号的石英砂来调节最终完成面的纹理结构。当然，在有些情况下，如最后一层面涂层完工后已经获得满意的纹理和色泽效果，此时终饰罩面层也就不是必需的了，甚至涂装了反而会降低摩擦系数。

宝力威的面涂层和罩面层用的是同一种产品，其区别就是在施工中前者加砂而后者不加砂。威斯迈的罩面材料和威斯迈面涂材料却是两个不同的产品，前者是彩色的，产品中不含砂，施工中不加砂；后者是中性色，产品中已含砂，施工中不需另外加砂。

一般一层罩面层就足够满足功能需要的了，过多的罩面层会降低完成面的摩擦系数。

5.7 丙烯酸轮滑地面系统和球场系列之硬地丙烯酸系统的异同

轮滑系列丙烯酸涂料不论从施工前的涂料表观特征，到完工后涂层表面特征，看起来和球场系列的硬地丙烯酸并无二致，但由于轮滑和球类项目是两种迥然不同的运动，它们对地面材料的物理性能要求有不同的侧重点，故在配方设计、成膜物质的选择上也就有所不同，不能简单地为两者画上等号。

丙烯酸球场地面主要考量的是球的反弹及人的运动跳跃，这种地面除了考虑黏结性、耐磨性、抗紫外光及提供适合的滑动摩擦力，还必须考虑冲击吸收的要求，即地面材料不能硬度过大，否则会增加运动时对踝部、腰腿的冲击，产生过度疲劳现象。要提升冲击吸收值，球场丙烯酸涂料会通过使用玻璃化转变温度稍低的树脂乳液作为成膜物质，即降低成膜后涂层硬度来实现。当然球场地面材料允许更丰富的硬度变化，比如宝力威的弹性面料和柔性面料都可以涂装于球场营造冲击吸收值稍大一些的球场地面，而这两种面料显然不适合轮滑场地之用。

丙烯酸轮滑地面主要用于滑轮在其上负重滚动前行，这种地面材料更多要考虑其滚动摩擦系数、邵氏硬度及抗压强度。摩擦系数的大小可以通过施工中石英砂的粒径大小及数量选择来控制，而邵氏硬度及抗压强度也离不开涂料配方。前文我们粗略推算过一个60 kg的人滑行时滑轮将对地面材料产生高达0.3675 MPa的压强。这么高的压强会使硬度不足的地面材料产生不可逆的轮辙，形成一条条杂乱无章的轮辙线，同时滑轮滚动时会不同程度陷入地面材料中增加滚动阻力矩，滑行会有滞后感拖拉感。

轮滑鞋的轮子材质是TPU，其自身的邵氏硬度为85，故轮滑场地适用的地面材料的硬度不得低于85，如PU或硅PU这类弹性体用在轮滑场上就是不适合的。同时地面材料也不是越硬越好，硬度越大，脆性越大，也容易产生压裂纹，故轮滑场地面材料要在硬和韧这两方面做到一定的平衡，只有这样轮滑地面材料在压力作用下才可做到既不变形又不被压裂。这些都是材料配方设计时应予以考量的，在施工现场能做的改变非常有限。

另外还需考虑的是，球场系列丙烯酸涂料一般是在坡度极低的表面上涂装的，坡度通常不超过1%，基本可视为一个水平面。涂料在这种低坡度基面的施工，在产品配方上会比较侧重考虑其流平性，而不会考虑抗流挂性。轮滑场地，特别是国际标准的速度轮滑赛场，其赛道两端坡度较大，最大坡度约15%，在这种大坡度倾斜面上施工还必须考虑涂料的抗流挂性能，否则可能会出现涂料湿膜在固化期间出现泪滴、流淌现象，造成涂层表面不均匀。

此外，在中国北方冰雪运动盛行，轮滑场地可能也要承担另一项任务：轮转冰，即在春夏秋季作为轮滑场地使用，严寒冬季时在其上造冰变成真冰场，可开展滑冰运动。要顺利圆满实现这个功能，也需要轮滑系列丙烯酸涂料具有较好的抵抗大气因素的能力与耐冻融稳定性。这一方面球场系列丙烯酸涂料的配方设计时不会做太多考虑的。

从上面的简单分析中，我们可以大概知道球场丙烯酸涂料和轮滑丙烯酸涂料还是存在着一定程度的“形似神不似”特征，正因为此，一般专业的轮滑丙烯酸涂料是专门配方生产的，并不直接套用球场丙烯酸涂料的配方。总的来说，轮滑丙烯酸用在球场是可以的，如果不介意冲击吸收值可能偏低；但球场丙烯酸能不能用在轮滑场则不能轻易下定论，还是要充分考虑丙烯酸面料的具体物理特性、施工场地的坡度状况及是否有冬季轮转冰的需要等诸多因素后再做决定。

5.8　丙烯酸轮滑地面系统的适用范围

丙烯酸轮滑系列除了适用于轮滑运动中各个项目，也非常适合自行车道的铺装（图5-4）。当然，对于文化广场、公共通道也是一个不错的选择，如果不太介意冲击吸收值偏低，用在各类球场也是可以接受的。

图5-4　丙烯酸自行车道

第6章 丙烯酸绿道地面系统

6.1 绿道历史简介

“绿道”（greenway）概念肇始于20世纪70年代，美国杰出的公园规划师费雷德里克·劳·奥姆斯特德（Frederick Law Olmsted）是这一概念的发明者，他规划了西方第一条真正意义上的绿道——波士顿公园系统。《美国绿道》是第一本综合研究美国绿道的出版物，作者查尔斯·利特尔（Charles E. Little）首次对绿道概念进行全面梳理，他提到绿道源自19世纪的公园道和绿化带的融合，其最初的功能是提供风景优美的车道以供休闲之用，认为绿道项目多种多样，变化万千，主要归功于人类的聪明才智及丰富多样的地形地貌。于是，关于绿道的含义也被明确，即绿道是以保护线形廊道为基础的一条自然、绿色的道路，这些线形廊道能够改善环境质量和提供户外游憩。此后，绿道概念被广泛接受，绿道的规划和建设也开始大量出现。

自20世纪90年代以来，绿道一直是保护生态学、景观生态学、城市规划与设计、景观设计等多个领域的研究热点。在20世纪90年代，绿道的理论研究与实践在全球范围内获得热烈的响应，并首先在欧美国家获得蓬勃发展。1987年美国总统委员会曾对21世纪做了一个展望：“一个充满生机的绿道网络……，使居民能自由地进入他们住宅附近的开敞空间，从而在景观上将整个美国的乡村和城市连接起来……，就像一个巨大的循环系统，一直延伸至城市和乡村。”

除了绿道广为人知，还有风景道（scenic byway）和游径（trail）这两个概念。在国外，这三者都有不同的内涵，但在国内，我们都可以用绿道来统一称呼。比如广州黄埔区的广州长岭国家登山健身步道（National Trails System of ChangLing）属于游径，但在功能上和绿道无异，故将其纳入绿道范畴并无不妥。

6.2 国内绿道介绍

我国绿道的发展基于对国外绿道理论和理念的引进，根据我国的国情和各地的实际地理地貌状况，对其进行了消化吸收后再做了本土化改造和创新。在我们自身的探索实践中，绿道的内涵又得到不断的丰富和发展，形成具有中国特色的绿道理论和绿道实践。最具代表性的事件就是广州市提出并正在建设的千里碧道，它明显是在传统绿道基础上进行的本地化拓展、延伸和创新，创造性地探索出“碧道 +”多元融合模式，实现了治水、治产、治城的协调统一。截至 2021 年 6 月底，广州全市已建成人水和谐的美丽碧道 609 千米，还连续荣获两个国际设计奖项——世界景观建筑奖（WLA）的“建成类—城市空间”奖和国际景观奖（LILA）的“基础设施”奖。这两个国际奖项的获得充分说明广州碧道的规划建设在理念、方法和技术上不仅处于国际领先地位，而且赋予了绿道更加本土化的丰富内涵和形式，体现了中国智慧。

在我国，要相对完整地理解“绿道”的内涵，就要从景观设计学和社会功能两个方面来加以认识。

首先，绿道指的是一种“绿色”景观线路，一般沿着河滨、溪谷、山脊、风景道路、沟渠等自然和人工廊道建设，形成与自然生态环境密切结合的带状景观板块走廊，可供步行游人和骑车者徜徉其间，承担信息、能量和物质的流通作用，促进景观生态系统内部的有效循环，同时，加强各邻近板块之间的联系。如广州“碧道 +”多元模式中的“碧道 + 全民运动”模式就是打造优质滨水活动空间，在贯通水岸空间的基础上，建设亲水平台、草坪广场、专属儿童活动空间等。

其次，从社会功能方面讲，绿道不仅是在大自然中建设一条物理道路供人运动休憩、欣赏风景，而且应尽可能具有多元的功能，如广州“碧道 +”多元模式中的“碧道 + 污染治理”和“碧道 + 生境保育”，甚至“碧道 + 乡村振兴”等。同时，绿道也是在民众心中铺设政府与百姓顺畅沟通的“绿道”，让老百姓无障碍、少恐惧地表达自己的利益诉求，提高民众在精神生活上的“宜居水平”。

综上，不论是从绿道理论还是绿道实践来看，绿道都具有形式的多样性、内涵的丰富性和功能的包容性，绿道并不是专指某一项或某一种运动的场地，它覆盖面很广，涵盖很多运动休闲形式，一般将绿道细分为郊野绿道、城市绿道和社区绿道。社区绿道主要连接居住区绿地；城市绿道主要连接城市里的公园、广场、游憩空间和风景名胜。郊野绿道的建设难度较大，主要是游客的需求不足；而城市绿道建设难度小，它可以充分利用现有的公园绿地等设施，穿针引线，见效快、分布广。绿道和公园绿地建设的显著差别是不用征地，基本不占用城市建设用地资源，简单地说就是但求所用，不强求所有。

21 世纪以来，我国在绿道规划和建设方面取得的成就有目共睹，尤其 2010 年以来我国绿道规划实践进入了一个新阶段。经典案例有珠江三洲角地区“两环、两带、三核、网状廊道”的绿道网络，目前已初具规模，形成了珠江三角洲都市带的生态基础支撑。

6.3 绿道的地面材料

绿道在内容和形式上复杂多样，使绿道地面材料不具备完全一致的规范化和标准化基础，而呈现出纷繁复杂、多种多样、百花齐放，甚至五花八门的局面。根据绿道核心用途的不同、预算的不同，可选择不同的地面材料，常见的可用于绿道的地面材料包括但不限于：透水混凝土、PMMA 地坪、耐磨地坪、广场砖、聚氨酯地坪、弹性地材、丙烯酸地面材料，甚至有的直接在水泥或沥青地上画两条白线，立个绿道的牌子就可以了。

因本书是介绍水性丙烯酸涂料的，故也将围绕着丙烯酸材料在绿道上的应用略加介绍，对其他使用量大的非丙烯酸类材料就不多涉及了。事实上，在丙烯酸涂料这个产品大家庭中，通过不同功能的丙烯酸涂料产品的搭配、复配，可以组合成不同的丙烯酸地面产品系统，几乎可以满足所有类型的绿道项目使用，如散步道、健步道和跑步道——因其功能要求和胶乳跑道产品更加类似，故胶乳跑道或者直接铺装使用或者对厚度、结构稍加调整再铺装使用；轮滑场和自行车道系列具有较多的使用共性，且市场容量大、工程项目多，故独立成章专门介绍。丙烯酸类地面材料对不同绿道类型的适用性详见表 6 - 1。

表 6 - 1　绿道分类及适用的丙烯酸类产品

<table>
<tr><td>绿道</td><td colspan="2">丙烯酸类产品</td></tr>
<tr><td>郊野绿道</td><td colspan="2">本书暂不涉及</td></tr>
<tr><td rowspan="4">城市绿道</td><td>自行车道</td><td rowspan="2">参见第 5 章丙烯酸轮滑地面系统</td></tr>
<tr><td>轮滑道</td></tr>
<tr><td>跑步道</td><td>参见第 4 章胶乳跑道系列</td></tr>
<tr><td>城市综合绿道</td><td>本章介绍</td></tr>
<tr><td rowspan="5">社区绿道</td><td>散步道</td><td rowspan="4">参见第 4 章胶乳跑道系列</td></tr>
<tr><td>健步道</td></tr>
<tr><td>缓跑径</td></tr>
<tr><td>跑步道</td></tr>
<tr><td>社区综合绿道</td><td>本章介绍</td></tr>
</table>

由于郊野绿道的特殊性，本章暂不涉及。城市绿道包括自行车道、轮滑道、跑步道等，很多时候是要在同一条绿道上实现多种运动的需要，故我们特意以“城市综合绿道”为名介绍一款满足常见基本绿道项目需要的城市绿道产品；在“社区绿道”中我们介绍具有微弹特性的社区综合绿道。

6.4　绿道地面系统产品介绍

6.4.1　城市综合绿道地面系统

6.4.1.1　城市综合绿道地面系统的特点

城市绿道的施工特点是宽度窄、长度长、面积大。一般城市绿道也就 2 ～ 3 m 宽，但可长达几千米、十几千米甚至几十千米。其使用特点是使用频率高、强度大，维护保养上一般很难顾及，长年累月日晒雨淋。故城市绿道对施工便捷性、涂层耐久性、耐候性、耐磨性及免维护性都有一定要求。对以大面积、长距离为施工特点的城市绿道地面材料系统而言，其在产品配方设计、结构层搭配等方面必须充分考虑这些因素。

城市综合绿道就是在综合考量城市绿道在施工、使用和维护等各种因素的情况下应运而生的，它结构简单、适用性广、成本较低、施工方便快捷，可以满足城市绿道项下的各类运动形式的基本需要。从外表上看，它和轮滑系列及球场硬地系列没啥本质区别，核心的区别有两点：一是底涂层材料针对性的变化，二是面涂层材料的适度交联。从物理性能上讲，城市综合绿道属于硬性地面材料，完全适合自行车和轮滑的使用，对健步和跑步而言就可能偏硬一些，冲击吸收值偏低，长时间运动相对会增加疲劳感。但因城市综合绿道承担的功能用途较多，从整体上来分析，我们觉得对于城市综合绿道而言，硬性地面材料较之于弹性地材而言更为适合和实用。

6.4.1.2　城市综合绿道地面系统结构

城市综合绿道地面系统结构如图6－1所示。

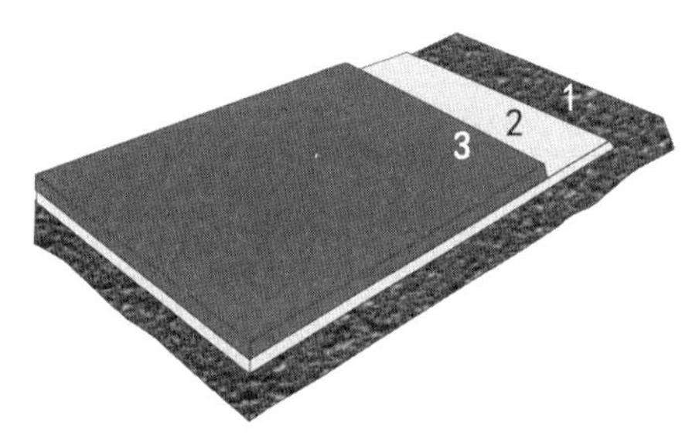

1—水泥混凝土基础；2—丙烯酸绿道底涂层；3—丙烯酸绿道面涂层。

图6－1　城市综合绿道地面系统结构示意

综合绿道的结构构成很是简单，这是大面积、施工时需要的，也是有利有弊的，更是量身定做的。

6.4.1.3　城市综合绿道地面系统底涂、面涂材料介绍

1. 绿道底涂材料

考虑到综合绿道施工大面积、长距离的特点，施工现场管理相对困难，绿道底涂层采用聚合物水泥基的密封底涂产品，可以粗略地将之理解为用丙烯酸乳液改性硅酸盐水泥砂浆。该产品不仅适用于绿道，也在塑胶跑道项目中作为质优价廉的基础密封底涂被广泛接受和使用，尤其在沥青基础上更是封闭表面孔隙的高性价比材料。

2. 绿道面涂材料

绿道面涂层中引入种类适用的水性交联剂可实现和丙烯酸树脂中羧基基团的交联，从而达到适度提高一次性涂层涂装厚度、缩短干燥时间、提升耐水性及硬度的目的。水性交联剂的引入及其产生的积极效应都是符合城市综合绿道的施工、使用和维护保养的特点的。（见图6－2）

图6－2　综合绿道

6.4.1.4　城市综合绿道地面系统的优势

绿道项目一般具有面积大、宽度窄、长度长的特点，一条绿道面积达到几万平方米甚至十几万平方米颇为常见，其宽度多数也就是 2 ～3 m，长度可绵延几千米乃是十几千米。在这种情况下，材料施工的便捷性就尤为重要，其主要体现在以下六个方面。

1. 对混凝土基面的清洁度容忍性大

因为面积大且作业宽度窄、长度长，施工沿途也未必都有充足的水电供应，故传统的打磨酸洗混凝土基面的处理方式势必不可行。丙烯酸绿道地面系统只需基面无油污等低表面能的异物、无松散空壳，简单清扫或冲洗便可满足施工要求。这就是在底涂材料中引进硅酸盐水泥的原因。

混凝土基础属于无机表面，和含水泥的底涂之间有很好的附着力，完全不需要底油层；沥青基础表面孔隙率高，能吸纳较大量的底涂材料，两者之间形成嵌套和咬合，附着强度也是非常理想，故这类底涂在水泥基础和沥青基础上都能形成牢固的黏附。

2. 施工层数少，施工工期短

水泥的引入带来的另外一个效果便是具有厚涂的功能，如果底涂产品具有理想的和易性，再配合相对较粗的骨料，一次性施工厚度达 20 mm 也不是问题，即不会出现表干里不干的质量问题，在理想气候条件下，干燥后表面裂纹都能被很好地控制。厚涂的优势就是能减少施工层数，极大地缩短施工周期，提高工作效益。

3. 固化速度快，便于施工现场的管理

绿道长距离施工的特点给现场管理带来了困扰，故材料在干燥前的现场保护尤为重要。若固化速度偏慢，会受到人为和非人为的不同程度的有意无意的破坏，如无关人员无意的践踏、树叶的坠落、风力吹入的外来杂物等都会造成涂层表面的损坏，造成修补返工任务繁重，拖延了工期、浪费了材料，造成成本上扬。绿道材料固化速度相对较快可以有效地降低上述问题的出现频率和程度，减轻现场管理的难度。在丙烯酸面层引入交联剂也是出于这方面的考量。

4. 耐磨性和耐候性强

城市绿道是全天候开放使用的，经年累月阳光暴晒下的紫外光作用、雨水侵蚀、夏季高温冬季低温的影响、高频率高强度的使用，都对绿道涂层的质量提出了高要求。为满足这些功能上的需要，除了在配方设计时精心挑选最合适的丙烯酸乳液外，对其进行适度的交联不失为一举多得的妙招，此招将热塑性涂层提升为具有一定热固性特征的涂层，以期在耐水性、耐磨性、干燥速度等方面有较大的改善。至于耐候性则更不是问题，因为能对丙烯酸树脂造成损害的太阳光波段在经过大气层时已被大气、臭氧等吸收了，这就是丙烯酸树脂耐候性佳的真正原因。

5. 成本合理，性价比高

绿道工程量大，材料成本要合理，在质量要保障的情况下要充分体现出材料的性价比。综合绿道这种聚合物水泥基底涂材料搭配交联剂/丙烯酸面层的组合，材料成本相对较低，更重要的是大厚度施工可减少施工层数而降低施工成本。

6. 维修快速、成本低

城市绿道完全开放，各种人为非人为的有意无意的破坏在所难免，但绿道使用频率高，不太可能进行封闭维修，所以维修速度要快，这就要求涂层干燥速度要快，当然成本也要尽可能低。城市综合绿道这款产品能够很好地满足低成本、快速维修的要求。

6.4.2 社区综合绿道地面系统

社区绿道涵盖散步道、健步道、缓跑径、跑步道和轮滑骑行道等，受制于社区场地的限制，社区绿道一般面积不大，但相对品质较高，会更多地关注安全性和舒适性。与城市绿道的开放性不同，社区绿道具封闭性，便于管理，使用强度、频率相对稳定且不会太高。

轮滑场地可参见第 5 章；健步道、缓跑径和跑步道可参见第 4 章，跑步道 13 mm 厚，缓跑径 9.5 mm 厚，健步道一般 6.5 mm 厚。从功能上讲，这几种运动地面材料呈现“金字塔”型的兼容模式，如图 6－3 所示。即下面的运动项目所使用的地面材料能满足上面所有的运动项目的需要，即 13 mm 厚的跑道能满足上述四项运动，虽然性能优良，安全舒适，但价格比较昂贵。社区面积毕竟有限，不可能划出大片土地既建散步道，又建健步道和跑道，更多的时候是建一条能兼顾各种运动形式的多功能综合绿道。鉴于此，我们介绍一款“社区综合绿道”的社区绿道系统，它上下兼容涵盖散步道、健步道、缓跑径和跑步道，毕竟社区绿道是以休闲运动为目的的，遵循因地制宜、因用制宜的原则。

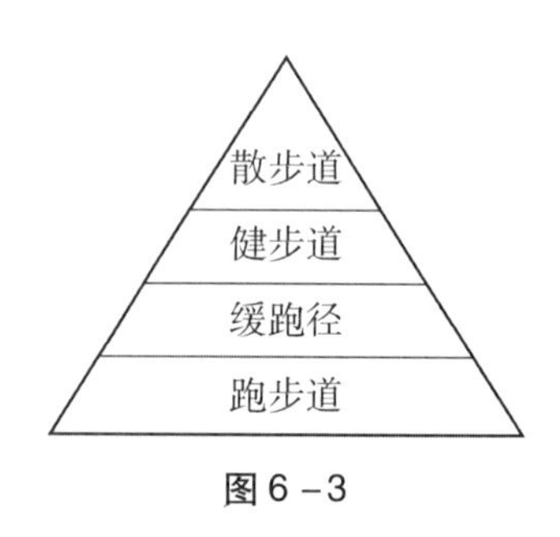

图 6－3

6.4.2.1 社区综合绿道地面系统结构

图6-4为社区综合绿道地面系统结构示意图。

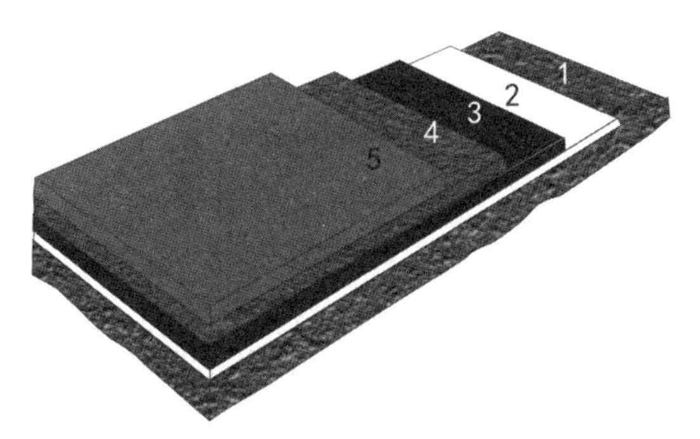

1—混凝土或沥青基础；2—丙烯酸底油（仅适用于混凝土基础）；3—丙烯酸底涂层；
4—丙烯酸弹性层；5—丙烯酸罩面层。

图6-4 社区综合绿道地面系统结构示意

6.4.2.2 社区综合绿道地面系统结构层作用功能分析

社区综合绿道地面系统适用于混凝土或沥青基础，对于其他类型的基础则要根据基础材质的类型、表面实际状况选择涂布适合的界面剂后再涂装社区综合绿道地面系统。

丙烯酸底油可使用苯丙乳液、纯丙乳液、SBR乳液或羧基SBR乳液，经稀释后涂布于已经进行过基础前处理的混凝土基面上，沥青基础无须底油层。

丙烯酸底涂层使用黑色丙烯酸平整材料，配合粒径适合的石英砂和适量清水，固化后可将基础彻底覆盖密封保护起来。

丙烯酸弹性层内含弹性橡胶颗粒或软木颗粒，是地面系统的核心和主体，弹性颗粒可以是轮胎胶颗粒（SBR颗粒），也可以是胶含量不低于25%的EPDM颗粒，甚至是容重低于180的软木颗粒，但热塑性弹性颗粒能否使用不能一概而论，TPS容易黄变则不建议使用，TPV颗粒可以使用，但价格较贵。弹性层的厚度一般控制在2～4 mm。

丙烯酸罩面层一般和弹性层中弹性颗粒同色，大多使用丙烯酸核壳乳液制备，不建议做成不含色浆的中性色。中性色的罩面材料涂膜干燥后是透明的，雨天或水浸后可能会出现明显水白现象，这是因为树脂中的亲水基吸收水分体积膨胀而产生米氏散射，水分蒸发后水白现象消失。此情况大多数时候并不影响使用，但极大地影响雨后的表面美观，使涂层最基本的装饰功能丧失。喷涂两层罩面层效果更佳。

罩面层的作用为：使完成面色泽更加均匀一致；进一步增加弹性颗粒的黏结强度；延缓弹性颗粒的老化，延长使用寿命。

6.4.2.3 社区综合绿道地面系统产品说明

社区综合绿道可以说脱胎于胶乳跑道，也可以说源于弹性丙烯酸，不管怎么说，这个产品的核心就是低弹特性，它赋予地面材料一定的柔韧性、弹性，能在一定程度上减

轻运动时对人体的冲击，降低疲劳感。(见图6－5)

图6－5　小区慢跑道

弹性层可使用不同颜色的橡胶颗粒或软木颗粒，以使弹性层干燥后呈现不同的色彩，之后再喷涂与之同色的罩面材料，可以营造出各种不同的颜色。丰富多样的色彩，美轮美奂，不仅增加视觉美感，往往也构成社区一道美丽的风景线。

从社区综合绿道的产品结构上看，其核心层便是弹性层，而弹性层的厚度具有可调节性，客户可以通过厚度调整来满足预算及实际需要。调节的幅度会引发“量变产生质变”，如当弹性层厚度达9 mm以上时，就类似于胶乳跑道，而弹性层厚度为1～3 mm就基本归入弹性丙烯酸的范畴。但就社区综合绿道的基本定位来看，2～3 mm是比较理想的厚度。当然，实际产品结构厚度还需要综合考虑其主要功能、实际预算等因素。总之，社区综合绿道是一款开放性的地面材料系统，具有灵活多变的调节功能，可满足大多数社区绿道的功能需要。

第7章　硅PU专用丙烯酸界面剂/硅PU专用丙烯酸面料

7.1　硅PU水性双组分罩面层特点分析

硅PU材料自问世以来发展迅猛，已成为当今中国运动场地铺装行业中最为主要的几种材料之一，广泛用于篮球场、排球场、羽毛球场等。

由于丙烯酸材料的耐候性好、保色保光性佳，故一般硅PU厂家都使用低羟值的丙烯酸树脂和水性异氰酸酯固化剂（HDI）组成双组分材料作为硅PU水性罩面漆，虽然羟值较低，但仍属于热固性材料，还是会形成一定的空间交联网络，也就是说还是会有一定的刚性和较大的邵氏硬度，且其成膜后是光滑的，摩擦系数较低，难以满足安全使用的要求。为提高摩擦力，需要在施工时添加一定数量和有一定粒径级配要求的石英粉以期获得一定程度的止滑性能。但双组分罩面材料和石英粉的搭配在硅PU弹性层上的使用充满不可调和的矛盾，虽不能说是进退维谷，但也只剩“华山一条路”。

对于硅PU罩面漆层的不同厚度可能会引发的质量问题，大致汇总分析见表7-1。

表7-1　硅PU罩面层不同硬度可能引发的质量问题

罩面材料硬度	罩面材料厚度	可能会出现的问题
大于硅PU弹性层硬度	厚	几乎抵消弹性层的弹性特征，使弹性层的作用在整个系统结构中的表现大打折扣
	适中	可以适当克服上述抵消弹性的弊病，但也可能会因厚度不足以克服较大的垂直变形幅度的产生而导致塑性变形，最终断裂
	薄	能解决上述硬和裂的矛盾，但又因不能添加粒径稍大的石英粉或止滑粉，罩面层纹理构造偏细腻、相对偏光滑，极易出现“滑、快、低、飘”的球路感觉

大厚度高硬度的罩面层就好似一块铁板或钢化玻璃，因其耐冲击的强度大，在常规大小的外力作用下基本不会发生变形，于是就几乎体察不到弹性层的弹性效果。

中等厚度的高硬度罩面层类似一块薄玻璃置于相对柔软的基面之上，当外力垂直冲击这块薄玻璃时，玻璃极易碎裂。

高硬度薄厚度的罩面层类似于极薄的铁皮，在外力冲击下，能在一定幅度范围内产生弹性变形，即能在外力作用下发生向下的垂直变形，外力撤除后能立刻恢复原状而不发生断裂。由于厚度薄，罩面层只能添加 120 ～ 150 目的石英粉来制造止滑表面，但厚度薄和骨料细的搭配只能使其完工后纹理偏向光滑细腻，防滑性能逊色不少，潮湿状态时尤为显著。

综合分析下来，只有一条路径可走：硅 PU 这种双组分罩面漆一般只能使用极细的石英粉形成较薄的厚度，这在很大程度上避免了开裂的问题，但却以牺牲表面摩擦力为代价。这一缺陷在网球运动中体现得最为明显，所以在硅 PU 网球场打球时都会有一种“滑、快、低、飘”的感觉，这个主要就是硅 PU 材质弹性好（柔软）、表面相对细腻（摩擦系数小）两者共同作用产生的。弹性好源于硅 PU 的柔韧性，即邵氏硬度低，网球触地反弹后因能量不少被硅 PU 吸收了，垂直方向速度衰减幅度较大，故反弹高度较低；与此同时，硅 PU 表面相对细腻，球触地后在水平方向上速度损失相对垂直方向较小，故这两个速度的合成速度（即球的实际反弹线路）比较贴近地面。

网球飞行时入射角 θ_1 要大于反弹角 θ_2，这就是硅 PU 打网球时感觉“滑、快、低、飘”的原因所在。

综上分析，可见双组分低交联的硅 PU 罩面层在网球场的使用确实就不那么理想。正因为如此，有不少之前铺装了硅 PU 的网球场纷纷进行了翻新改建，改建的想法是一致的，但改建的方法却大不一样，将硅 PU 结构层彻底铲除，从头再来的为数不少，也有在现有硅 PU 面上铺设 PP/PE 材质的拼装地板的，铺装人工草皮的也偶尔可见。这些改建方法各有千秋，各有所长，但也各有不足，彻底铲除治标治本，但浪费严重、工期漫长、成本高企；铺装拼装地板和人工草速度快但成本也不低，更重要的是打网球的体验会非常不同。

总的来说，对于硅 PU 网球场地的翻新改建应该从实际出发，综合工期、成本和打球体验等因素，其实最理想的翻新改建方法是在保持硅 PU 主体结构不动的情况下使用丙烯酸涂料对其实施面层改造。这种改造不伤筋动骨，可以理解为是构建一种以硅 PU 整体结构为弹性层的独特的弹性丙烯酸地面系统。

目前对硅 PU 表面进行丙烯酸改造有两条技术线路，一条线路就是在硅 PU 基面涂布硅 PU 专用丙烯酸界面剂后再涂装丙烯酸涂层；另一条线路是在硅 PU 罩面层上涂装硅 PU 专用丙烯酸面料。前者是通过在硅 PU 和丙烯酸涂层之间涂布一道在功能上类似双面胶的界面剂层，界面剂材料富含极性基团，可通过增加取向力、诱导力与硅 PU 表面形成强有力的附着，同时界面剂层与涂布其上的丙烯酸涂层由内聚力形成一体，如此形成了界面剂层上下粘接、平稳过渡的功能模式，这条线路可以理解为物理吸附型改造；后者是施工时在专用丙烯酸面料中添加适量的促进剂，硅 PU 面漆层和丙烯酸树脂中都含有可以和该促进剂发生化学反应的化学基团，这些化学反应一方面可以在硅 PU 和丙烯酸之间键合搭桥黏结，另一方面可增加丙烯酸树脂或硅 PU 的极性基团，这也会促进极性分子之间的取向力的产生、增大从而促进两者之间的附着，这条线路兼具物理吸附和化学吸附且以后者为主。

7.2 硅 PU 专用丙烯酸界面剂

硅 PU 和丙烯酸涂层之间的界面剂材料是一种高分子聚合物，可以是丙烯酸类的，也可以是羧基丁苯系列的，它们共同的特点是玻璃化转变温度比较低，通常都在 0 ℃以下，一般以 -5 ～ -10 ℃比较适合，这种聚合物含有大量极性基团，其黏附能力虽然由范德华力体现，但极性基团的存在使分子间的取向力和诱导力增强。树脂分子量大，范德华力量级虽小，但没有方向性和饱和性，无数小量级的范德华力累计起来也会产生强大的分子间作用力。同时，氢键力也会对附着强度有所贡献。界面剂层干燥后具有良好的柔韧性、黏结性且表面呈现一定的黏性，为丙烯酸涂料的涂布提供具有极强附着性能的基面。

一般不建议使用玻璃化转变温度太低的（如玻璃化转变温度低于 -15 ℃）聚合物，主要原因有三：一是在常温下，低玻璃化转变温度树脂制成的界面剂干燥后黏性太强，这一点虽然对于附着丙烯酸涂料是有利的，但不利于工人入内作业，穿钉鞋进入难免会对界面剂层产生局部的破坏；二是黏性太强极易被灰尘等异物污染，界面剂层完工后必须尽快施工下一层涂层，避免被污染；三是玻璃化转变温度太低，界面剂层的机械强度不足，在剪切力作用下易引起涂层扭曲变形或剥离脱层，此类情况在界面剂层厚度偏大和高温条件下尤易发生。

界面剂一般调成黑色或灰色，而不采用中性色，因为若设计为中性色，界面剂干燥后会形成透明或接近透明的涂膜，这样的话，涂布时有漏涂的区域很难在固化后被轻易发现。当调成黑灰色时，涂层一般具有较好的遮盖力，一旦发现表面色泽差别大的点块，很大可能就是漏涂或涂布不匀，涂布均匀便可覆盖于整个硅 PU 基面，形成色泽基本一致的界面剂层。简而言之，调成黑灰色就是为确保涂布的整体性和均匀性，即使施工时出现人为失误也极易甄别后予以解决，不留后患。

界面剂施工时一般无须兑水稀释，轻缓搅拌均匀后即可使用。配方黏度设计时将其调成不用兑水而直接使用的主要目的是避免不同施工师傅在不同施工场合出于对界面剂功能的理解不到位、不准确而随意改变界面剂的兑水比例，从而导致界面剂层固化后存在性能缺陷，如黏结力不足、厚度偏厚等。

界面剂是一款低 PVC（颜料体积分数）涂料产品，填料含量低，有的几乎是零填料，这类界面剂黏性很强，但机械强度、抗剪切力弱，其涂布厚度一定要尽可能薄、匀。

需要强调的是，界面剂层和其上的第一层丙烯酸涂层必须在同一天完成施工和固化，换言之，界面剂层不允许裸露过夜。

界面剂也可直接涂布于打磨过的硅 PU 弹性层上，之后在其上正常涂装后续丙烯酸涂层便可。

7.3 硅 PU 专用丙烯酸面料

前面我们介绍过运动场地丙烯酸涂料都是由成膜物质、颜料、助剂和清水这四部分组成的，本产品也不例外。但在具体配方上，本产品更加复杂，比如在成膜物质的选择上，可能会选择几种成膜物质进行复配使用，以提供更好的柔韧性和黏结性能，实现高温不回黏；颜料中的钛白含量更高，赋予更好的遮盖力和耐候性。从外观上看，本产品与其他系列丙烯酸涂料并无什么区别，但固化成膜后涂层的物理性能则不一样，主要体现在一个“柔”字上，它具有相当好的柔韧性，是一款将韧和硬平衡结合得比较理想的面层材料，它能容忍较大的垂直变形幅度而不发生塑性变形，即不会断裂、开裂，同时具有一定的邵氏硬度，能充分满足球类运动的需要。本产品的这些特征使其不论是涂装于低硬度的基面（如硅 PU），还是稍大硬度的丙烯酸弹性密封层，抑或更大硬度的丙烯酸纹理层上，都能游刃有余，尤其在硅 PU 上独树一帜。

事实上，硅 PU 专用丙烯酸面料不仅可以用于翻新改造陈旧硅 PU 球场，而且可以作为硅 PU 的罩面漆直接涂布于硅 PU 的弹性层上。更富吸引力的是，这款面料中可以添加较小目数的石英砂（如 80～100 目），来营造具有一定厚度和纹理的涂层，提供足够的运动抓地力、运动摩擦力，从根本上解决传统双组分羟丙罩面漆的“滑、快、低、飘”问题。

很有意思的是，涂装了这种面料的硅 PU，当然可以说它还是硅 PU 材料，但更可以说它是另一种意义上的弹性丙烯酸——一种以硅 PU 材料替代丙烯酸弹性料的特殊弹性丙烯酸地面系统。

硅 PU 专用丙烯酸面料在硅 PU 上涂装形成的涂层不再如双组分羟基丙烯酸罩面漆那么单调呆板、不具灵活性，而是兼具纹理层和罩面层双重功能的表面涂层，且具有充分的调节变化空间。

不论是翻新陈旧硅 PU 球场，还是作为新建硅 PU 弹性层的面层材料，硅 PU 专用丙烯酸面料一般施工 2～3 层便可，头 1～2 层可添加适量石英砂营造纹理，最后一层只兑水不加砂营造色泽均匀一致的表面。

这种翻新的重中之重就是确保第一层丙烯酸涂层和硅 PU 层之间的黏结强度，须在第一层丙烯酸涂层中添加交联剂进行搭桥，构建适度的空间网络结构，产生一些极性基团以促进取向力的形成。这类交联剂主要是针对羧基基团的，因为丙烯酸树脂和聚氨酯树脂基本都含有羧基。交联剂的使用量一般为丙烯酸面料质量的 1%～3%，具体数量要由具体产品来决定，多则浪费，少则交联过浅。

羧基的交联剂有不少，但并非个个能用、个个适用、个个好用，如氮丙啶、碳化二亚胺等都能和羧基交联反应，反应后涂层的耐水性提升、固化速度缩短，但是涂层硬度却大大增加了，这对改造硅 PU 来说不是件好事，甚至适得其反。故在交联剂的选择上，应选用固化后对柔韧性影响不大，但在提升干燥速度和耐水性方面有积极作用的交联剂，如乙烯酰胺交联剂。

第 8 章　透水混凝土丙烯酸罩面材料

透水混凝土是一种由粗骨料、水泥、增强剂和水按一定配方比例拌制而成的固化后具有一定孔隙率的多孔轻质混凝土，因结构中不含细骨料，其空隙呈现蜂窝状，具有极好的渗透性，有利于雨水渗入地下，对地下水进行有效补充，对维护生态平衡、缓解城市热岛效应、提升城市雨水管理与水污染防治水平都有着积极的作用。

目前“海绵城市”的发展建设理念使透水混凝土获得了空前的发展机遇，其被广泛铺装于文化广场、各类停车场、商业广场、非机动车道、住宅小区人行步道等，不少城市绿道项目也都选择铺装透水混凝土材料。

从合理控制成本的角度考虑，透水混凝土的施工结构一般分为两层：底层为素色透水混凝土，面层为着色透水混凝土，即面层的透水混凝土中会添加一定量的着色颜料，使透水混凝土完工后呈现出一定的色彩。（图 8－1）

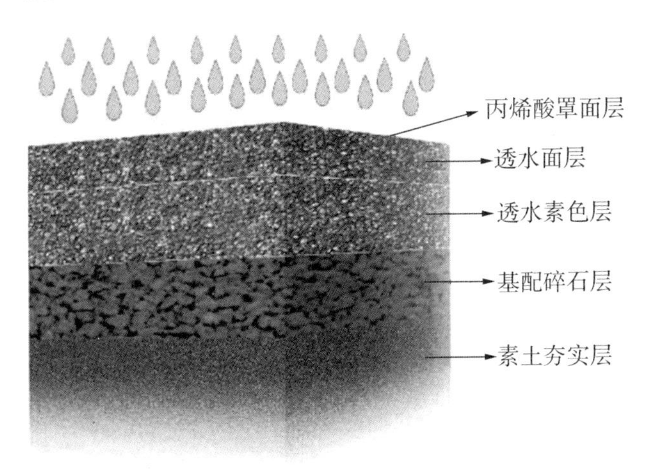

图 8－1　透水混凝土结构

由于水泥水化后的碱性高，其对着色颜料的抗碱性、润湿性和附着力方面要求也高。而实际上，着色透水混凝土基本都是使用金属颜料，在色泽方面不能令人满意，比如光泽度太低、丰满度差、色泽均匀性不理想等，真实的视觉感受就是光泽暗淡、色泽斑驳，呆板无生气。颜色方面的缺陷和不足让透水混凝土饱受诟病，在工程验收交付时也常受挑剔。

鉴于此，为改善透水混凝土的表面色泽缺陷，出现了在完工后的透水混凝土表面喷涂罩面材料的解决方案。市面上这类罩面材料种类繁多，有油性的、水性的，有双组分的也有单组分的，有聚氨酯类的也有丙烯酸类的，还有一些改性的，不一而足。

本书介绍的是水性丙烯酸涂料，我们还是不脱离这个宗旨来介绍一款单组分水性丙烯酸罩面材料。(图 8－2)

图 8－2　喷涂丙烯酸罩面材料的透水混凝土

8.1　透水混凝土的表面特征

透水混凝土罩面材料的配方设计、施工特点及干燥后的物理性能都要从透水混凝土的自身特点出发，也就是说，只有深刻了解透水混凝土的特点，才能开发出适合其使用的罩面材料。透水混凝土的表面特征大致归纳如下。

1. 表面多孔、粗糙

透水混凝土的基本特征和功能就是透水性，这需要其结构中的贯通空隙来满足透水要求，贯通空隙的外在表现就是透水混凝土表面多孔，而多孔特征让表面呈现出相当大的粗糙程度。

2. 具有一定的碱性

刚完工不久的透水混凝土，由于水泥的水化还在不断地进行，$Ca(OH)_2$也还在持续产生，因此透水混凝土表面还是表现出相当的碱性。但碱性太大，如 pH 超过 10，对阴离子型丙烯酸罩面涂料会有一定影响，有可能造成丙烯酸树脂的皂化反应，导致罩面层的性能下降，如涂层变色、粉化、发黏等。

3. 使用特点

透水混凝土的使用频率高、强度大，对耐磨性有较高的要求。透水混凝土本身在耐磨性上没有问题，但一旦喷涂了罩面材料，这种耐磨性就由罩面层直接承担了，这就对罩面层的硬度、耐冲击性能等提出了较高的要求。

8.2 透水混凝土丙烯酸罩面层的性能要求

丙烯酸罩面材料在配方设计时必须充分考虑透水混凝土的上述表面特点和使用要求，务必确保丙烯酸罩面材料在施工中和干燥后具有如下特点性能：

（1）对透水混凝土基面有良好的润湿性能，能形成有效的展铺。

（2）具有较好的耐碱性能，化学性能稳定。

（3）黏结力强，能牢固黏附于透水混凝土表面。

（4）铅笔硬度不低于 1H 为宜。

（5）具有一定的光泽度，一般 60°光泽度不低于 40 ～ 80。

（6）遮盖力强，一般一层罩面层就能赋予透水混凝土一个色泽均匀一致的表面。

（7）耐磨性强、耐候性佳，户外长期使用不变色、不褪色、不粉化。

（8）高温时不回黏，耐污性好，具有一定的自洁性能。

（9）PVC 颜填料体积浓度不能太高，避免颜填料含量过高影响透水混凝土的透水性能。

（10）抗飞溅性好，避免喷涂作业时罩面材料四处飞溅，否则既浪费材料，又污染环境，更对施工人员及工地周边人员的健康构成危害。

8.3 透水混凝土丙烯酸罩面材料的配方设计一般要求

通过上面对透水混凝土特点的分析及由此推断出的适合透水混凝土使用的丙烯酸罩面材料应具有的性能，我们可以总结出透水混凝土丙烯酸罩面材料配方设计的一般要求：

（1）作为成膜物质的丙烯酸乳液应具有较高的玻璃化转变温度，一般在 50 ℃以上，最低成膜温度在 35 ℃左右，保证成膜后有较高的硬度。

（2）丙烯酸乳液的钙离子稳定性要好，耐碱性突出，在透水混凝土完工后养护 1 ～ 2 天就能正常施工且涂层质量不受碱性影响。

（3）丙烯酸罩面层干燥固化后以能尽可能低的表面为佳，即形成低表面能涂层以获得一定的自洁性能和良好的耐污性。

（4）黏结性能强，避免罩面涂层和透水混凝土之间出现剥离、脱落、脱皮等质量问题。

（5）高遮盖力，这需要在配方中调整 TiO_2 的含量和粒径级配，并和色浆的使用相互配合以达到最佳遮盖力和色泽效果。

8.4　透水混凝土丙烯酸罩面材料的涂布工艺

多孔表面不适合滚涂或刮涂的施工工艺，因为这两种涂装方式都会封闭透水混凝土的表面空隙和降低透水性，使透水混凝土的核心功能减弱或丧失，其结果是美化了表面，恶化了功能。因此，罩面材料最理想、最有效的施工工艺就是无气喷涂。为达到理想的喷涂施工性能，丙烯酸罩面材料在黏度设计上要特别关注材料的抗飞溅性能，在增稠剂的选择上要多加考虑实际施工的需要。

第9章　聚合物水泥型密封底涂

出于对成本控制（如沥青表面孔隙封闭）、场地条件限制（如基面含水率较高）及施工便捷性（如大面积、长距离城市绿道）等多方面的考量，目前市面上也有不少运动场地面工程的底涂层是采用聚合物水泥型密封底涂产品的，这类底涂产品不同于我们之前介绍过的丙烯酸平整剂（即丙烯酸底料），其最大的特点就是在施工配料时要添加普通硅酸盐水泥，因此，聚合物水泥型密封底涂中的聚合物（成膜物质）还是需要相当好的化学稳定性的，聚合物可以是纯丙乳液、苯丙乳液、VAE乳液和丁苯乳液及氯丁乳液等，其中苯丙乳液的使用量最大。本章我们着重介绍以苯乙烯－丙烯酸乳液为核心的聚合物水泥型密封底涂产品。

9.1　聚合物水泥型密封底涂的广泛适用性

9.1.1　在沥青混凝土上的使用

沥青混凝土基础是运动场地工程中常见的基础类型，其表面粗糙多孔，具有应力松弛特点，无须预留、切割伸缩缝，使基础的完整性和连续性得以保证。多孔的表面可以容纳更多的底涂材料，使基础和底涂层之间形成强大的“镶嵌力”，这好比底涂材料将无数个大大小小的根须扎入沥青基础的空隙中形成所谓“抛锚效应”，从根本上杜绝了底涂层和沥青基础之间剥离、脱落或分层等质量问题的出现。正是由于这种优越的黏附性能，聚合物水泥型密封底涂大量用于跑道工程沥青基础的表面填充和平整，也普遍使用于大面积球场工程中。

9.1.2　在水泥混凝土上的使用

由于聚合物水泥型密封底涂在施工时都需要添加普通硅酸盐水泥、石英砂等无机材料，其可以有效地克服单一混凝土材料存在的新旧水泥黏结能力较差的问题，不仅确保底涂层和混凝土之间黏结的牢固，而且可在混凝土基面直接涂装，无须底油相助。更重要的是，这种密封底涂施工时对混凝土表面的洁净度容忍性大，无须打磨酸洗混凝土表面，只需简单清洁处理后确保基面润湿就可以直接施工。这就是在城市绿道的丙烯酸地面系统结构中推荐这种密封底涂产品作为底涂层的原因所在。这种密封底涂对混凝土地面潮湿状况的容忍度大，基面潮湿也可施工而不起泡脱层，可有效避免工期延误。另外，改变各材料组分的配置比例，聚合物水泥型密封底涂还可以充当积水补平材料之用，显示出一材多用的特征。所有这些特征都使聚合物水泥型密封底涂在混凝土基础上被广泛使用。

9.2 聚合物水泥型密封底涂的特点和工作机理

9.2.1 特点

聚合物水泥型密封底涂产品自身有着相对严格的配方设计，其组分中除了作为成膜物质的丙烯酸乳液，还有矿物粉料和各类助剂，如消泡剂、分散剂、悬浮剂、防沉剂、防腐剂、润湿剂、成膜助剂和增稠剂等，一般不添加着色颜料，只取其灰白本色。

由于同时存在丙烯酸乳液和硅酸盐水泥两种成膜物质，聚合物水泥型密封底涂具有挥发固化和反应固化的双重特点，因而具备与众不同的特性：水泥耐久性好，在混凝土上相容性好、粘接力强，但不适应变形，即刚性强，易开裂；丙烯酸乳液成膜后有非常好的适应变形能力，但与基面相容性略差，且存在老化问题，耐久性也不足，但两者结合起来搭配使用就能取长补短，相得益彰。

从聚合物水泥型密封底涂的施工特点来看，其可视作一种聚合物改性水泥砂浆或聚合物水泥防水涂料。密封底涂的核心功能并不在防水，而在于封闭表面孔隙和提供具有一定强度的坚韧底材覆盖保护层，也就是说具有孔隙填充和整体表面覆盖平整的功能，当然还有修补积水的功能。为实现不同的功能，聚合物水泥型密封底涂各组分之间的配比大有不同。

总之，不论从组分构成的相对复杂性和丰富性上看，还是从施工过程中水泥、石英砂及清水在材料配置上的灵活性和针对性上看，聚合物水泥型密封底涂都不是如想象中那般简单的一款产品。

9.2.2 工作机理

聚合物水泥型密封底涂的工作机理并不复杂。各材料按比例配置搅拌均匀后，乳液即把水泥颗粒包裹起来，此时乳液中的一部分水分挥发而成为具有黏结性和连续性的弹性膜层；水泥吸收乳液中的其余水分而发生水化反应固化，并与有机高分子聚合物链共同组成网络互穿的涂膜结构，从而使柔性的聚合物膜层与水泥硬化体相互贯穿而牢固地粘接成一个坚固而有一定韧性的涂层。柔性的聚合物填充在水泥硬化体的空隙中，使水泥硬化体更加致密而又具有一定的韧性，涂层从而获得较好的延伸率；水泥硬化体又填充在聚合物相中，使聚合物具有更好的户外耐久性和更好的基底适应性。

聚合物与水泥的结合主要是通过离子键而实现的：

$nP—COO^- + Me^{n+} \rightarrow (P—COO)_nMe$

（聚合物乳液）（水泥水化物）（聚合物水泥涂膜）

聚合物与水泥水化物之间的化学相互作用对于聚合物水泥型密封底涂来说至关重要，调节聚合物与水泥填料之间的配比，可以得到施工特点和涂层质量迥异、用途不同的材料，具体到运动场地面材料涂装上来讲，就是既能作为底涂层使用，又能作为积水修补材料之用。

有机材料的聚合物与无机材料的硅酸盐水泥巧妙搭配组合，在最终的固化涂层中，聚合物液相与水泥固相相互贯穿、交联固化，两者所形成的互穿网络结构，既具有有机高分子材料的柔性网络，又具有无机胶凝网络结构，在保持了无机硅酸盐材料抗老化能力强、强度大、硬度大、粘接力强等特点的基础上，又引进了有机高分子材料变形性好、结构封闭性强、产品易涂刷的优点。

9.2.3 聚合物的作用

聚合物在密封底涂中的作用主要包括以下四个方面。

1. 填充作用

聚合物组分渗透到水泥硬化体的空隙中，使涂层密实度提高而具有优良的耐久性，如耐水、耐冻融和耐腐蚀性都有提升。

2. 滚珠效应

聚合物粒子粒径极小，在体系中能产生“滚珠效应”，从而降低拌和阻力，加上聚合物乳液里面含有的表面活性物质能够起到引气的作用，极大地提升了拌和料的和易性。

3. 保水性能

聚合物粒子在水泥混凝土的毛细孔和微孔中起到的填充及密封作用，能够防止体系中的水分挥发，具有明显的保水性能。

4. 黏结作用

单一混凝土材料存在新旧水泥黏结能力较差的问题，聚合物的加入可以有效地解决这个问题。

9.3 聚合物水泥型密封底涂施工配比的几个概念

要对聚合物水泥型密封底涂产品的特性、施工及固化特点、涂层特征有全面、清晰的认识，就必须对聚灰比、聚粉比、水灰比和液料－固料比这几个概念有充分的理解，这些比值的变化都会直接影响涂层的质量、性质。只有这些材料之比取得一个比较理想的平衡，才能最终得到满足实际使用功能要求的底涂层。

9.3.1 聚灰比

聚灰比是决定涂层刚柔变化的重要参数，是指密封底涂完成材料配置后，施工混合料中聚合物质量与水泥质量之比。聚灰比越大，涂层中有机组分含量越大，涂层的柔性就越好；反之，聚灰比越小，涂层的刚性就越强。可见，随着聚灰比的变化，涂层的拉伸强度和拉断伸长率也随之发生明显变化。运动场地是要具备一定抗压、抗剪切强度的，所以不能太软，也就是说聚灰比不能太大，当然也不能太小，丙烯酸树脂含量过低无法达成增加涂层韧性和提升密实度的目的。水泥的加入无疑能增加干燥后的涂层强度、加快涂层干燥速度，但水泥用量也不是越大越好，事实证明，水泥量越大涂层干燥后出现裂缝的概率越大，大厚度施工时尤为如此。

在运动场地工程中，聚灰比一般不大于0.5。

9.3.2 聚粉比

聚粉比直接关系到涂层断裂延伸率的大小。聚粉比是指聚合物与粉料的质量比，粉料质量是水泥和填料的质量之和。在保持聚灰比不变的情况下，若聚粉比发生较大变化，涂层的性能也会随之发生较大变化，如填料增加，涂层的拉伸强度会提高，但断裂延伸率将降低。

实际上，粉料对涂层的影响不仅仅体现在添加量上，更体现在其粒径大小上。相同质量的40～70目石英砂和70～120目石英砂总的比表面积相差甚远，比表面积越大是需要越多液料来包裹黏结。从这一点上讲，聚粉比只有在确保使用相同目数的粉料时才具有实际意义。

对于沥青基础而言，第一层密封底涂的聚粉比可以适当小一些，因为此时底涂的主要功能是填充孔隙，但第二层及以后的密封底涂的聚粉比就要大一些，否则黏结强度会不足。

9.3.3 水灰比

水灰比是指清水和水泥的质量比，这也是个很重要的参数。若水分太少则不足以在固相表面形成吸附水层，水泥粒子无法在热运动作用下相互碰撞而凝聚，从而造成和易性差及乳液很快破乳的结果，同时水分太少则材料流动性差，会出现施工时拖带、完工后粗细不均等问题；水分太多的话，虽然流动性好，但施工时可能会发生材料分层或离析现象，干燥后涂层的密实度不足，易出现裂纹。

水泥在密封底涂中的作用不可小觑，作为一种活性较大的材料，在干燥后的密封底涂层中，实际上可能有高达85%的水泥没有参与水化反应，仅仅充当了填料，但那15%水化了的水泥已起到十分关键的作用：水化反应生成盐类，特别是高价铝盐，能够和聚合物中的某些活性基团产生交联作用，从而改变密封底涂的固化速率，同时使聚合物的耐水、耐候、耐酸、耐碱、耐盐等方面的性能都有极大提高。另外，水泥本身也是一种耐候性、耐水性极好的材料，但缺点是脆性大、密实性不好，而聚合物的柔性能很好地弥补水泥在此方面的不足。由此可见，水泥和聚合物两者共存，相互改善各自不足的性能，相得益彰。

水泥的作用虽然不小，但只有水化后才能淋漓尽致地体现出来，由此可见水的重要性。水在混凝土中的存在三种形式，分别为化学结合水、吸附水和自由水。在新拌混凝土初期，化学结合水和吸附水少，拌和水主要以自由水的形式存在。理论上讲，拌和材料时所添加的清水是足够水泥水化之用，但实际好像总是不够用，这就是混凝土初凝后需要放水养护的原因。混凝土加水拌和后，只有很少一部分水被水泥颗粒吸附，在水泥颗粒表面形成水化层，另一部分水分会挥发，还有一部分水则是被水泥在水化过程中形成的絮凝结构所包裹。水泥颗粒及水泥水化颗粒表面为极性表面，具有较强的亲水性，细微的水泥颗粒具有较大的比表面能（固液界面能），为了降低固液界面总能量，细微的水泥颗粒具有自发凝聚成絮团的趋势，以降低体系界面能，使体系在热力学上保持稳定性。水泥水化初期，C_3A 颗粒表面带有正电，而 C_3S 和 C_2S 颗粒表面带有负电，正负电荷的静电引力作用也促使水泥颗粒凝聚形成絮凝结构，絮凝结构会使 10%～30% 的自由水包裹其中，从而严重降低了流动性。

过量添加清水的弊端无须赘言，为了在质量和流动性之间取得平衡，有时会添加减水剂以解决低水灰比下的水泥水化效率问题。减水剂的作用实际上就是破坏水泥颗粒的絮凝结构，将包裹于絮凝结构中的水解放出来。

在运动场地材料涂装中，一般建议使用强度等级 42. 5 的普通硅酸盐水泥。

综上，要得到一个施工顺滑不拖带，干燥完整无裂纹、无爆孔的密封底涂层，密封底涂和水泥、石英砂及清水的配置绝对是个技术活，这种材料配比从来不是一成不变的、僵化的，只有经验丰富的施工师傅才能基于对基础表面状况、施工气候条件及石英砂粒径大小等多种因素的综合判断，找到理想的材料配比，获得理想的结果。

9. 4　材料配置注意要点

计算好物料配比之后，密封底涂、水泥、石英砂和清水的配比使用量也尘埃落定了，接下来便是这四个组分的混合分散以期形成均匀一致的施工混合料，在这个过程中有以下四点要特别予以注意。

9. 4. 1　水泥的添加

水泥绝对不可以直接以粉料的形式加入液料中，否则在毛细管力的作用下，水泥极易形成结团颗粒物，这对于水泥这种不稳定、高活性的物质来说是很危险的。一方面将导致水泥水化比例降低，黏结力因而下降；另一方面将导致施工混合料细度偏大，且稳定性差。故正确的做法是将水泥和清水按 1：（0.3～0.5）的质量比例调成水泥净浆，让水泥有充分的时间和水进行水化反应，因为水泥水化是放热的，调成水泥净浆也有助于应力的提前释放，可适当降低涂膜表里的应力差。待水泥净浆分散均匀后再在搅拌状态下添加到液料体系中去，充分搅拌几分钟即可使用。

9.4.2　搅拌速度

石英砂在水性体系中的分散并不困难，水泥已经提前调成水泥净浆，实际上整个混合料体系中并不存在需要特别强大的机械力去粉碎打散的粉状材料，考虑到结构强度，所用石英砂的粒径一般目数不会太大，干燥的石英砂一般也不会结团。因此，在分散过程中不需要太大的搅拌速率，一般转速在 600 r/min 左右就足可以分散均匀。搅拌速率太快的话，就会将外部的空气导入混合料中，大量空气一旦进入就会形成泡沫，而水泥密封底涂中各类表面活性剂会有稳定泡沫的作用，这就为施工后的底涂层表面出现爆孔埋下隐患。

9.4.3　搅拌时间

随着搅拌时间的延长，拌和料将逐渐变得干稠、流动性下降。其原因是一部分水参与了水泥的水化，一部分水被水泥浆料吸附而成为吸附水，还有一部分水分蒸发了，同时，随着水化的进行，水泥絮凝结构的形成也会将一部分自由水包裹其中，使作为外相的拌和水越来越少，体系黏度越来越大，流动性越来越差。所以，搅拌时间要适当控制，不是越久越好。

9.4.4　温度

施工时的温度也会对拌和料的流动性产生影响。环境温度升高，水泥水化反应变快，水分蒸发速度也加快，导致水分减少，水泥水化可能并不充分，外相黏度增大，拌和料的施工性降低。

9.5　密封底涂层的表面缺陷

理论上讲密封底涂层固化后可以形成表面纹理一致、连续、完整、无表面缺陷的涂层。但在实际施工中，受种种因素的影响和制约，以表面微裂缝、缩孔和爆孔为主要形式的表面缺陷并不鲜见，很多时候还很难彻底克服。

9.5.1 表面微裂缝

密封底涂层表面微裂缝的产生主要有四个方面的原因。

9.5.1.1 密封底涂产品的保水性不佳

保水性不佳会使湿膜快速失水，且湿膜外表面裸露于空气之中，日晒风吹，失水速度更快，其结果是外表面迅速收缩并成膜，而湿膜内部尚存有水分，这些水分吸收热量后分子运动加剧便向上逃逸，冲破外表面的束缚，扩散到大气中去，同时在外表面留下一条条水分扩散的出口——表面微裂纹。这在清水添加量偏大的情况下最易出现。

9.5.1.2 密封底涂层内外应力差

密封底涂层外表面倾向于收缩，而内部由于水泥水化作用放出热量，一方面促进丙烯酸的成膜，另一方面其体积有受热膨胀趋势，但涂层本身受到约束，于是涂层内外会产生一个应力差，这个应力差是表面有裂缝的一个主要原因，这也是水泥添加量不能太大的原因。

9.5.1.3 施工配料不合理

上面已经说了聚灰比太小容易产生表面裂缝，而水量太大一样会带来裂缝；石英砂粒径越大越不容易出现裂缝，粒径越小越容易出现裂缝；一次性施工厚度越大越容易产生裂缝。

9.5.1.4 施工气候条件影响

在高温条件下施工后，湿涂层表面积迅速变大，导致水分挥发速度快，干燥也快，表面的体积有明显的收缩趋势，而湿涂层内部的水分挥发慢且大多为水泥水化所利用，但水泥水化会产生大量热量，这又使涂层内部的体积有膨胀的趋势。因此，在涂层的上下之间就会产生应力差，而此时涂层尚处于干燥过程当中，并不具备足够的强度，塑性还是很大的，在应力差的作用下就会出现大的裂纹。尤其是在兑水量过大的情况下，涂层内部的水分要挥发，在高温条件下，受热膨胀也会对涂层上表层产生压力，突破其限制而形成裂纹。

可以看出，导致裂缝的因素其实都不是各自独立在起作用，而是纠缠、叠加在一起共同作用的，各种作用往往你中有我、我中有你，几乎不可能切割得清清楚楚。

事实上，这类双成膜物质的聚合物水泥类密封底涂在施工过程中因为材料配比的误差、基面平整度的不理想、干燥过程中温湿度的不可控等多种因素的影响，干燥后的密封底涂表面要达到一条裂纹都没有是很难的。对于裂缝也要具体问题具体分析，没有必要不分青红皂白一律视为质量问题。如果表面裂纹为细裂纹，其宽度如头发丝般大小，深度很浅，不是所谓的贯穿裂纹，是不会对涂层质量产生影响的。

9.5.2 爆孔

爆孔的产生离不开一个“气”字，也就是气泡从湿膜内部上升到表面后破裂，而此时表面黏度已经上升，失去了流平性，破裂处周边的涂料已无法对破裂处进行修补，终成爆孔。其产生原因大致如下：

（1）密封底涂产品是配方生产的，内含多种表面活性剂，能降低体系的表面张力，自身易产生气泡，且由于密封底涂自身黏度大，气泡膜厚、弹性高，难以破裂。

（2）材料配置时搅拌速度过快，将外部空气带入材料体系中所致。

（3）过于粗糙、疏松的基础基面。这种基面孔隙率高，内部吸附大量气体，材料在这样的基面上涂布，本质上是个置换过程，即液态的密封底涂施工料将孔隙中吸附的空气置换出来。但由于涂布的速度、施工时温湿度条件不同及密封底涂施工料自身具有一定的黏性，孔隙中的空气也不是一下子就能全部被置换出来。密封底涂层外表面已经形成、黏度变大且基本失去流平性后，逃逸出来的空气就会形成爆孔。

（4）基础基面的表面温度过高也会产生爆孔。

9.5.3 缩孔

缩孔也是常见的表面缺陷，大多数情况下是由于基础表面被污染，如油污、其他低表面能污染物等。当然，若丙烯酸密封底涂产品配方中表面活性剂添加量过高，如消泡剂添加量偏大，也会导致缩孔产生。

9.5.4 拖带

施工时施工料出现拖带导致涂层粗糙、不匀，其主要原因有四：一是材料配比时水泥或石英砂添加比例偏大；二是材料的保水性不理想；三是涂装时温度过高；四是基面过于干燥。

9.6 密封底涂最佳施工时段建议

上述几种缺陷中，除拖带外，其他的缺陷大多时候并不会影响涂层整体质量和完整性，主要是表面美观的不足。当然缺陷自然是不受待见的，能克服还是尽量克服。从上面分析来看，要想控制表面缺陷的出现，至少要做好三方面的工作：一是密封底涂材料配置的合理性和针对性，二是对基础基面的粗糙程度、干湿状况的把控；三是选择适合的气候条件。前两项是可以人为控制的，但气候条件就由不得人能控制了，而恰恰气候条件对密封底涂层的质量影响最大。

实践经验告诉我们，总的来说，密封底涂在夏季高温天气施工时出现表面缺陷的概率远大于秋冬季。那夏季、秋冬季在什么时段施工比较好呢?

9.6.1 夏季施工时段

夏季高温天气时什么时段施工比较好呢? 答案是下午五点钟之后。为什么呢? 下午五点钟后太阳落山，地面温度开始下降，混凝土开启对外散热模式，大气温度也基本进入降温模式。施工前要将待施工的基面进行润湿处理，喷洒水雾，一则为基面降温，二则是保持基面的润湿状态。这种低温（相比较烈日下而言）微湿的基面非常有利于密封底涂的施工，一方面基面不会从湿涂层中吸收大量的水分导致施工料缺水黏度上扬，致使刮涂拖带不顺畅，另一方面更有利于施工料往基面内部孔隙中渗透、黏附形成强有力的附着力。

同时更要注意到，随着夜晚的来临，大气环境会出现两个变化：一是温度持续下降，二是大气饱和蒸汽压降低。当温度降低到某一点时，大气中的水蒸气会有部分液化成水，即在后半夜会有露水凝结。

这两个变化对于密封底涂的成膜有很大的好处。首先，气温的持续下降会降低涂层表面水分的挥发速度，即会减少表面体积的收缩幅度，表面收缩应力减小；其次，在夏季即便是半夜的最低温度一般也不会低于密封底涂中的水性丙烯酸树脂的最低成膜温度，加上湿涂层内部的水泥水化产生的热量又会促进树脂的成膜，涂层过夜完全不会影响丙烯酸树脂的干燥。多余的热量在相对低温条件下，加上密封底涂层的一层施工厚度也不大，石英砂粒径不算小，孔隙还是存在的，所以热量散发也相对快一些，即涂层内部的膨胀应力也会因为热量散发速度较快而小很多，这样的话，涂层上下的应力差就非常之小，基本在涂层能承受的范围内而不产生裂纹。

夜半的露水对涂层表面水分是个很好的补充，它有助于表面水泥的水化和养护，避免表面干缩而出现干裂。

我们建议涂层干燥后应该喷洒水雾养护至少 1 天后再进行后续丙烯酸涂层的施工，而选择下午五点左右施工密封底涂，实际情形是：刮涂的活是师傅干的，养护的活是老天干的。

如果实在无法将施工安排在下午五点后进行，那么选择施工时段要注意以下三点：

（1）大气温度 35 ℃及以上时绝对不要施工。

（2）大气温度在 30 ℃上下且未来 4 h 气温持续攀升时不要施工。

（3）大气温度在 35 ℃以下且未来 4 h 气温持续走低、确定无降水时可以施工。

9.6.2 秋冬季施工时段

秋冬季一般不要选择傍晚施工，特别是半夜气温可能会低于 4 ℃时更不宜施工，这主要是防范湿涂层中未挥发尽的水结成冰晶或冰影响涂层质量。

附 直接使用苯丙乳液作为底涂的情况简介

上述丙烯酸水泥型密封底涂实际上是以无机材料为主、有机材料为辅的混合结构，作为底涂材料使用具有不错的性价比。但即便如此，仍然有人觉得贵，为再降低一点成本就抛弃配方生产的密封底涂而直接将苯丙乳液和水泥、石英砂及清水混合搅拌后作为底涂材料使用。

在运动场地铺装行业，提到苯丙乳液就绕不开一个词：D68。D68 据说原本是国外某著名化工公司的一款苯丙乳液产品的牌号，由于这款产品比较经典，价格质量都不赖，得到广泛的使用。因此，D68 日益从一个产品牌号演变成在某个特定的行业内的一种产品的代名词或产品名称。时至今日，国内仍有不少乳液生产厂家都提供产品牌号中带有 68 字样的苯丙乳液产品，其产品定位就是底涂材料。

直接使用苯丙乳液和使用配方生产的密封底涂在本质上并没有区别，都是以树脂和水泥作为双成膜物质，但在施工和易性和涂层质量上确有明显差别，而这种差别，简单地说就是源于材料体系中是否添加了各种价格不菲的助剂类产品之上。前面说过，助剂用量不大，但功效不小，好比人体的微量元素，少了哪一样都会导致某方面的功能缺陷。丙烯酸水泥型密封底涂是一款经合理配方设计的产品，在生产中需要添加消泡剂、分散剂、悬浮剂、防沉剂、防腐剂、润湿剂、成膜助剂和增稠剂等诸多助剂，而在施工现场直接使用的苯丙乳液，这些助剂几乎一个也不会添加。这就好比一个是皮蛋瘦肉粥，一个是白稀饭，白稀饭当然可以果腹，但在营养、味道上自然无法和皮蛋瘦肉粥相提并论。也就是说，直接使用苯丙乳液并非绝对不可，但是缺乏助剂的调节和改善，从涂装性能到固化质量都会有不同程度的缺陷。同时还要考虑到在市场上零散采购的苯丙乳液的质量良莠不齐，固含量能否有保证、理化性能是否适用等都存在较大的不稳定性，因此其干燥后的涂层一般都不同程度地存在以下质量问题：①配料搅拌时易产生小气泡，引起涂层爆孔；②对基面的润湿性略差；③黏度小，极易出现液固相分离，特别是易出现严重的沉砂现象；④保水性差、悬浮性弱，刮涂易出现拖拉；⑤干燥后涂层表面易产生大量裂纹，大厚度施工时会产生贯穿涂层的裂缝，破坏涂层的整体性、完整性和连续性。

为改善这种状况，材料供应商会建议施工队在施工时的材料配置中添加一定比例的 108 胶水来调节施工混合料的黏度以解决沉砂拖带的问题，这在理论上和实践上都是行得通的，108 胶水的加入降低体系的内摩擦力，起到滚珠作用，在一定程度上解决配料的黏度和施工顺畅的问题，但同时也带来了新的问题。

（1）108 胶水的使用比例不小，基本为苯丙乳液质量的 50% 左右，这无形中增加了材料成本。

（2）108 胶水是聚乙烯醇缩甲醛的水分散体，含有一定甲醛单体残留，可能会导致甲醛含量超标。

（3）108 胶水的玻璃化转变温度为 75 ℃左右，远高于苯丙乳液的玻璃化转变温度，不仅延长了干燥速度，而且增加了干燥后涂膜的脆性。

（4）108 胶水的使用可能会导致裂纹的产生。

（5）108 胶水的使用会降低底涂层的耐水性。

综上，直接使用苯丙乳液来施工底涂层是一种取巧行为，虽非绝对不可，但绝对是不适用、不好用，同时会将施工现场弄得乱七八糟的。

故在施工现场直接使用苯丙乳液的缺陷和不足，材料供应商和工程承包商是心知肚明的。为改变这种不利局面，一些材料生产商依据形势做出了相应的调整，即不再单单只提供苯丙乳液，而是提供成套双组分材料，即 A 组为苯丙乳液，B 组为袋装标重的水泥、石英砂干粉砂浆混合物。调节黏度用的助剂，有的生产商是以粉状形式和 B 组混合在一起的，有的则将相关助剂加入 A 组中，包括增稠剂、消泡剂、分散剂、杀菌剂等。从实际使用效果和质量稳定性来看，后者更合理一些，万一原厂配备的干粉砂浆因潮湿、破损等而不够用时，可就地取材；而前者是增稠剂内置的干粉砂浆，一旦工地不够用，现场采购的水泥、石英砂将因缺少增稠剂而无法和 A 组正常使用，固液分离，无法施工。

实际施工时，只要依照生产商提供的 AB 组的配置比例，和适量清水混合搅拌均匀后能形成均匀一致、不沉砂的混合施工料，无需再另外添加 108 胶水，刮涂起来也比较顺滑，成膜质量也相应改善，施工现场也会干净整洁的多，同时也能在一定程度上降低了施工人员的工作强度。

第10章　丙烯酸停车场地面系统

本书是介绍运动场丙烯酸地面材料的，按理停车场和运动场之间没有必然联系，单立一章介绍停车场地面材料似乎有跑题之嫌，但实际上并非如此。运动场，尤其是大型运动场周边都会有停车场，也有些运动场地项目由于空间有限，也承担着停车场的功能，但在选择地面材料时未能充分意识到运动场和停车场在功能上的异同，未加甄别地直接将运动场丙烯酸涂料用到停车场，导致出现不少质量问题。因此，用不大的篇幅单立一章介绍一下丙烯酸涂料在停车场的使用实有必要。

10.1　停车场环氧地坪材料简介

目前国内停车场地坪材料最主要还是溶剂型环氧树脂涂料，具有硬度高、交联密度大、光泽度好、耐磨性佳、耐碱性强、施工简单的特点，同时其在固化反应过程中不放出小分子化合物，收缩率小，避免了某些缩聚高分子树脂在热固化过程中产生气泡和收缩缺陷，固化后的黏结性、耐热性、耐化学药品性及力学性能和电气性能优良。

我们平常所说的环氧树脂，实际上是环氧树脂涂料的口头简称，大多时候更是被直接简称为环氧。环氧树脂涂料是一款被广泛应用的热固性树脂涂料，是以环氧树脂和固化剂搭配使用的双组分地坪材料。环氧树脂（epoxy resin）本身是一种环氧低聚物（epoxy oligomer），分子量较小，本身属于热塑型树脂，没有作为材料使用的价值，必须和各种不同的固化剂配合使用，通过交联反应生成网状大分子，成为一种热固性涂料才能显示出各种优良的性能。和环氧树脂配套的固化剂众多，可根据实际用途、施工的气候条件等加以选择，在停车场地坪中一般使用常温条件下可以固化的室温固化剂，如脂肪族多胺、脂环族多胺、低分子量聚酰胺及改性的芳香胺等。相比于种类繁多的环氧固化剂，环氧树脂的种类并不多，最常用的就是由双酚A（DPP）与环氧氯丙烷（ECH）反应制造的双酚A二缩水甘油醚（DGEBA），也就是所谓的“通用环氧”。实际使用的环氧树脂中，85%以上属于这类产品。因此，一般说到环氧树脂，除特别强调声明外，都是指这类双酚A型产品。

实际上DGEBA也不是单一纯粹的化合物，而是一种多种分子量的化合物。这种树脂组成单元丰富，功能不少，且各司其职：两末端的环氧基（$CH—CH_2O$）有较高的反应活性；双酚A骨架提供强韧性和耐热性；亚甲基赋予柔韧性；醚键提供耐化学药品性；羟基（—OH）赋予反应性和黏结性。由此可见，环氧树脂涂料成为室内地坪涂料中应用量最大的材料确也名副其实，见图 10 – 1。

图 10 –1　环氧地坪停车场

当然，溶剂型环氧树脂涂料的缺点和不足也同样明显。因其在施工时需要大量使用有机溶剂进行稀释以满足施工时的黏度要求，在空间狭窄、通风条件不佳的场所，如室内停车场等，固化过程中从涂膜中挥发出来的有机溶剂不能尽快从室内散出，极容易发生施工人员中毒、溶剂在涂膜中滞留和涂膜固化不充分等问题。另外，有机溶剂最终还是进入大气，参与到大气的光化学反应中，对大气环境的影响是始终存在且不可避免的。

同时还要看到环氧的耐候性的不足，由于环氧树脂中含有芳香醚键，在紫外光作用下会断裂形成发色基团，导致环氧树脂涂层变色发黄、粉化等质量问题，因此环氧树脂涂料只适合室内使用，作为面层涂料完全不能在户外地坪工程中使用，但作为户外地坪结构的底涂层和中涂层还是经常使用的。

今天环保意识越来越深入人心，出于对人身健康和环境保护的考量，溶剂型环氧树脂涂料的负面作用已经逐渐被认识，其使用量也在逐年下降。材料生产和研发企业在努力开发、推广符合环保理念的产品，如无溶剂型环氧树脂、水性环氧树脂等，但由于价格过高，且诸多性能方面和溶剂型环氧相比还有明显的不足，市场接受程度并不高。

鉴于此，从环保型、经济型和实用性的角度综合考虑，我们介绍一款水性丙烯酸停车场地面材料。

10.2 丙烯酸停车场地面系统介绍

尽管我们是以停车场地坪名义来介绍这款材料的，但其用途不仅仅局限于各类室内外停车场，也可用于仓库、车间、公共通道，甚至体育场混凝土看台等。（图 10－2、图 10－3）

图 10－2　仓库地坪

图 10－3　公共通道

停车场地坪材料和前面介绍的几种运动场地面材料相比，在性能要求上又有自身的特点和要求。轮滑道地面材料与停车场地面材料更接近一些，但在一些关键指标上也达不到停车场的使用要求。汽车除了像自行车或轮滑鞋或滑板一样在地面上滚动，对地面施加一定的压力和剪切作用外，更重要的是汽车将长时间停放在地面材料上，汽车轮胎将与地面材料之间有较长时间的亲密接触，短则以小时计，长则以天计。这么长时间的接触就不能不考虑轮胎和地坪接触面之间会发生什么了。

我们知道，一般热塑性丙烯酸树脂具有热黏冷脆的缺点，即温度升高时，丙烯酸涂膜会变软发黏，极易黏附与之接触的物体。显然这种材料特性是不适合停车场之用的。汽车进入停车场必然经过一段时间的行驶，轮胎和路面的摩擦所产生的热量断然不会少，轮胎的表面温度自然不会低，在夏季高温天气时更加如此。带着发热的轮胎进入停车场后，只要汽车保持低速行驶，不急刹车，轮胎和地坪（不论热塑性还是热固性）之间还能相安无事，不会有任何问题；一旦急刹车，轮胎和地坪之间将产生剧烈的摩擦，产生的热量将使地坪瞬间升温变软，轮胎的痕迹也将在这发软的时刻渗入地坪内部。这就是经常发现环氧树脂地坪的停车场总有黑色的轮胎擦痕，怎么擦洗都去不掉的原因。

发热的轮胎进入停车位后，轮胎中的水分和热量会软化地坪涂层，轮胎压力及轮胎中的塑化剂就会使轮胎和地坪涂层粘连在一起。轮胎的温度会慢慢降低直至和室内温度一样，但在这降温过程中，轮胎和地坪涂层的接触面间有热量传递和分子运动，接触面接受来自轮胎的热量，温度逐渐上升，上升的过程中发软发黏，会对轮胎的接触表面形成黏附，同时轮胎表面黏附的一些灰尘杂物及轮胎面上的一些能量较高的分子也会借机扩散到已发软地坪涂层中，形成了一个相互渗透、你中有我、我中有你的界面层了，也就是热粘连现象出现了。这时启动汽车，轮胎一向前滚动，这个界面层就会被分离破坏，随着轮胎一起转动，最常见最基本的后果就是界面层黏附着与其粘连一起的地坪涂层从停车场地面材料上被拉曳出来，形成局部地坪涂层的剥离，直接造成地坪涂层的破损，高温夏季更容易出现这类问题。这就是国外所说的热胎咬底（hot tire pick-up）。也就是为什么轮滑道和球场硬地丙烯酸等热塑型地坪材料均不能作为停车场地面材料：涂层抗粘连性不佳。

作为停车场地面材料，必须具有优异的抗粘连性能，这个性能是指涂膜在规定条件下干燥后，两个涂漆面或一个涂漆面与另一个物体表面在受压条件下接触时的耐损坏能力。在国外，通常抗粘连性检测实验是将待测试的停车场地面材料样板置于在高速上行驶 30 min 后的汽车热轮胎下，在热轮胎压力之下 16 h，观察待测样板的表面除漆量和黑胎印严重状况。很显然，热塑性丙烯酸涂料在这个性能方面存在明显短板，要使其满足停车场地面材料的功能需要，就必须引入交联剂对其进行交联固化形成空间三维网状结构，也就是通过交联反应将热塑性材料转变为具有一定交联密度的热固性材料。如此对高温轮胎的停放及长时间停放后的轮胎启动均能比较好地控制热粘连现象对地坪涂层的破坏。此外，交联剂的加入使涂层固化速度加快，这一点在大面积施工时显现出来的优势尤其明显，固化后涂层硬度、耐水性、耐磨性也显著增加。

10.3 丙烯酸停车场地面系统结构

图 10－4 为丙烯酸停车场地面系统的结构示意图。

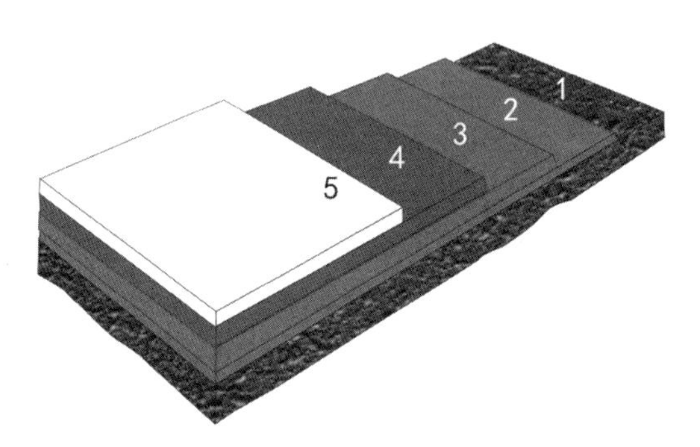

1—水泥混凝土基础；2—丙烯酸停车场底涂层；3—丙烯酸停车场中涂层；
4—丙烯酸停车场面涂层；5—丙烯酸罩光清漆层。

图 10－4 丙烯酸停车场地面系统结构示意

10.4 丙烯酸停车场地面系统结构层介绍

10.4.1 底涂层

由于停车场一般面积较大，如果是水泥混凝土基础，基础表面若进行酸洗打磨处理，工期会拉得很长，更重要的是多数地下室停车场也不具有进行酸洗打磨的条件，即便预留有排水明沟，因通风条件不佳、内部湿度大，干燥时间会延长。

鉴于此，聚合物水泥型密封底涂是个很好的选择，这种基于弹性水泥的底涂产品既有对基础清洁度容忍度大，又能在潮湿基面上直接施工的优点。详见第 9 章。

10.4.2 中涂层

中涂层是由彩色丙烯酸面料、交联剂、特定目数的石英砂及清水按一定比例混合搅拌后涂布于底涂层上的。根据整体厚度要求或基面的实际粗糙程度，中涂层施工 2～3 层。

10.4.3 面涂层

面涂层是由彩色丙烯酸面涂涂料、交联剂和清水按一定比例混合搅拌均匀后涂布于中涂层上，根据对完成面粗细程度的要求，面涂层施工 1 ～2 层。

中涂层和面涂层的重点在于使用交联剂，将热塑性特征改造为一定的热固性特征。

10.4.4 罩光清漆层

使用双组分水性改性丙烯酸清漆，可根据施工时的气候条件适当填加清水稀释搅拌均匀后用滚筒或喷枪施工于面涂之上。罩光清漆不仅能提升面涂层的色泽均匀性和丰满度，固化后空间交联密度大，硬度高，还能大幅提高整个地面体系的耐磨性、耐化学品性、耐热水性，相当于给整个结构穿了件金刚保护罩。

10.5 丙烯酸停车场地面系统的优势

这种结构的丙烯酸停车场地坪在实际使用中效果是非常不错的，它不仅水性、绿色、环保、低 VOC，克服了溶剂型材料 VOC 挥发量大，对人体、环境产生危害的缺陷，而且满足了大面积施工，尤其是大面积户外施工所要求的条件：基面处理简单快捷、涂层固化速度相对较快，便于施工期间的现场管理和维护；另外，解决了环氧树脂涂料户外铺装使用时的黄变、粉化等质量问题；更具吸引力的是，材料成本也低于溶剂型环氧树脂涂料，具有较高的性价比。

结构相对简单灵活，可根据实际要求在厚度、表面摩擦力、颜色等方面进行个性化调整；水泥混凝土基础和沥青混凝土基础均可直接铺装使用，其他类型的基面要根据实际情况进行基面处理后选择合适的界面剂，再铺装后续的结构涂层。

第 11 章　丙烯酸环氧杂合地坪材料（WMA 地坪材料）

前面我们介绍的基本上都是单组分（1K）热塑性丙烯酸涂料，只有在综合绿道和停车场丙烯酸地面材料中引入了交联剂做适当的针对性改性。严格意义上讲，这些改性产品还不能算是真正的双组分（2K）材料。在这一章我们将介绍一款别具特色的双组分改性水性涂料产品，它兼有热塑成膜和热固成膜双重特点，它就是丙烯酸环氧杂合地坪材料，简称为 WMA 地坪材料。

11.1　WMA 地坪材料简介

目前地坪材料基本以聚氨酯、环氧树脂和丙烯酸这三种材质为主。每种材料就像一个人，有优点也有缺点，甚至优点突出，缺点也很突出，将不同优缺点的人组合起来形成团队，取长补短就必能产生强大的能量。材料也是一样。从成膜方式上讲，有热塑性材料和热固性材料，两者也各有所长、各有所短。而我们现在介绍的 WMA 地坪材料则是一款由丙烯酸树脂与环氧树脂组成的杂合树脂和多胺类固化剂构成的杂合地坪体系（hybrid system），其固化反应过程中热塑性成膜和热固性成膜巧妙共存，独具特色。

环氧树脂涂料中含有环氧基、羟基、醚键等，丙烯酸树脂中可能有氨基、羧基等，这些官能团极易与极性底材（如钢、铁、铝等，陶瓷、玻璃、混凝土、木材等）上的活性基团产生化学键合，得到较大的结合力。环氧树脂分子链结构中含芳环，因而涂层强度大，但分子链上的醚键便于分子链的旋转，又赋予了涂层材料一定的韧性。由于分子链上没有酯基，其耐碱性尤为突出。当然，环氧树脂中的醚键在紫外光的作用下易产生发色基团，导致黄变和粉化，故不适合在户外作为面涂使用。而丙烯酸树脂具有优秀保色保光性，碳－碳主链赋予其很强的光、热和化学稳定性，由丙烯酸树脂制得的涂料具有很好的耐候性、耐酸碱性、耐污染性等性能，但对极性底材的黏结能力略弱。综上，环氧树脂和丙烯酸树脂在性能上有很好的互补性，两者杂合或将相得益彰。

这种杂合树脂乳液并不是丙烯酸树脂和环氧树脂简单地物理冷拌混合在一起，而是经过别具匠心的设计和工艺来实现的。丙烯酸乳胶颗粒作为宿主颗粒是通过乙烯基单体的自由基乳液聚合制备的，热固性或反应性小分子则从它们的单体液滴中通过水相扩散进入宿主颗粒中并吸附于此，从而形成丙烯酸环氧杂合树脂乳液。环氧小分子的传输吸附过程的驱动力不是和宿主颗粒的化学反应，而是其在宿主丙烯酸聚合物中的溶解性。在这种杂合结构中，环氧树脂扮演着成膜助剂的角色，促进高分子丙烯酸聚合物的成膜；而宿主丙烯酸聚合物则相当于液态环氧树脂控制—释放基地，只有环氧树脂从宿主丙烯酸聚合物中释放出来进入水相后才会和固化剂发生反应，高分子的丙烯酸聚合物将重获它的硬度。在最终的涂膜中，丙烯酸聚合物是均匀分散在固化的环氧树脂连续相中的，形成一种独特的“油性成膜，水性缠绕”的成膜机制。

固化剂的选择也颇费思量，固化剂种类繁多、性质侧重点不同，对固化后涂膜的质量的影响也大相径庭。同样的道理，往往一种固化剂满足不了地坪材料方方面面的物理性能要求，为达到理想的要求，需要复配几种固化剂共同使用。丙烯酸环氧杂合树脂对固化剂的要求和敏感性远比一般 2K 环氧树脂要高，胺类固化剂的选择由 Zeta 电位来决定。总的来说，固化剂是带胺基的，因此带正电荷，而杂合树脂颗粒则带负电荷，杂合树脂遇到固化剂后，相反电荷的相互作用将会影响胶状颗粒的双电层结构，如果最终的双电层不能为颗粒提供足够的稳定性，材料就会产生凝聚甚至凝胶。固化剂的水溶性也对产品影响极大，憎水性越好的固化剂，涂膜的抗盐雾性能、防腐蚀性能等表现就越优异，还可显著提升环氧树脂的相容性，这种相容性又能在成膜过程中促进环氧树脂分子从乳胶颗粒中迁移出来，从而提升成膜质量。

杂合树脂表现出较传统环氧树脂更好的稀释稳定性。传统上，环氧树脂分散体是使用表面活性剂将环氧树脂乳化而成的，产生的分散体颗粒尺寸超过 500 nm，显著大于丙烯酸乳胶颗粒。当用水稀释时，吸附在环氧液滴上的表面活性剂会在液滴表面和液相中重新分配，稀释的力度越大，就会有越多的表面活性剂脱离环氧液滴进入液相，直至环氧液滴上的表面活性剂不能产生足够大表面斥力，液滴的稳定性被破坏就会从液相中离析出来形成凝聚体。

为达到黏度的稳定，WMA 地坪材料的双组分配置也与一般市面上双组分材料稍有不同，它是将色浆、填料和水性固化剂分散搅拌均匀后作为 A 组，而丙烯酸/环氧树脂杂合树脂乳液作为 B 组，施工前 A、B 两组按比例搅拌均匀一致。大多时候市面上双组分材料一般是将色浆、填料和树脂乳液分散均匀作为一个组分的。

总之，WMA 地坪材料就是以丙烯酸环氧杂化技术为核心，在充分吸收丙烯酸材料保光保色性好、耐候性佳的基础上，将环氧的超强耐酸碱性、同多种基面（如混凝土，金属和木材）的超强黏结力及高固化硬度等优良特性导入，呈现出的一款基于环氧树脂和丙烯酸树脂，但在性能上又能充分展示各自物理性质优势的全新水性环保地坪材料，具有优异的附着力、耐水性、耐磨性和抗老化性，VOC 含量低，固化速度快，适用范围广，是一款多功能、多用途、真正环境友好的 2K 水性地坪材料。

WMA 地坪材料迎合并顺应了当今世界关注环境保护、追求人与自然和谐共处的诉求，将具有不同性能的树脂杂合在一起，表现出与众不同的质量优越性，展现其水性、环保、安全、无害，多功能、多用途、高品质、易施工的特点。

11.2 WMA 地坪材料特性

WMA 地坪材料是丙烯酸与环氧的杂合体系，其固化后的涂层保留了丙烯酸树脂的保色保光性好、耐候性强、热稳定性和化学稳定性佳、优良的施工性及环氧树脂的附着力强、耐碱性好、硬度高、耐化学品性和溶剂性好、成膜收缩小的特点，是一款很有特点的地坪产品。其主要特点归结如下：

（1）水性环保无毒，VOC 含量较溶剂型产品大幅降低，虽然含有环氧树脂成分，但只要表面涂层不是太过浅色，户外使用也是没有问题的。

（2）双组分 2K 材料固化时会发生交联反应，固化速度较单组分丙烯酸快，既能缩短施工周期，又非常有利于大面积大范围施工时的现场管理，避免固化时间长而易出现的涂层受天气因素影响（刮风天气时风力将杂物刮到尚未固化的涂层表面，造成涂层表面光滑性受损而需要修复）或人为无意的破坏（好奇的人或不小心的人有意或无意地踏进涂膜尚未固化的施工区域造成破坏）。同时，WMA 地坪材料固化温度较低，传统单组分丙烯酸涂料一般在大气温度低于 15 ℃时是绝对不宜施工的，但 WMA 地坪材料在 5 ℃的较低温度下都可以正常施工，克服了单组分丙烯酸涂料秋冬季在北方施工作业时间短的不足，极大地延长了北方秋冬季的实际可施工的天数。

（3）环氧组分使 WMA 地坪材料耐碱性超强，在混凝土和金属基面附着力非常理想，丙烯酸组分则使其具有超强的抗紫外线性能，户外使用不会黄变、变色或褪色，在苛刻的使用环境和使用要求下也能满足需要。

（4）交联反应形成的空间网络结构赋予了 WMA 地坪材料极好的耐水性和较高的表面硬度，耐磨性、耐冲击性能好，表面防滑性能佳，可通过控制添加骨料的粒径和数量来调节完成面的摩擦系数。

（5）WMA 地坪材料在光泽度方面比一般水性材料要高。

（6）材料配伍性好，可和单组分丙烯酸涂料及双组分油性或水性环氧树脂等材料复配使用，形成满足客户预算及性能要求的各种混配结构。

（7）丙烯酸环氧杂合树脂的独特工作机理使 WMA 地坪材料作业活化期长，一般传统环氧树脂的活化期也就 1 ～4 h。如果产品在黏度或外观上没有明显变化，施工人员很难判断材料是否仍可使用而不会在最终固化涂层中产生质量问题。丙烯酸环氧杂合树脂的设计让环氧寄居在丙烯酸颗粒上，只有环氧分子从丙烯酸颗粒上扩散出去后才会和固化剂反应，这就有效地延长了 WMA 地坪材料的活化期。

（8）抗盐雾性、封闭性和防腐蚀性等性能突出。事实上，WMA 地坪材料最早就是以质量卓越的金属防锈漆身份进入市场的，其在防腐蚀性、抗盐雾性和封闭性方面都有着不错的表现，并在其他诸多优异性能的配合下拓展到更宽泛的领域使用。

11.3 WMA 地坪材料成膜机理和成膜特点

WMA 地坪材料成膜机理和成膜特点是由丙烯酸环氧杂合树脂乳液的独特设计决定的，兼具物理成膜和化学成膜、热塑性成膜和热固性成膜共存的特点。丙烯酸树脂和环氧树脂相辅相成、相得益彰、各展所长，环氧分子吸附于丙烯酸颗粒之上，只用环氧分子从丙烯酸颗粒上扩散出来进入水相，遇到水性固化剂后发生热固性成膜反应，同时环氧的扩散使丙烯酸开始了其热塑性的成膜过程，固化后产生应有的硬度。在整个过程中，环氧树脂起到了成膜助剂的作用，促进丙烯酸树脂的固化，而丙烯酸树脂又好似环氧分子的储存基地，源源不断地从丙烯酸颗粒中扩散出去和水性固化剂反应成膜，最终形成的是一种丙烯酸树脂均匀分散于环氧树脂连续相中的独特涂膜，营造出“油性热固性成膜，水性热塑性缠绕”的奇特画面。这种成膜模式使涂膜刚韧相济、致密完整，在金属防腐和抗盐雾性方面的表现卓尔不群。在丙烯酸环氧杂合技术理念下，热塑性丙烯酸部分提供了快速的表干，而实干则是由丙烯酸和环氧与固化剂反应后共同产生的，两者的联动使 WMA 地坪材料展现出更快的表干和实干速度，缩短了固化时间，加快了施工速度。

11.4 WMA 地坪材料的适用范围

WMA 地坪材料独特的配方设计、出色的物理性能，使其成为应用范围覆盖极广的一种通用型水性杂合地坪材料。其应用范围可粗略分为非体育场地类和体育场地类两大类。

11.4.1 非体育场地类

WMA 地坪材料在这一大块的涉及面也是相当广泛的，从金属防锈、建筑内外墙涂料，到工厂车间、仓库，到室内外停车场、大型购物中心，再到医院、实验室、办公室、学校课室和公共通道，乃至天台、楼梯、餐馆等。

11.4.2 体育场地类

体育场地类的应用主要涵盖自行车道、轮滑场、体育看台和泳池。

11.4.2.1 自行车道/轮滑场

WMA 地坪材料是反应型材料，固化后的涂层不论在耐水性、耐化学性、热稳定性方面都优于单组分丙烯酸涂料，在耐久性方面则更胜一筹。所以对于轮滑场和自行车道而言（图 11－1），WMA 地坪材料无疑也是一种很好的选择。

图 11－1　轮滑场

11.4.2.2　体育看台

体育看台一般为水泥砂浆基面，平面宽度窄、长度长、立面多，施工相对比较麻烦。在实际工程中有喷涂聚脲的，也有滚涂硬地丙烯酸系统简版结构的，当然，无知无畏者也有涂布环氧树脂。聚脲弹性好，但成本太高，对于以基面美化为主要目的的体育看台而言，聚脲确太高配了，性价比太低；环氧树脂的抗紫外光能力是其软肋，涂布于暴露在阳光之下的体育看台，其黄变不可避免，美化功能大打折扣；简版的硬地丙烯酸结构在性价比上胜过聚脲，在耐候性上完胜环氧，一般需要 3～4 层涂装，其材料成本并不高，但看台混凝土基面处理要相对精细些，且平面作业面窄，滚涂施工更常见、方便一些，如此立面流挂便不少见，毕竟球场用丙烯酸涂料在配方设计时基本只考虑流平性，不会过多关注流挂性，材料流挂也会增加返工整改的工作量。

WMA 地坪材料自身附着力强、遮盖力强、黏度较高的特性使之能成为体育看台性价比较好的材料。（图 11－2）酸洗是不用的了，只要基面无明显缺陷，只需将基面清洁干净，最多涂装 2 层 WMA 涂层就能呈现色彩鲜艳、硬度高、耐磨性好、耐污性强的涂层。若看台基础缺陷明显，也可以先做一层聚合物水泥密封底涂层后再涂布 WMA 涂层。

11.4.2.3　泳池涂料

传统泳池的池壁和池底都是贴瓷砖的，瓷砖拼接缝多，户外泳池历经夏季高温、冬季严寒，易起拱、脱落，瓷砖拼接缝，更是藏污纳垢之所。

WMA 地坪材料属于现场无缝一体化施工，拼缝多的弊病一扫而光，优异的温度稳定性使其一年四季都能保持尺寸的稳定、变形极微小。同时，WMA 地坪材料和水泥基面的超强附着力令其不会脱附掉皮，WMA 地坪材料的罩面漆非一般的耐水性、耐化学品性能使其长期处于较高浓度的强氯精泳池水中也不会变色、不会被腐蚀，低表面张力的罩光清漆层也让其具有极佳的耐污性和自洁功能。

图 11－2　体育看台

11.5　WMA 地坪涂层结构设计

WMA 地坪材料用途广泛，很多场合都可以使用，而不同的场合对物理性能的要求有各自的侧重点，因此，必须根据每个项目的实际功能需要综合考虑工程预算、施工周期及现场施工条件等多方面因素来选择最经济适用的涂层结构，做到成本能控制，功能不浪费。

WMA 地坪材料一个显著的优点就是具有极佳的材料配伍性，既可以独立构成 WMA 地坪系统，也可以和其他材料（单组分丙烯酸涂料、环氧树脂或聚合物水泥型密封底涂浆）复配形成复合 WMA 地坪系统，灵活多变的涂层设计变化使之能在不同价位、不同的性能要求方面（如高光罩面的选择）满足客户个性化的实际需求（表 11－1）。

表 11－1　WMA 地坪材料与其他材料复配结构设计参考

项目	聚合物水泥型密封底涂 + WMA 复配系统	1K 丙烯酸 + WMA 复配系统	2K 环氧 + 1K 丙烯酸 + WMA 复配系统	2K 环氧 + WMA 复配系统	WMA 地坪系统
底油	无须底油	1K 水性丙烯酸底油	2K 环氧底油	2K 环氧底油	2K WMA 地坪涂料
中涂	聚合物水泥型密封底涂	1K 丙烯酸底料（配置 1%～3% 促进剂）	1K 丙烯酸底料（配置 1%～3% 促进剂）	2K WMA 地坪涂料	2K WMA 地坪涂料

续表 11－1

项目	聚合物水泥型密封底涂 + WMA 复配系统	1K 丙烯酸 + WMA 复配系统	2K 环氧 + 1K 丙烯酸 + WMA 复配系统	2K 环氧 + WMA 复配系统	WMA 地坪系统
面涂	2K WMA 地坪涂料	2K WMA 地坪涂料	2K WMA 地坪涂料	2K WMA 地坪涂料	2K WMA 地坪涂料
罩光清漆	2K 丙烯酸－聚氨酯罩光清漆（需要高光泽的可以选择使用）				
特点	基础平整度差、粗糙时适用	性价比高，混凝土基础需要酸洗	混凝土基础无须酸洗	混凝土基础无须酸洗，低温可施工	混凝土基础无须酸洗，低温可施工
适用范围	体育看台、天台美化	停车场、车间、仓库	轮滑场、自行车道、绿道	泳池	看台、轮滑、自行车道、建筑外墙、金属防锈

从表 11－1 简单的组合中可以看出，WMA 地坪材料优越的配伍性能、灵活的结构设计、广泛的使用范围，确实是一款匠心独具的水性地坪材料。

运动场地基础编

第12章　水泥混凝土基础和沥青混凝土基础

涂料行业中有“三分涂料，七分施工”的说法，这句话充分表明施工环节对整个涂料地面工程质量的绝对重要性。施工环节一般包括基础质量的验收，基础表面处理，涂料的施工、固化和养护。液态的涂料必须有效地黏附于基础之上形成坚韧的涂层才有使用的可能和使用的价值，故可以毫不夸张地说，基础质量和基础表面处理处于涂料施工环节不可动摇的核心地位。事实上，在实际地面材料铺装工程中引起工程质量问题的诸多影响因素中，这两个因素所占的比例往往是压倒性的。某个国际知名涂料厂家在总结地面材料铺装工程的质量问题时发现：85%的地面工程质量问题是和基础质量不达标或基础表面处理不到位有关，只有15%的工程质量问题是和材料质量及涂装工艺水平有关。

正因为此，对如何高质量完成运动场地面材料涂装，我们总结为：基础是核心，材料是关键，施工是重点，态度是一切。基础处于核心的地位，没有合格的基础，地面材料的质量不论有多么完美，施工技术多么高超，也终将是“皮之不存，毛将焉附”的下场。

在介绍基础之前，先澄清一下基础和基面这两个概念，这两个词经常被弄混淆。

基础属于土建范畴，是按照一定的功能并依照一定的建筑规范施工的土建工程，是一个系统概念，包括素土夯实、碎石稳定层、石粉层和水泥混凝土层（或沥青混凝土层），具有坚硬、密实、平坦的特点。下面我们即将详述的水泥混凝土基础和沥青混凝土基础就是常见的基础类型。但狭义上，涂料行业一般说到基础就是指基础系统表层的水泥混凝土层或沥青混凝土层。而基面是个施工概念，涂料总是要被涂布于被涂物件的表面的，那么被涂物的表面就是施工意义上的基面。显然，水泥混凝土和沥青混凝土的表面理所当然是基面，水泥混凝土的表面作为基面涂布了一层底油后，底油固化后准备施工下一层底料，这时对底料而言，它的基面就是固化了的底油层，以此类推底料层干燥后即成为下一道涂层涂布的基面。

此外，在涂料行业还会经常碰到“底材”和“基材”这两个名词，实际上也没有什么本质区别，其概念的外延更宽泛。由于涂料的使用领域广阔，种类也较多，其作业面不仅仅限于我们要介绍的水泥混凝土基础和沥青混凝土基础，还包括各种金属、木材、塑料、内外墙等，这些被涂物都可以称为“底材”或“基材”。水泥混凝土基础也好，沥青混凝土基础也好，实际上就是一种“底材”或“基材”，因为其面积大、固定浇筑或碾压于地面上，一般习惯称之为“基础”。

就国内目前运动场地建设的实际情况来看，丙烯酸涂料几乎都是涂装于沥青混凝土和水泥混凝土基础上的，这是两种最为主流的基面类型，除此之外还有极少量以水磨石、瓷砖或金属为基面的。由于水泥混凝土基础和沥青混凝土基础在运动场地工程项目中所处的统治性地位，我们有必要对这两类基础做一个较为详细的介绍，对其他基面类型的表面处理也稍加介绍。

12.1 水泥混凝土基础

水泥混凝土基础也就是我们平常口头上常说的水泥基础或混凝土基础（以下简称为混凝土）。混凝土层是整个水泥混凝土基础结构中的核心部分，而水泥又是混凝土层的核心，所以要了解混凝土的特性，有必要对水泥有个大致的认识。

12.1.1 水泥的基本介绍

12.1.1.1 水泥的种类及技术要求

水泥品种繁多，根据国家标准的水泥命名原则，水泥按其主要水硬性矿物名称可分为铝酸盐水泥、硅酸盐水泥、硫铝酸盐水泥。每种都可以细分，如硅酸盐水泥可细分为通用硅酸盐水泥和特种硅酸盐水泥，而通用硅酸盐水泥又包括硅酸盐水泥、普通硅酸盐水泥、矿渣硅酸盐水泥、火山灰质硅酸盐水泥、粉煤灰硅酸盐水泥和复合硅酸盐水泥。

在地坪行业的基础建设中基本都是使用通用硅酸盐水泥中的普通硅酸盐水泥，所以，我们对普通硅酸盐水泥的一些特点特性略加介绍。

国家标准《通用硅酸盐水泥》（GB 175—2007）对普通硅酸盐水泥的组分和技术性能都有所规定：

（1）组分。熟料和石膏占比大于或等于 80% 且小于 95%，包括石灰石、粉煤灰在内的其他矿物含量大于 5% 且小于或等于 20%。

（2）化学指标。见表 12－1。

表 12－1　普通硅酸盐水泥的化学指标

品种	不溶物（质量分数）/%	烧失量（质量分数）/%	三氧化硫（质量分数）/%	氧化镁（质量分数）/%	氯离子（质量分数）/%
普通硅酸盐水泥	—	≤5.0	≤3.5	≤5.0	≤0.06

（3）碱含量。碱含量为选择性指标，水泥中的碱含量按 $Na_2O+0.658K_2O$ 计算值表示，若使用活性骨料，当用户要求提供低碱水泥时，水泥中的碱含量应不大于 0.60% 或由买卖双方协商确定。

（4）物理指标。①凝结时间。初凝不小于 45 min，终凝不大于 600 min。②安定性。

安定性合格。③细度。细度为选择性指标，普通硅酸盐水泥以比表面积表示，不小于 300 m^2/kg。④强度。不同品种、不同强度等级的通用硅酸盐水泥，其不同龄期的强度应符合相关规定，见表 12－2。

表 12－2　普通硅酸盐水泥的强度等级要求

品种	强度等级	抗压强度/MPa		抗折强度/MPa	
		3 天	28 天	3 天	28 天
普通硅酸盐水泥	42.5	≥17.0	≥42.5	≥3.5	≥6.5
	42.5R	≥22.0		≥4.0	
	52.5	≥23.0	≥52.5	≥4.0	≥7.0
	52.5R	≥27.0		≥5.0	

12.1.1.2　水泥的凝结和硬化

水泥和水的水化产物是水化水泥浆，水泥水化固化过程中的物理化学变化相当丰富和复杂。虽然人们对混凝土整体的水化固化过程已经相当了解，但也并不是对每一个反应都了如指掌。

水泥加入适量的水调成可塑的水泥浆，经过一定时间，由于本身的物理化学变化，水泥浆逐渐变稠而失去塑性但尚不具备强度的过程，称为水泥的凝结。随着时间的增长，其强度继续发展提高，并逐渐变成坚硬的石状物质——水泥石，这个过程称为水泥的硬化。

水泥中的硅酸三钙水化很快，生成的水化硅酸钙几乎不溶于水，而立刻以胶体微粒析出，并逐渐凝聚而成凝胶。硅酸盐水泥与水作用后，生成的主要水化物有：水化硅酸钙（C—S—H）凝胶占 70%，$Ca(OH)_2$约占 20%。

1. 硅酸盐水泥的水化

水泥加水拌和后，其熟料矿物很快与水发生化学反应，即水化和水解，生成一系列新的化合物，并放出一定的热量，主要生成物有水化硅酸盐和水化铁酸钙凝胶、氢氧化钙、水化铝酸钙和水化硫铝酸钙晶体。

主要有如下反应进行：

（1）硅酸三钙生成含水硅酸钙，并析出氢氧化钙。

$$\underset{\text{硅酸三钙}}{2(3CaO \cdot SiO_2)} + 6H_2O = \underset{\text{含水硅酸钙}}{3CaO \cdot 2SiO_2 \cdot 3H_2O} + 3Ca(OH)_2$$

（2）硅酸二钙与水作用也生成含水硅酸钙。

$$\underset{\text{硅酸二钙}}{2(2CaO \cdot SiO_2)} + 4H_2O = \underset{\text{含水硅酸钙}}{3CaO \cdot 2SiO_2 \cdot 3H_2O} + Ca(OH)_2$$

（3）铝酸三钙的水化作用进行得极快，生成含水铝酸三钙。

$$\underset{\text{铝酸三钙}}{3CaO \cdot Al_2O_3} + 6H_2O = \underset{\text{含水铝酸三钙}}{3CaO \cdot Al_2O_3 \cdot 6H_2O}$$

（4）铁铝酸四钙水化反应生成含水铝酸三钙及含水铁酸钙。

$$4CaO \cdot Al_2O_3 \cdot Fe_2O_3 + 7H_2O = 3CaO \cdot Al_2O_3 \cdot 6H_2O + CaO \cdot Fe_2O_3 \cdot H_2O$$

铁铝酸四钙　　　　　含水铝酸三钙　　　　　含水铁酸钙

水泥净浆硬化体称为水泥石，是由晶体、胶体、未完全水化的颗粒、游离水分和气孔等组成的非均质结构体。在硬化过程中的各个不同龄期，水泥石中晶体、胶体和未完成水化的颗粒等所占的比例，会直接影响水泥石的强度及其他性质。此外，强度的增长还与温度湿度有关，温湿度越高水化速率越快，凝结硬化越快，反之则慢。在水泥石完全干燥的情况下，水化就无法进行，硬化停止，强度也不再增长。这就是混凝土完工后应加强洒水养护的原因所在。当温度低于 0 ℃时，水化基本停止，因此冬季施工时，需要采取保暖措施，以保证凝结硬化的正常进行。

综上，硅酸盐水泥的水化产物决定了水泥石的一系列特性。

2. 硅酸盐水泥的凝结硬化过程

水泥加水拌和后，在水泥颗粒表面立刻发生水化反应，水化物溶于水，接着水泥颗粒又暴露出新的一层表面，继续与水不断反应，就使水泥颗粒周围的溶液很快成为水化物的饱和溶液。

在溶液达饱和后，水泥继续水化生成的产物就不能再溶解，有许多细小的分散状态的颗粒析出，形成凝胶体。随着水化作用继续进行，新生胶粒不断增加，游离水分不断减少，凝胶体逐渐变浓，水泥浆逐渐失去塑性，即出现凝结现象。此后，凝胶体中的氢氧化钙和含水铝酸三钙将逐渐转变为结晶，贯穿于凝胶体中，紧密结合起来，形成具有一定强度的水泥石。随着硬化时间（龄期）的延续，水泥颗粒内部未水化部分将继续水化，使晶体逐渐增多、凝胶体逐渐密实，水泥石便具有越来越高的胶结力和强度。

通过上述过程可以看出，水泥的水化反应是从颗粒表面逐渐深入内层的。从时间上看，开始进行较快，随后由于水泥颗粒表层生成了凝胶膜，水分的渗入越来越困难，水化作用也就越来越慢，实践证实若完成水泥的水化和水解作用的全过程，需要几年、几十年的时间。一般水泥在开始的 3 ～7 天内，水化、水解速率快，所以其强度增长也较快，大致在 28 天内可以完成这个过程的基本部分，以后则显著减缓，强度增长也极为缓慢。

12.1.2　混凝土的基本介绍

混凝土是由粗骨料、细骨料和水泥浆组成的非均匀混合物，有时为改善其力学性能，还要掺入其他材料，如纤维（图 12 -1）。对于普通常用配比的混凝土，粗骨料通常为粒径大于 4.75 mm 的砾石和碎石，细骨料通常为粒径在 0.75 ～4.75 mm 之间的砂。尽管混凝土是由多种材料组合的，但其力学性能并不是简单几种材料性能的叠加。

混凝土基础是最为普遍采用的一种基础类型，具有施工设备简单，材料易得，造价较低的优点，也具有刚性和脆性大、易开裂和养护周期长的缺点，同时伸缩缝的预留切割也必不可少，这在一定程度上影响了基础的连续性和完整性。

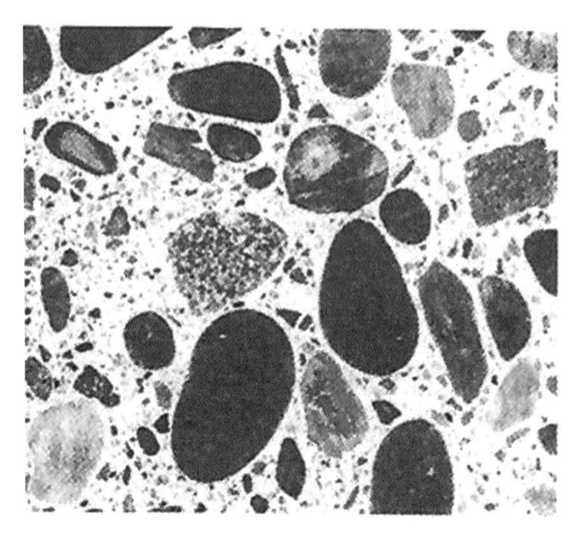

图12－1　硬化混凝土的组成

美国体育建造商协会在其官方出版物中论述网球场和跑道基础结构时，在关于混凝土基础的建设规范中明确建议使用预应力混凝土（pretensioned concrete）。但国内的运动场地工程中很少使用预应力混凝土，甚至连钢筋混凝土的使用比例都不大，素混凝土是最常见、最主要的混凝土基础类型。

混凝土是按标准抗压强度划分强度等级的，也就是我们平常所说的混凝土标号。混凝土的英文叫concrete，取其第一个字母代表混凝土之意，用阿拉伯数字10、20、25、30等代表其抗压强度，两者合起来就是我们平时所说的混凝土标号，如C10、C20、C25等。数值越大，标号越高，强度越大。混凝土固化前具有塑性，固化后呈刚性，石子为粗骨料，黄砂为细骨料，水泥为成膜物质，水泥、石子、黄砂之间的不同的比例构成不同标号的混凝土。

12.1.2.1　混凝土的特点

混凝土是一种非均质的非弹性材料，其力学特性与均质的弹性或塑性材料不同，主要表现在以下方面。

1. 不均匀性

混凝土是由水、水泥、骨料和矿物掺和料组成的混合材料，由于其组成材料的尺度不同及水泥水化过程中产生的微孔隙和内部收缩产生的微裂缝，结构比较复杂，即使没有施加外力，内部也存在着一定的不均匀应力。一般来讲，混凝土的抗拉能力较差，抗压能力较强。

2. 非线性

混凝土应力－应变曲线在一定范围内是线性的，但经过某一个临界点后应力－应变关系即开始偏离直线，呈现非线性。

应力－应变关系的非线性与多种因素有关，如存在的微裂缝、组成成分力学性能的非线性，以及组成成分间的界面摩擦和内部损伤。混凝土的这种损伤通常是不可逆的，内部微裂缝或外部宏观裂缝也不能再愈合。卸载后保持一定的残余变形。

此外在破坏方式、软化和尺寸效应等方面，混凝土材料也会体现出其力学特点。

12.1.2.2 混凝土的力学性质

混凝土是由骨料、水泥等多种材料组成的，但其力学性能并不是几种材料的叠加，我们由图 12－2 所示的典型应力－应变曲线可以得出这一结论。

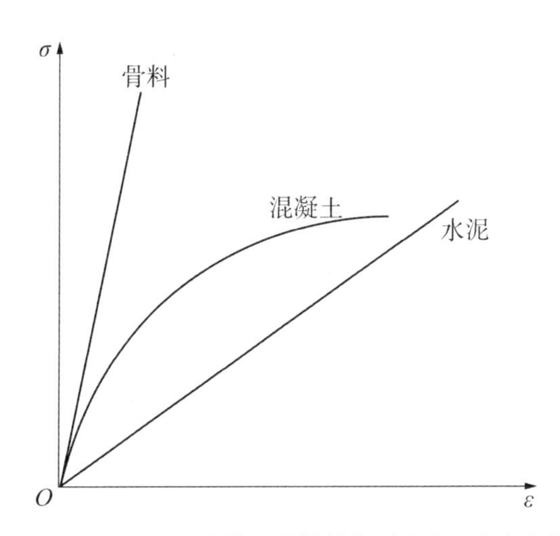

图 12－2 混凝土及其组成材料典型应力－应变曲线

12.1.2.3 混凝土基本力学参数

1. 强度

混凝土的强度与水泥强度等级、水灰比有很大关系，骨料的性质、混凝土的级配、混凝土成型方法、硬化时的环境条件、混凝土的龄期、试件的大小和形状、实验方法和加载速率等也不同程度影响混凝土的强度。抗压强度是混凝土的重要力学指标，与水泥用量、水灰比、龄期、施工方法及养护条件等因素有关。

混凝土强度的增长与混凝土中胶结料不断水化的过程相关。水化开始时较快，28 天可完成 85% 以上的水化，之后水化速度减慢，但仍在不断进行，具体速度与水泥品种、温度和养护等条件有关。

因为混凝土性能与龄期有很大关系，所以施工中和设计中混凝土的龄期非常重要。国际上一般都将混凝土 28 天的性能作为混凝土设计时的性能。

2. 弹性模量

混凝土作为一种材料，在受到外力作用时会发生变形，描述混凝土变形的一个重要指标就是其弹性模量。

混凝土弹性模量主要与混凝土中水泥、骨料的弹性模量及所占比例有关。一般，强度高的混凝土弹性模量大，但两者不是线性关系，弹性模量增大的速度要比强度增大的速度小。

3. 泊松比

与其他材料一样，当混凝土受到沿一个方向压力作用时，垂直于应力作用的方向会发生膨胀。横向应变与纵向应变的比值称为泊松比 v_c，其与混凝土的强度、组成和其他因素有关。

在混凝土结构设计中，我国国家标准《混凝土结构设计规范》（GB 50010—2010）将混凝土的泊松比取为 0.2。

4. 剪变模量

剪变模量为单位剪应变下材料的剪应力。混凝土的剪变模量不易通过试验得到。国家标准 GB 50010—2010 将混凝土剪变模量取为其弹性模量的 2/5 倍。

12.1.2.4　混凝土的收缩和徐变

混凝土收缩是混凝土在空气中结硬时体积随时间而减少的现象，与外部应力无关。收缩的后果是使变形受到约束的混凝土结构产生裂缝，影响结构的使用性能和耐久性。

徐变是材料在力的作用下变形不断增大的过程，属于材料的老化特征，徐变对混凝土结构安全性影响很小，但对结构使用性能和耐久性影响很大。

1. 化学收缩

由于水泥水化生成物的体积比反应前物质的总体积小而使混凝土收缩，这种收缩称为化学收缩。化学收缩也称为自收缩，是不可恢复的。

对于普通混凝土，化学收缩只占干缩的 5%，通常可忽略。当混凝土干燥到孔隙中的相对湿度小于 80% 时，水化反应停止，自收缩也停止。普通混凝土结构截面的中心部分需要多年才能完全干燥，故混凝土表面即便暴露于干燥的空气中，但中心部分仍会发生自收缩。

2. 混凝土的干缩

普通混凝土的收缩主要是干缩，是由孔隙水的毛细作用增加和孔壁的表面张力及孔隙水的消散引起的。材料的自由收缩大致与混凝土的失水量成正比，进而大致与孔隙相对湿度成正比。混凝土的截面收缩会产生很大的自平衡应力，称为收缩应力。由于收缩受到约束，混凝土表面附近必然会产生纵向拉应力，而中部会产生纵向压应力。收缩产生的拉应力足以使混凝土开裂。

大部分干缩发生在孔隙相对湿度 80% 以下，一般不会发生干缩和自收缩叠加现象。

3. 徐变

混凝土的徐变与作用力有关，但关系比较复杂。当应力较小时，徐变和应力成正比，为线性徐变；当应力较大时，为非线性徐变，这时徐变的大小与施加的应力不再成正比，徐变随时间发展的速率较线性时大；而当应力大于混凝土的抗压强度的 80% 时，为不稳定徐变，徐变发展的速率保持增大或某一时刻开始出现增大的趋势，最终在不变的应力下结构发生破坏。

12.1.2.5　混凝土的养护

混凝土的养护是保证混凝土质量的一项重要工序，养护的目的：一是创造各种条件使水泥充分水化，加速混凝土硬化；二是防止混凝土成型后因暴晒、风吹、寒冷等而出现的不正常收缩、裂缝等破损现象。一般混凝土的拌和水用量都要大于水泥水化的需水量。但是，混凝土初凝以后，蒸发或者其他因素造成的水分损失会使混凝土内的水分降到水泥水化必需的用量之下，从而影响水泥水化的正常进行。尤其是在混凝土的表面，当混凝土干燥到相对湿度 80% 以下时，水泥水化就趋于停止，使混凝土各项性能受到损害，如产生收缩裂缝、强度降低等，而表层混凝土对混凝土结构的耐久性、耐磨性和外观相当重要，因此混凝土表面的养护十分重要。研究表明，未养护混凝土的抗压强度与充分养护 28 天的混凝土相比约低 30%。

混凝土养护过程中三大控制因素是养护温度、养护湿度和养护时间。

1. 养护温度

混凝土养护期间应注意采取保温措施，防止混凝土表面温度受环境因素影响（如暴晒、气温骤降等）而发生剧烈变化，养护期间混凝土的芯部与表层、表层与环境之间的温差不宜超过 20 ℃。

2. 养护湿度

水是水泥水化反应的必要条件，只有周围环境湿度适当，水泥水化反应才能顺利地不断进行，混凝土强度才能得以充分发展。从理论上讲，新浇混凝土中所含水分都大于水泥水化所需的水量，但考虑到包括水分蒸发在内的各种水分损失，水分是不足的。如果湿度不够，水泥水化反应就不能正常进行。当毛细孔中水蒸气压力降至饱和湿度的 80% 以下时，水化反应基本停止，严重降低混凝土强度。水泥水化不充分，还会导致混凝土结构疏松，形成干缩裂缝，增大渗水性，从而影响混凝土的耐久性。因此，在混凝土浇筑完毕后，应在 12 h 内对其进行覆盖，防止水分蒸发；在夏季施工的混凝土要特别注意浇水保湿。

3. 养护时间

对于普通硅酸盐水泥配置的混凝土而言，采用浇水和潮湿覆盖的养护时间不得少于 7 天。在正常养护条件下，混凝土的强度将随养护时间的增长而不断发展，最初 7 ～ 14 天内强度发展较快，以后逐渐缓慢，28 天后强度达到设计强度。

混凝土的养护方法多种多样，但对于运动场地工程来说基本都是以自然养护为主。所谓自然养护是指在自然气温条件下（平均气温高于 5 ℃），用适当的材料对混凝土表面进行覆盖、浇水、挡风、保温等养护措施，使混凝土的水化作用在所需的适当温度和湿度条件下顺利进行。

自然养护主要有覆盖浇水养护和塑料薄膜养护两种方法。

（1）覆盖浇水养护。在混凝土浇筑完毕后 3 ～ 12 h 内一般采用纤维质吸水保温材料，如麻袋、草垫等材料对混凝土表面加以覆盖，并定期浇水以保持湿润，使混凝土在一定的时间内保持水泥水化作用所需的适当温度和湿度条件。浇水养护简单易行、费用少，是现场最普遍采用的养护方法。

（2）塑料薄膜养护。以塑料薄膜为覆盖物，使混凝土与空气隔绝，水分不再被蒸发，水泥靠混凝土中的水分完成水化作用而凝结硬化。这种养护方法的优点是不必浇水，操作简单，能重复使用，能提高混凝土的早期强度，养护期间要保持薄膜布内有凝结水。

需要涂装丙烯酸涂料的混凝土基础养护中禁止使用任何混凝土养护剂，因为混凝土养护剂是一种成膜物质，对混凝土表面起到密闭作用，虽然其杜绝了混凝土内部水分的蒸发，为保证水泥的充分水化提供了湿度条件，但养护剂会影响丙烯酸涂料与混凝土之间的黏结力，也会影响丙烯酸树脂的成膜质量。

12.1.2.6 混凝土的碳化

混凝土的碳化即混凝土的中性化：当水泥在空气中凝结硬化时，其表层水化形成的氢氧化钙与空气中的 CO_2 作用，生成碳酸钙薄层。

碳化作用是 CO_2 由表及里向混凝土内部逐渐扩散的过程，碳化引起水泥石化学组成及组织结构的变化，从而对混凝土的化学性能和物理力学性能有明显的影响，主要是对碱度、强度和收缩的影响。

碳化对混凝土性能既有有利的影响，也有不利的影响。碳化使混凝土碱度降低，减弱了其对钢筋的保护作用，可能导致钢筋锈蚀。碳化将显著增加混凝土的收缩，这是由于在干缩产生的压应力下的 $Ca(OH)_2$ 晶体溶解和 $CaCO_3$ 在无压力处沉淀。此时水泥石的可压缩性被暂时地加大。碳化使混凝土抗压强度增大，其原因是碳化作用放出的水分有助于水泥的水化作用，而且碳酸钙减少了水泥石内部的空隙。

在混凝土上涂装的丙烯酸涂层有时也会因为碳化现象导致局部涂层的颜色泛白，这种变化称为“鬼影”，任凭你如何擦洗都消除不了。

12.1.2.7 碱骨料反应

混凝土中所用的水泥含有较多的碱就有可能发生碱骨料破坏。这是因为碱性氧化物水解后形成的氢氧化钠和氢氧化钾与骨料中的活性氧化硅起化学反应，结果在骨料表面生成了复杂的碱－硅酸凝胶。这样就改变了骨料与水泥浆原来的界面，生成的凝胶是无限膨胀的。由于凝胶为水泥石所包围，故当凝胶吸水不断肿胀时，会把水泥石胀裂。

12.1.2.8 钢筋混凝土中钢筋的作用

素混凝土（plain concrete）是相对于钢筋混凝土和预应力混凝土而言的，本质上就是无筋或不配置受力钢筋的混凝土，其造价低、施工快捷方便，但抗拉性能差、容易出现裂缝的缺点。素混凝土通常拥有较大的抗压强度（大约 35 MPa），但是抗拉伸强度较低，通常只有抗压强度的 1/10 左右。任何显著的拉弯作用都会使混凝土内部的晶格结构开裂和分离，从而导致整体结构破坏，出现裂缝。而素混凝土配加钢筋而成为钢筋混凝土后，其承载能力能获得大幅提高，受力性能得到显著改善。第一，钢筋与混凝土有着近似相同的线膨胀系数，因此外界环境温湿度变化时，钢筋和混凝土之间不会产生过大的应力，这一点非常重要；第二，钢筋与混凝土之间有良好的黏结力，有时使用表面有间隔肋条的变形钢筋来提高其与混凝土之间的机械咬合力；第三，钢筋的抗拉伸强度非常高，一般在 200 MPa，能有效改善素混凝土这方面的不足；第四，混凝土中的碱性环境有利于钢筋表面钝化形成保护膜，相对于酸性和中性环境中，钢筋更不易被腐蚀。

黏结与锚固是钢筋和混凝土能够共同工作的基础，钢筋和混凝土之间的黏结力主要由三部分组成。

（1）化学胶结力。这种力一般很小，仅在钢筋和混凝土之间无相对滑动时才起作用，一旦发生滑动，该力立刻消失。

（2）摩擦力。由混凝土收缩握紧钢筋而产生的握裹力。

（3）机械咬合力。由钢筋凹凸不平的表面中嵌入混凝土而形成的机械咬合作用，导致钢筋和混凝土之间产生机械咬合力。

总之，在混凝土中加入钢筋与之共同工作，由钢筋承担拉应力，混凝土承担压应力，两者各司其职，大幅提升混凝土的性能。

12.1.3 混凝土的缝

12.1.3.1 混凝土结构的裂缝

由于混凝土抗拉强度低、延伸性差，在使用过程中不可避免地会产生裂缝。如果这些裂缝过宽，可能会破坏结构的外观，影响美观，甚至会影响使用或存在安全隐患。正常情况下混凝土产生的裂缝不会影响结构的安全，但为减小裂缝和变形对结构使用性和耐久性的不利影响，还是有必要将裂缝宽度和变形控制在可接受的范围。

裂缝类型主要有以下六种。

1. 塑性收缩裂缝

通常出现于混凝土即将浇筑完毕或浇筑完不久。易出现在夏天，特别是高温、有风和湿度较低时。

2. 发丝裂缝

这是混凝土表面细小的随机裂缝发展的结果，通常是混凝土表层收缩引起的，裂缝深度一般不超过2 mm，通常形成长度不超过40 mm的六角形。产生的原因包括养护差、含有湿骨料、表面快速干燥或混凝土结硬时还存在泌水等。

3. 塑性沉陷裂缝

由于重力作用，塑性混凝土表面泌水，如果混凝土的沉陷受到模板或钢筋的限制，就有可能产生塑性沉陷裂缝。

4. 早期温度裂缝

随着混凝土硬化，混凝土水化过程产生的热量使混凝土膨胀，当混凝土冷却时混凝土收缩。如果收缩受到限制混凝土就易产生拉应力，导致裂缝出现。白天浇筑混凝土产生的热量和水化热被晚上凉爽的气温吸收，此时混凝土最易产生早期温度裂缝。

早期温度裂缝的热运动一般规律为，温度每变化10 ℃，每米长度变化0.1 mm（万分之一应变）。温度裂缝是无规律的，如果混凝土接缝在48 h内没有切开，那么接缝处混凝土更容易产生早期温度裂缝。

5. 干缩裂缝

干缩是混凝土结构出现裂缝的一个主要原因。这种裂缝很少出现在混凝土浇筑后

5～7天内，其中70%～80%出现于混凝土浇筑12个月后。

干缩裂缝是由混凝土硬化、混凝土中水散失、混凝土体积减小引起的。干缩通常为0.45～0.8 mm/m，意味着每5 m宽的截面收缩量为2.5～4 mm。水灰比较高的混凝土干缩大，含水较低或水灰比较低的混凝土干缩较小，控制干缩的一个最重要方面是控制水的用量。

混凝土内部的化学作用，如碱骨料反应也会产生裂缝。

6. 荷载引起的裂缝

在拉力、剪力和弯矩作用下，如果拉应力超过了混凝土抗拉强度，就会在最薄弱位置产生裂缝。

12.1.3.2 伸缩缝

混凝土是一种脆性刚性材料，热胀冷缩也是其基本属性，伸缩缝就是为防止结构因温度变化而被破坏所设置的一种结构缝，因此，在混凝土工程中预留伸缩缝是不可或缺的一项工作。在运动场地的混凝土基础建设中通常要预留的伸缩缝包括缩缝和伸缝。

1. 缩缝

缩缝就是收缩缝（contraction joint），又叫假缝，指的是在大面积的混凝土板中设置的缝，目的在于使混凝土板收缩时不至于产生不规则的裂缝。缩缝用混凝土切缝机切割而成，一般宽度为3～8 mm，厚度以不低于混凝土整体厚度的1/3为宜，一般也就3～5 cm，因为运动场基础的混凝土层厚度也就10～12 cm。在道路建设规范中，缩缝的间距一般为5～6 m，但在运动场地工程中，要根据实际情况判断是否遵守这一要求。在自行车道和塑胶跑道这样大体量的混凝土工程中有必要遵守这一规范，但在面积不太大的情况下，如此切割缩缝会导致缝密度太大，且缝面上的丙烯酸涂层大概率会出现反射性裂缝而影响涂层的美观和整体性，甚至实用性。如轮滑场地就会因为缩缝太多而影响轮滑运动的流畅性，所以在场地面积不太大且长度宽度比不那么大时，如何切割缩缝还是要具体项目具体分析，做到既能将混凝土的不规则开裂控制住，又不影响丙烯酸涂层的整体美观与功能。

2. 伸缝

伸缝就是我们平常口头所说的伸缩缝，实际上是胀缝，功能涵盖伸、缩两方面，是混凝土浇筑时用模板预留的缝。伸缝的特点是贯通到底，也就是说浇筑的混凝土有多厚，伸缝的深度就有多深，是个真正的缝！一般宽度为2～3 cm，缝体内填弹性且具保温性的材质，其作用在于防止混凝土垫层在气温升高时在伸缝边缘产生不规则挤碎或拱起。

12.1.3.3 施工缝

由于技术、组织的要求或人力、物力的限制，混凝土的浇筑不能连续进行，如中间的停歇时间超过混凝土的初凝时间时，在前后浇筑的混凝土之间所形成的接缝就是施工缝。施工缝并不是一种真实存在的“缝”，它只是因后浇混凝土超过初凝时间，而与先浇筑的混凝土之间存在一个结合面。施工缝位置应在混凝土浇筑之前确定，宜设置在结构受剪切力较小且便于施工的部位。

12.1.4 混凝土基础结构和技术要求

混凝土基础是运动场地最为常用的基础，我们下面所介绍的基础结构其实更适合中国中南部，对于冬季酷寒的东北、西北地区可能不太适用，这些地区可能需要增加基础保暖层。

12.1.4.1 混凝土基础结构

图 12－3 为混凝土基础的结构示意图。

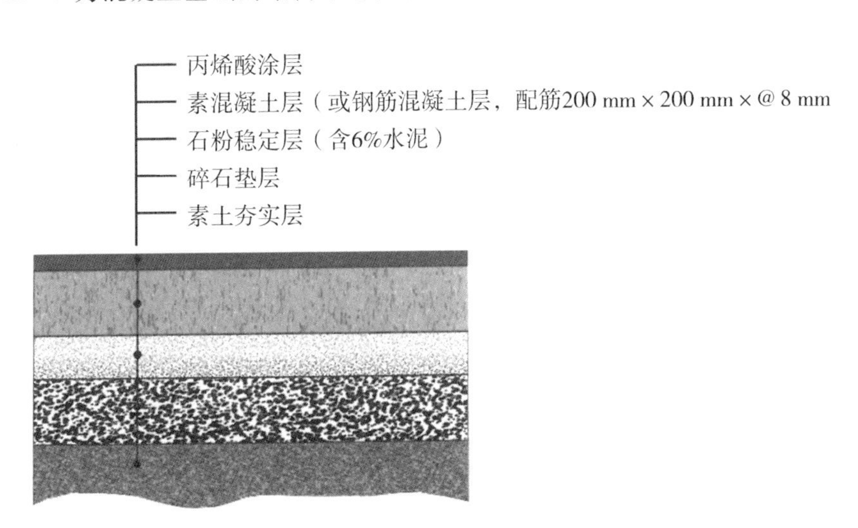

图 12－3 混凝土基础结构示意

12.1.4.2 混凝土基础的技术要求

混凝土基础的一般技术要求如下：

（1）强度。不低于 C25，表面坚硬、密实和平坦，不能有起砂及松散现象。

（2）平整度。任何位置任何方向上 4 m 直尺高差不超过 4 mm（也有要求 3 m 直尺高差不超过 3 mm）。

（3）坡度。户外球场工程须有 5‰～8‰的排水坡度；对跑道项目则纵向坡度应不大于 1‰，横向坡度应不大于 10‰。

（4）配筋。对于运动场地基础而言，ϕ8@150×150 或 ϕ10@200×200 配筋规格已经足够满足使用要求。

（5）伸缩缝。要根据实际情况在适合的位置预留伸缩缝。

（6）厚度。一般每年有 3 次以上冻融循环的气候条件的，厚度至少 13 cm；少于 3 次冻融循环的，厚度至少 10 cm。

（7）防潮层。在大多数情况下对于要涂装水性丙烯酸涂料的基础而言，防潮层不是必不可少的，其原因就是丙烯酸涂层并不是密不透气的铁板一块，而是具有半透气性的。当然，防潮层的存在对控制和防范地下水气对基础和涂层的影响还是有利的，在一些靠近江湖河海附近的或地势低洼处的运动场地混凝土基础还是要求铺放防潮层的。当然，对任何混凝土基础而言，如果预算允许，还是建议铺设防潮层，将小概率的事杜绝！

12.1.5 混凝土基础工程常见质量问题

事实上，丙烯酸涂料涂装工程项目中混凝土基础占比还是很大，但真正能满足规范要求的可以说是凤毛麟角，多数混凝土基础总是存在这样那样的问题，这些质量问题包括但不限于：

（1）强度不够。混凝土标号不够。

（2）养护不充分。表面微裂缝众多、结构疏松，不同程度的起砂。

（3）裂缝。①球场工程却依照建筑规范每隔 5 ～6 m 切割缩缝，场地缩缝纵横交错；②陈旧混凝土基础因沉降产生沉降缝；③其他原因导致的各种非结构性裂缝。

（4）起拱。未切割伸缩缝或切割的伸缩缝的时间点和位置不合理造成的。

（5）空鼓。局部混凝土与其下的结构失去黏附力，出现混凝土层从基底上剥离而形成空鼓。

（6）平整度不达标。存在较大面积、较多数量的突兀处和凹陷积水处。

（7）坡度不达标。室外的混凝土工程都是需要设计有排水坡的，坡度太小，排水不畅；坡度太大，影响使用感觉，也不符合各种运动场地对坡度的要求，如对单片网球场而言只能采用单面坡，绝对不可以采用双面坡。

（8）基层沉降。素土或碎石稳定层密实度不达到要求引发的沉降。

12.1.6 混凝土基础的表面处理

高质量的基础并不能保证高质量的丙烯酸涂装工程，因为基础表面的处理重要性一点也不亚于基础质量本身，对于混凝土基础而言，这一点尤为明显。事实上，混凝土基础表面总是存在这样那样的缺陷，必须予以处理以达到坚固、密实、平坦、完整、平整、粗糙、干净、中性、干燥九项基本要求，大致来说，前三项是指基础自身的质量，最后三项则是基础表面处理的基本目标，中间三项则既指基础自身应具备的质量要求，更是指当基础自身的质量达不到这三项要求时，表面处理不得不做的功课，如当基础出现空鼓（完整出现问题）、积水（平整出现问题）或钢镘收面（粗糙出现问题）等问题时，是需要在基础表面处理阶段予以改善。

基础表面处理由表面清洁处理和表面缺陷处理两部分组成。

12.1.6.1 表面清洁处理

1. 打磨

打磨就是为了解决上述九项基本要求中的干净、粗糙、平整的任务的。

水泥混凝土在施工和养护过程中，其表面不可避免地会黏附一些杂物（如鸟粪、树叶或树液）或者因切割伸缩缝产生的泥浆未能全部冲洗干净而于干燥后附着在表面。这些外来物会堵塞质水泥混凝土表面的毛细孔，阻碍丙烯酸底油向毛细孔中扩散渗透，导致两者之间无法镶嵌和咬合，最终造成底油层干燥后未能和混凝土基础形成“你中有我，我中有你”的机械咬合力，底油层大多悬浮于混凝土表面，极易出现起泡、剥离，甚至大面积脱皮，严重时可以像地毯一样被揭起。为避免这种情况，彻底清除这些黏附于基础表面的物质就十分必要和迫切，而彻底清除最有效的方法就是打磨。

水泥混凝土基础的打磨可使用水磨机，安装金刚磨块（磨粗的），将整片待施工区域的混凝土基础表面整体打磨一遍。打磨的好处不仅在于将难以用简单清洁方式清除的浮浆、鸟粪等异物彻底从混凝土表面清除，而且对于混凝土基础中平整度不够理想的突起之处也可起到适当的平整作用。因此，打磨过程是在清除基面上顽固污染物的同时也在一定程度上对基础的平整度起到一个微改善的作用。

打磨工艺可以将太过粗糙或过于光滑的表面削磨成纹理构造适中的表面，从而解决混凝土表面粗糙程度适中的问题。

打磨时磨机要匀速推进，不要较长时间将磨机停留在某处，否则会将混凝土表面局部打磨成凹陷，反而破坏平整度。

2. 酸洗

酸洗就是为达到上述九项基本要求中的中性、粗糙的目的。

新的混凝土具有很强的碱性，强碱易使涂料中的丙烯酸酯成膜物质皂化分解，使耐碱性低的颜料分解变色，从而造成涂层的粉化、起鼓、变色等种种质量问题，故混凝土的中性化处理的重要性可见一斑。最惯常的中和处理手段就是酸洗。

酸洗一般使用盐酸和工业磷酸，不能使用硫酸，不建议使用草酸等。具体参阅第15.1.2小节。

盐酸和磷酸必须根据其浓度进行适当的稀释后方可使用，千万不能将酸液未经稀释直接浇倒在混凝土面上，如此将会严重腐蚀混凝土面。酸洗前应先放水将整个场地淋湿淋透，直至混凝土充分吸收水分接近饱和时，再将稀释后的酸液均匀地浇洒在混凝土面上。需要酸洗的是混凝土表层的5 mm左右的厚度，而不是针对整个混凝土层，所以若不先放水让混凝土吸收至接近饱和，酸液就会渗透到混凝土内部进行中和反应，而急需中和的表面反而没能被中和。

稀释后的酸液均匀浇洒于整个混凝土表面后，让其静置至少15 min，再用硬毛地板刷沿正交方向反复刷洗，最后，最好使用高压水枪将场地彻底冲洗干净，绝对不能有酸液残留在水泥混凝土的表面，这会影响丙烯酸底层材料和混凝土面之间的黏结，引起涂层脱层等质量问题。因为H^+的存在，会降低丙烯酸涂料的pH，进而压缩乳胶颗粒的双电层导致乳胶颗粒聚结、破乳、返粗，影响附着力。

酸一般具有腐蚀性，能对混凝土表面进行一定的腐蚀打毛处理，酸洗后的混凝土基面在纹理上更加适合丙烯酸涂料的附着。

经过打磨酸洗后的混凝土基面干净，纹理粗细适中，堵塞毛细孔的异物基本被清除，为迎接丙烯酸混凝土底油做好了基面准备。

3. 急需在碱性较大混凝土基础上施工时的表面处理

这种情况下一般有以下两种方法可以采用：

（1）将混凝土表面适当清理干净后涂布一层丙烯酸阳离子抗碱封闭底油，这种阳离子底油是反应性的，体系中引入的大量阳离子，能够和碱进行功能性交联，从而实现抗泛碱、抗盐析、抗透水等性能。

（2）可采用15%～20%硫酸锌，或可用氯化锌溶液或氨基磺酸溶液在混凝土表面上刷涂数次，待干后除去析出的粉末和浮粒即可。

4. 不具备水洗条件的混凝土表面处理

这种情况下，清洁处理还是需要的，一般是使用自吸尘的打磨机进行打磨吸尘后，涂布一层双组分水性环氧底油。环氧底油和混凝土基面不仅是物理吸附，更是会产生化学键合的化学吸附，黏附牢固，涂层起皮剥离等问题能被很好地抑制。双组分环氧按比例搅拌好后要静置20～30 min后再涂布使用，建议4 h内用完。还有一点要强调，第一层丙烯酸平整层要和环氧底油在同一天涂装，底油不能暴露于空气中太长时间，原因在于：一是存在被污染的风险；二是紫外光对环氧的影响，主要是黄变；三是对丙烯酸涂料和环氧最佳黏结时间的把握。

顺便说一句，如果能接受油性环氧不太令人愉快的气味的话，用油性环氧代替水性环氧，在质量上也是没有问题的，但是混凝土的含水率就一定要控制在不大于5%，否则会起皮。

对于陈旧性混凝土，由于长期裸露于空气中，长期的碳化作用使其表面的碱性已经不足以影响丙烯酸涂料的稳定性，一般pH应小于9，这种情况下酸洗其实就不是必不可少的了，酸洗的功能更主要是在对表面的腐蚀打毛上，这时打磨的作用则更加凸显，因为长期裸露的混凝土表面必定是藏污纳垢之所。

12.1.6.2 表面缺陷处理

表面缺陷处理是为了使混凝土能满足完整、平整的要求，常见的表面缺陷及其一般的处理方法如下。

1. 起拱、空鼓的处理

混凝土基础中出现的起拱、空壳现象，实际上是基础完整性、整体性受到破坏的一种表现，如不及时修补，情况就会变得越来越糟，更会影响实际使用效果。起拱、空鼓的部位和下面基层脱离，晴天里面充盈空气，高温时内部气压增大，会使起拱、空鼓状况更加恶化，黏附于其上的丙烯酸涂层必然出现断裂；雨天时雨水浸入，长时间雨水侵蚀会加速起拱、空鼓的扩散，唧浆现象或不可避免。鉴于此，但凡发现起拱、空鼓现象，必须予以处理后才能施工丙烯酸涂料。

起拱、空鼓大致的处理流程如下：

（1）用粉笔将起拱空鼓的部位的外围圈划出来。

（2）用切割机沿着粉笔圈划线切割混凝土，且要切割成倾斜面（截面成梯形状，上面小下面大），然后用铁锤锤击，使之沿着切割缝处破裂断开，千万不要不切割直接锤击，如此会导致起拱空鼓范围受外力震动影响而扩大。

（3）清理切割和敲击产生的混凝土碎块杂物，将裸露出的待修补部位用清水冲洗干净，待无明水但依然湿润时可修补。

（4）将丙烯酸修补材料、425 硅酸盐水泥、特定目数的石英砂和清水按一定比例调配成砂浆状，具体配置一定要遵循生产厂家的施工指引。在待修补位置仍保持润湿的情况下，将修补砂浆浇倒进去后，面积较大时可用铝合金杆镗平，面积较小时，用钢镘拍实收平。此类修补为超大厚度修补，材料配置时清水使用量能少用则少用，能不用则不用，丙烯酸修补材料中本身就含有大比例的水，可以满足水泥水化之用。

（5）修补砂浆固化后，有时表面可能会出现不少细裂纹，深度较浅，因此不会对修补层的结构产生影响，且细裂纹也极易为下一层丙烯酸涂层所修复，如果配料合理，施工时温湿度条件适合的话，这种裂纹还是可以控制的。

（6）修补砂浆完成后，表面比较粗糙，如果是使用了较大粒径的石英砂作为骨料就尤为如此，其吸收能力远较其周边的混凝土要强。为避免丙烯酸涂料施工时因基面不均匀吸收造成涂料表面色泽、纹理的不均匀、不一致，建议要先将丙烯酸修补材料和清水按一定比例稀释均匀后涂布于粗糙的修补砂浆面上使之成为均匀性吸收表面。当起拱空鼓的修补厚度过厚时，建议分若干次进行修补，每层修补厚度以不超过 20 mm 为宜，每次修补表干后可适当喷洒水雾养护，一方面促进水泥水化，另一方面尽可能减少表面因干缩而出现的细裂纹的出现。

（7）若一次性修补厚度过大且表干后立刻施工丙烯酸材料，会出现修补砂浆内部水泥不断水化放出热量致使温度过高，而与低温表面产生应力差，引发修补砂浆层开裂并进一步上传反射至丙烯酸涂层上，导致丙烯酸涂层出现反射性裂缝。

2. 积水的修补

积水在英文中有个有趣的名字“birdbath”，字面意思“鸟澡盆”，把场地积水这个令人厌恶的缺陷唤作小鸟洗澡的地方，是不是很有点诗意啊？

由于混凝土浇筑时的各种主观客观误差的存在，混凝土固化后多多少少都有不同程度的积水情况。完全平整无积水的理想状态在现实中几乎是不存在的。积水位是由平整度不佳、排水不畅引起的，不仅影响场地的美观，也影响运动的顺畅和安全，如崴脚、影响球的反弹线路等。同时积水位也是滋生藻类、霉菌和真菌的温床，更是灰尘泥土聚集地。微生物的存在会造成涂层变色、失去光泽，灰尘泥土的聚集使涂层发黑。

鉴于积水位带来的种种不利的后果，积水修补几乎成了必不可少的施工环节，也是场地长久保持外表上美观、使用上安全的保证。但也应该看到，积水修补实际上只是对现有积水状况的一定程度上的改善，大多数时候是不可能从根本上予以彻底解决的，甚至有些时候，积水修补的结果就是减轻了一点积水程度或改变了一下积水的位置而已。

判断某个低洼处是否属于积水，是否需要予以修补，业内有自己的一套标准，当然也并不是所有积水都需要修补。那么，什么样的积水是必须修补的呢？

美国 ASBA 关于积水位的判定有这样一段文字：

…defines a birdbath as any area where standing water more than 1/16″（2 mm）（commonly measured using a nickel） remains after drainage of the area has ceased or after one hour of drying at 70 degree Fahrenheit in sunlight. Birdbath delay play on the court after rain and may cause staining and /or peeling of the surface.（场地自行排水结束后或在有阳光照射且温度在 70 ℉的情况下，干燥 1 h 后，场地上任何滞留的积水深度超过 2 mm 的区域均应被确定为“鸟澡盆”。“鸟澡盆”将会推迟雨后场地的使用，同时将会引起场地表面铺装材料的变色或者脱层。）

正因为积水位无处不在、无时不在，不过是大小深浅的区别而已，所以国外各主要的丙烯酸生产厂家都提供一款名称为 Patching Binder 的产品，字面意思是“修补黏结剂”或“补平黏结剂”，实际上就是用来修补积水位用的，故一般针对性地翻译成积水补平剂。

积水补平剂一般具有如下特性：

（1）具有很好的钙离子稳定性，和水泥相容性好。

（2）能胜任一次性大厚度施工，如一次性施工厚度 20 mm 左右，只要配料合理，在适合的温湿度条件的配合下涂层能里外彻底固化且表面不会出现大量裂缝。

（3）固化速度要相对快，如此不会因积水修补太过耗时而延长工期。

（4）固化后有一定的硬度和强度。

这是整个传统丙烯酸涂层系统施工环节中唯一需要添加水泥的，其他任何结构层、任何施工环节都不需要、不允许、绝对禁止使用水泥！

积水补平的大致流程如下：

1）物料配置

积水补平施工混合料由如下物料按比例混合搅拌均匀后使用：丙烯酸积水补平剂、普通硅酸盐水泥、特定目数的石英砂和清水。这四种物料的配比不是一成不变的，而是需要根据实际修补厚度和作业时的气候条件做弹性调整的。有一点要记住：水泥添加量要控制好，因为并不是水泥加得越多越好——水泥量越大越容易出现表面裂纹。

一般的配置搅拌步骤大抵如下：

（1）将水泥和部分清水兑成水泥净浆，水灰比不要太大，一般在 0.4～0.5 比较适合，搅拌均匀后备用，称为 A 料。

（2）向 A 料中不断加入石英砂，一边添加一边拌和，直至将石英砂全部加入，形成 B 料；石英砂的粒径要大于平整层中使用的石英砂，目的是既能提供足够的强度，又能产生一定的空隙克服表面裂纹。

（3）将丙烯酸积水补平剂添加到 A、B 混合料中，一边添加一边拌和，直至将所需的补平剂全部加入，再反复拌和几分钟以确保各物料组分充分混合均匀，形成类似砂浆状混合料，它具有黏度大、流动性差、材质滞重的特点。这个就是高 PVC 颜料体积浓度的积水补平材料，称为 C 料。

上述步骤也可以调整为先将石英砂和水泥进行干拌，待差不多均匀后，边加水边拌和，最后再边加入丙烯酸补平剂边拌和，直至分散均匀。有一点务必牢记：不要将水泥直接倒入丙烯酸补平剂中！

还有一点交代一下，材料的具体配置还是要参考生产厂家的指引，比如有些厂家的产品在进行大厚度修补时是不建议添加清水的，因为水最终还是要从体系中挥发出去，会导致涂层疏松多孔或表面裂纹。如美国德克瑞的 Patch Binder 的配比为：Patch Binder、波特兰水泥、60～80目石英砂的质量是1.0：(0.78～1.56)：3.55。

先将石英砂和水泥进行干拌，待差不多均匀后，最后再边加入Patch Binder边拌和，直至分散均匀。最后还特别强调一点：不要填加水！

2）积水修补操作

(1）用喷壶将已经圈画起来的待修补区域喷水润湿，微微湿润就可以，不要有明水，实际喷洒面积一定要大过圈画的面积。

(2）将C料适量倾倒在待修补区域，若待修补区域面积小而深，则可用钢镘或铁耙处理，铁耙的长度大于积水位的半径或宽度时，修补的效果是相对有保障；若待修补区域面积较大，则可先用钢镘刀或铁耙将C料摊铺开来，再使用长度相匹配的铝合金杆刮平刮匀，铝合金杆最好由两个人各执一端贴地拖拉补平。

(3）修补完成并彻底固化后，最好再次试水检验修补效果，如果仍未达标，那就要再修补一次，直到满足规范要求为止。

3）固化

积水位的截面一般呈浅碟状，故补平的厚度不一致，其干燥速度也略有不同，一般情况下，4 h基本表干，24 h之后具有重涂性。

气温高时，固化表面可能会出现一些深度极浅的细裂纹。不必担心，后续施工的涂层会对之进行有效的修复，不至于影响整个结构的强度。

4）修补注意要点

积水修补是整个系统工程中的一环，并不是孤立的一个施工工序，事关整个施工环节施工流程的合理性，故还有几点要再次说明或强调。

(1）积水修补时间点。一般积水位修补是放在第一层丙烯酸平整层完工后进行，原因是如放在底油层之前做，基础面是裸露的，在场地放水确定积水位置时，由于基础对水的吸收性高（尤其沥青混凝土基础）而无法准确发现积水位置。鉴于此，这道工序放在第一层丙烯酸平整层完成后更加合适。首先，基础面已经被彻底保护起来，不会被污染，而平整层的清洁相对简单易操作一些；其次，平整层的透水性差，浇在上面的水不会渗漏或吸收太多，能快速准确地通过场地放水发现积水位，当然，运气好的话，这时下一场大雨的话一切就变得更简单了。

(2）修补厚度。根据修补的厚度不同，适当调整材料配比比例。修补深度比较薄且面积较大时，如深度不大于5 mm时，配置材料时可采用目数较大的石英砂，混合料要调配成具有一定流动性便于使用刮板、钢镘刀刮平；如修补深度比较大，大于5 mm，混合料要采用目数相对较小的石英砂、同时减少水量（甚至不用额外加水），调配成砂浆状，这时的修补混合料就不具流动性了，要在铝合金杆或钢镘等机械力作用下才可以摊开摊平和拍实。当修补厚度大于20 mm时，建议分层多次修补，避免一次性大厚度修补时出现表面裂纹。再强调一下，修补时要保持待修补基面表面的干净和微润湿。

(3）养护。虽然修补材料中添加的水泥大部分没能水化，但能水化的部分要让其充分水化。修补层表干后可适当喷洒水雾，至少养护1天后再施工后续涂层。

(4）积水位修补层表面精修。大厚度积水修补层表面通常相对比较粗糙，孔隙率高，其吸收能力远较其周边的混凝土要强。为避免丙烯酸涂料施工时因基面不均匀吸收造成涂料表面色泽、纹理的不均匀、不一致，建议先将丙烯酸修补材料和清水按一定比例稀释均匀后涂布于粗糙的修补层表面上使之成为均匀性吸收表面，如能再涂布 1 ～2 层使用 40 ～70 石英砂的丙烯酸平整层来降低其粗糙程度就再好不过了。

3. 裂缝的处理

户外运动场地面材料涂装工程中对于基础裂缝的处理并不能等同于土建工程中的裂缝处理，它实际上包含着更多的功能诉求，简单地说包含以下三个相互联系、制约的功能：

（1）基本功能，即对裂缝本身的修补，包括缝口的开凿、缝体的清理和填充及缝面的平整，实际上是对基础完整性和连续性的修复。

（2）保障功能，就是裂缝的修补不能给基础或其上的丙烯酸涂层带来负面影响。这主要是针对缝体填缝料适用性的选择而言的，如在伸缩缝的缝体中填充刚性填缝材料或温感性高的沥青类填缝料，前者高温时会引起伸缩缝边缘混凝土的起拱、崩口等问题，而后者会高温溢出污染周边的丙烯酸涂层。

（3）期望功能，即裂缝修补完成后对涂布于其上的丙烯酸涂层的影响，即能不能有效降低反射性裂纹出现后的严重程度，能不能延缓反射裂缝的出现，能不能控制反射性裂缝的出现。

总的来说，基本功能的实现并不复杂，裂缝的修补有多种材料、多种方法可以使用；保障功能则强调裂缝修补不能对基础和其上的丙烯酸涂层构成负面影响，只要我们根据裂缝的类型、位置、缝的大小做综合研判，选择适合的填缝料，保障功能是可以掌控的；至于期望功能，实指大多数时候很难达到我们想要的终极结果——控制反射性裂缝的出现。实际上，到目前为止，没有任何一个裂缝修补方案、任何一个裂缝修补材料能一劳永逸地解决反射性裂缝的问题。

我们先对运动场地工程中一直困扰人们的反射裂缝做个简单介绍。

1）反射裂缝

基础自身裂缝导致涂装在其上面的丙烯酸涂层被拉断而产生的裂缝称为反射性裂缝。这类裂缝并不是丙烯酸涂层自身材料质量而产生的，而是丙烯酸涂层黏附于某种基础面上，温度变化产生的温度应力引起基础和丙烯酸涂层在水平方向的伸缩运动，进而在缝的位置形成应力集中，当这种应力超过丙烯酸涂层所能承受的极限拉伸强度，涂层就会被拉扯断裂，于是便出现了反射裂缝。

反射裂缝不仅出现在混凝土基础上，沥青基础一样可能存在，因为随着时间的流逝，沥青会因氧化和老化而变得具有脆性，脆裂的概率大大增加，脆裂缝上面的涂层就有可能被拉断而形成反射裂缝。事实上，几乎所有有裂缝或拼缝的基面都可能向上反射，如弹性卷材作为垫材时卷与卷之间的拼接缝也会反射。

对于反射裂缝的处理一直是一个困扰业内多年的难题，时至今日也没有治本的解决方案。虽然国内外主流丙烯酸生产厂家在其完备的产品线中几乎都有一款专门用于修补基础裂缝的材料，一般其英文名为 acrylic crack filler 或者 acrylic crack repairer，中文大致可翻译为丙烯酸裂缝填补剂或丙烯酸裂缝修补剂。但这些裂缝修补材料的实际使用效果是完全达不到从根本上克服反射性裂缝不再出现的目的，实际上修补完成后只能维持很短的一段时间，有的甚至今天完工第二天一早裂缝就又产生了。生产厂家也是心知肚明的，所以在介绍这类产品时，对其实际的功能也是在说明书内讲得清清楚楚。

2）裂缝的构造

裂缝很难彻底解决，但适当的裂缝处理还是必要的，所以对裂缝的构造也要大致了解一下。

裂缝本质上是一条线形的、呈有规则或无规则走向的腔，腔内空间为缝体，缝体最上端和基础表面齐平界面的为缝面，缝体两侧的基础立面为缝壁，缝面的宽度为缝宽（图 12 –4）。

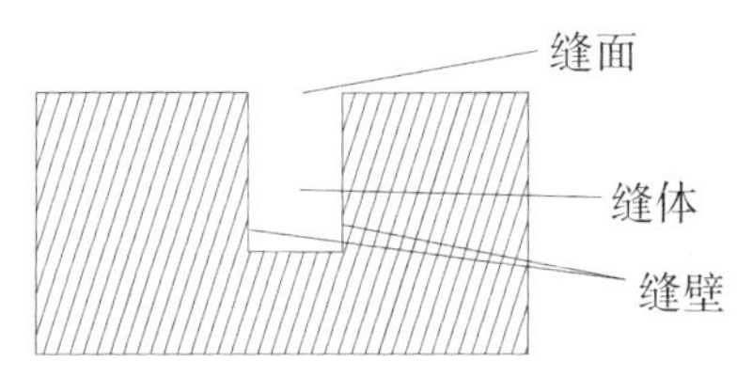

图 12 –4　缝的构造

在裂缝修补时，不少人认为只要往缝体内填入具有一定可压缩性的材料后，再正常施工丙烯酸涂层，那么裂缝被覆盖了，一切都没问题了。结果呢？只要大气温度变化稍稍大一些，裂缝很快沿着缝壁位置出现了，更有甚者，裂缝本来缝宽很小（如低于 3 mm），为了能填入弹性填缝料，有些师傅会用切割机将细缝切割成 V 字形大口径裂缝，这样更方便填充填缝料，但结果是更尴尬：不切割的话，甚至不做任何修补的话也就反射一条缝，切割后反而会出现两条缝。一条缝变两条缝是缝处理中最令人哭笑不得的，但现实中反复上演。

丙烯酸涂料涂装在基础上后会因温度变化随着基础一起伸缩，高温时基础受热膨胀会挤压缝体内的弹性填充料（填缝料必须是有一定可压缩性，弹性材料有可压缩性，刚性颗粒物因具有一定孔隙率也具有一定可压缩性的），缝面宽度缩小，其上的涂层也会被挤压起拱，起拱高度慢慢变高，涂层不断发生变形，当变形幅度未超过其极限时，涂层发生的变形可近似看作弹性变形，温度下降后，涂层基本恢复原状。但是如果这种变化反复进行，也会产生累积效应导致涂层断裂，好比一个铁丝，反复将之掰弯掰直，虽然每次均未超过其折断的极限强度，但十几次下来，铁丝也会发热折断。夏季高温天气，白天缝面涂层起拱，夜晚回缩，如此反复数次，涂层终因疲劳而断。冬季低温时，基础会收缩，缝体内填充物也会收缩，这就会引起缝壁和与其黏附的填充料向相反方向运动，这个动作自然会传递到缝面的丙烯酸涂层，当强度超过其极限时，涂层就会在缝壁位置被拉扯断裂。

可见，缝体内填入任何弹性材料都不能解决裂缝向上反射的问题，解决该问题的核心其实不是在缝体，而在缝面。有可能解决问题的缝面涂层材料应该具有拉伸强度足够大、拉断伸长率适中、复原性快、不残留过大变形的特性。

丙烯酸涂层，不论是纹理层，还是弹性层，都不具有强大拉伸强度和足够拉断伸长率，依靠丙烯酸涂层自身的毫米级厚度也是不可能克服反射性裂缝的。弹性层在这方面要优于其他含砂丙烯酸涂层，厚度越厚，效果越好，对于年温差不大的地方，对缝宽较窄的裂缝，可能还可以控制反射性裂缝的出现，但年温差太大或弹性层太薄的话，就基本控制不了。

这就很好理解为什么硬地丙烯酸在混凝土基础上几乎是没有办法控制反射性裂缝了，硬地丙烯酸整体结构厚度一般不到 2 mm，多是刚性较强的涂层组成，即便使用柔韧性好的丙烯酸材料，也会因为厚度不足在较大温度应力的作用下，缝面上丙烯酸涂层的断裂不可避免。

下面我们归纳汇总一些常用的裂缝修补方法，基本都是因地制宜、就地取材的，没有一种方法是无可挑剔的。考虑到温度的变化，修补材料自身的质量，修补的厚度、宽度及老化，不同材料之间的黏附力等诸多因素，坦率地说，一劳永逸地解决裂缝修补问题几乎是不可能的，也是不现实的。

1）环氧树脂修补法

环氧树脂作为一种黏结力强，收缩性小的材料也经常用于基础的裂缝修补。

（1）发丝裂纹的修补。以裂纹为中心线向两边各展开 15 ～ 20 cm 的区域内清理干净后涂布一层环氧树脂底油，在其彻底干燥之前再涂布一层环氧树脂油灰（腻子）即可。实际上在运动场地面材料的涂装工程中，这类发丝裂纹完全不用理会的，可以不做任何修补的。

（2）细裂缝的修补。以细裂缝为中心将之切割成截面为“U”形凹槽，将凹槽表面清理干净，涂布一层环氧树脂底油，在其彻底干燥之前填入环氧填缝料并与缝面齐平。

（3）宽深裂缝的修补。此类裂缝的特点是缝宽较大，缝体较深，同样先要以裂缝为中心切割成截面为“U”形凹槽，将凹槽表面清理干净，然后将“U”形槽底部的裂缝口用衬垫材料堵塞，再在“U”形槽表面涂布一层环氧树脂底油，最后在其彻底干燥之前填充环氧填缝料并与缝面齐平。

环氧修补法重点在满足了裂缝修补的基本功能，缝体缝面一次性修补到位，操作比较简单。这种修补法在铺装大厚度地面材料时（如 13 mm 厚塑胶跑道）可以适用，或者室内基础裂纹的修补也可以使用，但对于小厚度的户外地面材料（如硬地丙烯酸系统）的修补效果则不甚理想，特别是裂缝较大时尤其如此。

2）运动场地基础裂缝的常规处理方法

缝体、缝面一步到位的修补法显然着眼的是基本功能，对保障功能乃至期望功能并没有过多考量。因此，为获得相对更好的裂缝修补效果，将缝体和缝面分解开来，作为两个既相互独立又相互关联的修补步骤来处理，具有一定的合理性和必要性。

其一缝体填充。

（1）裂缝宽度低于 3 mm。对于这类宽度狭窄的裂缝，缝体容量很小，大多时候深度也比较浅，填充材料基本是没法塞进缝体内的，因此这类裂缝的缝体不需要做什么特别处理。

（2）裂缝宽度为 3 ～ 8 mm。此种情况下，裂缝有一定的宽度，若填入拌和胶水的橡胶颗粒还是比较困难，可考虑填充 PU 胶水拌和石英砂。在缝体充分干燥的情况下，将 PU 胶水和大粒径石英砂按质量比 1：(7～8) 混合搅拌均匀后填入缝体中。为保证填充密实，可用“T”形填塞工具或其他可用的工具将石英砂捣实，直至和缝面齐平。或者缝体的下面1/2～2/3的空间灌入干燥大粒径石英砂，上边1/3～1/2填入拌和PU胶水的石英砂，务必捣实无空虚，直至和缝面齐平。

（3）裂缝宽度大于8 mm。这种裂缝缝面较宽，可往其中填入拌和PU胶水的橡胶颗粒。首先要确保缝体内干燥；其次，如果可行的话，应在缝壁上涂布一层PU胶水作为底油；最后，将PU胶水和橡胶颗粒依比例混合均匀后填入缝体，填入时要确保颗粒密实，可使用“T”形填塞工具捣实，直至和缝面齐平。橡胶颗粒固化后，其自身的可压缩性和较高的孔隙率能为混凝土的伸张提供压缩空间。

其二缝面处理。

缝体依照上述方法处理后且填充材料已彻底固化后，可进行粘贴玻纤布的缝面处理。

首先以裂缝为中线，定位出宽度为30～40 cm的带状区域，在此区域内涂布具有黏性的丙烯酸树脂胶水，在其彻底固化前，可将宽度为20～30 cm的玻纤布沿着涂布丙烯酸树脂胶水的带状区域粘贴，确保玻纤布平坦顺滑地展铺开来，避免起皱，玻纤布基本稳定黏附后，再将丙烯酸树脂胶水用滚筒或喷枪在玻纤布表面上均匀涂布，施工动作要轻缓，给予材料充裕时间向下渗透，力求全方位无死角地将玻纤布牢牢黏附在缝面上，特别是玻纤布的边缘是比较脆弱的地方，务必牢固黏附，避免出现基础裂缝的反射被控制住了，但玻纤布边缘却崩口了。

铺贴玻纤布也绝不是永久解决方案。其总能使裂缝在一段时间内不会出现，但会存在一个现象：高温天气时，缝面位置在白天会出现一条脊背线，晚上则消失恢复原状。这个实际上就是温度应力的变化推拉着缝面上丙烯酸涂层运动产生的。这种现象维持一段时间后，当反复次数超过涂层的疲劳寿命，裂缝处的涂层就会崩裂。因此，铺贴玻纤布只是在短时间内延缓反射裂缝的出现，无法永久控制它不出现。

以上只是简单介绍了两种裂缝的修补方法，并不代表每种方法都是行之有效、放之四海而皆准的，而是受到各种条件的制约的，如材料配比的合理性、施工的精细性、材料质量及材料间的相容性、使用的气候环境等。在现实的项目中还是要根据每个项目的实际状况找到最合理的解决方案。另外强调一下，利用上述方法修补时，必须考虑缝面材料的修补厚度和即将施工的丙烯酸涂层系统的厚度是否匹配，要避免缝面修补厚度过大导致完工后形成带状凸起，就既不美观，又影响使用。故一般建议可将裂缝为中线的30～40 cm宽的范围内用磨机打磨少许，使之较周边略低1～2 mm作为修补材料藏身的空间，如此既能使完工后场地平整，也能涂布更厚的缝面材料获得更大的拉伸强度来克服裂缝反射。

3）“Y”形裂缝修补法

当涂装的丙烯酸系统整体结构厚度低于3 mm时，上述修补方案更为合适一些。对于涂装厚度大于3 mm的弹性丙烯酸系统而言，还有一种修补方法效果也很不错，这是一种利用空间换拉伸抗裂的方法，本质上讲是上一节修补方法的优化和完善，统筹兼顾裂缝修补的三个功能的需要，使三个功能都能表现出较理想的修补效果。大概流程如下：

（1）将缝面两侧打磨成倒八字倾斜面。任何材料的拉伸强度都和其厚度、宽度成正比，因此，为尽可能克服丙烯酸面层涂层在缝的位置的断裂，要在该位置修补尽可能厚和宽的缝面材料以提高拉伸强度。以裂缝为中线，把要修补的缝的每侧缝壁顶部向外 15～20 cm 的表面区域磨成深度为 2～3 mm 斜面（图 12－5），斜面接近最高处用手磨机开一条宽 2 mm、深 3～4 mm 的沟槽（图 12－6），使裂缝的截面成“Y”形。如此处理后，缝面在宽度和深度上都有较大的增加，缝面修补材料的厚度和与基础基面的黏结面积大幅度提升，大大提升了缝面修补材料的拉伸强度和黏附力。缝面两侧斜面近顶端处切割的沟槽用于收纳缝面修补材料，旨在确保缝面修补材料和基础之间的咬合力，确保缝面修补材料不会在边缘出现脱层、起皮等质量问题。

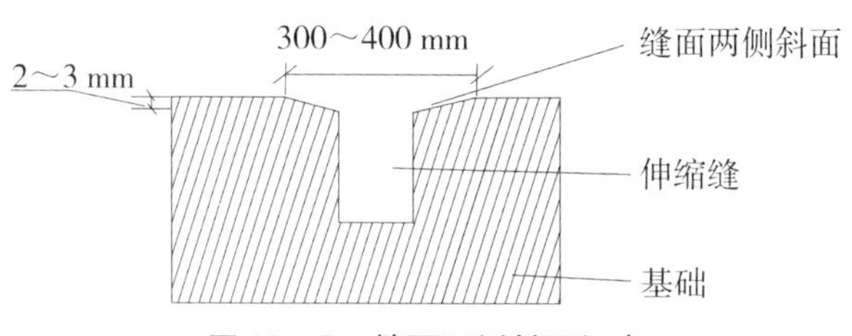

图 12－5　缝面两侧斜面打磨

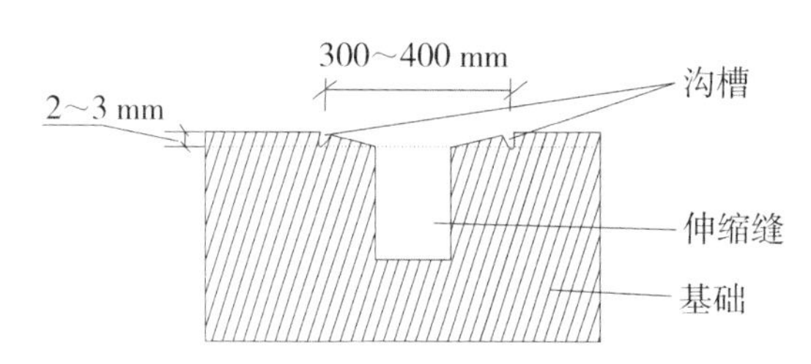

图 12－6　缝面两侧斜面边缘切割沟槽

（2）缝体填充。缝体清理干净干燥后，应在缝壁涂布一层聚氨酯底油，然后将拌和聚氨酯胶水的弹性橡胶颗粒混合物均匀密实地后填入缝体内，即“Y”形下面那条“腿”。填充时一定要密实，否则，高温天气时，缝体内藏有过多的空气会受热膨胀，导致缝面上丙烯酸涂层起拱。填充材料的最高点应齐平斜面和缝壁的交点位置，见图 12－7 中黑色图样，若超过则用手磨机磨平，填充材料一般使用便宜易得的水固化 PU 胶水拌和 SBR 胶粒。

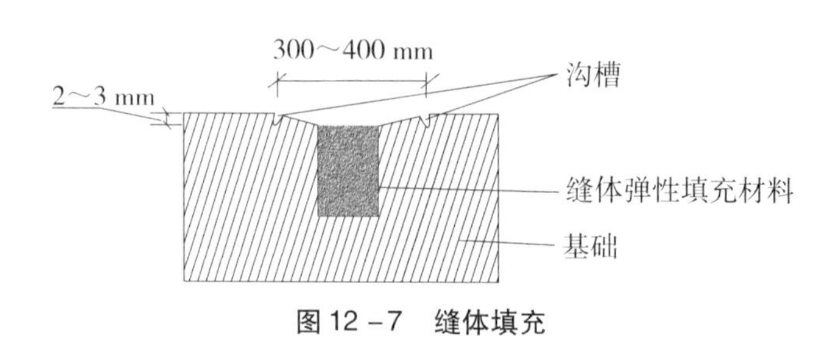

图 12－7　缝体填充

(3) 缝面的修补。待缝体内的材料彻底固化后，可对“Y”形的上面左右两翼的倒八字区域进行修补。可用具有较高拉伸强度的高分子材料，如 PU 或硅 PU 材料。锯齿镘刀将缝面材料均匀刮涂于“Y”形上侧两翼倒八字处，如图 12－8 所示。

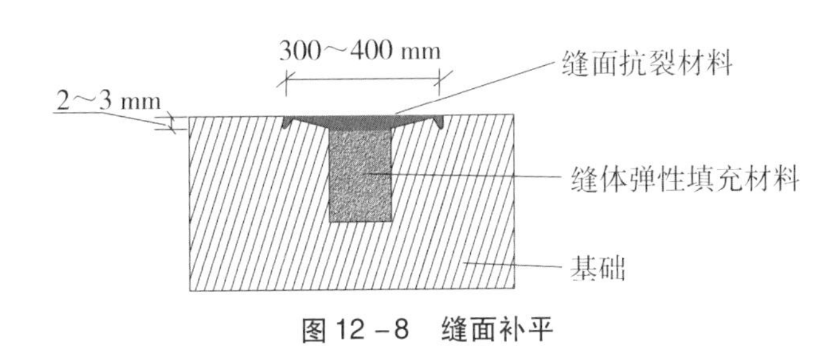

图 12－8　缝面补平

一次刮涂厚度不要过厚，每次刮涂厚度不超过 2 mm，最后一层缝面材料的刮涂一定要将材料收口于斜面顶端的沟槽中，这样整个缝面材料好似被两排钉子固定在基面之上，可避免修补材料在修补边缘“羽毛化”，造成附着不强或交接处脆弱。高分子弹性缝面材料干燥后表面比较光滑，丙烯酸材料不易黏附，因此在其彻底固化之前，应在其表面撒一层粒径大小合适的橡胶颗粒或石英砂颗粒，以期形成粗糙的表面，促进丙烯酸材料的黏附。

撒颗粒要看准时机，太早的话，颗粒没入缝面材料里面就起不到想要的作用，太迟的话，颗粒又不能沉入缝面材料中，自身都容易脱落。一般要确保颗粒 1/2～2/3 的厚度能沉入缝面材料中最为理想。(图 12－9)

图 12－9　撒橡胶颗粒营造粗糙表面

按照上述的要求进行基础裂缝修补，能在较长的时间内有效地控制反射性裂缝的出现，场地表面更加美观，验收更轻松。当然，所有材料都有疲劳系数的，超过这个系数，材料都会出现老化、断裂等问题。

4. 轻微起砂的补强

水泥混凝土整体或局部轻度起砂现象是经常遇到的问题，原因不外乎标号不够、养护不足、初凝前后遭雨淋等。这类轻度起砂问题可以通过涂布 1～2 次丙烯酸混凝土底油来改善。

首先将混凝土表面清扫冲洗干净，那些已经脱落的砂粒尽可能清除，完全清除是很困难的，否则就不存在起砂的问题了。

其次，待混凝土表面干燥后，将丙烯酸底油和清水按比例搅拌均匀后直接浇倒于其上，用滚筒或刮板缓慢地将底油推刮开来，速度要慢，让底油能尽可能充分地渗透进混凝土的机体中，底油渗入后会置换出混凝土内部空隙中的空气，故会看到大大小小的气泡此起彼伏的出现、破裂，对没有及时破裂的气泡要尽快用消泡滚筒消泡。气泡出现得越多，说明混凝土的致密性越差。

最后，待第一层底油固化后，须检验一下补强的效果，若仍未解决，就要再涂布第二层底油，直至达到理想的补强效果。

一般来讲，两层底油涂布就基本能较好地改善轻度起砂的问题。需要强调一点是，第一层底油兑水时，水量在能保证底油渗透的情况下越少越好，因为水量太大，底油渗透的深度太深，水分挥发的难度增加。同时，这类补强也只是针对混凝土表面 5 ～ 8 mm 的厚度范围，不是对整个混凝土层的补强。

对于起砂严重的情况，市面上也有针对性的反应型的补强产品，也有不错的效果，选择时要关注补强后的混凝土表面的表面能变化情况，表面能大幅降低的话，水性涂料就很难润湿和黏附，这就出现了解决一个问题的同时又带来另外一个问题的大忌。

5. 油污的处理

由于油的表面张力很低，水性涂料刮涂于油污之上必然会出现湿膜回缩露底，涂膜的整体性、完整性被破坏，因此涂布前但凡发现油污的就务必要清除干净。当然，油污的污染程度不一样，实际处理方法也有差别。

（1）表面局部有轻度油污黑点。可用抹布浸泡有机溶剂后擦洗油污表面，然后浸润 15 ～ 30 min 后，用清水正交反复刷洗，并用海绵将清洗过的水吸附后置于收集桶中，不要将之冲洗到其他未被污染的地方。

（2）表层局部中度污染但无油泥。在油污位置用火碱溶液浸泡 15 ～ 30 min 后反复刷洗，最后用清水正交反复刷洗，并用铁铲或海绵将清洗过的水转移于收集桶中，不要将之冲洗到其他未被污染的地。碱液除油主要是依靠碱与油污的皂化反应，形成可溶性皂，在碱性介质中皂化或乳化作用来达到清楚油污的目的。但若遇到不可皂化的矿物油，这类油在碱液中不易溶解，但可借助于硅酸钠、多聚磷酸盐等无机表面活性剂的表面活性作用，使非皂化油形成乳化液而除去。

（3）重度污染且有油泥。这种情况下，油污渗入基础的深度已经比较大了，一般要先用打磨机打磨至没有油污渗入的位置（严重时要对油污位置进行切割处理），然后清洁地面，按基础起拱、空鼓的修补方法补平。

12.2　沥青混凝土基础

本书中的沥青混凝土指的是热拌沥青混合料（HMA）碾压成型的沥青表面层，就是我们平常口头上所说的沥青基础，也是运动场地工程中最常见的基础类型。沥青混凝土具有较高的表面孔隙率，和地面材料之间能形成较为强大镶嵌力和咬合能力，避免涂装材料出现起皮、脱层等质量问题，同时沥青混凝土具有应力松弛（应力松弛就是指在温度、应变恒定的条件下，材料的内应力随时间延长而逐渐减小的现象）的特点，有着混凝土无法比拟的柔韧性，无须切割伸缩缝，从而保证基础的整体性、连续性、一致性和均匀性，更能从根本上杜绝地面材料在伸缩缝位置断裂而引发的反射性裂缝，导致表面不美观的现象。正因为相较于混凝土有种种优势，所以一般只要预算允许或标准稍高点的工程项目都会采用这种基础，虽然沥青混凝土造价相对较高，施工设备较多，但养护期短，能缩短工程的周期。

12.2.1 沥青基本介绍

在沥青混凝土中沥青承担将松散的粗细集料和填料黏结成具有固定形状、一定强度的密实结构的责任，是核心组分。因此要了解沥青混凝土基础，先对沥青做个大致了解就很有必要。

12.2.1.1 沥青的种类

根据来源的不同，沥青分为天然沥青（natural asphalt，包括湖沥青、岩沥青）、焦油（tar）和石油沥青（petroleum asphalt）。

1. 焦油

焦油就是平常所说的煤焦油沥青或煤沥青，它是焦化厂、煤气厂在制造焦炭、煤气时所得到的副产品煤焦油经分解蒸馏提取出轻油、酚油、萘油及防腐油后剩余的残渣。煤沥青多数是芳香烃及环烷烃，直链烃较少，属于热塑型材料，抵抗塑性变形的能力不如石油沥青，低温下又比石油沥青的脆裂性大。

焦油的毒性比石油沥青大，在2018年颁布的《中小学合成材料面层运动场地》（GB 36246—2018）中规定，沥青基础建设中严禁使用焦油沥青。

2. 石油沥青

沥青是石油中最重要的部分，也是分子量最大、组成及结构最为复杂的部分，是原油经过处理以后的产品，由复杂的碳氢化合物和非金属取代碳氢化合物中的氢生成的衍生物所组成，主要由烷烃、环烷烃、缩合的芳香烃（芳香烃是含一个或多个苯环结构的碳氢化合物）组成。石油沥青的主要组成成分有沥青质、胶质、油分及蜡。在石油沥青中，除碳和氢两种元素外，还有少量的硫、氮及氧元素，这些元素通常被称为杂原子，主要集中在分子量最大的没有挥发性的胶质和沥青质中。

（1）沥青质。为黑褐色到深黑色易碎的粉末状固体，没有固定熔点，着色能力强，是一类分子量相当大、极性极强的复杂的芳香族材料。沥青质含量对沥青的流变性有很大影响，含量越大沥青硬度越大，增加沥青质含量，便可生产出针入度小和软化点较高的沥青。沥青质的存在对沥青的感温性有好的影响，它使沥青在高温时仍有较大的黏度。综上，沥青质是优质沥青中应当必备的组分之一。顺便说一句，沥青混凝土在使用过程中出现裂缝的现象和沥青质的老化过程是密切相关的。

（2）胶质。胶质的化学组成和性质介于沥青质和油分之间，但更接近沥青质。一般为半固体状，有时为固体状的黏稠性物质，颜色从深黑到黑褐色，着色力很强，化学稳定性较差，甚至在室温下，在有空气存在时（特别是阳光的作用下）很容易氧化缩合，部分变为沥青质。

（3）油分。石油沥青中油分的含量因沥青种类不同而异，它主要起柔软和润滑作用，是优质沥青不可缺少的部分，但饱和族对温度敏感，不是理想组分。

（4）蜡。一般认为蜡的存在对沥青的生成和使用性能都有重要影响。西欧许多国家在道路沥青的规格中，仍然规定了最高允许含蜡量，并以此作为沥青价格的主要参考指标之一。

化学组分与石油沥青的胶体结构有密切关系，由于沥青各组分含量与性质不同，石油沥青可以呈溶胶结构、溶凝胶结构和凝胶结构，油分和胶质互相溶混，胶质能浸润沥青质而在沥青质的超细表面形成薄膜，以沥青质为核心，周围吸附部分胶质和油分，构成胶团，无数胶团分散在油分中，形成胶体结构。

12.2.1.2　道路石油沥青及其标号

实际应用最广的是道路石油沥青（pavement asphalt），其分为A、B、C三个沥青等级，要根据道路等级选择沥青等级。道路石油沥青的适用范围见表12－3。

表12－3　道路石油沥青的适用范围

沥青等级	适用范围
A级沥青	各个等级的公路，适用于任何场合和层次
B级沥青	①高速公路、一级公路沥青下面层及以下的层次，二级及二级以下公路的各个层次； ②用作改性沥青、改性乳化沥青、稀释沥青的基质沥青
C级沥青	三级及三级以下公路的各个层次

石油沥青标号是使用沥青针入度来区分的。所谓针入度是指在25 ℃和5 s时间内，在100 g重的负荷下，标准圆锥体垂直穿入沥青试样的深度，以0.1 mm计。沥青针入度是表示沥青软硬程度和稠度、抵抗剪切破坏的能力反应。每级沥青按其针入度不同又各分为160、130、110、90、70、50、30等7个标号。比如70A沥青表示针入度为70的A级道路石油沥青。现在在工程招标书中对项目所用沥青标号经常用AH－70来表示，这是因为20世纪90年代我国对沥青的分类为普通沥青（用A表示）和重交沥青（用AH表示），用AH－70表示该项目需要重交沥青。

当然，实际工程中沥青的选择是个技术含量很高的活，不仅仅是确定沥青等级标号那么简单，还要对应的软化点、60度动力黏度、10度延度及15度延度等选择性指标。

运动场地虽不属于道路，也远算不上重交通场合，但其沥青基础的建设使用的基本都是道路石油沥青，极少部分会用到乳化沥青。

12.2.1.3　几种常见沥青结合料

道路石油沥青使用广泛，但市场广大，需求复杂，还有一些其他的沥青结合料也经常会用到，包括改性沥青、乳化沥青和改性乳化沥青等。

1. 改性沥青

改性沥青包括改性沥青混合料，是指掺和橡胶、树脂、高分子聚合物、天然沥青、磨细的橡胶粉，或其他材料等外掺剂（改性剂）制成的沥青结合料，从而使沥青或沥青混合料的性能得以改善。

随着人们对道路使用性能要求的逐渐提高，改性沥青在道路建设中的使用越来越普遍。但对于一般运动场如跑道、球场等来说，没有那么大的使用强度，普通沥青混凝土就已经能很好地满足要求了。

2. 乳化沥青

石油沥青与水在乳化剂、稳定剂等的作用下经乳化加工制得的均匀沥青产品，也称为沥青乳液。乳化沥青是将通常高温使用的道路沥青，经过机械搅拌和化学稳定的方法（乳化），扩散到水中而液化成常温下黏度很低、流动性好的一种道路建筑材料，无须加热，就可拌成沥青胶、沥青砂浆、沥青混凝土。

3. 改性乳化沥青

在制作乳化沥青的过程中同时加入聚合物胶乳，或将聚合物胶乳与乳化沥青成品混合，或对聚合物改性沥青进行乳化加工得到的乳化沥青产品。通常是添加了橡胶、树脂、高分子聚合物，磨细了的胶粉等改性剂或者对沥青进行轻度氧化加工，从而使沥青的性能得到改善的沥青混合物。用它铺装的路面有良好的耐久性、抗磨性，高温不软化，低温不开裂。

12.2.1.4 沥青混合料及其标号

1. 沥青混合料

沥青混凝土层是由沥青混合料碾压而成的。

所谓沥青混合料，是由矿料与沥青结合料拌和而成的混合料的总称，矿料组成矿物骨架，包括粗集料、细集料和填料。集料是在混合料中起骨架和填充作用的粒料，包括碎石、砾石、石屑、砂等，不同粒径的集料在沥青混合料中所起的作用不同。一般粒径小于2.36 mm的称为细集料（fine aggregate），大于2.36 mm的称为粗集料（coarse aggregate）。

沥青混合料按材料组成及结构分为连续级配、间断级配混合料；按矿料级配组成及孔隙率大小分为密级配、半开级配、开级配混合料；按公称最大粒径的大小可分为特粗式（公称最大粒径大于31.5 mm）、粗粒式（公称最大粒径等于或大于26.5 mm）、中粒式（公称最大粒径大于16 mm或19 mm）、细粒式（公称最大粒径为9.5 mm或13.2 mm）、砂粒式（公称最大粒径小于9.5 mm）；按制造工艺分为热拌沥青混合料、冷拌沥青混合料、再生沥青混合料；等等。

2. 沥青混合料标号

我们知道，水泥混凝土的标号是以抗压强度来表示的，沥青混合料的标号则另有内涵。运动场的沥青基础基本都是采用密级配细粒式的沥青混合料，即按密实级配原理设计组成的各种粒径颗粒的矿料与沥青结合料拌和而成，用AC表示，AC后面的阿拉伯数字则代表沥青混合料中集料的最大公称粒径，即还允许10%左右的集料粒径大于最大公称粒径。

在运动场地的沥青基础工程中，一般粗粒式沥青混凝土采用AC13，细粒式沥青混凝土采用AC10（其实在公路沥青路面工程中，AC10和AC13均属于细粒式沥青混合料），AC13的意思就是沥青混合料中的集料的最大公称粒径为13.2 mm，最多只允许10%的集料的粒径大于13.2 mm；AC10沥青混合料中的集料的最大公称粒径为9.5 mm，最多只允许10%的集料的粒径大于9.5 mm。

实际上，密级配还分为粗性密级配和细性密级配，比如AC10的粗性密级配为AC－10C，细性密级配为AC－10F，两者的区别在于用以分类的关键性筛孔（2.36 mm）的矿料通过率的不同，前者要低于45%，而后者要大于45%。在运动场地的沥青工程中建议使用AC－10F。

在沥青基础工程中，时常会碰到由于对标号的理解不同而造成的误会，丙烯酸涂料施工方抱怨说，他们要求AC10的沥青基面，但沥青施工方用的却不是AC10的沥青混合料；沥青施工方说用的就是AC10。实际情况是，涂料施工方需要的是AC－10F的基面，而沥青施工方铺压的是AC－10C的。因此，招投标文件或合同中一定要明确沥青混合料的标号细节。

12.2.1.5　单层沥青压实厚度与集料粒径的关系

热拌热铺密级配沥青混合料在施工时不仅要考虑虚铺厚度和压实厚度之间的关系，也要特别关注压实厚度与沥青混合料中集料粒径的关系，各方面都考虑周全了才能保证沥青混合料碾压的密实度大小合适，既不会太小导致孔隙率太大，强度不够，也不会过度压实，导致集料破碎、孔隙率太小而出现泛油。

一般来说，单层沥青的压实厚度不宜小于集料公称最大粒径的3倍。让我们来简单计算一下：

AC13的最大公称粒径是13.2 mm，取3倍，$3\times13.2\ \text{mm}=39.6\ \text{mm}=3.96\ \text{cm}\approx4.0\ \text{cm}$。

AC10的最大公称粒径是9.5 mm，取3倍，$3\times9.5\ \text{mm}=28.5\ \text{mm}=2.85\ \text{cm}\approx3.0\ \text{cm}$。

对于4 cm＋3 cm的配置是不是很熟悉啊？没错，这就是我们对运动场地的沥青基础的粗粒式和细粒式沥青的厚度要求，正确的理解是最低厚度要求！

同时，不论什么标号的沥青混合料，一次单层的施工厚度绝对不要超过100 mm。

12.2.1.6　沥青的损害及老化

简单地说，沥青的“天敌”主要有三样：水、高温和低温。

1. 水损害

沥青是低极性有机物。在沥青组分中，沥青酸、沥青酸酐和树脂都具有高的活性，沥青质的活性较树脂低，而油分的活性最低。水是极性分子，且有氢键，因此水对矿料的吸附力很强。通常亲水集料呈酸性并有较高的硅含量，而憎水集料呈碱性，硅含量低，憎水集料比亲水集料有更好的抗剥落性能。

酸性石料（如石英石）表面具有较多不饱和键，易与水以氢键等形式结合在一起，故具亲水性，其与石油沥青黏附时则基本仅有物理吸附，所以沥青混凝土遇到水的浸泡，表面包裹酸性石料的沥青就极易被水侵蚀、剥离，严重时会出现集料脱落现象。

碱性石料（如石灰石）则表现不同，碱性石料表面几乎没有不饱和键，不易与水分子氢键结合，表现为憎水性。同时，沥青成分中的沥青酸及沥青酸酐能与碱性石料中的高价盐产生化学反应，生成不溶于水的有机酸盐，故沥青与碱性石料除具有物理吸附作用外，还具有较强的化学吸附作用，故不易为水剥离，水损害相对较小，水稳定性更胜一筹。

沥青能接触到的水主要来自雨水、地下水和毛细水，所以当沥青混凝土表面涂装了丙烯酸涂料后就彻底将沥青基础保护起来，不再受到雨水的损害，在一定程度上延长沥青使用寿命。

2. 低温损害

沥青是一种温度敏感性材料，温度变化会使其力学性能发生很大的变化，主要影响抗拉强度和变形能力。和水泥混凝土相比，沥青混凝土由于具有一定的应力松弛特性，在变形能力方面具有一定的优势，故沥青基础不用预留、不切割伸缩缝。但这种变形能力也是受到温度变化制约的，随着温度的降低，沥青混凝土会明显“变脆”，柔韧性在逐渐减弱，直至最后出现低温裂缝。

3. 高温损害

高温时沥青混凝土会有偏软的趋势，如果沥青含量太高或孔隙率太小，自由沥青量偏大，还有可能出现泛油现象。另外，高温会加快沥青的组分变化，胶质转变为沥青质，导致沥青混凝土老化变硬，因硬而脆，因脆而裂。

4. 沥青老化

在阳光、空气和热等综合作用下，沥青组分会不断递变，低分子化合物将逐渐转变成高分子物质，即油分和胶质逐渐减少，而沥青质逐渐增加，从而使沥青流动性和塑性逐渐减小，硬脆性逐渐增大，直至脆裂。

12.2.2 沥青混凝土基础结构及技术要求

不做特别说明的话，沥青混凝土基础指的都是热拌沥青混合料铺压的基础。

12.2.2.1 沥青混凝土基础结构

图 12－10 为沥青混凝土基础结构的示意图。

12.2.2.2 沥青混凝土基础技术要求

1. 厚度

厚度不低于 70 mm，一般分两层铺压：底层为粗粒式沥青混凝土，一般使用 AC13，厚度不低于 40 mm；面层为细粒式沥青混凝土，一般使用 AC10，厚度不低于 30 mm。

2. 密实度

密实度不小于 95%。

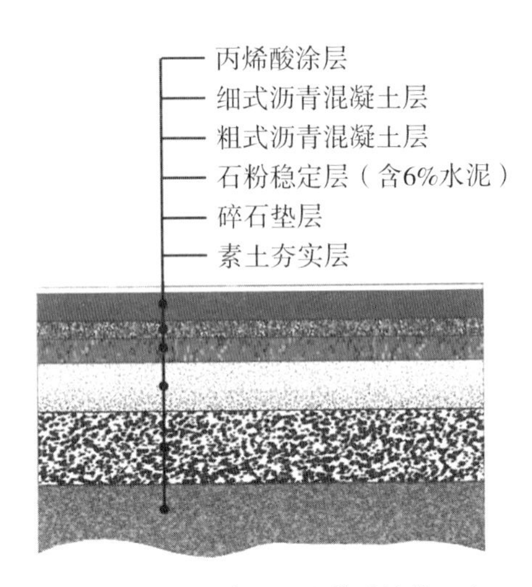

图 12－10 沥青混凝土基础结构示意

沥青混凝土孔隙率每增加 1%，疲劳寿命将降低 35%。压实不足会使孔隙率增加，以致需要更多的丙烯酸材料来填平，导致材料成本上扬；但过度压实将使集料破碎，反而会降低强度，同时孔隙率过低也易导致泛油和高温稳定性不足。

3. 平整度

任何位置任何方向 4 m 直尺高差不超过 4 mm（也有要求 3 m 直尺高差不超过 3 mm）。

4. 坡度

（1）对于球场而言，坡度一般为 5‰～8‰之间。

（2）对跑道而言，纵向坡度应不大于 1‰，横向坡度应不大于 10‰。

12.2.2.3 沥青混凝土基础的养护

沥青混凝土完工后的养护期远较水泥混凝土短，就道路沥青而言，基本完工后第二天就能开放通行的了。在运动场地铺装行业，也有个被广泛接受和认可的养护期规定：沥青混凝土完工后养护 15 天后才可涂装地面材料。养护的目的是让沥青中低沸点的物质尽快挥发掉，避免未彻底挥发前就进行地面材料的涂装，涂层将沥青彻底密封，日后沥青中低沸点物质在高温受热时挥发、积聚和膨胀，向上对涂层产生压力引发起泡、剥离甚至脱层等质量问题。实际上出现这类问题的是概率极小的事件，丙烯酸涂层本质上还是个半透气的涂膜，少量挥发性气体还是有挥发渠道的，但按规范行事就能很好地规避小概率事件的风险。

但在实际工作中，由于养护时气候条件不同，或者运动项目的要求不同，达到基本满足丙烯酸涂料施工条件的养护时间也不尽相同。在夏季时，大多数情况下沥青完工后 5～7 天后便施工了，秋冬季完工的沥青混凝土基础，养护的时间则应该相应长一些。

国外在沥青基础上涂装轮滑场丙烯酸地面材料时要求沥青混凝土基础至少养护 6 个月，其主要是担心沥青养护时间不够导致硬度不足，轮滑鞋一上去就形成不可消除的轮辙。

12.2.3 沥青混凝土基础常见质量问题

1. 表面粗糙

表面粗糙是比较常见的问题，本质上不能说是质量问题，实际是个实用性、适用性问题。运动场地一般对面层沥青混凝土的标号以不大于 AC10 为佳，但出于成本、易购性或不同行业理解偏差等原因，总是会有在面层沥青混凝土的铺装时采用 AC13 标号的情况，导致表面非常粗糙、孔隙率高，需要更多的平整材料来填平，无疑造成材料成本失控和上扬。

2. 拥包或压痕

拥包或压痕是施工时由于材料推移或压路机碾压而形成的表面平整度缺陷。

3. 积水

基础底层不均匀下沉或沥青混合料施工时控制不佳带来的表面平整缺陷。

4. 裂缝

由沥青混凝土老化或基础沉降造成的裂缝，以及在切割了伸缩缝或出现结构裂缝的水泥混凝土上铺压沥青层，也会出现反射性裂缝。

5. 结构强度不够

沥青结合料中沥青含量不足会造成结构沥青量不足以彻底包裹矿料而引发完工后沥青混凝土黏结强度弱；热拌沥青混合料施工时自身温度低于 130 ℃的塑性施工温度也会造成固化后沥青混凝土结构强度不足甚至松散。

6. 厚度不足

沥青混凝土基础一般要求至少 70 mm 厚，其中 40 mm 厚 AC13，30 mm 厚 AC10。厚度不足，其拉伸强度会明显不足，在不同的沥青基底上反映出的问题程度不同。如在素混凝土基底上铺压的沥青层厚度不足时，混凝土伸缩缝位置处的沥青层很快会被拉裂。

7. 表面油污

沥青混凝土施工时摊铺机、压路机等各类大型施工机械有可能会出现机油泄漏，导致沥青基础表面被污染。

12.2.4 沥青混凝土基础表面处理

12.2.4.1 表面缺陷处理

1. 拥包和压痕的处理

小面积的突兀可用铁锤敲击，面积较大时可使用水磨机进行带水打磨。

2. 积水修补

参看第 12.1.6.2 小节。积水面积大、深度深时可以用冷拌改性沥青混合料或热拌沥青混合料进行快速修补。

3. 裂缝修补

质量合格的新建沥青混凝土一般不会出现大的裂缝。陈旧性沥青混凝土则可能因为沥青老化或基层下沉等产生裂缝。具体修补方法参看第12.1.6.2小节。

4. 油污处理

沥青混凝土施工时，摊铺机、压路机等机械轮番上场作业，完工后沥青表面时常会有机械泄露的润滑油。这类油污低表面张力低，丙烯酸涂料是无法润湿的，只会形成缩孔甚至露底回缩，造成涂层的不连续、不完整，所以油污是一定要清除的。

处理的方法很简单：将烧碱按要求兑水稀释后浇在油污表面，用废旧的硬毛刷之类的可以拌和的简单工具轻轻搅和后反复刷洗，使烧碱和油污能充分接触并发生反应，然后静置几分钟，再次搅和刷洗，再静置几分钟，如此反复几次后，将反应物用海绵类吸附性强的材料吸附清理后放入废旧桶中，集中处理，不要直接用水冲洗以避免油污扩散。

处理完之后，再在油污处洒水检测处理效果，若水仍为回缩状，则尚有油污未被处理，要按照上述步骤再处理一次，直至清水呈扩散流动状且表面几无油膜闪烁，证明就基本处理到位了。

这些润滑油基本是高级脂肪酸甘油酯，和烧碱可以起化学反应，生成的脂肪酸钠和甘油溶于水而起到去油污的目的。实际上就是酯类在碱性条件下水解生成硬脂肪酸和醇类，这两类物质都溶于水，于是达到去污的目的。

12.2.4.2 表面清洁处理

沥青混凝土基础表面的清洁处理比较简单，一般分粗清洁和细清洁。粗清洁是用竹丝扫帚将肉眼清晰可见的大尺寸杂物清扫出去，细清洁就是用吸尘机或工业吹风机将暗藏于表面空隙中的小尺寸污染物清理出来。

12.2.5 冷拌沥青混凝土基础

《公路沥青路面施工技术规范》（JTG F40—2004）明确规定：冷拌沥青混合料适用于三级及三级以下的公路的沥青面层、二级公路的罩面层施工，以及各级公路沥青路面的基层、联接层或整平层。冷拌改性沥青混合料可用于沥青路面的坑槽冷补。

出于成本考虑或不能方便采购到热拌沥青混合料及施工现场运输条件制约等原因，有些运动场地的基础工程也会在施工现场拌和、铺压冷拌沥青混合料。从《公路沥青路面施工技术规范》（JTG F40—2004）中的表述来看，质量合格的冷拌沥青混合料既然能应用于三级公路，那么用于运动场地的基础建设应该也没有什么问题。诚然，如果一切都是按规范要求去做，不会有问题。但问题是，在大多数情况下，采用冷拌沥青混合料碾压的运动场基础都不理想，主要的问题包括但不限于：

（1）乳化沥青的质量良莠不齐或针入度太大，不适合冷拌沥青混合料之用。

（2）乳化沥青类型和集料品种要匹配，阳离子乳化沥青适合于各种集料品种，阴离子乳化沥青则适用于碱性石料，所以使用不同类型的乳化沥青就需要选择与之匹配的集料类型或需要对集料表面做针对性的处理。这类问题是那些非专业沥青施工队伍很少会考虑到的，在他们眼中，将乳化沥青、石子、黄砂拌和压实就万事大吉了。

（3）冷拌沥青混合料宜采用密级配，而在运动场地工程中，那些非专业的施工队伍根本没有级配设计的概念，甚至有些时候只采用黄砂碾压成沥青砂。

（4）乳化沥青的破乳速度和施工进度的配合要紧密，已经拌和好的混合料应立刻运至现场进行摊铺作业，并在破乳前结束。在拌和与摊铺过程中已经破乳的混合料是不能使用的，应予废弃。

冷拌沥青混合料在施工中也有颇多需要注意的地方：摊铺后宜采用6 t左右的轻型压路机初压1～2遍，使混合料初步稳定，再用轮胎压路机或钢筒式压路机碾压1～2遍；当乳化沥青开始破乳、混合料由褐色转变成黑色时，改用12～15 t轮胎压路机碾压，将水分挤出，复压2～3遍停止，待晾晒一段时间，水分基本蒸发后继续复压密实为止。

由此可见，冷拌沥青混合料的施工是比较复杂的技术活，不论是施工设备，还是技术经验，那些非专业队伍做不好冷拌沥青就不足为奇了。

综上种种分析，大多数运动场冷拌沥青混凝土基础的质量是不能令人满意的，同时在施工和使用过程中还会出现下列一些问题：

（1）施工气味大，对施工人员及周边环境存在明显危险隐患，会引发过敏、呼吸道等症状。

（2）现场配置材料，沥青油含量很难精准控制，粗细骨料的混合均匀性也难以保证，故时常出现表面粗细不一、颜色深浅不一。

（3）乳化沥青属于温度敏感性高的热塑性材料，高温时会发软，流动性增加，在外力作用下易发生变形而破坏平整度，也会导致其上丙烯酸涂层压裂。

（4）乳化沥青水稳定性差，冷拌沥青混凝土被水浸泡后极易发生沥青膜剥落，导致黏结强度减弱，集料脱落。

（5）涂层污染情况发生率较高，高温时，黑色沥青油会受热向上渗透，会穿过丙烯酸涂层将之污染发黑。所以，这类基础上的丙烯酸涂层表面经常会看到一块块或大或小、或深或浅的黑斑。

12.2.6 陈旧性水泥混凝土基础翻新成沥青混凝土基础

我们经常会遇到翻新项目，除了面层翻新，也有连基础也要一并翻新的。最常见的就是将现有的陈旧水泥混凝土基础翻新成沥青混凝土基础，对此最简单的翻新方案就是在水泥混凝土上涂布一层乳化沥青底油，在裂缝处粘铺一层土工布或其他具有防裂功能的类似防裂布的材料，然后铺压一定厚度（一般为40～50 mm）的细粒式沥青混凝土。这种翻新短则几日，长则几个月，沥青混凝土在水泥混凝土的伸缩缝位置处就会出现裂缝。（图12－11）这种裂缝就是水凝混凝土和沥青混凝土在温度变化时因伸缩幅度不同而在裂缝位置引发应力集中的结果，也可以理解为沥青混凝土被下面水泥混凝土大幅度拉伸给扯断了。

图 12-11　水泥基础上铺压沥青层后的裂缝

由此可见，这种翻新方案并没有获得预期的无裂缝、完整的沥青混凝土层表面。那如何设计翻新方案才能比较有效地克服这个问题呢?

根据多年的施工经验，我们认为应该在原有陈旧的水泥混凝土上面先铺压 100 ~ 150 mm 的石粉稳定层，内含 6% 水泥，待其养护完成后，再在其上铺压 70 mm 的沥青混凝土（40 mm 粗颗粒沥青混凝土 + 30 mm 细颗粒沥青混凝土），就可基本将水泥混凝土的裂缝向上反射的问题给控制住。

解决这一问题的核心在于石粉层。添加少量水泥的石粉层既具有一定强度，也具有一定的弹性，不再是石粉颗粒的松散堆积，也不似水泥凝固后那般坚硬，而是类似沥青混凝土，有应力松弛的特点，故它能有效地缓冲水泥混凝土伸缩时能量的刚性传递，并将之在其内部予以化解，使之只有极少部分能量传递到沥青混凝土中，而这极少部分能量又在沥青混凝土的拉伸强度和拉断伸长率的可忍受范围内，如此，裂缝就不会反射上来。

当然，这种翻新方案也会受到多种因素制约，如预算、场地标高不允许提高等。

附　其他类型基面的表面处理

除混凝土和沥青混凝土这两种主流的基础外，实际工程中也会遇到金属、水磨石和瓷砖等基础面，需要在这类基面上施工丙烯酸涂料。这类基面因本身性质或表面过于光滑等，基本上和水性丙烯酸涂料之间的附着力是相当弱的，不对基面进行有针对性的处理和选择使用针对性的界面剂或底油涂层，丙烯酸涂料是不可能有效润湿和展铺，更谈不上有效的黏附。

1. 金属的表面处理

在地坪行业，这类情况并不多见，但也时常会碰到，比如人行金属天桥的涂装工程。金属表面的处理重点就是除锈和除尘。

钢铁在大气环境中主要发生电化学腐蚀，腐蚀物铁锈是 FeO、$Fe(OH)_3$、Fe_3O_4、Fe_2O_3等氧化物的疏松混合物；在高温环境下，则产生高温氧化化学腐蚀，腐蚀产物氧化皮由内层 FeO、中层 Fe_3O_4和外层 Fe_2O_3构成。

在类似人行天桥之类的工程中，由于环境条件制约，除锈不太可能使用化学方法，一般只能采用手工打磨除锈或机械除锈。这类除锈方法使用工具简单、操作方便、适合小面积使用，不会对周边环境产生危害。

手工打磨除锈就是用钢丝刷、砂纸等手工操作的工具，对不适合机械除锈的区域进行人工除锈；机械除锈则是利用磨机的摩擦剪切作用，在相对平坦的大面积区域除锈，效率相对手工操作要高。

除锈完成后要进行整体清洗，清洗完成后最好马上用工业用吹风机吹干，避免闪锈。涂装前还是要认真检查一下，一旦发现还有闪锈现象，要立刻打磨处理，确保金属基面干净、干燥、中性、无锈。

之后要立刻涂布一层 2K 环氧树脂底油（油性水性都可以），底油涂布要匀而薄，避免厚涂或秃斑。在底油触摸有轻微拉丝时，建议穿钉鞋施工后续的丙烯酸涂层。环氧树脂底油层和第一层丙烯酸涂层必须在同一天完成。

2. 水磨石的表面处理

水磨石表面一般比较光滑，涂料直接涂布其上的话附着力难有保证，容易造成脱皮的质量问题。

一般建议的处理方法是：如果现场条件允许的话，可用 85% 的工业磷酸或 37% 盐酸稀释后均匀浇洒在水磨石表面，让其自然浸泡至少 15 min 后，用硬毛地板刷横竖方向反复刷洗，再用高压冲洗枪冲洗，务必做到灰尘等异物被清洗、酸洗的酸液被彻底清理出去没有残留。待干燥后，就会得到一个被酸腐蚀过的粗糙面，这种粗糙面会增加基面和涂料之间的黏结面积，提高黏接力。有些时候不用酸腐蚀，使用磨机进行表面打毛后再清洗干净，也是可行的。

水磨石基面总的来说还是比较致密和光滑，涂布底油时一定要使用纳米级的环氧树脂底油产品，因为粒径过大的底油，其渗透性较差，无法和水磨石形成咬合力，极大可能只是形成一层悬浮于表面的薄薄的胶涂膜，无法提供有效的能量传递，反而容易在剪切力作用下产生脱皮、翻皮等质量问题。

底油完工后的第一道丙烯酸涂层必须当天完成施工，底油层不可裸露过夜。之后的丙烯酸涂层按正常流程施工即可。

3. 瓷砖的表面处理

瓷砖表面则是更加光滑，更加不易黏附材料。故一般瓷砖基面一定要用磨机打磨一遍，之后用高压水枪冲洗，同时用硬毛地板刷反复刷擦，特别是瓷砖拼缝处藏污纳垢更要花点功夫清理干净，确保处理后瓷砖基面纹理构造略有粗糙且干净干燥。

接着就要涂布纳米环氧树脂界面剂，这种纳米级界面剂能和瓷砖表面形成强有力的黏结，为后续涂层提供理想的附着基面。

界面剂完工后的第一道丙烯酸涂层必须当天完成施工，界面剂层不能长时间暴露在外以免污染。之后的丙烯酸涂层按正常流程施工即可。

丙烯酸运动场地面系统施工编

第13章　施工工具

涂料用途广泛、品种众多、底材各异，成膜环境不同，涂层性能迥异，使得涂料施工方法也多种多样，但基本可以分为三大类：①手动施工类，如刷涂、滚涂、刮涂等；②机械施工类，空气喷涂、无气喷涂；③大型机械施工类，淋涂、电泳。

丙烯酸运动场地面材料涂装工艺属于第一类和第二类，基本以刮涂为主，以喷涂滚涂为辅，尤其刮涂工艺在丙烯酸运动场地面材料的涂装中处于压倒性优势地位。刮涂工艺所需施工工具较为简单，作为核心工具的刮板几乎都是施工师傅根据自身施工习惯、喜好而自制的，携带方便、更换便捷。

工欲善其事，必先利其器。涂料实际上只是个半成品，人们真正需要的不是涂料本身，而是涂料干燥后的涂层。从涂料变成涂层，要经历基础表面处理、涂料涂装和湿膜干燥养护这三个过程，前两个过程都少不了使用各种工具、设备以高质量、快速度地完成表面处理和涂装任务。可以说，没有好的工具、设备，想得到高质量的涂层几乎就是“巧妇难为有米无火之炊”。因此，适当花点篇幅介绍施工工具是十分必要的。我们主要从基础表面处理工具和涂料涂装工具两块来介绍。

13.1　基础表面处理工具

1. 水磨机

水磨机（图13-1）是通过将金刚石磨块（单粒磨头）固定于一个磨盘上来磨削水泥地面的。水磨机磨盘较小，直径只有25～35 cm，采用电机、皮带、皮带轮直接带动磨盘，无齿轮变速箱变速，一般磨盘转速为1000～2000 r/min，为避免打磨时粉尘飞扬和降低打磨摩擦阻力、提高打磨效率，一般打磨时需要直接接自来水管来不断给机器磨盘供水，同时也能对刚刚打磨出来的大量泥浆进行初步冲洗。

水磨机的结构简单、价格低廉、使用方便，一直以来深受施工人员的喜爱，但比较笨重，随身携带不便。

混凝土基础上时常会黏附各种异物，如浮浆等，一般冲洗是难以清除的，只能使用水磨机进行打磨；基础平整度达不到要求时，特别是存在突兀的高处时，也可用水磨机打磨进行平整优化。为提高打磨效率，一般使用350型水磨机，即金刚石磨盘上可安装32颗金刚石磨块的水磨机。

图 13－1　水磨机

在室内不具备排水功能的项目中，则可使用带自吸尘的磨机，边打磨边吸尘，避免灰尘飞扬，污染室内环境，危害操作人员健康。

2. 角磨机

角磨机（图 13－2）利用高速旋转的薄片砂轮及橡胶砂轮、钢丝轮等对基础或涂层进行磨削、切削、除污等处理，作业时不可使用水。

图 13－2　角磨机

在运动场丙烯酸工程中，角磨机主要用来处理小面积的基础打磨，特别是大型水磨机无法作业的边角或凹陷处，也可用于小面积涂层的打磨。可根据底材污染物的类型，选择金刚石磨盘或钢丝球等进行打磨处理。

3. 高压清洗机

高压清洗机（图 13－3）是利用高压柱塞泵产生高压来冲洗基础表面的机器。从喷枪喷嘴处出来的高压圆形水柱产生的冲击力将水磨机打磨产生的泥浆、暗藏于基础表面孔隙之中的灰土、黏附于基础表面的污染物（口香糖、鸟粪等）从基础表面剥离出来并清理出去，从而达到清洁基础表面的作用。高压清洗机是涂料地面工程中常备重要的设备。

图 13－3　高压清洗机

4. 硬毛地板刷

硬毛地板刷（图 13－4）是基础表面清洁的重要辅助工具，在高压清洗机持续冲击下的配合下，使用硬毛地板刷正交反复刷洗，可清除顽固性异物。酸洗场地时，酸液浸泡 15 min 后，也可使用硬毛地板刷反复擦刷地面。

图 13－4　硬毛地板刷

5. 工业吸尘机

基础处理完成后，涂料涂装前，大面积的室外场地总是会不断有污染物进来，故涂装前可用工业吸尘机将待涂装基面上的细小污染物吸走，确保基面干净。另外，也可用于对打磨后涂层的吸尘处理。

6. 工业吹风机

也可使用工业吹风机（图 13－5）代替工业吸尘器，使用时注意风向，其清洁的精细程度不如吸尘器，但对于涂料涂装而言也基本够用。

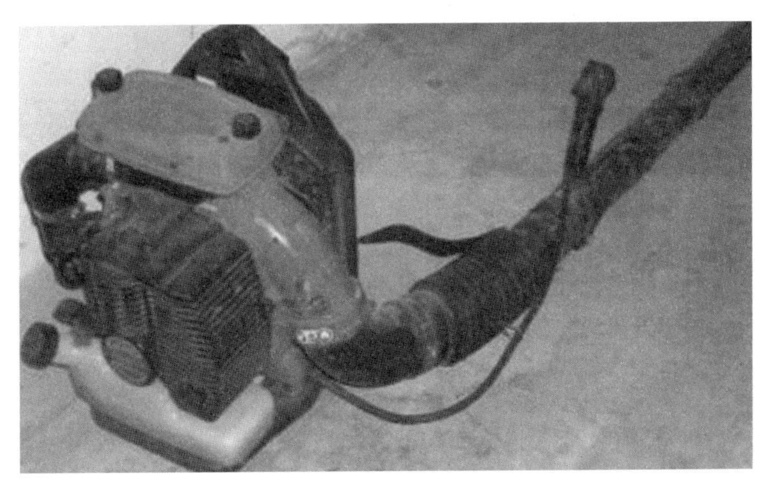

图 13－5　工业吹风机

7. 竹丝扫帚

如果吸尘和吹风设备都没有，只能使用竹丝扫帚（图 13－6）进行人工清洁。其缺点是效率低且只对大尺寸污染物具有较好的清理效果，对于细小尺寸污染物的清理不甚理想，如落入表面孔隙中的灰尘几乎不可能被清理出来。

图 13－6　竹丝扫帚

8. 铝合金杆

铝合金杆（图 13－7）主要用于场地积水修补时的平整控制，长短可由积水位大小决定，一般不超过 3 m，过长的铝合金杆自身在放置时也容易出现变形。

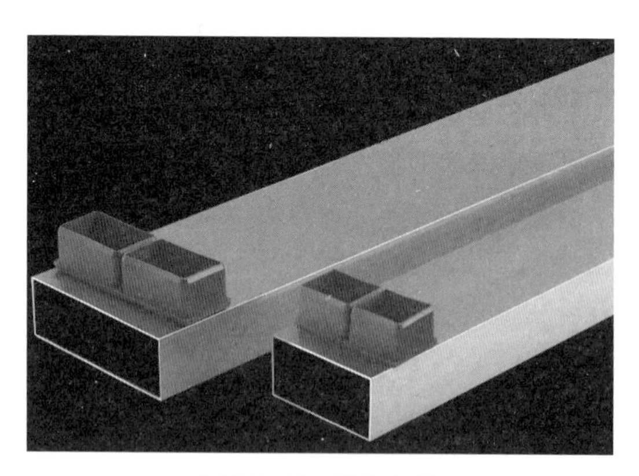

图 13－7　铝合金杆

9. 金属镘刀

金属镘刀（图 13－8）是涂料施工常备的小型工具，用途多，既可用于小剂量材料的拌和，也可用于小面积积水的修补抹平和小面积涂料的施工或修补等。

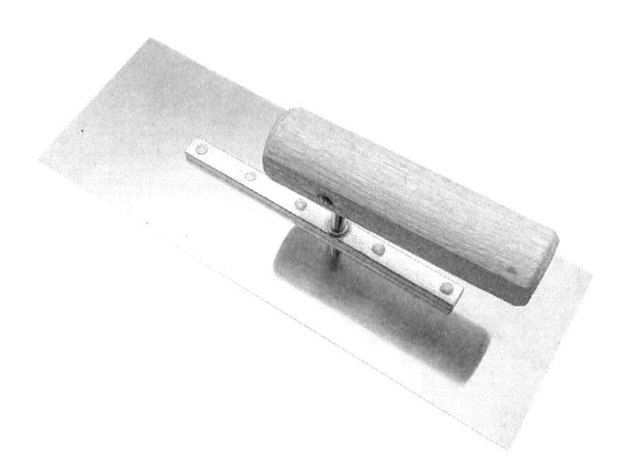

图 13－8　金属镘刀

10. 压缝设备

缝体中填入的材料往往密实度不够，为达到一定的密实要求，应当使用细长且前端有一定工作面的“T”形压缝设备将填缝材料捣压密实。根据缝宽的大小选择适宜的压缝球也可以。

13.2　丙烯酸涂料涂装的主要工具（不含胶乳跑道的施工工具）

1. 搅拌设备

搅拌设备（图 13－9）是丙烯酸涂料涂装的核心设备之一，虽然比较简单，但不可或缺。搅拌设备一般都是由一个电锤（冲击钻）搭配一个搅拌器组成，冲击钻的功率约为 1000 W，转速为 750～900 r/min，搅拌器的形状和尺寸要和被搅拌材料和搅拌槽的尺寸相匹配。

图 13－9　搅拌设备

搅拌器的搅拌头一般采用推进式或螺旋式的，其半径以不低于搅拌槽半径的 1/3 比较适宜。

2. 刮板（刮耙）

这是丙烯酸涂料刮涂施工工艺的核心工具，但其实也非常简单，就是一个橡胶刮板搭配一个长的金属或木手柄，组成一个“T”字形状的工具，称之为刮耙，但起主要功能的是下面的刮板，故一般也将之称为刮板（图13－10）。一般，手柄和刮板之间会有一个小小的角度，但国内绝大多数施工师傅都习惯使用手柄和刮板在一个平面上（零角度）的刮耙。这种小角度或零角度的刮板使用起来要求施工者将手臂抬得更高，还得尽量小心控制自己走动时脚后跟不要被刮板带动的材料“追尾”。当然，手柄和刮板之间的角度过大也是不合适的，大角度的构造更适合推动之用而非拖刮之用。

另外，刮板的重量也十分关键。过重的话会导致疲劳；过轻的话又会压不住被刮涂材料，就很有可能出现厚涂。尤其是一日之内要刮涂几道涂层的，如此大的工作量没有一个合适的工具自然会出问题的。工欲善其事，必先利其器，选择木手柄还是金属手柄，每个师傅还是根据自身的实际情况认真考量。

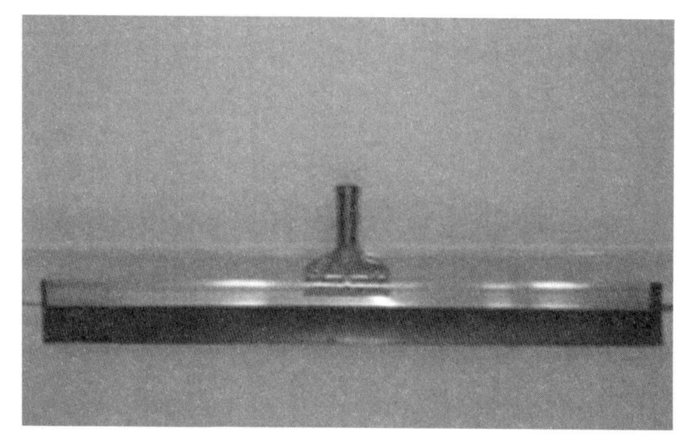

图13－10　刮板

刮板通常是具有一定弹性、韧性和硬度的橡胶类产品，国内以使用硅橡胶居多。柔韧性是刮板很重要的一个属性，正因为具有柔韧性，刮板能够在紧贴于基面刮涂前行时随着基面的轮廓走势发生弯曲适应，而不会在遇到小的积水（凹陷）时形成厚涂点——厚涂点干燥后将会出现泥裂和表面发光现象。橡胶刮板的邵氏硬度为50～70比较适合，建议施工含砂丙烯酸涂层时使用邵氏硬度在70左右的橡胶刮板，不含砂的丙烯酸涂层使用邵氏硬度在50左右的橡胶刮板。

刮板的常用宽度为24″、30″和36″三种规格。较宽的刮板处理相邻刮涂条带的搭接范围更加宽阔，这在一定程度上可以消除或者至少可以减少当基面温度较高时针眼在涂层中出现的数量。

橡胶刮板的刀口和端口要圆润，不能是直角凸出，否则刮涂时刮板刀口与地面贴合度不够，作业时易出现厚薄不匀，刮板端口的尖锐棱角更有利于山脊线的产生。

刮板使用后要及时清洗，避免涂料在刮板上的不必要的干燥堆积，可使用钢丝刷刷洗刮板上黏附的涂料。如未能及时清洗，固化涂膜不断累积在橡胶刮板上，会影响刮板的弹性，进而影响作业质量。同时，刮板一旦磨损，也要及时更换。

刮板的使用也是比较个性化的事情，施工师傅们都是根据自身的施工习惯、偏好自制刮板的。总之，对刮板的重量、刮板的尺寸和刮板的材质这三者要权衡比较，最终得到一个柔软、富有弹性、使用起来得心应手的刮板。

记住，经常更换刮板橡胶是必需的和非常值得去做的！

3. 锯齿耙

下列情况可能会使用到锯齿耙：①施工较大厚度涂层时，如含弹性橡胶颗粒的弹性料，可以通过锯齿耙倾斜时构造的实际高度来控制涂层厚度；②在相对光滑基面上涂装材料时，若使用平口刮板时会出现“板走料走”，很难形成完整、连续的湿涂层，则使用锯齿耙能有效地解决这一困惑。

当然，对于涂装不同的材料、不同的厚度，要选择相匹配的锯齿耙，包括锯齿的宽度和高度。

4. 推车 + 料槽

推车 + 料槽（图 13 - 11）这是非常实用的组合，涂料配置搅拌完成之后倒入料槽中，由推车轻松推至施工工地，打开料槽出料阀门可轻松放料，既降低了劳动强度，又可方便控制出料量，使倒出来的长形堆料均匀，有利于刮板的施工。

图 13 - 11　推车 + 料槽

5. 滚筒

滚涂是丙烯酸涂料施工的一种常用方法，基本工具就是滚筒，一般只能滚涂不含砂的涂层，最主要用于底油和罩面材料的涂装，工作效率较低。在运动场地丙烯酸的施工中，滚涂一般只在小面积施工时才会采用，通常使用短毛羊毛滚筒。

6. 无气喷涂机

无气喷涂由于工作效率高、喷涂均匀性好，可以喷涂黏度很大的涂料，在运动场地丙烯酸涂装工程中几乎所有涂层均可以采用无气喷涂，但实际使用并不多，用得最多的是喷涂罩面材料。一般都是使用单隔膜泵小型便携式喷涂机，特点是对涂料施以高压，当高压涂料到了喷枪口遇低压立刻膨胀扩散开来散落在待喷涂的基面上，形成相对均匀的涂膜面。

7. 羊毛刷

羊毛刷用于界线标划，一般使用2寸的羊毛刷，质地柔软、畜料量大、不掉毛。

13.3 胶乳跑道的施工工具

13.3.1 摊喷分离法（R&S）工艺常用施工工具

水性胶乳跑道有一套自身独特的施工方法，那就是摊喷分离法，实施这种施工方法有其独特的施工工具，其是区别于油性跑道施工的完全不同的施工工具。

1. 搅拌设备

这个设备和丙烯酸涂料所用搅拌设备并没有什么区别，主要就是用来稀释分散胶乳跑道黏合剂以达到最佳的喷涂所需的黏度要求。

2. 胶粒摊铺机（注砂机）

在胶乳跑道摊喷分离法的施工工艺中，胶粒摊铺机也是重要施工工具，这类设备没有一个统一专业的模式，体现了能满足功能需求就适用的实用主义精神。在国外，有使用播种机来撒布颗粒的，一般人工草坪注砂机就可很好地充当胶粒摊铺设备，使用前一般要试用一下，以便调节好出料口的高度和推行速度相匹配，以确保胶粒层均匀且尽可能形成单颗粒层。

3. 胶粒刮平耙

胶粒摊铺机的摊铺效果一般很难一次性达到单颗粒层的品质，故摊铺完成后还会使用胶粒刮平耙（图13－12）进行人工修饰完善。刮平耙结构简单，一块平口木板加一个把柄就可以组装成最简易实用的刮平耙，其对保证胶粒层厚度的均匀性起着重要作用。摊喷分离法在美国被称为R&S施工法，这个R是rake的首字母，代表胶粒刮平耙，S是spray的首字母，代表无气喷涂设备，由此可见胶粒刮平耙的重要性。胶粒刮平耙也可以代替胶粒摊铺机作业，就是效率太低。

图13－12　胶粒刮平耙

4. 水性跑道无气喷涂机

水性跑道无气喷涂机（图 13－13）是胶乳跑道施工的核心设备，它是以空压机带动启动双隔膜泵来完成稀释后的跑道黏合剂的喷涂工作的。喷涂机可以是电动式的，也可以是汽油机或柴油机驱动的，这类喷涂机也属于无气喷涂。一般将稀释后的黏合剂加压到 11～20 MPa，受压的黏合剂在喷枪口处遇到负压而急剧膨胀扩散，对喷枪口产生很大的压力，故喷枪口材质要求较高，一般为合金。同时无气喷涂喷枪嘴是不能调节的，必须根据实际喷涂需要选择喷嘴的类型和尺寸，如喷嘴喷涂的形状、出料量等。

图 13－13　水性跑道无气喷涂机

5. 小型空压机

小型空压机主要用于给跑道标划跑道线、喷涂白线漆，配上一个喷壶便可完成喷线工作。

6. 自动划线机

也可使用自动划线机（图 13－14）代替空气喷涂划线的小型空压机，这样工作效率更高。

图 13－14　自动划线机

13.3.2 预混法（PM）工艺施工工具

铺装混组型水性跑道，大多数时候采用和油性跑道一样的施工工艺，需要塑胶跑道摊铺机、立式搅拌机和塑胶跑道空气喷涂机等设备。

1. 摊铺机

摊铺机是透气型跑道中吸震层施工的核心设备，施工速度快，完工后的吸震层具有平坦、密实、无缝、完整的特点。

2. 手动摊铺机（电热烫板）

手动摊铺机可以说是迷你版的摊铺机，在工程量不大的情况下通常会采用手动摊铺机铺压橡胶颗粒层。

3. 立式搅拌机

立式搅拌机（图 13－15）是预混法工艺的核心设备，胶粒和黏合剂按比例配置后使用立式搅拌机进行混合搅拌作业。立式搅拌机有不同容量大小的，根据实际使用、运输、存放的需要选择使用。

图 13－15　立式搅拌机

4. 跑道空气喷涂机

跑道空气喷涂机（图 13－16）是 PU 跑道施工的核心施工设备，主要用于喷涂 EPDM 颗粒。这种设备也可用于胶乳跑道的施工，即先将 EPDM 颗粒和胶乳跑道黏合剂及清水按比例要求混合均匀后喷涂。因为水性黏合剂黏度低，所以配料时要防止胶水胶粒分离喷涂时堵住枪眼。

图 13－16　跑道空气喷涂机

由于胶乳跑道与油性跑道不同的成膜机理，实际施工时尚需对一些工具要做一些适当的改造，在此不赘述了，可参见第 19. 3. 1 小节。

第 14 章　施工气候条件

水性涂料重在一个“水”字，其所有的优点和缺点都源于“水”。对于水性涂料而言，水既是天使，也是恶魔。说水是天使，那是因为其环保、绿色、无毒、安全无污染、价格便宜、材料易得。说水是恶魔，那是因为水的热容量大、蒸发潜热高、表面张力大，在成膜阶段水分蒸发慢，易产生气泡、针眼、缩孔等质量问题；低温时成膜不完整、不连续，且有微裂纹；高湿天气时干燥时间延长；等等。所以，要实现水性涂料的高质量成膜，气候条件要满足一定的施工要求，甚至可以说要满足比较苛刻的施工要求。

14.1　影响水性涂料成膜的因素

先汇总一下水性涂料的干燥固化和哪些因素有关，这有利于我们对施工条件的理解。一般来说，水性涂料的干燥速度和成膜质量和下列因素直接密切相关。

1. 大气温度

水分在任何温度下都会蒸发，且蒸发速率和大气温度成正比，温度越高，蒸发速率越快。我们总是希望水性涂料的湿膜尽快完成干燥，而干燥的第一必要条件就是水分从湿膜中挥发出去，因此，水性涂料的施工是需要一定的大气温度配合，以维持湿膜中水分的适合蒸发速度。

实际上，从更严格的角度上讲，水性材料施工还有一个露点温度的要求：施工时温度要高于露点温度至少 3 ℃。国内从业人员大多不太明白这个要求，更不用说清楚其中缘由和在实际施工中遵守这一条了。

露点温度是指在空气中水蒸气含量不变且保持气压一定的情况下，使空气冷却达到饱和时的温度，简称露点。在这个过程中，空气中的部分水蒸气液化成水滴，直至水蒸气与水达到平衡，达到平衡时的温度就是露点。

举个简单的例子，一只透明塑料瓶矿泉水，白天时喝掉 1/3 左右，将瓶盖拧实，置于桌面，第二天上午再去观察就会发现内壁会吸附不少水珠。白天温度高，封闭的塑料瓶中水和水蒸气很快达到平衡，而夜间温度降低，塑料瓶中的饱和蒸气压也会降低，就会有水珠析出。

实际温度（T）与露点温度（T_d）之差表示空气距离饱和的程度：当 $T > T_d$时，表示空气未饱和；当 $T = T_d$时，表示空气已饱和；当 $T < T_d$时，表示空气过饱和。

为什么设定施工温度要高于露点温度至少 3 ℃呢？从上面矿泉水的分析中可以得知：就是要避免在涂层干燥之前，当大气温度下降了 3 ～ 5 ℃时，大气中的水蒸气液化对涂膜的干燥速度、干燥质量造成负面影响。

2．地表温度

地表温度实际上是大气温度和地表自身吸热性能的一个综合反映，处在相同的大气温度环境之中，不同颜色的基面具有不同的温度特征，深色基面较浅色基面温度高。这就是考量水性涂料施工条件时需兼顾大气温度和地表温度的原因。

地表温度偏低（如低于 10 ℃）会延缓水分的蒸发速率，也就延长湿膜的干燥时间，地表温度高于 55 ℃时也是不宜施工的，因为会引起拖带、动力学不润湿等质量问题。

3．大气相对湿度

关于湿度，有绝对湿度和相对湿度两个概念。绝对湿度是指单位体积湿空气中所含水蒸气的质量。在标准状态下，1 m^3 容积中湿空气含有的水蒸气质量称为湿空气的绝对湿度，即湿空气中水蒸气的密度，单位为 g/m^3。绝对湿度只表明单位体积湿空气中含有多少水蒸气，而不能表示湿空气吸收水蒸气的能力，即不能表示湿空气的潮湿程度。由于水蒸气的压强随着密度增加而增加，因此湿空气的绝对湿度通常也可以用压强表示。

相对湿度是指在一定温度时，空气中的实际水蒸气含量与饱和值水蒸气含量之比，用百分比表示。相对湿度是个随温度变化而变化的量，一年之中，夏季相对较高，冬季较低；一日之中，中午较高，早晚较低。

大气相对湿度过大同样会降低水分的蒸发速率，因为当大气中的水分含量高时，虽然湿膜中的水分会蒸发进入空气中，但同时也会有大量空气中的水分子进入湿膜中，直到两者之间达到一个平衡。

有研究表明，当相对湿度由 40% 升至 60% 时，水分挥发速度将近减少一半，即高湿度降低了水分的挥发，也延缓了涂层的固化速度。

4．太阳光照和遮阴处

有太阳光照射到的地方，地表温度明显高过阳光照射不到的阴凉处。经验表明，有没有阳光照射会导致地表温度相差 10 ℃左右，这对于水性涂料的成膜来说，是个相当大的温差了。室外施工基面因周边高大建筑物的遮挡而形成阴阳两片区域，有时候就会出现由于地表温差太大，阴阳区域不能同时施工的窘境；再比如秋冬季时室内施工基面由于无阳光照射，地表温度偏低，可能也无法正常施工。

5．空气流动速度

空气流动速度能改变基面与大气接触面附近的空气相对湿度。空气流动速度越快，水分蒸发和流动速度都会加快，这对于水性材料的成膜是有利的。本质上，空气流动速度的加快就是降低了湿膜外表面附近的空气相对湿度。

空气流动速度实际上就是风速，适当的风速对水性材料成膜有促进作用，但风速太大会好事变坏事，因为大风会将树叶、灰尘、纸张等异物刮到湿膜表面，造成损害、污染。同时，大风会造成湿膜内外成膜环境差异性增大，易诱发开裂和无法彻底干透等问题。

室内因空气流动速度较慢，一般干燥速度较室外慢。

6. 湿膜厚度

很显然，湿膜厚度越厚，干燥时间越长，当厚到一定程度时，甚至会出现表干里不干，即涂层内部水分扩散不出来，只能以液（气）态的形式困在涂层里面，这就为涂层起泡、剥离、脱层或开裂等质量问题的出现埋下了祸根。具体以什么样的问题形式出现，取决于湿膜厚度、水分含量、大气温湿度条件、石英砂粒径大小及风速、阳光照射等条件。

7. 涂层的颜色

不同颜色的涂层从外界吸收热量的能力也大不相同，一般来说深色涂层较浅色涂层的干燥速度更快一些，这是深色涂层能从外界吸收更多的光和能量使然。

从上面七个因素中可以看出，除了最后两个因素属于涂料施工环节和涂料自身特性，其余五个因素都和气候条件有关。由此可见气候条件对水性涂料施工、成膜的影响之深。事实上，上述影响因素都是叠加起来共同作用的，有时候很难分辨哪个因素在起主导作用，哪些因素起次要作用。

14.2 三大影响因素分析

为了进一步理解气候条件的重要性，我们下面分别就大气温度、大气相对湿度及空气流动速度这三大影响因素稍加详述。

14.2.1 大气温度

水分的蒸发在任何温度条件下均可发生，这是不是意味着只要时间足够长，水分彻底从湿膜中挥发出去，在任何温度下水性丙烯酸都能成膜呢？答案显然是否定的。这种理解完全忽视了一个基本事实：水性涂料中，水只是一种连续相或介质，真正的主角是水性丙烯酸乳液。我们要求的大气温度，真正针对的是水性乳液，而不仅仅是水。换言之，水的蒸发是丙烯酸涂料成膜的必要条件而非充分条件，水的存在是为树脂乳液做嫁衣裳的。

在介绍水性丙烯酸乳液的第1章中，我们介绍了每一种乳液都有一个关键指标：最低成膜温度（MFT）。当外界温度低于MFT时，即便水分蒸发尽了，乳液中的乳胶粒子无法变软，也只能是硬邦邦地简单堆砌，没有形成粒子间的扩散、交融，最终形成不了连续完整的膜。这就是水性丙烯酸材料施工时有大气温度要求的原因所在。

那能不能使用成膜助剂使MFT大幅下降，甚至降至0 ℃以下也能施工呢？使用成膜助剂可以在一定范围内降低MFT，但成膜助剂不能无节制地使用，一来增加成本，二来成膜助剂几乎都属于VOC，会增加材料的VOC含量。至于希望在0 ℃以下也能施工水性涂料，无异于痴人说梦。不要忘了水的存在！液态水在 4 ℃左右就开始出现冰晶，到 0 ℃及以下就凝固成冰，并对丙烯酸涂料中的乳胶颗粒产生挤压，导致材料凝集、破乳。这种情况下如何施工？虽然可以通过添加乙二醇或丙二醇来降低水的冰点，但添加量也必须有节制，因为同样会带来成本和 VOC 的双双增加。当然还有一点，0 ℃以下时，水都几乎结冰了，材料稀释用水的获得也是个问题。

故合理的配方会在成膜助剂、防冻剂的添加量上取得一个平衡，在这个平衡下会产生一个兼顾各方性能和要求的 MFT。

当大气温度低于 MFT 时，在较大的空气流动速度和较低的大气相对湿度的配合下，湿膜中的水分是可以彻底挥发的，但是水分的挥发会导致湿膜体积的收缩，引起乳胶颗粒的密集堆砌，因外界温度低，乳胶粒子无法变软变形，即使有堆砌，粒子间的界面不会消失、融合、扩散，最终的结果是水分挥发了，涂膜也干燥了，但干燥的涂膜是乳胶颗粒的松散密堆积，是不连续、不完整和布满微裂缝的。

只有大气温度超过 MFT 且相对湿度条件适合时，乳胶粒子才能变软变形，聚集堆砌时粒子间界面消失，相互扩散融合后形成连续完整无微裂缝的高质量涂膜。

施工时要求大气温度高于 MFT，我们认为最好理解为一天当中大气温度不低于 MFT 的时间不少于 4 h。当然，大气温度也不是越高越好，过高温度时施工带来的质量问题一点也不比低温时少！如温度过高会导致涂膜表层干燥过快，形成致密结构，而涂层内部的水分无法扩散出去；此外，表层水分的极快蒸发会使涂料失去流动性，刮涂条带间的有效搭接时间减少，极易出现条形刮痕或粗糙表面。

14.2.2 大气相对湿度

相对湿度是指在一定温度时，空气中实际水蒸气含量与饱和值水蒸气含量之比，用百分比表示，可见相对湿度随温度变化而变化。一般一年之中，夏季相对湿度较高，冬季较低；一日之中，中午相对湿度较高，夜晚较低，这就是夜晚有露水产生的原因。

弄清了这个概念，我们再讲讲大气相对湿度对水性涂料施工的影响。

很明确的是空气中水分的含量对水性丙烯酸材料成膜速度影响巨大。水性材料干燥固化的前提条件就是湿膜中的水分要从体系中挥发出去，体积收缩后乳胶颗粒紧密堆砌、相互挤压，在高于 MFT 的条件下，乳胶颗粒相互扩散，颗粒界面消失、相互融合而形成完整涂膜。但当大气相对湿度过大时，上述过程进展的就没有那么顺利了。

虽然在任何温度条件下，湿膜表面的水分都可以蒸发，但由于空气本身湿度大、水分含量大，根据分子运动论，我们知道，水分子会从湿膜中蒸发进入空气中，同时空气中的水分子也会进入湿膜中，直至达到一个平衡，即从湿膜中蒸发的水分子和从空气中进入湿膜中的水分子数目相等。由于相对湿度较高，这种平衡是在水分子不断逸出和进入湿膜的情况下得到的，这就导致湿膜表面水分子含量总是处于高位，水分不能彻底挥发，成膜的前提条件无法满足。即便温度再高（不考虑风速的作用），在空气相对湿度过大（一般超过 85%）的情况下，湿膜的干燥进程将是十分缓慢的过程，长时间不干燥，湿膜可能会受到各种污染和破坏，即便之后干燥了的质量也堪忧，如此就不具有施工的意义了。

可以举个简单的例子，蒸笼里的垫布（一般为纱布）就处于高温高湿环境中。一般在常温下，空气相对湿度50%左右时，湿的垫布摊开晾干后1～2 h便会干的。但在蒸笼内高温高湿的条件下，垫布永远都处于热湿的状态。

当然这是个极端的例子，旨在说明大气相对湿度对干燥的巨大影响。

14.2.3 空气流动速度（风速）

风速是指空气相对于地球某一固定地点的运动速率，常用单位是m/s，风速没有等级，风力才有等级，风速是风力等级的划分依据。一般来讲，风速越大，风力等级越高。

风速的大小对水分的蒸发有很大影响，风速越大，涂膜表面水分蒸发速度越快。对于水性丙烯酸的湿膜而言，当大气的温度、湿度不变时，湿膜中的水分蒸发速度随风速的增大而增大。可见风速对缩短水性丙烯酸材料的干燥时间是有帮助的。但凡事有一个度，风速也不是越大越好，一般风力大于4级即和风级时，风速在5.5～7.9 m/s，这时风能吹起地面的灰尘和纸张、树的小枝微动。这种风力条件下就不建议施工了，因为湿膜的干燥总是需要几个小时才能完成，大的风力虽会促进干燥，但也会使湿膜内外成膜条件差异性增大而带来质量问题，弊大于利。同时，在干燥过程中，过大的风力会将灰尘、纸张、树叶或塑料袋等杂物刮到湿膜上，对之表面造成破坏，增加翻工的材料和人工成本，总的算计下来真不是件划算的事。故3级以上风力条件下不宜施工。

综上，水性丙烯酸涂料的施工气候条件归纳如下：①大气温度低于10 ℃或高于35 ℃时，不宜施工；②施工时大气温度要高于露点温度至少3 ℃；③空气相对湿度大于85%时不宜施工；④ 3级以上风力时暂缓施工；⑤阴雨雪天时严禁施工。

第15章　施工耗材和辅料

丙烯酸涂料的涂装是个系统工程，包括基面的处理、涂料的涂布和涂料的干燥养护三部分，其最终目的是将液状涂料变成坚固耐用的固体膜。要达到这一目的仅靠丙烯酸涂料是远远不够的，实际上，需要在不同的阶段，在不同的辅助材料配合下最终完成整个涂装过程。这些辅助材料可基本分为两大类：一类是施工辅助耗材，如金刚磨块、酸洗用的酸等；另一类是主材辅料，如清水、石英砂、橡胶颗粒等。前者主要是基面处理用的；后者是丙烯酸涂料主材涂装时不可或缺的，这类辅料的质量、使用量等，对丙烯酸涂层的色泽、纹理和黏结强度等都有不可忽视的影响。

总之，没有施工辅助耗材，丙烯酸涂料就没有满足涂装要求的施工基面，没有主材辅料的话，丙烯酸涂料也无法达到涂层的功能要求，甚至无法进行施工。高品质的丙烯酸材料必须要有高质量的辅料，在严格遵守配比要求的前提下，两者相辅相成、相得益彰，最终才能共同营造出高品质的丙烯酸地面涂层。

15.1　施工耗材

15.1.1　金刚石磨块

金刚石磨块是混凝土基础表面处理常用的磨料耗材，是以人造金刚石为主，以多种金属粉末为结合剂，经高温高压烧结而成的一个整体，具有高效的磨削、抛光性能，锋利度高、使用寿命长、工作效率高。

金刚石磨块从形状上可分为圆形和异型，从粗细上可分为粗、细、精金刚石磨块。在运动场地铺装行业中，对金刚石磨块形状无要求，但一般选择使用粗金刚石磨块。

15.1.2　酸洗用酸

酸洗的目的是中和混凝土中的碱性物质，从而达到基面“中性”的要求，各种酸类对水泥石都有不同程度的腐蚀作用，它们都能与水泥石中的 $Ca(OH)_2$ 发生反应从而将降低基面的pH。但选择什么样的酸合适，还是要从酸的特性及反应后生成物对混凝土、环境和人员的影响等综合考量。

1. 草酸

草酸就是乙二酸，酸性比醋酸强10000倍，是有机酸中的强酸，对混凝土具有腐蚀作用，本身有毒，对皮肤、黏膜有刺激及腐蚀作用，极易经表皮、黏膜吸收引起中毒；由于具有强烈的刺激性和腐蚀性，草酸对环境可能有危害，对水体的影响更应予以注意。酸洗混凝土基础时反应生成的草酸钙不溶于水且有毒性。

因此，不建议使用草酸酸洗混凝土表面。一定要使用的话，务必做好防护，一般3%浓度的草酸溶液就可以了。

2. 硫酸

硫酸是较强的无机酸，具有强烈的腐蚀性和氧化性，和水稀释时放出大量的热量。绝对反对用来酸洗混凝土表面！其与混凝土的主要反应为：

$$H_2SO_4 + Ca(OH)_2 = CaSO_4 \cdot 2H_2O$$

生成的二水石膏会直接在水泥石空隙中结晶，产生膨胀。

3. 工业磷酸

磷酸的化学式为 H_3PO_4，是常见的无机酸，属于中强酸，无强腐蚀性，低毒，有刺激性，85%的工业磷酸也是混凝土酸洗时经常用使的，一般将磷酸稀释成5%～8%浓度再酸洗，磷酸酸洗混凝土的主要反应为：

$$2H_3PO_4 + 3Ca(OH)_2 = Ca_3(PO_4)_2 + 6H_2O$$

未消耗的磷酸和产生的磷酸盐进入土壤和水体中，一旦过多，会造成水体富营养化、藻类滋生而使水体缺氧，鱼类死亡。

4. 盐酸

盐酸（化学式为HCl）是氯化氢的水溶液，一元无机强酸，腐蚀性较高，有强烈的刺鼻气味，37%的盐酸是酸洗时最为常用的，一般稀释为5%～10%的盐酸溶液即可使用，盐酸酸洗的主要反应为：

$$2HCl + Ca(OH)_2 = CaCl_2 + 2H_2O$$

氯化钙易溶于水，无臭、基本无毒，酸洗完成后很容易被清水冲洗干净。建议酸洗混凝土表面最好使用盐酸。

15.2 丙烯酸涂料的辅料

15.2.1 水

丙烯酸涂料是水性材料，是以水作为连续相。为满足现场施工的黏度要求，只有把经过增稠的浓缩型的丙烯酸涂料的黏度给降下来才能涂装，故水在丙烯酸涂料的施工环节是必不可少的，但并非什么样的水都能使用、都适合使用，用水不当也是会对丙烯酸材料造成无可挽救的破坏和损失。

对于丙烯酸涂料施工时究竟需要添加什么水，国外的同行在解释这一点时用了两个单词—— audible water，意思是“可饮用的水”。这里当然不是指蒸馏水或矿泉水，基本意思是自来水，因为很多发达国家的自来水都是直饮水，所以他们用了“可饮用的水”这个词。

在这一点上很明确：在对其他水体质量不了解的情况下，丙烯酸涂料在施工时建议用自来水进行稀释。当然，由于我国幅员辽阔，各地水质不一，对自来水的 pH 要稍加留意，一般大于 8.5 时要谨慎使用。

下述水源中的水严禁使用：

（1）雨水。杂质较少，是钙离子、镁离子较少的软水，但也含有来自空气的尘埃，在城市上空受工业废气污染可能含有 SO_2，具有腐蚀性。

（2）池塘水。一般比较脏，杂质多，微生物含量高。

（3）江河水。这类水体里水质不一，杂质多，有机物及盐类含量高。

（4）湖泊水库水。与水的来源有关，可能含有藻类，导致涂层发霉。

（5）海水。海水中的盐类大约78%是氯化钠，15%是氯化镁和硫酸镁，呈弱碱性，各种电解质会影响乳胶粒子表面的双电层，导致乳胶聚集、絮凝。

（6）井水。井水水质复杂，有些井水硬度大，钙盐、镁盐含量大，阴离子乳化剂可能会与之形成不溶于水的脂肪酸或金属皂，使乳化剂失效而造成乳胶颗粒凝并、破乳。

15.2.2 石英砂

为提高丙烯酸地面系统的机械强度、遮盖力、耐磨性和防滑性，需要在某些丙烯酸涂层施工时添加石英砂来实现这些功能；同时，完工后的丙烯酸涂层在纹理上的均匀性、抗污染性等方面也与石英砂的粒径级配和添加量有莫大的关系。由此可见，石英砂在整个丙烯酸涂层结构中的重要性。

正是因为石英砂有如此重要的作用，所以为了避免施工时石英砂选择不当而影响工程质量，国内外一些丙烯酸品牌的生产商在生产过程中就已经将施工所需要的石英砂列入生产配方中，施工时施工人员只需依照生产厂家的建议兑水比例添加清水就可以了。意大利的威斯迈（Vesmaco）、澳大利亚的高比（CourtPave）所生产的涂料都属于这类。其优点是保证石英砂的质量和性能的稳定，如圆度、白度、粒径分布、添加量等，从而保证了涂层质量和性能的稳定；不足之处是表面纹理粗细不可调，灵活性差，无法根据场地的实际情况选择最适合的骨料，且平均折算下来单价相对较高——石英砂本身并不贵且货源易得，但长途运输成本还是很高的。因此，市面上这种含砂的丙烯酸涂料并不普遍，大多数还是不含施工所需石英砂的浓缩丙烯酸材料，这类材料在施工时可根据现场的实际情况及业主方的个性化要求选择最优粒径级配的石英砂。

15.2.2.1 石英砂简介

石英砂是天然的石英矿石经粉碎、筛选、水洗、烘干等工艺加工而成，是一种坚硬、耐磨、化学性能稳定的硅酸盐矿物，其成分以石英为主，其次为长石、云母、岩屑、重矿物、黏土矿物等，颜色为乳白色或无色半透明状，莫氏硬度为 7，性脆无解理，贝壳状断口，油脂光泽，真密度2.65，化学和机械性能具有明显的异向性，不溶于酸，微溶于KOH溶液，熔点为1750 ℃。

15.2.2.2 对石英砂的基本要求

根据石英砂中三氧化二铁（Fe_2O_3）含量的不同，石英砂又细分为普通石英砂、精制石英砂、高纯品种和熔融品种等。运动场地铺装行业基本是都使用精制石英砂，其Fe_2O_3含量为0.015%～0.02%。

我国在水过滤处理这一块，对石英砂的各项指标有完整和严格的技术要求，这些已经体现在《水处理用滤料》（CJ/T 43—2005）中了。但在运动场地铺装行业中要求没有那么严格，至今为止没有建立本行业的石英砂规范，基本的要求如下：

（1）石英砂颗粒基本呈不规则且表面粗糙特点，不能有尖锐棱角。

（2）表面清洁的石英砂对于提高丙烯酸涂料的附着力是极其重要的，故石英砂的含泥含尘量必须严格要求，不得超过1%。

（3）粒径分布。不同的丙烯酸结构层有不同的功能，对石英砂在粒径大小、级配上也有不同要求，但都要求石英砂粒径分布遵从正态分布的原则，呈纺锤形的两头小中间大的分布格局，并且目数跨度不宜太窄，更不宜太宽。太窄的话，涂层密实度下降，孔隙率增加；太宽的话，石英砂粒径差别大，会导致丙烯酸涂层的表面不均匀。此外，石英砂颗粒粒径的不同导致重量差异大，施工时可能会出现大颗粒石英砂下沉，使混合料的均匀性被破坏。

（4）含水率。丙烯酸涂料施工时一定要用干砂，湿砂或被雨水淋透的石英砂不能使用。石英砂的含水率要控制在不大于10%为宜。干砂是气固界面，湿砂是液固界面，丙烯酸涂料对两者的润湿性能都不错，但产生的黏结效果存在差别，原因在于，丙烯酸涂料很容易将干砂表面的砂/气弱界面破坏并将空气置换出来形成砂/丙烯酸树脂界面；而湿砂的表面是砂/水强界面，两者的附着非常牢固，将湿砂添加到涂料中后的最终结果是砂被水包覆形成的砂/水界面又被丙烯酸涂料包覆。很显然，在这种夹心结构中，石英砂并没有被树脂黏附，即树脂与石英砂的黏结力相对较弱，出现砂粒剥离情况的概率增加。

15.2.2.3 为什么不能使用河砂和海砂

河砂是天然石在自然状态下，经水的作用力长时间反复冲撞、摩擦产生的，其成分较为复杂，表面有一定的光滑性，杂质含量多，不适合丙烯酸涂料使用。

海砂经过机械搬运（水力）富集而成，含盐量较高，其中贝壳类含量也不可忽视，属于轻物质，其主要成分是$CaCO_3$，表面光滑，强度低，易沿节理错裂，不适合丙烯酸涂料之用。

15.2.3 胶乳跑道用橡胶颗粒

具体参见第4.6节。

顺便说一句，欧盟之所以对轮胎设置苛刻的多环芳烃限值，部分原因是对“一米污染”的考量，即轮胎摩擦时产生的含有多环芳烃的污染物能漂浮至距离地面一米高的空中，而这一高度恰恰是青少年鼻子的高度，多环芳烃污染物被青少年吸入体内，长期积累会成为危及健康的隐患。

在本书第4章中介绍的胶乳跑道吸震层中所用SBR或EPDM颗粒的粒径基本是1～3 mm的，但在实际工程项目中，有用2～4 mm、3～5mm的，甚至3～6 mm的。这里有两点要说明：一是不能仅仅看粒径大小，还要了解究竟是最大粒径还是最大公称粒径，事实上最大公称粒径为3mm的1～3 mm的胶粒和最大粒径为4 mm的2～4 mm的胶粒在粒径分布上相差并不大；二是有些胶乳跑道会使用大粒径的颗粒，一方面项目是针对特定客户铺装的硬度偏软的跑道，另一方面大颗粒内部空隙率大，有利于水性跑道黏合剂的充分包裹和黏附，也有利于水分的挥发和黏合剂的彻底固化。美国Action-Track Vented Latex胶乳跑道施工时第一、二层摊铺3～6 mm的颗粒，第三层摊铺2～5 mm的颗粒，最后一层摊铺1～3 mm的颗粒，可见所用颗粒粒径层层缩小，层层密实，层层平整。

15.2.4 水泥

丙烯酸系统的结构层中，一般只有在积水修补或使用聚合物水泥型密封底料时需要添加普通硅酸盐水泥，以期进行一次性、大厚度的积水补平作业或提升涂层的机械强度。一般建议使用P. O 42.5普通硅酸盐水泥，但是结团、硬化或失效的水泥千万不能使用！

第16章　丙烯酸涂料常见涂装工艺及通用施工工艺

丙烯酸涂料产品系列众多，涂装工艺各有相同，但还是存在一些共同的通用施工工艺，且这些通用的施工工艺在每一层涂层的施工方案中都会出现，为避免后面介绍丙烯酸涂料施工方案时文字拖沓，我们特立一章，在简单介绍常见的几种涂装工艺之后，对刮涂工艺中通用施工工艺的特点和要点提前交代清楚。在之后的施工方案的章节中则一带而过，不再赘述。

16.1　名称统一

首先有必要统一施工中反复出现的一些工序、流程、现象或状况的称谓或叫法，避免不必要的误解。本书的有些称谓可能和其他专业涂料书籍中的不一样，更贴近销售人员和施工人员平常工作中的口头说法，毕竟本书不是涂料方面的学术书，如此使用旨在让受众能看得明白，看得亲切。

16.1.1　物料配置、施工物料、施工混合料

丙烯酸涂料是个集体名词，里面包含各种功能不同的涂料产品，这些产品在施工现场都是要与石英砂、清水等组分按一定比例要求进行配比，这个过程称为物料配置。丙烯酸涂料、石英砂和清水都被称为施工物料或物料，这些施工物料按比例要求配置分散搅拌均匀后形成的混合料，被称为施工混合料，简称施工料或混合料。

16.1.2　施工混合料的倒料

在实现刮涂工艺时，要将施工混合料浇倒于待刮涂的基面上，以便刮板作业，这个动作就叫施工混合料的倒料，实际工作中一般直截了当简称倒料。“倒”字意思为把容器反转或倾斜以使里面的东西出来，如倒茶、倒水等。“倒料”这个词还是能表达出这个施工动作的要领的，所不同的是，倒茶、倒水的重点在“倒”这个动作上，倒出来就行了，而倒料则更看重“倒”之后“料”在基面上的分布效果。

16.1.3 带状堆料

涂布是倒料后施工料将在基面上形成一个带状的堆积料带，称为带状堆料，简称堆料。顺便说一下，其他涂料书中的堆料指的是一种缺陷，和本书中脊背线是一个意思。

施工料通过倒料形成带状堆料，带状堆料就是“倒”的效果要求，即一个条带状、厚度适中、宽度均匀且和刮板长度尺寸相匹配的一种施工料被刮涂前的暂时状态。带状堆料的均匀性、规整性越好，越有利于刮涂作业；歪歪扭扭、断断续续、时厚时薄、犬牙交错的堆料会极大地增加刮涂的工作强度，为达到均匀涂布的目的，施工料被刮涂的次数将增多，失水更多，易生拖带，影响施工的流畅性和涂层的完工质量。

16.1.4 刮涂条带

带状堆料或堆料被刮板刮开后就形成了刮涂条带，也就是我们所说的湿涂层了。倒料技术好，刮涂条带也会非常有规则，表现为刮涂条带宽度均匀、条带基本呈直线，外观纹理上非常有序规整。

16.1.5 脊背线/山脊线

刮涂时含砂施工料从刮板上端溢出形成的脊背状线形微小凸起，就是脊背线或山脊线，这是一种涂层表面不均匀、不平坦缺陷，有些涂料书称之为堆料。脊背线中的石英砂含量较高，其高度和宽度尺寸差不多，且一般是毫米级的，但长度远远大于宽度。

16.1.6 施工

将液态的丙烯酸涂料变成固态的丙烯酸涂层的过程，就是所谓的施工。“施工”这个词比较空泛，在涂料行业还有些更有针对性的描述涂料施工的词，我们也略加介绍。

16.1.6.1 涂装

涂装是个系统工程，包括涂装前对被涂物表面的处理、涂布工艺和干燥三个基本工序，但狭义的涂装就是指涂布工艺。

16.1.6.2 铺装

广义地说，铺装也是个宽泛的概念，包括地面铺装、墙面铺装等，主要包含基面处理、材料铺贴等。在运动场地行业，铺装一般是指对一类不具有流动性的、作业厚度较大的地面材料的施工，这个过程包括两个动作：一是先把材料展开和摊平，这个是“铺”；二是把材料安装好，这个是“装”。比如，透气型塑胶跑道的 10 mm 厚的吸震层的施工，就是先将颗粒层摊匀，这个是“铺”，然后再压实，这个就是“装”。

16.1.6.3 涂布

涂布是将糊状聚合物、熔融态聚合物或聚合物溶液涂于纸、布、塑料薄膜上制得复合材料膜的方法。从这个定义出发，但凡是零或低 PVC 的涂料的施工都可称为涂布，如底油、罩光清漆的涂布等。但实际上，我们也常用“涂布”来表述运动场丙烯酸涂料其他结构层的施工，虽然不精准，但也不会引起误解。

16.1.6.4 刮涂

刮涂是对使用刮板施工工艺的一种称呼，是丙烯酸涂料在运动场地行业最主流、最重要、最广为接受、工作效率最高、质量效果最好的一种施工工艺，可以说几乎所有流体状的施工料都可采用刮涂工艺。

16.1.6.5 喷涂

喷涂指的是使用有气喷涂或无气喷涂设备进行施工的工艺，对高黏度的含颗粒物的材料和低黏度的流体状材料均可施工，如塑胶跑道 EPDM 耐磨层的喷涂、跑道罩面漆的喷涂，丙烯酸终饰面层也可以使用无气喷涂机喷涂作业。

16.2 丙烯酸涂料常见涂装工艺

丙烯酸涂料常见的涂装工艺主要分两大类：手工涂装类和机械涂装类。

16.2.1 手工涂装类

手工涂装类主要有刷涂、滚涂和刮涂这三种工艺，但最主流、使用最普遍的是刮涂工艺，上面介绍的丙烯酸球场系列、轮滑系列、绿道系列和停车场系列都适合使用，本书后面所讲述的施工方法若无特殊说明都是采用刮涂工艺的。

16.2.1.1 刷涂法

刷涂是最简单常用的方法，就是用漆刷蘸取涂料在基面上进行涂布，适用于小面积或边角旮旯等区域。涂布时不产生漆雾和飞溅，材料不会浪费，但是工作效率低、劳动强度大。在运动场地面材料涂装工程中，一般在标划宽度 50 ～ 100 mm 的界线漆时会用到刷涂法，或涂层表面微小破损修补也会用到。

刷涂法操作时应注意：

（1）漆刷蘸取涂料时刷毛浸入涂料深度不应超过毛长的一半，提刷时应顺着料桶内壁或桶口边缘轻轻抹一下去除多余的料。

（2）涂布时漆刷与基面的角度应保持 45°～ 60°之间。

（3）漆刷应该使用羊毛刷等质地柔软的刷具，不能使用猪鬃毛刷等硬毛刷。硬毛刷容易在涂层表面留下刷痕，影响美观。

16.2.1.2 滚涂法

滚涂也是个常用的施工方法，是用滚筒蘸取涂料在基面上进行涂布，效率比刷涂高，材料基本也没什么浪费，也不像喷涂法那样产生漆雾四处飘散，对施工人员和环境产生危害。

滚涂法适合较大面积的平坦基面作业。

一般选择使用中、短毛的滚筒，因为短毛的蓄料量相对较少，适合厚度较薄和纹理较浅的单层涂层的施工。

滚涂法操作时应注意：

（1）滚筒使用前可用胶带将表面松散的毛黏附去除，然后将滚筒浸入干净的清水中浸透后取出，再将滚筒吸附的水分挤干甩干，最后放入料桶中蘸取涂料，第一次蘸取时浸泡时间要稍久一些，然后从涂料中提出滚筒在上方桶壁上或料桶口边缘挤压或抹压滚筒将吸附的涂料挤掉后，再放入涂料中浸泡，反复两三次，确保滚筒内外黏附涂料均匀，而不是外面是涂料，里面几乎是水分！

（2）滚涂时，先将滚筒按“M”字形轻轻地滚动布料，主要目的是将涂料先做大体上的分布，然后再滚涂均匀。（图 16－1）刚开始时，蓄料量大，持柄力度应松弛，不要太过用力，速度要慢，避免滚筒中的蓄料过早过快溢出而增加涂布的工作量，但随着蓄料量的减少，持柄力度要加大且速度要加快，以保证剩余的蓄料量能出料。

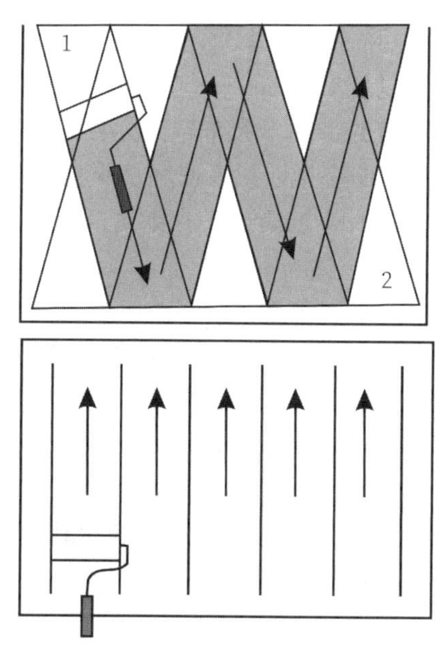

图 16－1　滚涂法涂布示意

（3）滚涂法做最后一道涂装时，滚筒务必要按一定的方向滚涂，这样尽可能保证完工后表面色泽均匀、纹理一致、减少滚筒痕迹。最好是两人配合施工：一人负责纵向滚涂，一人负责横向收口。

16.2.1.3 刮涂法

刮涂法应该是丙烯酸涂料施工最主流的施工方法，目前被广泛采纳使用，盖因其施工工具简单，便于携带，基本都是DIY，工作效率高，也无材料损耗和浪费。

在涂料施工工艺中，刮涂法被定义为使用金属或非金属刮刀，对黏稠涂料进行厚涂的一种施工方法。具体到运动场地丙烯酸涂料的施工这块，刮涂法可以简单理解为：以不同厚度和硬度的弹性橡胶板作为刮板（习惯将刮刀称为刮板），对密度、黏度不同的各类丙烯酸施工料进行涂装的施工方法，其核心施工工具——刮耙是由金属（或木质）手柄和胶刮板组成，外观呈“T”字状。实际上，绝大多数施工人员都是直接把刮耙简称为刮板，所以刮耙和刮板在本书中也是一个意思，不加区分。

13.2节对刮板有较详细介绍，后文我们会对刮板使用的一般技巧稍加介绍。

16.2.2 机械涂装类

在丙烯酸运动场的施工工艺中，机械涂装类包括空气喷涂和无气喷涂这两类，在跑道的铺装中用得相对普遍，在其他丙烯酸涂料的施工中虽然可用，但实际用得也不是特别多。虽然喷涂的作业效率高，但材料雾化程度高，施工时飘散挥发的多，损耗大，作业环境环保性不足，加上设备相对太大，携带不方便。

16.2.2.1 空气喷涂法

空气喷涂就是有气喷涂，是依靠压缩空气气流，在喷枪的喷嘴处形成负压，将涂料从储料罐中带出并雾化，在气流的带动下涂布到待涂装物表面的一种施工方法。其原理是将压力为0.3～0.4 MPa的压缩空气以很高速度从喷枪喷嘴流过，使喷嘴周围形成局部真空，当涂料进入该真空空间时，被高速气流雾化，喷向待涂装表面，形成涂膜。

16.2.2.2 无气喷涂法

无气喷涂和空气喷涂的原理不一样，它是使涂料通过加压泵被加压至14.71～17.16 MPa后，以100 m/s的高速从细小的喷嘴（ϕ 0.17～0.90 mm）喷出。高压涂料离开喷嘴到达大气后，随着高压的急剧下降，涂料剧烈膨胀而分散雾化，高速地覆盖在待涂装表面。因涂料雾化不用压缩空气，故称为无气喷涂。

无气喷涂最明显的优点是作业效率高，喷涂时漆雾比空气喷涂少，涂料利用率高，也减少了对环境的污染，消除了因压缩的空气中含有水分、油污、尘埃杂质而引起的涂膜缺陷。

无气喷涂的不足之处是操作时喷雾的幅度和出漆量，必须更换喷嘴才能调节。

16.3 通用施工工艺

刮涂工艺是使用程度最高的，故本节还是以刮涂工艺为核心介绍相关的通用施工工艺。丙烯酸涂料的刮涂不外乎由以下步骤组成：物料配置、物料搅拌、施工混合料的倒料、施工混合料的刮涂。各系列产品在物料组成和配置上自然不会千篇一律，而是有着随功能不同、产品不同而产生的差异，在刮涂环节上也是形同神略有不同的，但在物料搅拌和施工混合料浇倒这两个环节具有基本一致的共性。因此，我们先把共同的流程提前讲解清楚，在之后介绍各系列产品的施工工艺时则着重笔墨于差异之处，相同的工艺流程则一笔带过，避免行文拖沓累赘。

16.3.1 物料搅拌

组成施工混合料的各物料依照比例要求准备好之后，下一道工序便就是要将各物料混合分散均匀，也就是我们在工地上及平时口头上常说的搅拌。由几种物料组成的施工混合料的充分分散均匀是达到良好施工性和高质量成膜的前提和必要条件。

16.3.1.1 搅拌的基本知识

1. 什么是搅拌

搅拌，也可称为混合，是指通过钻类设备带动搅拌器旋转、向搅拌槽内液体输入机械能，造成适宜的流动场，使两种或多种不同的物料达到均匀混合的操作。

简而言之，搅拌的目的就是使被搅拌物料各处达到均质混合状态。

2. 搅拌设备

水性丙烯酸涂料属于非高黏度、易分散的体系，故施工时所要求的搅拌设备也相对简单，主要组成包括：

（1）钻类设备。电钻、充气钻、电锤等均可，功率 1000 W，最高工作转速不高于 800 r/min。

（2）搅拌器。由搅拌轴和桨叶组成，搅拌器头部的形状和规格要和钻的接口匹配，桨叶是核心部件，其形状直接决定搅拌时液体的流动趋势和方向。桨叶形状多样，从功能上大致分为轴向流桨（如推进式螺旋桨）和径向流桨（各种直叶、弯叶涡轮桨，通常带圆盘的）。

（3）搅拌槽。施工现场的搅拌容器一般都是就地取材，不会像涂料生产车间有那么多严格的技术要求。最常用的就是直接使用地坪材料的包装铁桶，这类铁桶体积为 200 L 左右，直径约 60 cm，高度约 90 cm，故搅拌器的长度、桨叶的大小都要和这种铁桶尺寸相互匹配。铁桶内部要洁净无锈迹，表面无污染物黏附，最好在桶身上下不同位置敲打几处程度不大的凹陷，可以起到挡板作用，消除液体的打旋现象，使被搅拌的液体上下翻腾，被混合得更加彻底。

3. 搅拌器桨叶产生的三种基本流型

搅拌器一旦旋转开来，带动搅拌槽里液体流动，有以下三种基本流型：

（1）切向流（图 16 - 2）。出现这种流型时，流体在桨叶机械力的作用下绕轴做旋转运动，流速高时液体表面会形成漩涡，即流体打旋，流体主要从桨叶向四周散去，卷吸至桨叶附近的流体量很少，在垂直方向的运动幅度小，故流体混合效果是很差的。

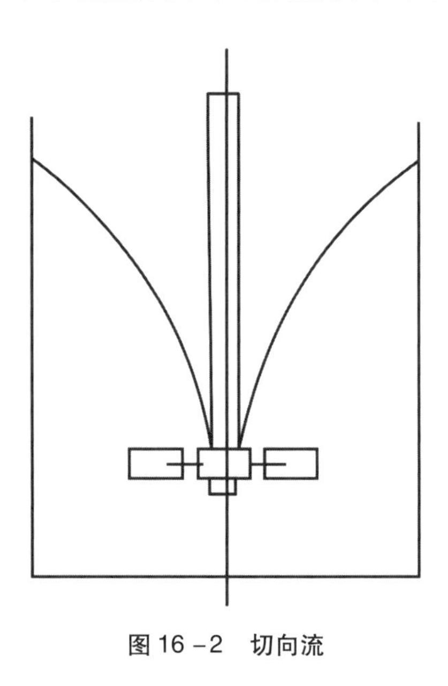

图 16 - 2　切向流

（2）轴向流（图 16 - 3）。液体流动方向平行于搅拌轴，流体由桨叶推动，使流体向下流动，到料槽底部再向上翻，形成上下循环流。

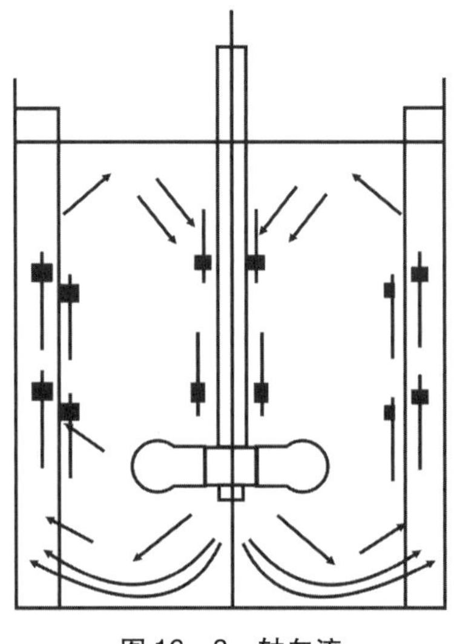

图 16 - 3　轴向流

(3) 径向流(图16-4)。液体流动方向垂直于搅拌轴,沿径向流动碰到槽壁面,分成两股流体分别向上、向下流动,再回到叶端不穿过叶片,形成上、下两个循环流动。

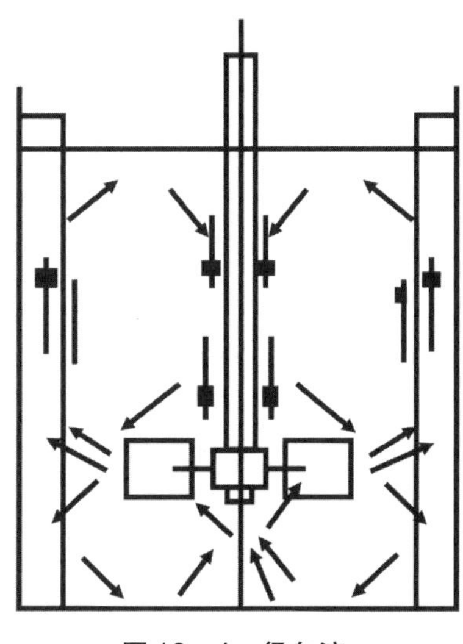

图16-4 径向流

这三种流型通常可能同时存在,其中轴向流和径向流对混合起主要作用,而切向流是应该加以抑制的,一般通过加入挡板来削弱切向流,增强轴向流和径向流。简单地说,搅拌器的转动在搅拌槽内形成一个循环流动,达到大尺度的宏观混合,可以称之为总体流动;高速旋转的桨叶及其射流核心与周围流体产生强剪切以实现小尺寸的均匀混合。

还要强调一句:液体不是被桨叶直接打碎打散的,而是靠高剪切力场撕碎的。有些施工师傅可能有这样的经验:有些小作坊生产的丙烯酸涂料开桶后发现质地粗糙,微粒物多,不论搅拌多长时间(现场搅拌设备功率有限且固定),微粒物始终存在,就是打不散,能在体系中分散得很均匀,这时发生的就是总体流动均匀性可以保证,但剪切强度不够,不足以打散微粒。

16.3.1.2 物料搅拌

搅拌看似简单,但如同跑步,看起来谁都会,但真正懂得科学合理跑步的人其实少之又少。手指一扣开关搅拌机就会转动,搅拌也就开始了,但并不意味着操作是正确的,所以关于搅拌还是有些要点须加以注意的。

1. 搅拌速度

水性丙烯酸涂料并不属于高黏度产品,分散难度并不大,我们所要重视的就是既要通过合理的搅拌让各个物料彻底均匀混合,同时也要避免出现对后续材料良好施工性及固化后涂膜质量带来负面影响的因素。

一般来说,被搅拌的材料大致分为两类:含砂类(如丙烯酸平整层、纹理层等,对于胶乳跑道而言就是含橡胶颗粒的）和非含砂类（底油，丙烯酸面层、罩面清漆等）。对于非含砂类的，搅拌速度控制在500～600 r/min；对含砂类的，搅拌速度则以不超过800 r/min为宜。宁愿用较长的时间进行轻缓搅拌（只要能提供足够的剪切强度就可以），而不要加大搅拌速度进行快速高强度搅拌。快速高强度搅拌的现实和潜在的危害如下：

（1）泡沫增多。快速搅拌时，被搅拌液料表面空气流动速度加快，由流体流速和压力的关系可知，液料表面的空气压力会变小，而距离液料表面较远的上部空气压力较大，如此便形成了压力梯度，产生压力差。在这个压力差的作用下，液料表面的空气就有可能被卷入液料内部形成大量的泡沫。泡沫对于水性涂料来说可不是什么好东西，在生产时都是添加消泡剂来消除的，在施工环节更要尽力避免的。过多的泡沫会破坏材料混合的均匀性，同时由于水性涂料中存在稳泡的因素和机制，还难以完全彻底地自动消泡。另外，搅拌料所富含的泡沫在刮涂后仍不能快速破裂的话，最终会在固化的涂层表面形成爆孔。爆孔是一种涂层表面缺陷，虽然不影响使用功能，但却会对涂层的一致性、整体性、连续性和美观性带来负面影响。

（2）对搅拌料黏度的影响。水性丙烯酸涂料属于非牛顿流体类的假塑性流体，其特征是黏度受剪切力大小和作用时间的影响，剪切力越大，作用时间越长，黏度就会越来越小，直至小到某一基本恒定的数值不再变化。故高速搅拌会让搅拌料的黏度快速降低。涂料的施工性是需要一定的黏度来配合实现的，黏度太大，流动性就差，材料稠重，无法均匀刮涂；但黏度也不是越低越好，黏度过低会导致固体颗粒物如石英砂、橡胶颗粒的下沉，反而不利于材料施工前的均匀分散，更不要说达到良好的施工性了。

（3）对丙烯酸树脂的影响。高速搅拌实际上就是向被搅拌液体传输机械能，施加一个强度很大的剪切力。剪切力除了有促进物料充分混合积极作用，消极作用也不能被忽视，这些消极作用主要表现在：①材料破乳。过于强劲的剪切力会破坏树脂乳液乳胶粒子表面的双电离层和空间位阻，导致乳胶颗粒絮凝、返粗、沉淀，从而破坏材料的均匀性和稳定性。②高分子链断裂。强烈的搅拌，可能会使部分树脂高分子链断裂，影响成膜物质的稳定性，从而对固化后的涂层质量产生影响。③引发一些小规模的化学反应。剪切力传递来的机械能使树脂高分子所处的环境在温度、能量上发生变化，这些变化有可能促进了高分子中部分官能团的活化而发生化学反应，同样会对成膜物质的稳定性造成影响。

（4）对着色颜料的影响。着色颜料颗粒的表面吸附有润湿分散剂等，对其均匀分散于液料体系中起着至关重要的作用。但如果剧烈搅拌，强大的剪切力可能会让吸附于着色颜料颗粒上的助剂产生离心现象，从而从着色颜料颗粒表面脱落，形成脱附，造成着色颜料颗粒的聚集与絮凝，由此便可导致涂层固化后的浮色和发花现象。

综上分析，我们就会明白搅拌速度的合理适中是多么重要，转速过低，切向流占主体，轴向流和径向流不足，物料难以被分散均匀，搅拌时间再长也无济于事；转速过快，则会带来上述种种不利的影响。总之，要采用最适合的搅拌速度在产生合理流型和抑制负面影响之间取得平衡。对于水性涂料而言，500～600 r/min是比较理想的转速区间，大部分丙烯酸涂料在此转速下均能很好地被分散且基本无不利影响。

2. 搅拌技术

将表面洁净的搅拌器从搅拌槽中央位置轻轻插入液料中至适合位置，打开开关，慢慢调升转速直至液料形成明显的径向流和轴向流，即液料产生明显地上下翻滚，保持这时的转速不变搅拌 3 ～5 min，在此过程中可上下缓慢移动搅拌器，上升时要避免搅拌槽中央形成最大的漩涡和液体飞溅，旋涡的出现表明液料在绕轴打旋，是明显的切向流，不利于材料的分散；搅拌器缓缓下降时则要避免材料表层静置不动或流动速度极慢。

搅拌器分散盘的半径一般较搅拌槽半径小，这会导致搅拌槽边缘位置的液料受到的桨叶传递过来的能量较少，使桨叶附近和搅拌槽边缘的液料存在速度梯度。换句话说，槽边缘的液料流速慢，主要以切向流的形式运动，实际就是材料“打旋”，这对充分混合是没什么作用，是应该被抑制的。同时考虑到施工现场所用的搅拌槽大多时候都是包装材料的大铁桶，自然不会具有挡板功能，因此，搅拌不能只是在大铁桶的中央位置发力，而要将搅拌器移至偏离中央、靠近铁桶边缘的位置进行搅拌，这一搅拌位置的更改就是要使边缘的液料运动流型从切向流转变为更利于均匀混合的轴向流和径向流。同时可以让搅拌桨叶做恒星运动：一方面自转，另一方面沿着搅拌槽边缘做螺旋式圆周运动。中央位置搅拌促进整体流动，边缘位置周转促进边缘液料的翻腾融入，以达到均匀混合的目的。

搅拌结束后，必须先关闭开关，待搅拌器彻底停止后再从液料中缓缓取出，在桨叶完全脱离液料后但整体还在搅拌槽中时，可以较慢速度转动桨叶使搅拌杆和桨叶上黏附的液料飞离下来进入槽内，这样一方面降低材料的损耗，另一方面减少搅拌器清洁的用水量。

16. 3. 2 倒料

在搅拌槽内完成均匀分散后便是可以刮涂的施工混合料了，混合料要浇倒在待施工面上后才能进行刮涂作业。

16. 3. 2. 1 什么是倒料

倒料就是将已经混合分散均匀的混合料沿施工场地的某一方向（长度或宽度方向）、自某一端开始倒成长条形堆料，为后续的刮涂做好材料上的准备。长条形堆料的整体要求是宽度均匀、厚度基本一致，尽可能避免厚度不等、宽窄不一。

倒料常用的不外乎两种方法：一种是人工提桶倒料，即用 20 L 左右的塑料桶从搅拌槽中取料送到施工现场后，一手提桶把手，另一手托住桶底使桶口慢慢倾斜出料，随着桶内混合料的减少，桶口倾斜角度也要慢慢匀速增大尽可能保证堆料连续，浇倒成一个均匀形状的长条形堆料，避免断断续续、时有时无，给刮涂工艺增加调整的负担；另一种是使用小推车完成倒料，将配有出料阀门的料桶置于小拖车上，一般料桶 50 L 左右，打开阀门，匀速推行小推车使之在所过之处浇倒均匀的混合料长条形堆料，有时小推车还坐着一个专门控制出料阀门的工人以精准控制出料量。

人工倒料需要熟练工人操作，否则倒出来的堆料宽窄不一、厚薄不均，刮涂时需要不断反复调整，有些地方要多次刮涂才能刮匀刮平，这不仅增加了工作强度，湿膜多次被刮也会造成失水、滞重和拖带；第二种方法简单易操作，只要推进速度控制好，浇倒的堆料就有很好的均匀性，极大地方便刮涂作业。一句话，倒料也是一个技术活，是有讲究的，倒料倒得好能极大地降低刮涂的劳动强度，乃至对最终完成面的美观程度起到不可小觑的作用。

16.3.2.2 堆料的长度

场地有长宽之分，长短之别，考虑到水性涂料的特性，那么刮涂的长度是不能由着性子想怎么来就怎么来。刮涂长度太短，则刮涂折返频繁，收边任务重，增大劳动强度；刮涂长度过长，会导致材料不均匀失水，引发刮涂困难、涂层粗糙、刮痕明显等问题。大多数水性涂料的有效湿搭时间是有限的，错过这个时间段，前后刮涂的刮涂条带间交接处的材料就没有充裕的时间进行相互扩散、交换和融合，继而出现与刮涂方向平行的条纹就不可避免了。这个条纹就是我们平常所说的刮痕或水痕，但这个问题不是刮板或水引起的。

根据材料特性、施工时大气温湿度条件，堆料长度一般在 20 m 左右比较适合，这个长度不仅是符合混合料材料性能的理想的倒料长度，也是最能匹配刮涂速度的长度，堆料长度要配合到刮涂的速度，做到“刮板不等料，材料不久躺”，真正在有效的湿搭时间内将堆料刮平刮匀。

16.3.2.3 堆料的宽度

堆料的宽度主要是由刮板的长度决定的，堆料最终是靠刮板的机械力在基面上展铺开来的。堆料的宽度一般以刮板长度 1/3 ～ 1/2 为宜，当然还要考虑堆料的厚度。堆料宽度大于刮板的长度的话，堆料上部分被刮涂时，其下部分还躺在基面上等待刮涂，这就造成堆料下部分会在基面上因较长时间的滞留、水分挥发、重力作用等因素导致混合料流动性降低、拖带感增加，夏季高温时施工就尤为明显。同时，因堆料太宽、材料太多，需要反复刮涂将多余的材料刮涂到更远的地方去。堆料的宽度太窄的话，部分刮板可能会产生空刮，既降低工作效率，又增加不必要的刮板磨损。

16.3.2.4 堆料和湿涂层的对接

混合料倒在基面上后，由于材料本身具有一定的流动性，它会向两侧适当流动扩展。所以，倒料时要根据混合料的黏度来判断堆料的中心位置距离它上边刚刚刮涂完的湿涂膜的距离，以堆料侧向流动时能基本接触到湿涂层最为理想。

综上，倒料是个经验性的活，做久了就会明白怎么做是最适合的，没什么放置四海皆准的准则，它也和材料特性、施工气候条件、施工人员的施工技巧和特点等有关。

16.3.3 涂料的刮涂

刮涂工艺是运动场地丙烯酸涂料涂装的最主流的施工工艺，作为多层结构的丙烯酸涂层系统，其各个结构层在材料配置、施工混合料的密度及黏度上各有不同，但使用刮板施工的基本原则和要求并没有什么大的不同，刮涂质量依赖于刮板的质量和刮涂技艺。

16.3.3.1 刮板的选择

工欲善其事，必先利其器。想干好一件活，必定要有适合的工具，否则就是近乎无米之炊了。刮涂工艺中最核心的工具就是刮板，刮板本身结构简单，但选择一把好用的刮板也是个技术活，好的刮板能有效地减少涂层上的刮痕，具体要求如下：

（1）刮板材质。一般采用硅橡胶为刮板。

（2）刮板硬度。橡胶的邵氏硬度一般在 50 ～ 70 之间比较适合，施工人员也可以根据施工料的稠重程度自行选择适合自己的使用的硬度。

（3）刮板宽度。一般以 60 ～ 80 cm 宽度为宜，当然，刮涂还是一项个性化的活，一切以自己顺手、舒服为主。

（4）刮板重量。刮板可以配置金属把柄，也可配置木质把柄，施工师傅可根据个人特点选择适合自己的把柄，甚至根据刮涂材料黏稠性的不同选择不同重量的刮板。

16.3.3.2 刮涂工艺的一般技术要点和技巧

（1）持柄角度和基面成 60°比较适宜（实际还要取决于手柄和刮板之间的角度）。

（2）持柄力度随丙烯酸施工料的密度、黏度、含砂量的不同应做相应的调整以期达到理想的刮涂效果。

（3）刮涂作业前，务必要配置足够多的材料，避免刮涂到尾端。发现所配材料不够，要重新配置材料，待配好后，之前已刮涂的涂膜已经失去流动性了，这样前后刮涂的刮涂条带的交接处就必然有一道硬接口，形成明显的线性刮痕。

（4）持柄前行要速度均匀，切忌过快或过慢、忽快忽慢。

（5）永远都不要把堆料刮得太过干燥，也就是说，对同一堆料不要反复来回地多次刮涂。

（6）刮涂时相邻两刮涂条带必须要有充分有效的湿搭重叠，重叠宽度以刮涂条带宽度的 1/4 ～1/3 为宜，湿搭宽度能保持一致的话，将是涂层表面美观的有力保障。

（7）刮涂作业时，应当使用刮板宽度的 1/4 来拉动堆料，不要一次性拖拉太多的材料，否则很难保证涂膜厚度的均匀性。

（8）刮涂时要避免施工料从刮板的上端溢出形成脊背线或堆漆线。

（9）不要把湿的刮板放在干热的涂层面上，我们常常会在完工后发现透过面层还能清晰地看到下面刮板留下的线性痕迹。

（10）同样道理，刮涂作业时穿湿鞋也会出现和上面类似的问题，绝对不要脚踩在堆料中一边走动一边刮涂。

第17章　安全施工

类似膏状的丙烯酸涂料变成坚固耐用的丙烯酸涂层的这一涂装过程中，安全问题不可忽视。虽然丙烯酸涂料本身是水性、环保、无毒和无臭的，但涂装过程中涉及的材料的临时储存、施工工艺的选择、施工人员的健康安全防护及施工过程中对环境危害的严格控制等都应该得到足够重视。

17.1　材料安全

水性丙烯酸涂料按照现行国内国际的相关标准都不属于危险品，其自身是环境友好型的，但在施工环节对于材料的安全使用仍有注意事项。

17.1.1　防冻防晒保护

待施工的丙烯酸材料既要避免受冻，又要避免直接置于阳光下暴晒。冬日低温时需要移入室内防冻，夏日高温时若不能置于室内放置，起码也要覆盖彩条布之类的遮盖物避免暴晒。

丙烯酸材料的正常安全储存温度最高不超过60 ℃，最低不低于4 ℃。关于丙烯酸涂料在高低温条件下储存有可能发生的变化，参阅本书第1.3.2.4小节。

17.1.2　临时储存

丙烯酸材料储存时必须紧固密封盖且桶盖朝上垂直放置，避免材料泄露。丙烯酸材料本身稳定，储存期间不会发生有害的聚合反应，但要避免和强氧化剂接触，如硝酸、高锰酸等。

17.1.3　防火

含碳、氢的化合物及其衍生物，其热稳定性差、容易燃烧，原因是碳和氢容易与氧结合而生成能量较低的水和二氧化碳，所以，绝大多数的有机物受热容易分解且容易燃烧。

丙烯酸涂料基本都具备一定的阻燃特性，但实际上大多数聚合物都是可以燃烧的，如聚苯乙烯、环氧树脂、丁苯橡胶、乙丙橡胶都是很容易燃烧的材料。丙烯酸涂料燃烧会产生一些略有刺激性气味的气体及 CO，尤其储存于室内的丙烯酸涂料，燃烧后可能会使人昏迷、窒息，但基本不会对环境产生大的危害。如果含有 SBR 或 EPDM 橡胶颗粒的丙烯酸弹性料发生火灾，橡胶颗粒的燃烧除会生成 CO、SO_2等有毒气体外，还会产生少量具致癌性的多环芳烃——3，4-苯并芘，会对人体及环境构成危害。

对于丙烯酸涂料的燃烧，可使用多种灭火方式，如喷水、泡沫灭火器、干粉灭火器等。

17.1.4 使用安全

施工中已开桶但尚未用完的丙烯酸涂料必须拧紧桶盖，避免水分大量蒸发导致表层结皮；施工结束后未用完的丙烯酸涂料应及时密封、移入室内存储以待后用；对已配置搅拌好但尚未用完的丙烯酸混合料更应及时密封入库并尽快使用，避免过久放置过程中因温湿度及光氧条件的变化或材料在配置搅拌过程被污染而诱发涂料发霉发臭甚至变质。

17.2 施工人员健康安全

丙烯酸涂料本身是水性环保材料，不会对人体和环境产生危害。但由于采用的施工工艺不同，施工现场的安全等级会不一样，如采用喷涂工艺时、雾状涂料会弥散于施工环境之中，再加上由于运动场地种类繁多、地面要求复杂，有时为满足某些特殊功能要求，会对丙烯酸材料进行适度交联处理，在施工中会添加一些促进剂或者交联剂等，这些材料不排除会存在毒性。在施工过程中务必注意下列安全事项：

（1）防止涂料溅入眼睛和接触皮肤。丙烯酸材料搅拌时要防止材料溅入眼睛，一旦飞溅入眼应立刻用大量清水冲洗至少 15 min，冲洗后仍有不适的必须就医；一旦接触到皮肤，要用肥皂和清水彻底清洗；如果不慎吸入体内，吸入者尚且有意识时要让其喝两杯水后马上去医院就医；如果丙烯酸材料浸湿了衣服，在下次穿着之前，衣服上黏附的丙烯酸料必须清理掉并清洗干净。建议带防水手套和眼罩搅拌材料，在通风条件不理想的情况下建议佩戴防护口罩。

（2）采用喷涂法施工时，务必全程戴口罩和眼罩，避免长时间或持续吸入喷雾蒸汽或喷涂物，其他无关人员不要靠近施工现场。

（3）施工人员施工中途要抽烟、吃饭、喝水或上洗手间之前，务必洗手，最好不要在材料储存和施工的地方吃饭喝酒。

（4）节约用水和安全电的重要性也是不言而喻的，在此就不赘述了。

17.3 环境安全

丙烯酸材料直接排放到环境中虽然并不会产生明显的恶性作用，但还是绝对避免将之随意地直接丢弃在环境之中。

工程完工后，多余的材料基本都是可以使用的，务必妥善保存以便后用，避免浪费；对于已经不能再使用的其他施工废料，绝对不能直接排入市政污水管或附近的水塘、湖泊等水体中，而应用专门的铁桶容器收集，集中专业处理。

施工中产生的丙烯酸涂料飞溅物、清洗产生的垃圾等也必须收集到一个专门的容器中，不要直接排入下水道或排水沟中，也不可丢弃在环境之中。

第 18 章　弹性丙烯酸系统的施工工艺

本章将着重讲解在第 3 章中详细介绍过的传统弹性丙烯酸系统的施工工艺，同时也会用少量篇幅简单介绍一下市面上其他几款小众非传统型弹性丙烯酸系统的施工工艺。

丙烯酸球场系列中包含弹性丙烯酸系统和硬地丙烯酸系统，主要的基础有水泥混凝土基础和沥青混凝土基础，由于篇幅有限，不可能也没必要将两个系统的产品在两种不同的基础上都完完整整地表述一遍。

前面我们说过硬地丙烯酸和弹性丙烯酸两者之间的被包含和包含关系，弹性丙烯酸里包含硬地丙烯酸所有的结构层，因此，只要将弹性丙烯酸的施工工艺交代清楚，硬地丙烯酸的施工工艺就一目了然了。同时，在水泥混凝土和沥青混凝土上，不论是硬地丙烯酸还是弹性丙烯酸，在结构上也就是在水泥混凝土上多一层丙烯酸渗透底油层而已，其他结构层全部一样。

综上，我们选择“宝力威”的弹性丙烯酸系统结构，介绍其在水泥混凝土上的施工工艺。水泥混凝土基础的表面处理参见第 12 章相关内容，只有在严格完成这些表面预处理工作后，才能着手丙烯酸材料的涂装。

18.1　丙烯酸底油层

18.1.1　丙烯酸底油的稀释

丙烯酸底油自身黏度略大，直接涂布困难，渗透性差，无法和基础形成嵌套和咬合结构，固化后基本就是形成一层薄薄的固化膜悬浮于混凝土基面上。因此，底油要和清水按一定比例配置混合搅拌均匀后以较低的黏度涂布才能达到其功能作用。

底油和清水的具体配比由底油树脂的固含量及粒径大小等因数决定，一般比较适合的质量配比为底油：清水 =10：(10～30)。

18.1.2　底油涂布

底油施工原则上滚涂、刮涂、喷涂三种工艺都可以，但实际上滚涂和刮涂更为普遍。喷涂工艺施工速度快，稀释的底油由喷嘴散发出来形成雾化液滴时体积迅速膨胀，表面积大幅度增加，在到达混凝土基面之前水分也大量挥发，落到混凝土基面后的流动和渗透性降低，导致两者之间的咬合力略差，同时喷涂作业时雾化液滴也会四处飘散，既影响施工环境，又浪费材料，还可能会出现漏喷或厚喷的现象。

滚涂和刮涂则是施加强机械力，通过刮板或滚筒拉动底油在基面展铺，产生的剪切力使底油黏度下降，更易向混凝土毛细孔中渗透，最终形成锚定力和咬合力。

刮涂作业时，刮板移动速度尽可能慢，持柄力度适度向下微微加大，以确保提供足够的剪切力和时间让底油和混凝土基础表面孔隙中的水及空气完成充分彻底的置换，同时要保证两个相邻的刮涂条带的湿搭宽度不少于 10 cm，避免出现漏刮或秃头现象。底油固化后和基础间形成嵌套咬合，能从根本上杜绝涂层出现从底材上脱皮、脱层、起泡的可能性。

还有一点需强调，水泥混凝土基础表面处理完成后，在基面尚有少许润湿但没有明水的情况下进行底油涂布将会得到最好的渗透效果，这时底油能借助水的润滑作用向下渗透。这就是水涂材料施工时要求的基面微润湿的重要性。

底油一般涂布一层就可满足功能上的需要，一般丙烯酸底油（未兑水稀释）用量在0.05～0.10千克/(平方米·层)，实际用量由底油树脂的固含量、基面粗糙程度、兑水比例等因素决定。

18.1.3　固化

在 25 ℃，相对低于85%的大气条件下，底油层2 h 左右基本表干，4 h 左右基本实干，干燥前严禁任何人或物的进入。底油层表面若有树叶、废纸或鸟粪等污染物，待底油层干燥后务必予以清除，清除时出现底油层破损的也要及时修补。

18.1.4　注意要点

（1）底油层宜薄不宜厚。

（2）遵循“基面底油湿碰湿”的原则，即底油涂布时基面要保持轻微的润湿状态。

（3）底油的补强作用。对于混凝土基础有轻微起砂现象的，可以通过渗透进入混凝土空隙中的底油完成起砂问题的适度补强任务。

（4）底油层固化后必须在同一天完成下一道涂层的施工，不建议将底油层裸露在外太久，因为裸露越久，被污染的程度会越严重。

18.2　丙烯酸平整层

18.2.1　物料配置

丙烯酸平整层属于含砂涂层，其施工混合料由以下物料按比例配置混合搅拌均匀而成：黑色丙烯酸平整剂、规定目数的精制石英砂和清水。这三种物料的大致质量配比为丙烯酸平整剂：60～80 目石英砂：清水 =10：（8～10）：（5～7）。绝对不能添加水泥及其他材料。

各个生产厂家的实际配方不同，对加砂加水量的要求也不尽相同，实际加砂加水量也会受到涂料自身特性、基础粗糙程度、施工时温湿度甚至施工人员的施工手法及工具等因素影响。

18.2.2 施工料的刮涂

丙烯酸平整层施工混合料是含砂混合料，相对稠重一些，沿着长度或宽度方向倒成带状堆料，刮涂时应使用邵氏硬度为 55～70 的胶刮板，持柄角度与地面成 60°左右，拉动刮板前行时要适度向下施压，自然地将堆料拖拉均匀，移动步伐适中匀速，不紧不慢，避免走板速度过快、或快或慢。正在刮涂的混合料展铺开来时要和它临近的湿涂层有宽度不低于 10 cm 重叠湿搭，湿搭时要绝对避免在走板过程中刮板上端有料溢出，溢出的料要及时用刮板收平，否则就会出现主体由石英砂组成的山脊线。山脊线破坏了表面的美观和平整，不能及时收平的话，在涂层固化后也必须用铲刀或手磨机处理平整，处理产生的碎屑必须用吸尘器或扫帚清理干净，避免基面上残留的颗粒物引发后续涂层出现缩孔。

丙烯酸平整层根据结构需要、基础特点，一般施工 1～2 层，对于在水泥混凝土基础上铺装的弹性丙烯酸系统而言，施工 1 层就可以了。顺便说一下，硬地丙烯酸因整体结构简单、厚度薄，一般至少施工 2 层才能满足需求。施工超过 1 层的，建议采用十字正交方向施工，以尽力弥补基面上微小的平整缺陷。

丙烯酸平整剂的使用量每层为 0.048～0.065 gal/m^2，实际用量受制于基面的粗糙程度、砂水的添加量等因素。

18.2.3 固化

在 25 ℃，相对湿度低于 85% 的大气条件下，平整层 2～4 h 基本表干，4～8 h 基本实干；干燥前严禁任何人或物的进入，若有树叶、废纸或鸟粪等污染物，干燥后务必予以清除，清除时出现破损的也要及时修补，为下一道涂层的施工做好基面准备。

18.2.4 注意要点

（1）刮涂长度不宜太长，以 20 m 上下为宜。

（2）避免出现山脊线。

（3）一次刮涂厚度以不超过 0.5 mm 为宜，避免大厚度施工出现表干里不干的质量问题。

（4）不要使用邵氏硬度偏低的刮板。

（5）确认每一层平整层彻底固化后才能继续下一道材料的施工。

为什么国内、国际的主流丙烯酸厂家的丙烯酸平整剂的颜色都调配成黑色呢？有兴趣的可参阅本书的附录4“丙烯酸专题小文章”之“丙烯酸平整涂料为啥总是设计成黑色的”。

18.3 基础积水位修补

由于基础结构在施工工艺上的缺陷、垫层不均匀下沉等，大多时候都会存在或大或小、或深或浅的积水位需要修补以满足场地对平整度的要求。

一般，积水位修补是放在第一层丙烯酸平整层完工后进行，详见本书第12.1.6.2小节。

18.4 丙烯酸弹性层

弹性层是整个弹性丙烯酸系统弹性特征的弹性主体和主要表现者，大多数品牌的弹性丙烯酸产品的弹性料都分为粗颗粒弹性料和细颗粒弹性料，如Decoturf、PolyWin等，也有不分粗细的，只提供一种规格的弹性料的，如意大利的Vesmaco。从弹性丙烯酸结构的设计和搭配的科学性上来分析，将弹性料细分为粗细两种，在生产上固然繁琐一些，但在实用上则要更加合理一些。粗颗粒弹性料可以利用大颗粒之间相对略高的空隙率或略低的密实度提供较好的弹性，细颗粒弹性料作为粗颗粒弹性料的协助者和配合者，一方面它能增加整个弹性层的密实度和厚度，使粗颗粒偏松软的弹性更趋密实有韧性，另一方面使粗颗粒弹性层的表面得到细腻化处理，整个搭配下来使整个弹性层在硬度、弹性和表面粗糙程度上更趋合理实用，尤其在硬度的调节上更容易实现和后续涂层的连续性匹配。

考虑到粗颗粒弹性料和细颗粒弹性料在液相配方上基本一致，在施工材料配置、施工流程、施工工具和施工手法等诸多方面也都是如出一辙，两者的施工工艺就合并在一起介绍。

18.4.1 物料配置

丙烯酸弹性料在配置上很简单，只需依照生产厂家的要求按弹性料质量的一定的百分比添加适量的清水搅拌均匀后即可施工。任何需要添加水泥的都是配方不合理的产品，强烈建议拒绝使用！至于石英砂，除了生产厂家在配方生产中添加的，在施工现场由施工人员添加石英砂的弹性料几乎均不可取。

目前市面的丙烯酸弹性料多种多样，核心的区别就是配方里面弹性颗粒的材质不同，既有传统的轮胎胎面胶 SBR 胶粉粒的弹性料，也有 EPDM、TPE、TPV 胶粉粒和软木颗粒的弹性料。采用不同的弹性颗粒，弹性料的密度也不大一样，直接导致施工时兑水比例的差异。所以一定要在施工前弄清是哪一种弹性料，严格遵循生产厂家的施工指引，避免施工惯性，以为所有弹性料的兑水量大同小异的。

不同材质的弹性料和清水的质量配置比例大致如下：

EPDM 弹性料：清水 =10：(3～4)

SBR 弹性料：清水 =10：(4～5)

软木弹性料：清水 =10：(6～7)

不论弹性料中的弹性颗粒为何种材质，它们的施工工艺基本是一致的，最大的不同体现在相同厚度时单位面积上所用材料质量的不同。

18.4.2 施工料的刮涂

弹性料的施工一般可使用平口胶刮板，但也有施工师傅喜欢用锯齿铁耙。胶刮板的硬度要适中，偏硬或偏软都不适合；锯齿铁耙的锯齿长度及齿间宽度也要根据弹性料一次性刮涂的最大厚度及弹性颗粒的粒径来设计制作。不少师傅还是习惯于全程使用胶刮板，一方面不用携带那么多工具，另一方面对胶刮板的使用已颇有心得，胸有成竹。但从实际施工的经验总结来看，一般第一层粗颗粒弹性层使用锯齿铁耙，之后的弹性层使用平口胶刮板是比较好的施工组合，具有相当的合理性。锯齿铁耙将弹性层施工料拉扒开后形成的刮涂层截面类似波浪面，施工料中的液相所具有的流平能力是无法带动大颗粒胶粒一起运动而流平的，最终可能形成一种有规则线形粗细交替的较深纹理构造。这种不均匀性对于第一层粗颗粒弹性层来说是可以接受的，甚至是非常有利的。因为丙烯酸平整层的表面虽有纹理特征，但也不会特别粗糙，如果用平口胶刮板拖拉施工料，大量的施工料会跟着刮板，贴着基面随刮板一起移动，达不到理想的“板走料留”的效果，如此，第一层粗颗粒弹性层的施工效果将大打折扣：没有厚度、没有密实度，弹性颗粒没有形密堆积而是星星点点地散布。但若使用锯齿铁耙，则齿间留料，“耙走料留”，虽有不均，但整体有料有厚度，这样的粗糙面有利于后续弹性层的施工。

将弹性层施工料倒成线形堆料后，持柄角度控制在 60°左右，此时双臂上下协调配合，呈轻松自然状；持柄力度则要细分。

第一层粗颗粒弹性料施工时，平整层的表面相对已没那么粗糙，这时要让弹性料尽可能“耙走料留”，不要“耙走料走”。若是使用胶刮板，则需略施些许力量压柄拖行，否则弹性料会因刮板拖拉力度不足而无法均匀摊铺开来。但若持柄力度过大，则又会走向另一个极端：大多数材料随刮板移动而移动，只有少部分留了下来，导致基本不产生厚度。使用的锯齿铁耙以顺势拖耙为主，无须用力压柄，利用铁耙自身重量压住材料拖行展铺。总的来说，第一层粗颗粒弹性料持耙力度相对松弛，主要任务是尽可能均匀地完成颗粒涂布，避免漏涂或“秃顶”现象，为后续弹性料的施工提供理想的粗糙基面。

第二层弹性料的施工使用胶刮板，压柄力度上要适当加大且均匀，同时刮板移动速度要更慢一些，保持慢速匀速拖料前行，目的也是让被拖刮的弹性料有较充裕的时间渗入已固化的弹性层的粗糙孔隙中，实现液态弹性料对空隙中的空气彻底的置换和表面全覆盖，形成无虚空、无空悬的全面黏结，提升弹性层的固化后的密实度和平坦性。

后续弹性料的施工基面会随着施工层数的增加越来越细致，材料用量也相应越少，刮涂时持柄力度和拖行速度要根据实际情况进行相应的微调以达到流畅施工目的。

刮板拖行时要控制刮板前端对弹性料堆料上端的全覆盖，避免刮板移材料溢，形成胶粒组成的山脊线。第一层弹性层若出现高度很低的山脊线，可通过垂直方向施工的第二层加以修整，如此一层层施工一层层完善。全部弹性料完工后仍有明显山脊线将是件很棘手的事情，因为弹性层所具有的弹性和韧性，不论是手磨机打磨或铲刀铲除都不具效率，且对山脊线周边的弹性料具破坏性。

因此，每一层弹性料固化后要整体观察一遍，看看有没有较大粒径的弹性颗粒“倔强起立”的现象，因为在固化过程中，随着水分的挥发，弹性料的体积会产生收缩，微观上乳胶颗粒的成膜过程也会对胶粒产生拉扯，加上刮板的拖拉，可能会有少许大粒径胶粒突出来或凸立于表面，为了场地的平整性，这些都是要被打磨或铲除的。

弹性料科学合理的配方设计是弹性料具有良好施工性的前提和基础。有些品牌的弹性料总是会存在每一行堆料刮到最后，甚至刮涂到中途出现液料完了但残留一堆弹性颗粒，且基本是大粒径的颗粒。这样的话，弹性料的施工性不仅没有保证，弹性层的厚度也是没法保证了，因为体现厚度的弹性颗粒的相当一部分都被当垃圾收掉了。在有些情况下通过降低兑水量能有效地控制这种固液分离的问题，但如果仍不奏效，那就是弹性料的配方不甚合理，尤其在增稠体系的设计上和弹性颗粒没有匹配好造成的。刮涂时持柄力度过大也会造成这个问题，当然，经验丰富的施工师傅是会根据实际状况适当调整的，基本不会因施工手法或技术因素造成这类问题。

弹性料的施工层数由整体弹性丙烯酸结构厚度决定，弹性丙烯酸的常规厚度有3 mm、4 mm 和5 mm，对应这三种厚度的弹性料粗细层搭配见表18－1。

表18－1　弹性丙烯酸结构厚度对应粗细颗粒弹性料层数

厚度	粗颗粒弹性料层数	细颗粒弹性料层数
3 mm	1	2
4 mm	2	2
5 mm	3	3

每一层弹性料的用量由于施工习惯、技巧的不同其实还是有蛮大幅度的变化的，如对于第一层粗颗粒弹性层，有些师傅倾向于少兑水刮涂成具有一定厚度和密实度的，故材料用量较大，那么之后的粗颗粒弹性层基本是一层比一层材料用量要少；而有的师傅喜欢始终如一，故第一层粗颗粒弹性层兑水量较大，刮涂出的颗粒稀稀落落散布于基面上，没有形成具有厚度和密实度的完整涂层，反而是营造了一个更加粗糙的表面，材料

用量并不大，但后续的粗颗粒层用量会更大，但再下一层用量又会减少。

总的来说，越在上面的弹性层较下面的材料用量要小，但并非绝对，具体还要看第一层粗颗粒弹性层采用何种施工工具，但只要单位面积内使用的丙烯酸弹性料的质量一样，最终产生的厚度就基本一样。

粗颗粒弹性料（未兑水前的浓缩料）每层使用量一般为 0. 135 ～0. 165 gal/m^2，细颗粒弹性料（未兑水前的浓缩料）每层使用量为 0. 1 ～0. 13 gal/m^2。

18. 4. 3　固化

从配方设计中丙烯酸乳液的最低成膜温度来看，弹性料的成膜温度不高，正常施工条件下 1 ～2 h 就会表干，2 ～4 h 可大体干燥。当然，实际固化时间还取决于阳光、空气流动速度、弹性料的兑水量等因素，尤其兑水量过大将大大延缓干燥速度，室内施工时更是如此。

18. 4. 4　注意要点

弹性料的施工还有以下三点务必要予以重视：

（1）必须待上一层弹性料层彻底固化后才能进行下一道的施工，可通过拇指或脚后跟压转法做简单而准确的检测判断。

（2）千万不要为赶工期，将一次性施工厚度增加，如将本是做 2 层施工的材料一次性刮涂，造成厚度过大，无法表里干透，最终只能铲除重铺，浪费材料和人力，反而拖累了施工进度。水性材料的施工要记住：欲速则不达，慢工出细活，每一涂层施工厚度宜薄不宜厚。

（3）弹性颗粒材质不同的丙烯酸弹性料密度大小不一、黏度高低不同，兑水比例相差悬殊，施工出来的弹性效果也大不一样。

18. 5　丙烯酸弹性密封层

弹性密封层是弹性丙烯酸整体结构中核心的一环，具有承上启下的桥梁过渡作用，既是整个弹性层的贴身保护卫士，也是弹性特性向上传递媒介和外部力量向下传递的减震器，更是后续丙烯酸纹理层的基面、冲击力的负荷层、缓冲层，作用显著，不可或缺。

18. 5. 1　物料配置

丙烯酸弹性密封料在生产时是不添加着色颜料的，取其本色而呈灰白色，但在物料配置时，建议按弹性密封料质量的20%～30%添加丙烯酸彩色浓缩面料一起混合使用，一方面提高混合料的施工和易性，另一方面避免色浅的弹性密封层表面对刮涂其上的丙烯酸彩色涂层在色泽上形成干扰。

因此，弹性密封层的施工混合料由丙烯酸弹性密封料、规定目数的石英砂、清水和彩色丙烯酸浓缩面料组成。这四种物料大致的质量配比为丙烯酸弹性密封料：彩色丙烯酸浓缩面料：石英砂：清水 =10：(2～3)：(9～12)：(6～8)。

绝对不可以添加水泥及其他任何材料！上述四种物料按比例搅拌、分散混合均匀后即可投入施工。

石英砂目数的选择和弹性层完成面的粗糙程度有关，也和最终完工表面的粗细有关。正常情况下使用60～80目石英砂，当密封层施工2层时，也有第一层添加60～80目石英砂，第二层是60～80目和80～100目石英砂各半。

18.5.2 施工料的刮涂

弹性密封料也是含砂混合料，较为稠重，应使用硬度稍大的胶刮板施工。第一层弹性密封料是要和弹性层亲密接触的，要确保两者之间的充分黏结，持柄力度略大，刮板速度稍慢，步伐匀速。要避免持柄力度或大或小、或松或紧，否则会形成波浪面或厚薄不均，影响平整；刮涂速度也不能忽快忽慢，这会导致弹性层基面及其内部孔隙对材料的不均匀吸收、不等量填充或不同置换时间，引发黏结强度不足、密实度不一的问题。

同样要避免刮板走动拖拉时，刮板上端口材料外溢而出现山脊线。

弹性密封层一般施工1～2层，弹性密封料（未兑水）每层使用量为0.062～0.080 gal/m^2。

18.5.3 固化

正常施工条件下2～4 h就会表干，4～8 h可基本固化干燥。当然，实际固化时间还取决于阳光照射、空气流动速度、兑水量和施工厚度等因素。

18.5.4 注意要点

(1) 石英砂添加量不能随意，过多的石英砂将增加弹性密封层的刚性，抵消弹性特征，降低柔韧性，增加在外力冲击下开裂的风险。

(2) 固化后还有的山脊线要打磨处理后并用吸尘器将碎屑吸附干净，避免基面残留大颗粒异物引发下一层涂层施工时出现缩孔。

(3) 绝对不能添加水泥！

18.6　丙烯酸纹理层

丙烯酸纹理层是含砂的彩色涂层，既是弹性密封层的覆盖保护层，又是整个弹性丙烯酸结构的耐磨层和球速主要调节层，是关键的结构层。

18.6.1　物料配置

丙烯酸纹理层的施工混合料由彩色丙烯酸浓缩面料、规定目数的石英砂和清水组成。绝对不能添加水泥及其他任何材料！这三种物料大致的质量配比为彩色丙烯酸浓缩面料：80～100 目石英砂：清水 =10：(8～10)：(5～7)。

这三种物料按规定比例配置后搅拌均匀即可施工。正常情况，纹理层使用 60～90 目石英砂来营造厚度和纹理特征。石英砂目数过大，纹理面偏细腻，表面摩擦系数下降，运动时易摔倒，安全性不足；石英砂目数过小，纹理面偏粗，鞋底和球的磨损加剧，水平球速触地前后变化大，表面耐污性差。实际施工时可根据客户需求调整石英砂的粒径及级配。

18.6.2　施工料的刮涂

丙烯酸纹理层属于含砂涂层，刮板硬度要略高，刮涂时刮板适度变形，持柄自然微微向下压柄，匀速拖行，不紧不慢，厚度一致，避免山脊线产生。纹理层属于表面涂层，故其质地、纹理和色泽必须把控到位。高温时严禁施工！高温时施工，堆料水分挥发快，分子运动加剧，湿膜中的贝纳德涡旋更趋剧烈，刮涂容易出现拖带，产生粗细不均，且会大幅降低湿搭时间，相邻刮涂条带搭接处的相互扩散、渗透和融合不充分而形成痕迹，发花、浮色、粗糙等质量缺陷也极易出现。这些表面缺陷仅依靠一两层丙烯酸罩面层是应付不了的，因此，纹理层的施工需尽可能做到平整、连续、完整、均匀一致。

纹理层一般施工两层，彩色丙烯酸浓缩面料（未兑水）每层使用量为 0.048～0.062 gal/m^2。

18.6.3　固化

正常施工条件下，纹理层 2～4 h 就会表干，4～8 h 可完全干燥。当然，实际固化时间还取决于阳光、空气流动速度、添砂兑水量等因素。

18.6.4 注意要点

（1）要杜绝山脊线的出现，因为一旦出现了，处理后也会留下的斑痕，依靠后续的丙烯酸罩面层是很难从形、色两方面给予彻底遮盖的，完成面表面瑕疵就不可避免了。

（2）3 级以上风力天气不宜施工，避免异物在固化前被风刮入，对纹理层造成损坏。

18.7 丙烯酸彩色面层

这层是整个弹性丙烯酸结构最后的一层，也是纹理层的轻微瑕疵的修复层，是真正的面子工程了，其作用是使纹理层纹理更加细腻，色泽更加均匀一致。

18.7.1 物料配置

丙烯酸面层是非含砂涂层，其施工混合料由彩色丙烯酸浓缩面料和清水依照比例配置搅拌均匀而成。两者大致的质量配比为彩色丙烯酸浓缩面料：清水 =10：(5～10)。

同样地，除了清水不要添加任何其他物料！

18.7.2 施工料的刮涂

丙烯酸面层施工混合料相对密度小，流动性、流平性更好，施工时宜使用邵氏硬度稍低一点的胶刮板，较软的刮板能适度变形以更好地贴合基面，使材料被更均匀的铺展。持柄自然，以轻松匀速的步伐带动刮板前行，相邻两个刮涂条带间至少要有 100 mm 的湿搭宽度，带状堆料一般控制在来回刮涂 2 次为宜，不要反复多次刮涂同一块材料。

丙烯酸面层一般建议只施工 1 层，过多的话有以下弊端：①会导致完成面过于光滑，摩擦力低，易发生滑倒事件；②球的飞行快、飘、滑，打球感觉差；③丙烯酸面层相对致密，会导致涂层的呼吸透气功能下降，极易引发面层起泡问题，这类问题在没有铺设防潮层的水泥混凝土上涂装的硬地丙烯酸工程中极为常见。

丙烯酸面层材料每层使用量为彩色丙烯酸浓缩面料（未兑水）0.025～0.040 gal/m^2。

18.7.3 固化

正常施工条件下 1～2 h 就会表干，4～8 h 可完全干燥。当然，实际固化时间还取决于阳光、空气流动速度、兑水量等因素。

18.7.4 注意要点

（1）3 级以上风力天气时严禁施工。

（2）涂料的兑水量一定要准确一致，避免完工后不同区域产生因配料比例不一致带来的色差。

（3）施工千万不能超过 2 层！

18.8 丙烯酸白色界线漆层

18.8.1 场地开线

依照场地标线尺寸的国际标准或相应规范及设计要求在已经完工了的丙烯酸涂层基面上将界线以两条平行线的形式用木斗线弹标出来，并用宽度约 20 mm 的美纹纸沿着平行线的外侧粘贴。务必确保美纹纸和丙烯酸基面的紧密粘贴，不能有美纹纸起皱、弯曲或分离现象。

18.8.2 界线封边

为了保证完工后界线笔直、无毛刺，正式划线之前必须进行封边处理。一般，界线两侧是不同颜色的涂层，先用和两侧相同颜色的丙烯酸涂料沿着美纹纸的内侧用羊毛刷蘸料薄薄地均匀刷涂，使之紧紧粘贴其上，其目的是将美纹纸和丙烯酸基面之间的细小空隙用同色丙烯酸材料密封住，不给白色丙烯酸划线漆任何渗漏的空间，从根本上杜绝界线边缘毛刺的出现。

18.8.3 划线

划线使用的是白色丙烯酸划线漆，无须兑水稀释，只需轻轻搅拌均匀即可使用。漆刷使用软质的羊毛刷，不能使用刷毛过硬的刷子，否则刷痕将不可避免。界线的标划也是要厚度均匀、纹理方向一致。

18.8.4 固化

白线漆一般 4 h 就干燥固化。

18.8.5 注意要点

（1）封边操作时不小心将刷漆蘸料滴到其他颜色的涂层上，应立刻用湿布轻轻拭去；若发现时滴料已干，可先用细砂纸轻轻磨一下，清理干净后用羊毛刷蘸同色丙烯酸浓缩面料轻轻点涂一下。

（2）地面温度过高时不要尝试粘贴美纹纸。

（3）失效的、过期的美纹纸不要使用。

18.9 完工养护

弹性丙烯酸系统全部涂层结构施工完毕后，建议静置养护 3 ～ 5 天再开放使用，如此可以给予涂层更加充足的时间完成完全干燥过程，涂层的质量可进一步得到保障。

附 卷材式和现铺式弹性丙烯酸施工简介

卷材式弹性丙烯酸施工简介

卷材式弹性丙烯酸在结构上和上述传统弹性丙烯酸的核心区别在于：前者的弹性层是由弹性橡胶卷材在施工现场用胶水铺粘的，后者则是丙烯酸粗细颗粒弹性料以涂料形式现场刮涂的。简而言之，两者在结构的上半部分（弹性密封层及以上诸层）完全一致，而下半部分（弹性层及以下）各有不同。

鉴于此，卷材式弹性丙烯酸的施工方法仅仅简单介绍其下半部分，而着重强调一下应注意的地方。

1. 基础处理

基础处理分基面清洁处理和基面缺陷处理，具体处理不再赘述，可参阅第 12 章相关内容。重点强调一下基面缺陷中的积水补平的重要性。卷材为均匀厚度的弹性垫材，只能就着基础实际的平整状况铺粘，无法依靠自身厚度来弥补和改善基础平整度缺陷。因此，卷材施工前必须将积水位修补至满足规范要求的平整度。

2. 卷材铺粘

（1）铺装前应将卷材运至施工工地，在做好防雨防晒保护下打开卷材外包装，静置几日，使卷材慢慢适应施工现场的温度湿度状况。

（2）根据卷材的铺粘的长度方向，在场地上以卷材宽度为间距标划安装指示线，所有安装指示线均为相互平行的平行线。强调一点：安装指示线的间距要比卷材宽度略微大几个毫米，具体要根据铺装时的季节和温湿度情况及卷材实际宽度来定。这实际上就等于为卷材预留伸缩空间，相当于具有伸缩缝的功能了。夏季高温时，可不预留或预留极小的缝宽，秋冬季施工，就要预留稍大的空间才能满足夏季的伸展之用。

（3）将待铺卷材置于场地一端，卷材的两边分别对齐两条安装指示线，在基础表面均匀刮涂一层胶黏剂，刮涂一定要厚度均匀、无秃斑、无气泡；卷材贴地的一面也要均匀滚涂一层胶黏剂，然后将卷材沿着安装指示线缓缓展开，确保不偏离安装指示线。

上面的工作进行的同时及之后，要用重量足够的圆柱状金属碾子（内装水或砂以增加重量）在已经粘贴于基础表面的卷材上面来回匀速全覆盖滚动碾压，促进卷材和基面之间的黏结，将可能残留的空气压碎、分散和赶走，避免日后高温时残留空气受热膨胀引发的卷材脱附起鼓。

相邻两卷卷材铺粘完成后，两卷材之间的拼接缝要用砖头或砂袋压实，边缘是最容易出问题的地方，如起拱、崩口等。有时还会用焊条处理拼接缝以形成一个卷材整体。

弹性卷材完工后，确认表面平坦、连续，无起拱、无鼓泡、无爆边等问题，即可进行后续施工。

3. 丙烯酸层间粘接层喷涂

弹性卷材铺装完成并确认胶黏剂已经彻底固化干透后，要将整个场地用清水冲洗干净，毕竟弹性卷材施工过程中各类施工器械和人员一直在其上作业，表面污染是少不了的。清水冲洗一方面是清洁卷材表面，另一方面是检验卷材的铺粘质量，看看有没有脱胶起鼓的地方，有的话必须立刻着手修补，将隐患消灭于萌芽状态。待卷材空隙中水分挥发干净、表面彻底干燥后可施工丙烯酸层间粘接层。

（1）丙烯酸层间粘接层的作用。弹性卷材几乎都是聚氨酯胶黏剂和弹性橡胶颗粒按一定比例配比搅拌均匀后黏结、压实和切割而成型的，而丙烯酸涂料为水性材料，两者在表面张力存在差异，直接在卷材基面上涂布的话可能会出现丙烯酸涂料对卷材基面润湿不良而引发的回缩露底。引入丙烯酸层间粘接层就是作为一个粘接桥梁，上接丙烯酸，下粘卷材，使上下两部分能充分黏结牢固。

（2）物料配料。丙烯酸层间粘接层的施工混合料由丙烯酸层间粘接剂、促进剂和清水按规定比例混合搅拌而成。应先用部分清水将促进剂稀释均匀，再将剩余清水加入丙烯酸层间粘接剂中轻缓搅拌均匀，最后边搅拌边慢慢地添加已稀释的促进剂，直至混合均匀为止。促进剂一般使用和羧基具有反应活性的交联剂，其使用量为丙烯酸层间粘接剂质量的1%～3%。常用的质量配置比例为丙烯酸层间粘接剂：促进剂：清水＝10.00：0.20：(5.00～10.00)。

（3）施工料喷涂。可采用喷涂工艺将上述施工混合料均匀喷洒于卷材表面上。空气喷涂和无气喷涂都可以，使用空气喷涂时保持喷漆量一致，不要在喷涂过程中随意调节喷枪喷漆量。喷涂移动速度均匀，每一条喷涂条带和前一条已喷涂好的条带之间应有1/3～1/2的宽度搭接，旨在避免漏喷形成秃斑。喷涂时人走料喷，人停料停，避免厚喷形成喷涂料的聚集成涡。

（4）固化。丙烯酸层间粘接层的固化速度比较快，正常施工条件下1 h可基本固化，2～4 h即可进行下一道施工工序。固化后丙烯酸层间粘接层具有一定的黏性，无关人员严禁入内，施工人员也要尽可能减少不必要的进出。

（5）注意要点。①兑水量不能随意增加，兑水量的增加导致单位面积上树脂含量的减小进而影响层间粘接层的黏结质量。②促进剂不要以为越多越好，它的用量是和油性胶黏剂及水性丙烯酸树脂中相应反应性官能团的数量匹配的。③三级及以上风力天气时严禁喷涂。④层间粘接层宜薄不宜厚。⑤层间粘接层和其上面的弹性密封层必须在同一天完成施工，即层间粘接层固化后不能裸露过夜。

4. 后续丙烯酸涂层的施工

弹性底油层完工后，后续的弹性密封层、丙烯酸纹理层、丙烯酸面层及划线层等参见第 18.5—18.9 节，不再赘述。

现铺式弹性丙烯酸施工简介

现铺式弹性丙烯酸和卷材式弹性丙烯酸的区别在于：前者的弹性层是现场将弹性胶粒和胶黏剂按比例配比后使用人工摊铺或摊铺机摊铺的铺装方法形成连续完整的弹性颗粒垫层，后者是厚度均匀的弹性卷材现场用胶黏剂铺粘的。就结构而言它们的弹性密封层及以上结构也是完全一致的。

从施工的便捷性、稳定性和对质量隐患的掌控上讲，现铺式是优于卷材式的：①现铺式的施工厚度可以调节，能有效克服基础平整度上的不足。②现铺式是连续完整的，没有卷材式的拼接缝，避免了反射性裂缝的出现。③现铺式施工工艺简单、速度快捷。

现铺式可以使用油性 PU 单组分胶黏剂，也可以使用水性丙烯酸胶黏剂，相应地，底油也有与之配套的油性和水性底油。

1. 使用 PU 胶黏剂的现铺式弹性丙烯酸

（1）PU 底油涂布。将单组分 PU 底油滚涂于基面（水泥混凝土或沥青混凝土）上，厚度均匀，PU 胶黏剂过于黏稠的话，在水泥混凝土上施工时可以兑一点有机溶剂稀释后再涂布，但在沥青混凝土基础上最好不要添加有机溶剂稀释，以免对沥青产生破坏。

（2）弹性垫材铺装。将弹性橡胶颗粒和 PU 胶黏剂按比例配置好，用立式搅拌机混合均匀后，在底油尚未完全固化前，将弹性橡胶颗粒松散虚铺其上，可以人工使用铁镘刀或木镘拍平拍实，或使用手动摊铺机（电热烫板）或使用摊铺机摊铺压实。

（3）丙烯酸层间粘接层的喷涂。参见“卷材式弹性丙烯酸施工简介”。

（4）后续涂层的施工。丙烯酸层间粘接层完工后，后续的弹性密封层、丙烯酸纹理层、丙烯酸面层及划线等参见第 18.5—18.9 节，不再赘述。

2. 使用水性丙烯酸胶黏剂的现铺式弹性丙烯酸

（1）水性丙烯酸粘接层的涂布。将丙烯酸粘接剂和清水按比例混合分散均匀，一般兑水量以 1.0：(0.5～1.0) 为宜，不宜过度稀释。

水泥混凝土完成表面处理后，可将稀释均匀的丙烯酸粘接剂均匀地滚涂或刮涂于其上，厚薄一致。若是沥青混凝土基础，建议先施工一层丙烯酸平整层后再涂布丙烯酸粘接层。

（2）弹性垫材铺装。将弹性橡胶颗粒和水性丙烯酸胶黏剂按比例配置好，用搅拌机混合均匀后，待粘接层干燥后将弹性橡胶颗粒松散虚铺其上，使用经过改造的铁镘刀或木镘人工拍平、拍实，或使用改造过的电热烫板压平、压实，施工厚度以不超过 5 mm 为准。水性胶黏剂和油性胶黏剂的固化机理不一样，前者是不可以使用摊铺机摊铺压实的！

（3）丙烯酸层间粘接层的喷涂。在这种结构组合中，层间粘接层不是必需的，但预算、施工工期允许的话，建议喷涂一层以增强黏结。

（4）后续丙烯酸涂层的施工。层间粘接层完工后，后续的丙烯酸弹性密封层、丙烯酸纹理层、丙烯酸面层及界线层等参见第 18.5—18.9 节，不再赘述。

（5）注意要点。①使用油性胶黏剂在水泥和沥青基础上的施工结构是一致的，但使用水性胶黏剂时在沥青基础上施工时建议施工 1 层丙烯酸平整层后再涂布底油，沥青孔隙率较大时尤应如此。②油性 PU 底油上可以施工水性胶黏剂的弹性垫材，水性粘接层上则不建议施工油性胶黏剂的弹性垫材，主要是怕油性胶黏剂中有机溶剂对水性粘接层产生破坏。③油性胶黏剂的弹性垫材一次性施工厚度大，几厘米都没问题，水性胶黏剂的一次性施工厚度控制在 5 mm 以下。④水性胶黏剂不能使用未经改造过的摊铺机或电热烫板施工！

第19章 胶乳跑道铺装工艺

胶乳跑道诞生于20世纪80年代，由于采用水性聚合树脂类的成膜物质，其成膜机理完全不同于油性聚氨酯类材料。故胶乳跑道在发展过程中产生了其独特的Rake & Spray施工工艺（简称R&S工艺），我们称之为摊喷分离法，其完全不同于聚氨酯塑胶跑道的Pre-Mix施工工艺（简称PM工艺）。当然，由于国内的师傅都是一直沿用聚氨酯跑道的预混法施工，国内水性跑道项目的施工绝大多数不使用也不熟悉R&S工艺，基本是将油性跑道的预混法简单移植使用，这也是目前国内水性跑道质量问题的主要根源之一。

胶乳跑道配伍性好，自成体系，又能和PU混组使用，也能对陈旧PU跑道进行翻新。在本章中我们将分别对胶乳跑道、油水混组型跑道及胶乳跑道材料翻新陈旧PU跑道的施工工艺加以介绍，包括R&S工艺和PM工艺。

19.1 摊喷分离法（R&S）跑道铺装工艺

胶乳跑道的R&S工艺是本章的重点，将分别介绍两家美国公司的胶乳跑道铺装工艺以及国产宝力威的胶乳跑道工艺，美国公司的施工工艺基本是依照原文翻译整理的，相对比较简单，国产宝力威的胶乳跑道工艺则介绍得比较详细，供参考比较。

19.1.1 柏士壁标准透气型胶乳跑道铺装工艺

Plexipave的胶乳跑道产品众多，我们选择其最具代表性的产品Accelarator，其结构参见第4.4.1小节。

19.1.1.1 基础表面处理

在跑道材料铺装之前，整个场地应先放水检测沥青表面的微小凹陷和不平整处。任何积水深度能覆盖1美元硬币处都应被圈划出来，使用积水补平材料修补。修补完成后，沥青基础表面在任何位置10英尺范围内高差应不超过1/8英寸。

19.1.1.2 跑道施工

修补部分应彻底干透，待铺装的表面必须完好、平整，无灰尘、脏物或油性污染物。

1. 粘接层涂布

跑道基础在充分养护并经过基面处理后，要在基面涂布一层具黏性的粘接层，用量约为0.04 加仑/平方码。粘接层材料须彻底干燥且不能在基面出现厚积现象。

2. 跑道地面材料施工

按照设计要求配置的跑道材料铺装后形成致密均匀的运动场地面，厚度不低于规定要求且施工不少于3 层。跑道黏合剂必须均匀地喷洒于已摊铺均匀的橡胶颗粒层之上。具体材料使用量见表19 -1。

表19 -1 胶乳跑道材料用量

颜色	厚度	橡胶颗粒使用量	跑道黏合剂使用量
黑色 SBR 颗粒	3/8″（9.5 mm）	10.5 磅/平方码（5.7 kg/m^2）	0.60 加仑/平方码
红色 EPDM 颗粒	1/8″（3.0 mm）	5.0 磅/平方码（2.7 kg/m^2）	0.21 加仑/平方码

黏合剂材料使用量基于未稀释产品的体积。跑道黏合剂和橡胶颗粒的配置为1 加仑黏合剂 +18 磅黑色 SBR 颗粒或1 加仑黏合剂 +24 磅红色 EPDM 颗粒。

橡胶颗粒的使用量取决于其比重（密度）和跑道的施工方法。不同的密度会影响橡胶颗粒的堆积密度的大小，而堆积密度又将决定特定厚度的跑道单位面积的橡胶颗粒使用量。橡胶颗粒的比重会因颜色不同、尺寸不同和生产厂家的不同而变化。所以，建议一定要向生产厂家咨询详细的信息。同时，不同的施工方法会影响整体跑道系统的密度，这就是橡胶颗粒使用量的或高或低的变化导致的。

1）SBR 吸震层

用手工或机械摊铺的方法将1～3 mm 的黑色 SBR 颗粒均匀地摊铺在已经刮涂粘接层的基面上。黑色 SBR 颗粒要干燥且单层摊铺厚度不要超过最大颗粒的粒径，无论如何，一层黑色 SBR 颗粒的摊铺量绝对不能超过2.50 磅/平方码（1.36 kg/m^2）。(图19 -1)

图19 -1 人工摊铺胶粒

按照 1 加仑跑道黏合剂可以喷涂 18 磅黑色 SBR 颗粒，且每平方米需要摊铺 5.7 kg 的黑色 SBR 颗粒的配置比例来计，9.5 mm 厚的 1 m^2 吸震层范围内要均匀喷洒 0.72 加仑左右的跑道黏合剂。

黏合剂可用无气喷枪喷洒于黑色 SBR 颗粒上。(图 19－2) 务必注意要均匀喷涂以确保黑胶粒被充分均匀裹覆，待其充分干燥后，可再在其上摊铺单层 SBR 颗粒后再喷涂黏合剂，如此反复直至达到设计厚度和黑色 SRR 颗粒的摊铺量要求。

图 19－2　跑道黏合剂喷涂

当铺装低厚度的跑道时，减少的厚度应该在吸震层中扣除。

2）红色 EPDM 耐磨层

将干燥的 1～3 mm 红色 EPDM 颗粒以不大于 2.5 磅/平方码（1.36 kg/m^2）的单位用量摊铺于黑胶粒吸震层基面上。按照 1 加仑跑道黏合剂可以喷涂 24 磅红色 EPDM 颗粒且每平方米需要摊铺 2.7 kg 红色 EPDM 颗粒的配置比例来计，3.0 mm 厚的 1 m^2 耐磨层范围内要均匀喷洒 0.25 gal 左右的跑道黏合剂。

将跑道黏合剂用无气喷枪均匀地喷洒于红色 EPDM 颗粒层上，EPDM 耐磨层的施工不得少于 2 层。

为进一步提升色彩丰满度，可在最后一层喷涂层中按每 55 gal 黏合剂加入 5 gal 水性色浆比例调制。水性色浆除红色外还有多种颜色可供选择。

在喷涂跑道罩面层和标划跑道线之前，要对跑道的施工厚度进行检测。整个跑道椭圆检测点不得少于 100 个，至少 80% 的测量数据必须达到设计的厚度，如果达不到，就要再次喷涂 EPDM 颗粒层直到达到所要求的厚度。

3）跑道罩面层

罩面材料是彩色丙烯酸涂料，由专门为跑道面层设计的丙烯酸树脂配置而成，具有极佳的抗紫外光性能，涂层坚韧耐用。罩面层一般至少要喷涂 2 层，喷涂量约为 0.1 加仑/平方码。罩面涂料应当用无气喷涂机喷涂，一层沿顺时针方向，一层沿逆时针方向。

4）跑道分界线标划

标划跑道界线以满足当地跑道协会的规则规定为准。

3．施工限制条件

（1）降雨期间或即将降雨之时，跑道的任何施工作业都不得进行。

（2）21 ℃时给予 4 ～5 h 的养护时间，低温高湿条件下干燥时间将会延长。

（3）地表温度高于 54 ℃时不要施工。

（4）只有当大气温度为 10 ℃及以上时才可施工。

（5）材料要防冻，也不能置于阳光下直射暴晒。

（6）聚合树脂跑道系统并不能克服基础裂缝的反射。

（7）下一层施工之前一定要确保之前的施工层完全养护干燥。

（8）特别注意喷涂材料时要防止厚喷，必要时可对相邻区进行覆盖。

（9）新的沥青基础须至少养护 14 天。

19. 1. 2　黑色经济型胶乳跑道铺装工艺

黑色经济型胶乳跑道我们选择美国 No Fault Service Company 的胶乳跑道产品，这款跑道厚度为 9. 5 mm，分四层施工。对于材料介绍、基础准备，就不再赘言了，主要介绍跑道施工流程，大致工艺如下：

（1）所有胶乳产品的施工应当使用气泵和压缩喷涂机器，该机器能够喷涂粒径在 0. 5 ～1. 5 mm 的橡胶颗粒，旨在确保喷涂的均匀性和每一个颗粒都能被胶水充分裹覆。

（2）所有的胶乳黏合剂产品中树脂的固含量最少不低于 47% 。

（3）在施工期间，胶乳黏合剂和水的混合比例不超过 1 ：1，这样有助于乳胶颗粒在胶粒层中迁移。同时，所有的胶乳黏合剂的使用量均是指的未稀释前产品的质量。

（4）每一层应当至少养护 12 h。

（5）无论如何不能使用乳化沥青作为底油层（也不能用于本跑道系统的其他结构层中），原因是乳化沥青的热敏感度高。

（6）将胶乳黏合剂和清水按 1 ：1 的比例混合均匀后作为底油材料，以 0. 04 ～0. 05 加仑/平方码的用量涂布于基面之上。

（7）第一层黑胶粒层是由 3 ～6 mm 的黑色 EPDM 颗粒组成，摊铺量大约为 2. 5 磅/平方码，接着喷涂乳胶跑道黏合剂（和清水按 2 ：1 的比例配置稀释），喷涂量为 0. 125 ～0. 150 加仑/平方码。

（8）第二层黑胶粒层是由 3 ～6 mm 的黑色 EPDM 颗粒组成，摊铺量大约在 2. 5 磅/平方码，接着喷涂乳胶跑道黏合剂（和清水按 2 ：1 的比例配置稀释），喷涂量为 0. 125 ～0. 150 加仑/平方码。

（9）第三层黑胶粒层是由 1 ～3 mm 的黑色 EPDM 颗粒组成，摊铺量大约在 2. 5 磅/平方码，接着喷涂乳胶跑道黏合剂（和清水按 2 ：1 的比例配置稀释），喷涂量为 0. 125 ～0. 150 加仑/平方码。

（10）第四层黑胶粒层是由 1 ～3 mm 的黑色 EPDM 颗粒组成，摊铺量大约在 2. 5 磅/平方码，接着喷涂乳胶跑道黏合剂（和清水按 2 ：1 的比例配置稀释），喷涂量为 0. 125 ～0. 150 加仑/平方码。

(11) 由罩面黏合剂（和清水按 2 : 1 比例配置）组成的跑道罩面层材料喷涂于整个跑道面上产生一个安全耐磨的涂层。罩面黏合剂的使用量最少是 0.10 加仑/平方码。

上述两种胶乳跑道的施工方法，本质上没有什么区别，都是为克服水性材料大厚度施工可能会产生的固化不彻底问题而采用多层施工法，确保层层彻底固化。两者最大的不同在于胶粒粒径的选择和胶乳黏合剂的使用量上。柏士壁的黑胶粒吸震层采用 1 ～ 3 mm 的胶粒，而 No Fault 公司采用 3 ～ 6 mm 的胶粒，这两种不同的粒径选择会造成跑道完工后在硬度上的差异，采用大粒径的跑道会更软一些。顺便强调一句，粒径过小的颗粒不适合摊喷分离法的施工工艺。

19.1.3 国产胶乳跑道铺装工艺

我们选择国产“宝力威”胶乳跑道在混凝土基础上的铺装来较详细介绍摊喷分离法施工工艺，对于沥青基础，建议先刮涂一层丙烯酸平整层对沥青的空隙进行密封后再施工胶乳跑道。

为满足《中小学合成材料面层运动场地》（GB 362436—2018）的要求，在此介绍的乳胶跑道全部采用 EPDM 颗粒，吸震层为黑色 EPDM 颗粒，耐磨层为彩色 EPDM 颗粒。

19.1.3.1 铺装前的基础处理

裂缝处理、表面缺陷处治及混凝土表面清洁处理参见第 12 章相关章节。

在此强调一下平整度的重要性。场地出现不符合规范要求的积水位一定要进行补平处理，以满足胶乳跑道对基础平整度的要求。因为一旦平整度不理想，R&S 工艺，很难做到积水位置的单颗粒层摊铺，极大可能会出现颗粒的过度叠加，这会导致胶水喷涂时喷涂量不足，进而导致胶水对颗粒的裹覆能力不足，使整个面层黏合能力下降，颗粒间黏合不牢固、强度不够，极易松散；就算是能喷涂足够的胶水，也极易出现胶粒单层厚度大于 2 mm 的情况而增加胶水完全固化的不确定性或延长整个颗粒层完全干燥的时间。另外，凹陷积水处的颗粒层即便能完全固化，完工后这些地方的总厚度也可能远大于 10 mm，与周边相比会偏软，为安全使用带来隐患。

19.1.3.2 铺装时的气候条件

水性材料的施工对于气候条件的要求相对要苛刻一点，尤其在高湿低温条件下施工更应密切留意对成膜的影响。在 21 ℃和相对湿度为 50% 的气候条件下，喷涂后的水性跑道胶水会在 3 ～ 4 h 内基本固化，当然这是按照理想的胶水用量喷涂的，如果喷涂量过大，涂层厚度过大，就会延长固化时间，甚至在厚喷的情况下，胶水挤压在一起形成胶束，导致胶束内部永远不可能固化，出现胶水越多黏结越弱的情况。

胶乳跑道的施工气候条件大致如下：

(1) 施工时必须天气晴朗，阴雨天请勿施工。

(2) 大气温度低于 10 ℃和高于 35 ℃时不适合施工。

（3）大气相对湿度大于85%也不宜施工。

（4）3级以上风力天气暂缓施工。

19.1.3.3　跑道粘接层

1. 粘接层功能说明

粘接层在前面已经交代了，它类似于底油但功能上又有不同于底油的地方，是跑道系统结构和混凝土基础之间粘接的桥梁。粘接剂本身也是一种纯水性树脂材料，具有绝好的黏附性和渗透性，能渗透到混凝土的毛细孔中去和混凝土之间形成水乳交融般的咬合，从而确保整个跑道系统和混凝土基础之间的强大黏结，从根本上避免脱层、分层和起鼓等质量问题。

粘接层一般采用低玻璃化转变温度的乳液，故其固化后在常温下表面都会有黏黏的感觉，这种黏黏的特性正是水性跑道摊喷分离法施工所需要的；粘接层对随后摊铺的橡胶颗粒具有黏附作用，可确保摊铺颗粒和基面接触的“点”能被胶水黏附而使胶粒固定于基面之上。同时粘接层和之后喷涂的水性黏合剂之间也会形成紧密的黏合，如此，粘接层、橡胶颗粒和黏合剂构成一个“三明治”式的结构，橡胶颗粒被上下紧紧裹覆，从而形成具有相当机械强度的橡胶颗粒层。

在这种三明治式的结构中，底层的粘接层和上层的黏合剂相互配合，形成对颗粒的彻底全面的包裹和黏合。如果没有粘接层，橡胶颗粒直接摊铺在混凝土基面上时，颗粒和混凝土基面之间的接触面极大概率会出现黏合剂无法渗透、润湿、裹覆和黏结，结果是大量颗粒的外表面被黏合剂覆盖，但颗粒和混凝土基面之间无法形成黏结而带来质量隐患。

粘接层就好比一张皮，颗粒好比是毛，皮之不存，毛将焉附？粘接层的重要性可见一斑。沿着这个思路再一细想，第二层颗粒层的施工，实际上是以第一层颗粒层喷涂的黏合剂作为粘接层的又一个“三明治”式结构，以此类推。

粘接层渗透性强、粘接力强和具有一定的防潮防水功能，是整个跑道结构层质量好坏的关键一环，不论是混凝土基础还是沥青基础，粘接层都是必不可少的一层。

2. 材料配比

跑道粘接层所用材料是以水性聚合树脂为主调配的粘接剂，其一定要和清水稀释并混合均匀后才能使用。水性聚合树脂的固含量一般不会超过50%，故粘接剂和清水的配置比例基本都为1：(0.5～1.0)。

3. 搅拌说明

材料配置好之后，用搅拌机轻缓搅拌直至均匀，避免离析、混合不匀。

4. 材料施工

用无气喷涂设备喷涂或滚筒滚涂稀释后的粘接剂液料于已进行过表面处理的混凝土基础之上。混凝土基面不必彻底干透，有微微润湿最好，但也不能有明水，这样液料可借助水的润滑作用迅速渗透到混凝土的毛细管中，形成强大的附着力，避免以后分层或起鼓现象的出现。

5. 固化

粘接层施工完成后一般在 21 ℃、相对湿度为50%的条件下，1 ～2 h 可以干燥固化，干燥之前不得踏入。

6. 注意事项

（1）粘接剂涂布时，混凝土基面太过干燥的话效果可能反而不好，因为液料不能充分借助水的润滑作用进行渗透，最理想的状况是材料基面“湿碰湿”。另外，粘接层确实需要一点厚度但千万不要太厚，喷涂时不要在凹陷处滞留形成厚膜或厚喷形成“橘皮”。

（2）粘接层和其上的第一层颗粒层务必在同一天完成施工，也就是说，粘接层不要裸露过夜，那样会受到不必要的表面污染和损害。

19.1.3.4 弹性吸震层

1. 弹性吸震层的作用

弹性吸震层是跑道结构的基石和支撑层，厚度较大（13 mm 的跑道，吸震层厚度为10 mm；9.5 mm 的跑道，吸震层厚度为6.5 mm），它将混凝土基础密封覆盖起来，是跑道弹性特征最主要的贡献者，也能对混凝土基础的细微缺陷具有一定的优化和平整作用。

2. 材料配比

弹性吸震层所用的材料由水性跑道黏合剂底胶和黑色 EPDM 橡胶颗粒组成。底胶和 EPDM 颗粒之间存在一个合理的质量比。EPDM 颗粒的胶含量不一、粒径级配差异等，都会使底胶和橡胶颗粒的配比存在很大的变数。故施工前一定要对所使用的 EPDM 颗粒的胶含量、粒径级配等参数充分了解，不得随意行事。

这里我们依然选择使用 1 ～3 mm 粒径、胶含量不低于25%、邵氏硬度为 55 ～75、比重为 1.4 ～1.6 且满足正态分布的 EPDM 颗粒。

这种 EPDM 颗粒和底胶的质量配比大致为底胶：EPDM 颗粒 =1.0：(2.5～2.8)。

在 R&S 工艺中，上式表明：摊铺 2.5 ～2.8 kg EPDM 颗粒后要均匀喷涂 1.0 kg 底胶才能达到有效黏合强度。

3. 黑色 EPDM 颗粒摊铺

用手工或机械摊铺的方法将 EPDM 颗粒以单颗粒层的形式均匀地摊铺于混凝土基面的粘接层上。一般一层单颗粒层摊铺用量约为 1.36 kg/m^2，厚度在 2 mm 左右，要避免 EPDM 颗粒的多层叠加导致厚度增加影响作业。

为尽可能精准控制 EPDM 颗粒摊铺量及厚度，建议将跑道直道划分为若干个长度一样的区域，因跑道宽度一样，故每个区域的面积也是一样的（对于弯道区域则略加计算，这个也很简单）。然后根据划定区域的面积计算摊铺一层单颗粒层所需的 EPDM 颗粒的质量，再根据上述底胶和 EPDM 颗粒配比公式换算出所需要的底胶质量，最后将相应质量的 EPDM 颗粒和底胶放置在每个区域的分界线处，目标就是将这些 EPDM 颗粒在这个区域内摊铺均匀，底胶在这个区域内喷涂均匀。

EPDM 摊铺可以先使用人造草的注砂机先进行粗摊，要根据习惯的推行速度调节出料口的大小，将胶粒沿着区域内的长度方向撒铺成条带状，条带之间尽可能无缝对接，实在做不到的话，也要尽可能减少条带之间的空隙间距，粗摊完成后还是要再使用胶粒刮平耙进行人工精细化处理，尽可能将颗粒刮平刮匀形成单颗粒胶粒层。

4. 跑道底胶稀释

为保证跑道底胶能充分下渗裹覆 EPDM 颗粒，必须对跑道底胶进行适度比例的兑水稀释。兑水量须严格按照厂家要求，不能太少，否则底胶过于黏稠，难以下渗裹覆胶粒；也不能兑水过多，过多则会导致底胶黏度偏低、下流过快，胶水富集于颗粒层的底部。一般来说，兑水量不应超过 30%，具体还受到施工时的温湿度等因素的影响。

底胶需一边兑水一边轻缓搅拌，直至分散一致，形成均匀的混合料，一般黏度控制在 500 ～ 700 cps 之间是比较理想的喷涂黏度。

5. 跑道底胶喷涂

稀释后的底胶可用气动双隔膜泵喷涂装置进行喷涂。喷涂时喷枪喷嘴移动速度要均匀，避免忽快忽慢，并且相邻的两个喷涂区域至少有 50% 重叠搭接区域，旨在确保跑道底胶更加充分地渗入和裹覆。

喷枪操作人员要理顺喷涂速度和自身移动速度的关系，控制好喷枪的喷涂高度，目的就是在这个区域内将规定的底胶均匀喷洒于胶粒面上。千万不要出现底胶喷完了，还有一大片颗粒层未被喷洒。如此就改变了底胶和颗粒之间的配比了，带来诸多问题，如固化时间延长、无法彻底固化、成本增加等。

操作人员在移动过程中脚要抬行，不能顺地拖拉，否则会破坏已摊铺均匀的颗粒层的均匀性。

采用 1 ～ 3 mm 的 EPDM 颗粒的话，一层单颗粒层的摊铺厚度为 2 mm 左右，应根据施工厚度的要求重复上述步骤进行多层施工，直到施工厚度达到设计的要求为止。一般 10 mm 厚吸震层需要摊喷 4 ～ 5 层。

6. 固化

21 ℃和相对湿度不大于 50% 的气候条件下，弹性吸震层一般 3 ～ 4 h 可以固化；低温高湿的情况下干燥时间会延长，未彻底干燥前，不得踏入。

7. 注意事项

（1）弹性吸震层在施工前要密切关注天气状况，阴天或未来 8 h 可能有大雨的情况下不可以安排施工。施工进行时突然下雨，应立刻停止施工，将未使用的材料立刻密封保存，材料密封后不会报废，一般至少 3 个月内仍可使用。雨势不大时，可在未固化的吸震层上覆盖彩条布，尽可能减少雨水和材料的接触。雨停天晴后，观察黑胶粒的黏结情况，若胶粒层的完整性未受破坏，只是雨水造成底胶流失的话，可在天晴干燥后于其上喷涂一层跑道底胶以加固；若颗粒层被破坏，形成颗粒叠加、松散粘聚，则应将之铲除。

（2）在弹性吸震层固化期间，可能有落叶或其他的杂物被风刮进场地，固化后，一定要彻底清除干净。

（3）每一层固化后至少要养护 12 h 再进行下一道工序，进行下一道施工前，要全面检查一下胶粒的黏合情况，发现薄弱处及时加固补强。

（4）底胶使用的高弹乳液，玻璃化转变温度比较低，常温下会有一定的黏性，高温时尤其明显，故高温天气时要暂停施工，严禁无关人员进入施工场地，既是避免鞋底粘连橡胶颗粒导致颗粒层损坏，同时也是避免鞋底污染物对颗粒层的污染。

（5）底胶为纯水性产品，现场施工时除了清水，切勿添加任何其他材料如水泥、石英砂等。

（6）采用不同粒径级配的 EPDM 颗粒，相同厚度的吸震层所需要施工的层数将不一样，相应地，单位面积内材料用量也不一样，完工后的跑道密度也有差别。

19.1.3.5 彩色 EPDM 耐磨层

1. EPDM 耐磨层的功能说明

EPDM 耐磨层是胶乳跑道的摩擦作用的承受者和弹性的进一步表现者，它采用柔韧性好的高弹聚合水性树脂作为水性跑道黏合剂面胶，配合优质精选的胶含量高、粒径级配合理的彩色 EPDM 胶粒，能充分表现出弹性的特点，减轻对人腿、脑部的震荡，有效降低运动时的疲劳感觉，也能表现出极佳的视觉美感。

2. 材料配比

耐磨层的施工料是由面胶和彩色 EPDM 颗粒组成，面胶和 EPDM 颗粒之间也存在一个合理的质量比。同样地，施工前一定要对所使用的 EPDM 颗粒的密度、胶含量及粒径级配的详细信息有充分了解后再决定面胶的配比。

胶乳跑道耐磨层建议使用的 EPDM 颗粒一般粒径为 1 ～ 3 mm 的，胶含量不低于 25%，比重为 1.4 ～ 1.6，邵氏硬度为 55 ～ 75，且粒径分布要满足正态分布的基本要求。国内 PU 跑道的耐磨层中 EPDM 颗粒基本都是 1 ～ 2 mm 或 0.5 ～ 1.5 mm 的，这种较细小粒径的 EPDM 颗粒不适合胶乳跑道的摊喷分离法的施工工艺，原因很简单：太过细小的 EPDM 颗粒之间空隙也很小，不利于跑道面胶的对其渗透和裹覆，结果就是很难形成均匀强大的黏合力，颗粒松散的情况极易出现。

上述性质的 EPDM 颗粒和面胶的质量配比大致为面胶：EPDM 颗粒 = 1.0：（2.5～2.8）。在 R&S 工艺中，该配比表明：摊铺 2.5 ～ 2.8 kg 的 EPDM 颗粒后要均匀喷涂 1.0 kg 面胶才能有效黏合形成强度。

3. EPDM 胶粒摊铺

具体摊铺作业参见第 19.1.3.4 小节。

4. 跑道面胶稀释

具体操作参见第 19.1.3.4 小节。

5. 面胶喷涂

具体操作参见第 19.1.3.4 小节。

6. 固化

21 ℃和相对湿度不大于 50% 的气候条件下，一般 3 ～ 4 h 可以固化；低温高湿的情况下干燥时间会延长，彻底干燥前不得踏入。

7. 注意事项

具体参见第 19.1.3.4 小节。

此外，还要强调两点：一是一般使用 1 ～3 mm EPDM 颗粒的耐磨层，施工 2 层就能达到 3.0 mm 的厚度要求，建议这 2 层耐磨层分别沿顺时针和逆时针方向进行施工；二是在喷涂第二层耐磨层时，要检验第一层耐磨层是否彻底固化。可用大拇指或脚后跟用力向下按压后旋转，若胶面有破损或变形，则说明尚未彻底固化；若胶面无明显变化，则说明已经彻底固化，可进行下一道喷涂料的施工。

19.1.3.6 罩面保护层

1. 罩面保护层的作用

EPDM 耐磨层完工后建议至少养护 48 h 后再喷涂后续的罩面保护胶，这 48 h 可以理解为胶乳跑道的干燥巩固期，给予这厚达 13 mm 的橡胶颗粒中的黏合剂以更充裕的时间完成完全干燥。罩面保护层对胶乳跑道来说是不可或缺的，这是胶乳跑道的性质决定的，也是实际的需求，罩面保护层的作用有以下三个：

（1）使跑道表面色泽更加均匀一致。

（2）延缓 EPDM 颗粒的老化和提高跑道的抗紫外光性能。

（3）解决面胶高温回黏的弊病。跑道黏合剂一般采用的是玻璃化转变温度较低的高弹材料，在高温下会发软回黏，容易黏附脏的东西，使跑道表面发黑影响美观。喷涂罩面保护层之后，由于罩面保护胶一般使用核壳乳液，具有两种玻璃化转变温度，具有较低温成膜、高温不回黏的特点，不会黏附灰尘等异物，使跑道始终保持洁净和美观。

罩面保护层要喷涂 2 层，建议沿相反时针方向喷涂，如此，色泽更趋均匀一致，黏结效果更佳。

2. 材料配比

罩面保护胶一般以具有两种玻璃化转变温度的核壳乳液作为成膜物质，内含矿物粉料和水性色浆等组分，黏度相对较高，使用时必须按要求兑水稀释。罩面保护胶和清水的比例为 1：(0.5～1.0)，即 1.0 kg 罩面保护胶添加清水 0.5 ～1.0 kg。

兑水比例是相当重要的，兑水比例太小，黏度偏大，不利于喷涂，材料从喷嘴出来后到落到耐磨层基面之前，因为体积突然膨胀，表面积大幅度增加，导致水分挥发迅速，含水率太低的罩面保护胶落在耐磨层上后的润湿和附着都会受到影响，甚至出现动力学不润湿；兑水比例太大，则出现喷涂后的罩面保护层的单位面积内树脂和色浆含量低，对黏结力和色泽造成负面影响。

3. 搅拌说明

搅拌时转速不要太快，轻缓搅拌，避免引入空气造成泡沫过多，影响喷涂效果。

4. 喷涂方法

可使用气动双隔膜泵喷涂装置或其他无气喷涂设备进行喷涂施工。

喷涂时，操作人员要选择好喷嘴的大小及喷洒出料的形状，并匹配好自身行进的速度，做到：喷嘴匀速移动，混合料均匀喷涂，不要有厚薄不均，不要有秃的地方。一般相邻的两条喷涂条带要有 50% 的重叠搭接区域。

要协调安排好配料—搅拌混合料—送料—喷涂整个流程的顺畅进行，同时，也要安排一两个工人及时配合在喷涂前清理待喷涂区域上的杂物，确保罩面保护胶和 EPDM 耐磨层之间黏结牢固。

两层罩面保护胶的施工建议采用相反时针方向，这样对提高色彩的均匀性和一致性大有好处。

5. 固化

罩面保护层一般在21 ℃和50%相对湿度的情况下，1～2 h固化干燥，低温高湿天气则更长。

6. 注意事项

（1）罩面保护层施工时更要精细，它是跑道的最终完成面，尽可能减少修补工序，避免色差产生。

（2）大气温度过高时，基面温度也会偏高，此时不应进行施工，否则会诱发多种质量弊病；空气湿度超过85%时也不应施工，此时固化时间太长，会带来很多无法预计的损坏和损失；3级以上风力时也应暂缓施工。

19.1.3.7 跑道界线层

根据实际情况，跑道分界线一般喷涂1～2层就可产生极佳的视觉效果。

1. 搅拌说明

跑道界线漆也是纯丙烯酸涂料产品，有一定黏稠度，使用跑道划线机喷划界线时需要对界线漆进行适度兑水稀释后才好使用，但千万不能兑水太多，过多的水使黏度大幅降低，流动性增加，喷涂出的界线毛刺明显，外观难看。

2. 跑道界线开线

依跑道标线尺寸的国际标准或设计要求在已干燥的跑道基面上将跑道分道线标注出来，并用木斗线弹标出来。

3. 划线

使用跑道划线机沿着标划好的跑道线定位线，匀速推行划线机喷涂划线。

界线漆一般需1～2 h干燥，低温高湿情况下，干燥时间会相应延长。

4. 注意事项

标划跑道界线时，有可能不小心将白色划线漆滴到跑道区域，一旦发现，可湿布拭去，如不能彻底拭去，可用小刷子点蘸未加水的跑道罩面保护胶轻轻刷一遍。

19.1.3.8 备注说明

1. 基础说明

胶乳跑道材料适用于沥青混凝土基础和水泥混凝土基础，对于其他类型的基础要具体情况具体分析和具体处理。

2. 配料加水说明

（1）水性跑道黏合剂原则上都是可以加水的，在摊喷分离施工法中是必须要适量兑水的。不兑水的话，黏合剂太黏稠无法下渗包裹胶粒；兑水太多的话，下流严重，导致胶粒层表面胶水不足。这两种情况都会导致黏合力不均匀、起鼓和掉粒子等现象。

（2）所添加的清水必须是自来水，不要使用井水、河水或海水等。

3. 配料胶粒说明

跑道黏合剂和EPDM颗粒的材料配比要严格按照比例要求进行。一旦胶粒添加量过多，会产生黏合力减弱、结构松散，EPDM掉粒等现象。

4. 防冻说明

所有胶乳跑道材料都是环保水性材料，在储存和运输过程中一定要做好防冻措施，持续过久暴露在冰冻的环境下，会导致材料冻坏无法使用。

5. 防暴晒说明

所有材料在储存时或施工现场均应避免在阳光下暴晒，应将其置于阴凉的地方或盖上遮盖物。

19.2 混组型跑道的预混法施工工艺（P&M工艺）

不论是从成本上考量，还是从施工惯性上来讲，混组型跑道是最能被客户及工程商接受的水性跑道。从结构上将，它是由PU底胶（聚氨酯单组分胶水）拌和黑色SBR颗粒（也可以是黑色或彩色EPDM颗粒）形成的跑道吸震层和水性跑道面胶和彩色EPDM颗粒形成的耐磨层及罩面保护胶层搭配构成的。

本节就介绍预混法（P&M工艺）在混组型跑道上的施工工艺及特点，选择EPDM颗粒作为吸震层和耐磨层中的弹性颗粒在沥青基础上的铺装来讲解。

19.2.1 施工前的基础处理

裂缝处理、表面缺陷处治及沥青表面清洁处理参见第12章相关内容。

19.2.2 施工时的气候条件

由于混组型跑道属于半油半水型的，底部的吸震层是使用油性的聚氨酯单组分胶水来黏合的，这种胶水的施工对气候条件相对宽松，但对沥青表面的干燥条件要求比较高，含水率过高的话就不能作业；而上部的耐磨层及罩面保护层是水性材料，其施工条件相对苛刻，具体参见第19.1.3.2小节。

19.2.3 跑道PU底油层

1. 底油层功能说明

在胶乳跑道中这一层结构被称为粘接层，在国内PU跑道行业这一层一般被称为底油层，为了不至于模糊这些名称概念，在混组型跑道中我们仍然沿用大家熟知的名称——底油层。

PU底油层是跑道整体结构和沥青基础之间黏结的桥梁，底油是一种单组分水固化型PU材料，它和之后施工的吸震层中的PU单组分胶水很多时候都是同一种材料，所以两者之间的内聚力强，黏结牢固；同时底油能在沥青基础上牢固附着，最终就像双面胶一样把沥青基础和吸震层粘接起来形成一个整体。

2. PU底油层的涂布

将跑道PU单组分胶水用滚筒均匀滚涂于沥青基础的基面上，单组分PU胶水都具有一定黏度，但这类产品大多还不是非常黏稠的，涂布起来虽稍显吃力，但均匀涂布并不困难。不要添加任何有机溶剂去稀释，否则会对沥青基础产生伤害。

底油层涂布前务必确保基础干净干燥，表面绝对不能有被水浸湿或明水现象。

实际上，很多时候底油层的施工是和吸震层的摊铺同步进行的，即一边涂布PU单组分胶水，一边铺装吸震层胶粒，这样做一方面能充分保证两者之间的黏结力，另一方面可避免涂布完底油层后再上施工器械和人员会对底油层造成污染和破坏。

3. 注意事项

底油层涂布时沥青基础必须彻底干净干燥，不要添加任何有机溶剂稀释，务必涂布均匀，避免“秃头”和漏涂，也不要涂布的太厚。

19.2.4 EPDM颗粒弹性吸震层

1. 弹性吸震层的作用

弹性吸震层是跑道的底层结构，也是整个跑道结构的基石和支撑层，厚度较大（13 mm的跑道，吸震层厚度为10 mm；9.5 mm的跑道，吸震层厚度为6.5 mm），是沥青基础贴身保护层，彻底将沥青基础密封覆盖起来，延缓沥青的老化，延长沥青的使用寿命，同时也是跑道弹性最主要的体现者，也能对沥青基础的平整度具有一定的优化和平整作用。

2. 材料配比

弹性吸震层的施工料是由水固化单组分PU胶水和2～4 mm的EPDM橡胶颗粒组成，PU胶水和EPDM颗粒的材料配置比例取决于PU胶水的特性及EPDM颗粒的粒径级配，甚至颜色。

市面上EPDM颗粒鱼龙混杂，产品众多，胶含量千差万别，密度不一，具体的每平方米的摊铺量建议咨询厂家。强烈建议使用胶含量25%以上的EPDM颗粒。

3. 搅拌说明

材料依比例配置好之后置于立式搅拌机中充分搅拌直至胶粒完全被PU胶水裹覆。

4. 送料

材料搅拌完成后，要用斗车不断地送到摊铺机工作的地方，确保摊铺机的供料充足，施工流畅，不会被供料不足所中断。

5. 摊铺机施工

将斗车运送来的材料从送料口不断输入，并没有专人操纵摊铺机的前进速度。同时，摊铺机上也需有专人负责将进料口中的材料用铁锹摊开摊匀，以方便摊铺机的摊铺和压实，避免进料口处的材料不均匀导致有些地方下料不够而摊铺不到或摊铺密实度不够。摊铺机前进速度要均匀，不要忽快忽慢，确保吸震层的摊铺厚度均匀、密实度一致，表面平整无起伏。

由于摊铺机的宽度有限，一般要分几次摊铺才能完成整条跑道宽度的施工。这样摊铺机相邻的两次摊铺带之间无缝对接是十分困难的，空隙部分需要工人穿钉鞋入内进行手工补平。跑道内外侧两端摊铺机也无法作业，也需人工收平。人工收口时，要尽可能保证和摊铺机摊铺的胶粒高度一致、密实度一致。

6. 固化

PU 胶水黏合的吸震层一般需要 4 ～ 8 h 干燥，未彻底干燥前，不得踏入。

7. 注意事项

吸震层施工前要密切关注天气状况，阴天或未来 8 h 可能有雨的情况下不可以安排施工。施工进行时突然下雨，若雨势超过 4 h，则已经配好的材料可能就因固化而无法使用，只能报废。

吸震层在固化期间，可能有飘落的落叶或其他被风刮进场地的杂物，固化后，一定要彻底清除干净。

19. 2. 5　弹性吸震层的清洗

1. 清洗的目的

吸震层在施工中施工设备及人员行走可能会带来一些表面污染（如设备漏油、鞋印）和固化期间飞进的污染物（如落叶、灰尘、鸟粪及其他杂物），这些污染物的清理将为后续施工的材料提供一个清洁的表面，对提升附着力大有裨益。

另外，吸震层固化后，其内部可能会残留些许游离的异氰酸酯，放水清洗时，水可与之发生反应生成脲基团和二氧化碳。如果不放水冲洗而直接涂装水性跑道材料，水性跑道材料中的水与异氰酸酯反应产生的二氧化碳会影响水性耐磨层和油性吸震层之间的黏结。

2. 清洁

冲洗前应先用吸尘器、工业吹风机或扫帚清理表面异物。不要未经清理，直接放水冲洗，那样会将一些小颗粒的杂物冲进吸震层的空隙中，反而会使吸震层更加不洁净了。清理完成后，再整场放水清洗，反应掉可能残留的异氰酸酯，为层间粘接层的喷涂做好基面准备。

19. 2. 6　丙烯酸层间粘接层

1. 层间粘接层功能说明

层间粘接层的作用是促进油性吸震层和水性耐磨层之间黏结强度，它好比是在油性材料和水性材料之间搭建的一个桥梁，增强两者间的黏结。它是柔韧性、黏结力和弹性俱佳的一种具有优越粘接功能的材料，其功能类似于双面胶，下粘吸震层，上接耐磨层。

2. 材料配比

层间粘接层所用材料为层间粘接剂，需兑水稀释后方可使用，一般与清水按1：(0.5～1.0)的质量比配置，当然具体还是要看厂家的技术指引。有些厂家还会要求现场稀释时按层间粘接剂质量的1%～3%添加水性交联剂（因主要目的是促进粘接剂和吸震层基面的附着，所以可以被理解为附着促进剂)，其目的是增进水油两种材料之间的黏结。

3. 搅拌说明

用搅拌机轻缓搅拌，充分分散，确保混合均匀，避免快速搅拌产生泡沫。

4. 施工

将已兑水稀释均匀后的层间粘接剂使用无气喷涂设备喷涂于表面干净的吸震层表面上，喷涂时相邻两行要有50%左右的重叠搭接区域，确保均匀无漏喷。

5. 固化

层间粘接层施工完成后一般需要1～2 h干燥固化，固化后表面会有一点黏性，高温时尤其明显，干燥之前不得踏入，干燥后非施工人员也严禁进入。

6. 注意事项

由于吸震层表面比较粗糙，孔隙率比较大，故喷涂时速度不要太快，要保证单位面积上有足够的粘接材料且要保持喷涂的均匀性，避免产生漏喷厚喷等不均匀现象，也要避免在低凹处聚集。层间粘接层不追求厚度，均匀喷涂是关键。

19.2.7 彩色EPDM耐磨层

1. EPDM耐磨层的功能说明

EPDM耐磨层是胶乳跑道的摩擦作用的承受者和弹性的进一步表现者，它采用柔韧性和弹性好的高弹水性树脂作为黏合剂，配合优质精选胶含量不低于25%、粒径级配合理的彩色EPDM颗粒，能充分表现出弹性的特点，能有效减轻对人腿、脑部的震荡，有效降低运动时的疲劳感觉，也能表现出极佳的视觉美感。

2. 材料配比

彩色EPDM耐磨层是由水性跑道面胶和彩色EPDM颗粒构成的混合物，施工时会根据实际气候状况添加一定比例的清水，以达到适合喷涂的混合物黏度状态。具体数据请参阅厂家的施工指引。若使用胶含量25%、粒径1～2 mm的EPDM颗粒，则一般配比为跑道面胶：EPDM颗粒：清水=1.0：(1.0～1.2)：(0.0～0.3)。

注意：①水性面胶为纯水性产品，现场施工时切勿添加任何其他材料（如水泥、石英砂等)，清水的添加量也要严格遵守生产厂家的规定或建议。②由于施工现场温度和湿度的不确定性，在调试适合喷涂黏度时，可先不兑水搅拌观察一下黏度的情况，若太稠，兑水量可从10%开始，之后按15%、20%、25%和30%逐步递增调试，直至找到满意的喷涂黏度。兑水量一般都有个最大限值，这是涂料体系黏度设计的特性决定的，超过了这个限值，固液相会发生离析，喷涂易堵塞喷嘴。

3．搅拌说明

材料依比例配置好之后，充分搅拌是必不可少的。因跑道施工工程量一般比较大，要使用大型机械搅拌设备。因内含 EPDM 颗粒，投料时要缓慢添加，切忌一股脑将整袋颗粒倒入，如此可能会在毛细管力的作用下，细小的胶粉结团，无法被打散，导致分散不均。务必充分搅拌，使面胶和胶粒彻底混合均匀，要确保没有细胶粉粒结团现象且所有胶粒面均被水性面胶所包裹。

4．送料

材料搅拌完成后，要用提料桶将之不断地送到喷涂机工作的地方，确保喷涂机的料仓中不间断地有材料供应，确保施工流程流畅，不会因供料不足而中断。

5．EPDM 耐磨层的喷涂

使用大型空气喷涂设备进行施工。在喷涂施工前应对设备全面检查，确保设备可正常使用时再着手施工。要将搅拌好的材料倒入喷涂机的料仓中，一人负责操作喷枪，两人负责加料和移动喷涂设备。喷枪的距地高度要适中，保证喷涂面的均匀性。

地面温度较高时施工，为充分保证喷涂料和层间粘接层的黏结，在喷涂 EPDM 颗粒之前，应用滚筒或小型喷枪，将层间粘接层的表面轻微湿润，但绝对不要有积水或过度潮湿的情况。

喷涂料经喷枪雾化后，经过一定的距离才到达层间粘接层，在这个过程中，其内所含水分已挥发不少，不利于润湿展铺，而微微湿润的层间粘接层对高效成膜有很大的帮助。

EPDM 耐磨层厚度为 3 mm，需要喷涂 2 层，两层采用相反时针方向施工，即顺时针喷涂一层，逆时针喷涂一层，这样就尽可能确保喷涂的均匀性，提升遮盖力。

6．固化

21 ℃和相对湿度不大于 50% 的气候条件下，一般 3 ～ 4 h 可以固化；低温高湿的情况下干燥时间会延长，未彻底干燥前，不得踏入。

7．注意事项

（1）面胶是纯水性材料，其固化干燥的第一步就是水分的挥发。需要指出的是，千万不要为赶工期而将需要 2 层施工的材料一次性施工完毕，如此会带来材料里外固化不彻底、脱层或分层等质量问题。在阴天或未来 8 h 有可能下雨的天气条件下绝对不要施工。施工途中突然下雨时，应将已经配置好的胶乳黏合剂材料密封。不同于 PU 材料配好不用很快会报废，胶乳材料配好后密封放置 3 个月内仍可使用。

（2）在喷涂第二层耐磨层时，要检验第一层耐磨层是否彻底固化。可用大拇指用力向下按并用力旋转，若胶面有破损或变形，则说明尚未彻底固化；若胶面无明显变化，则说明已经彻底固化，可进行下一道喷涂料的施工。

（3）两层 EPDM 耐磨层应该采用相反的时针方向进行喷涂，第一层沿跑道采用顺时针方向喷涂，则第二层要沿跑道的逆时针方向喷涂，如此才能保证最终的喷涂完成面厚度均匀一致，无视觉色差。

（4）大气温度过高时，基面温度也偏高，此时不应进行施工，否则成膜质量会下降。空气湿度超过 85% 时也不应施工，此时固化时间太长，会带来很多无法预计的损坏和损失。

（5）往喷涂机中倒入已搅拌好的混合料时，尽量避免混入空气，过多的空气混入会导致喷涂机喷口出料时产生不均匀现象。

19.2.8 跑道罩面保护层

具体参见第19.1.3.6小节。

19.2.9 跑道界线层

具体参见第19.1.3.7小节。

19.2.10 备注说明

1. 基础说明

混组型跑道仅适用于沥青混凝土基础和水泥混凝土基础，对其他类型的基础要视具体情况具体分析和处理。

2. 配料加水说明

（1）油性的PU材料施工时要严禁水的介入，在底油和吸震层的施工过程中要杜绝和水接触，底油施工时基础含水率须低于6%的条件下才可进行。

（2）水性树脂材料配置原则上都是可以加水的，但具体兑不兑水、兑多少水则由产品特性、施工时的大气条件等决定。若要兑水，则所添加的清水必须是自来水，不要使用井水、河水或海水等。

3. 黏合剂/胶粒配置说明

混组型跑道中PU胶水和跑道水性树脂面胶在和SBR颗粒或EPDM颗粒配置时，要严格按照比例要求进行，避免两者之间配比失衡。一旦胶粒添加量过多，会产生黏合力减弱、吸震层松散、强度不足，表层EPDM掉粒等现象。

4. 防冻说明

胶乳跑道材料都是环保水性材料，在储存和运输过程中一定要做好防冻措施，持续过久暴露在冰冻的环境下，会导致材料冻坏无法使用。

5. 防暴晒说明

所有材料在储存时或施工现场均应避免在阳光下暴晒，应将其置于阴凉的地方或盖上遮盖物。

19.3 胶乳跑道的预混法施工工艺（P&M工艺）

前面交代过P&M工艺并不是胶乳跑道的主流施工方法，原因是其对施工时的气候条件更为苛刻，只有在理想高温和理想低湿的条件下才有产生理想施工质量的可能。国外的胶乳跑道生产厂家也有表示其产品既可以采用 R&S 工艺，又可以使用全厚度一次性施工的预混法工艺，如黑色经济型胶乳跑道的颗粒层可以全厚度一层施工完毕。

国内 PU 跑道几乎都是采用预混法铺装的，施工设备齐备、施工队伍充足。将这套成熟的油性跑道的施工工艺移植到水性材料中来，其实并不是简单替换，还是有很大不同的。故在本节我们还是在基于自身实践经验的基础上就 P&M 工艺在胶乳跑道上的应用略加交代一下。

19. 3. 1　施工工具的简单改造

P&M 工艺是指吸震层中底胶和橡胶颗粒按比例预先混合搅拌分散均匀后采用摊铺机、电热烫板或钢镘压实、拍实，耐磨层则是面胶和 EPDM 颗粒按比例预先混合搅拌分散均匀后用大型喷涂机喷涂的施工方法。在 PU 跑道的施工中，上述工具能很好地完成施工任务，但当用于胶乳跑道时就不是那么回事了，尤其在吸震层的铺装中，这些设备工具不是不能用就是不好用，最突出的一点就是水性树脂和橡胶颗粒对工具金属表面的黏附将导致其不再平整光滑，因而也就无法铺压或拍压出一个平整的颗粒层表面。

因此，当采用 PM 工艺施工胶乳跑道吸震层时，应首先对施工工具进行一番适用性改造。

改造的原理是基于润湿理论，改造的目的是降低上述工具金属表面的表面能，使其不易黏附水性树脂和包裹了水性树脂的橡胶颗粒。改造的方法其实也很简单：在施工工具作业时和胶乳跑道施工料相接触的金属表面上涂布一层特氟龙涂膜。大概的流程如下：

（1）首先，最好用 10% 左右的稀盐酸浸泡施工工具的金属表面 3 ～ 5 min，除去铁锈及其他污染物，清水冲洗净后用干净的干布擦拭，再用电热风筒吹干表面，防止闪锈。

（2）金属表面确认干净干燥光滑后，将双组分特氟龙乳液依照比例混合搅拌均匀后，用羊毛刷涂刷于金属表面上。

（3）置于 300 ℃高温下烘烤不低于 30 min，直至形成一层薄薄的、坚硬光滑的、具有超低表面能的特氟龙涂层。

特氟龙是聚四氟乙烯的别称，英文简称 PTFE，其商标名 Teflon®，故被音译为“铁氟龙”“特氟隆”“特富龙”等。特氟龙是已知的固体材料中表面能最小的种，具有一些与众不同的特性：

（1）不黏。几乎所有物质都不与之黏合，即便很薄的涂膜也能显示出很好的不黏附性能，摩擦系数低，滑动性好。

（2）优良的耐热和耐低温特性。具显著的热稳定性，低温不脆化，高温不熔化。

（3）抗湿性优越。特氟龙涂层表面不会被油或水润湿，作业时也不易黏附树脂和胶粒，即便粘有少量污垢，用湿布简单擦拭即可。

（4）耐磨性好。能较长时间使用而不磨损。

特氟龙的这些特性使之非常适合用来改造适用于胶乳跑道施工的工具设备，产生一个表面能极低的金属表面，在胶乳跑道的 P&M 施工工艺中能有效降低对施工材料的黏附，保证施工的流畅性和颗粒层完工后的表面平整性。

在实践中，我们曾使用特氟龙对电热烫板和钢镘进行过表面改造，实际使用的效果还是不错的。摊铺机的烫板太长太大，就没有进行过上述的试验，虽然烫板自身可以通电加热，但达不到工业级特氟龙烘烤要求的 300 ℃高温。

如果实在没有办法使用特氟龙乳液进行改造，还有个更简单的方法：可使用厚度不低于 2 mm 的特氟龙的卷材，将之裁成比木镘表面略大的尺寸后用沉头铆钉固定于木镘上，要确保特氟龙板块平整固定于木镘上。

在这里我们选择人工摊铺来介绍 P&M 工艺中吸震层的铺装。

19. 3. 2　基础的表面处理

参见第 12 章相关内容。

19. 3. 3　跑道粘接层

参见第 19. 1. 3. 3 小节。

19. 3. 4　EPDM 颗粒弹性吸震层

1. 材料配比

采用 P&M 工艺意味着吸震层的一次性全厚度施工，厚度可高达 10 mm，如此大厚度对水性材料的完全干燥是个挑战，我们知道干燥的第一环节就是水分的挥发，因此，在采用 P&M 工艺时在材料配置时千万不要兑水稀释！兑水虽会更易于搅拌和分散，但却为后来大厚度颗粒层中的树脂成膜带来困难和不确定性。兑水稀释后底胶黏度降低，施工时及固化前在重力作用下会向下汇集，导致底胶树脂在吸震层底部富集而上部不足，底部富集反而会出现胶水越多黏合力越弱的情况，而上部树脂不足引起的黏合力差就更无须多言。

作为水性黏合剂产品，底胶的固含量其实都差不多，一般都在 45% 上下，所以只要使用相同的 EPDM 颗粒，两者之间的配比变化不大，我们仍以 1 ～3 mm、胶含量不低于 25%、级配满足正态分布要求的 EPDM 颗粒产品为例，质量配比为底胶黏合剂：EPDM 颗粒 = 1. 0：(2. 5～2. 8)。

市面上 EPDM 颗粒鱼龙混杂，产品众多，胶含量千差万别，密度不一，具体配比量和生产厂家、颗粒颜色、粒径级配等有关。

2. 搅拌说明

材料依比例配置好之后置于立式搅拌机中充分搅拌直至胶粒完全被底胶裹覆。

3. 人工摊铺

将上述搅拌均匀的施工料撒铺于粘接层上，用铁锹、刮杠和钢镘等配合将之虚铺成厚度大致均匀的松散颗粒层，然后用手动摊铺机压平或钢镘拍实、拍平。

钢镘拍压时要特别注意两点：①力度，拍实时用力要大小一致，不能一拍轻一拍重，如此会导致完工后吸震层的密实度不均匀，软硬也不一样，使用的感觉非常不好；②节奏，即便涂装了特氟龙涂层，也不能完全保证钢镘面在拍压时一点都不黏附施工料，我们的经验是“五拍一拖”，就是钢镘垂直拍压五次后就要做一次钢镘面贴着颗粒层表面的水平拖拉动作，旨在快速还原钢镘面的平滑光洁。

如遇钢镘面有较严重黏附现象的，用塑料刮刀将黏附物刮下来后用无明水湿布擦拭即可继续使用，严禁用湿漉漉湿布擦拭，更要严禁将明水滴入正在施工的材料中。如果钢镘面黏附现象出现频率较高，就要检查特氟龙涂层是否已经破损或磨耗了，若是，就要换新的改装工具或重涂特氟龙涂层了。

人工摊铺很难保证密度均匀性、厚度一致性和表面平整性，在实际施工中要通过设置标高点或标高网络线来控制，当然也可以采用定面积定量控制，在此不再赘述。

4. 固化和养护

P&M 工艺对气候条件的要求比较苛刻，由于 10 mm 全厚度一次性铺装，吸震层的干燥时间相应也比较长。从理论上讲，只要使用的 EPDM 颗粒符合所要求的粒径级配且和底胶配比合理的话，全厚度 10 mm 的颗粒层内部就会有一定比例的空隙，这为内部水分的挥发提供了通道。在 21 ℃和相对湿度 50% 的理想条件下，6 ～8 h 可基本全干。干燥后一般的小雨也不会对吸震层质量造成大的影响。但在这段干燥时间内，一定要确保天气晴朗无雨，一旦下雨，尤其大雨，其破坏性无法想象，大量未干燥的底胶会随雨水流失，结果只能得到一个黏合不力、强度几无的松散颗粒堆。

吸震层顺利干燥后建议至少养护 48 h 后再进行耐磨层的施工。这个养护期实际上是个高质量干燥的保证期，吸震层面积大，又是全厚度施工，谁也不敢保证每个点都彻底固化了，故给予 48 h 的养护期就是让可能未被发现的干燥薄弱点有充分时间继续完成干燥进程。

养护期过后，还要对吸震层的固化质量进行全面的巡查，最简单的方法就是脚后跟压转法：用脚后跟用力按压吸震层后猛地旋转后移开脚，观察吸震层表面有没有出现破损或不可恢复的变形。若有，说明未彻底干燥，强度还不够；若无，证明基本完全干燥，可以进行后续施工。

发现的尚未固化的（可能底胶拌和量过大）或固化效果不理想的（底胶包裹量偏少的）地方也要适当处理，前者可用针刺孔提供水分挥发通道，后者的话则要再喷涂适量的底胶。

19.3.5 彩色 EPDM 耐磨层

参见第 19.2.7 小节。

19.3.6 跑道罩面保护层

参见第 19.1.3.6 小节。

19.3.7 跑道界线层

参见第 19.1.3.7 小节。

19.4 胶乳跑道翻新陈旧 PU 跑道

从结构上讲，胶乳跑道对陈旧 PU 跑道的翻新实际上就是混组型跑道的上半部分，即吸震层以上部分，包括层间粘接层、EPDM 耐磨层和罩面保护胶层。因此，这类翻新的施工工艺在混组型跑道的施工工艺中已经交代得很清楚了，之所以还是要另立一节来讲述，因为还是有些东西要反复强调的。

经验告诉我们，这类翻新工程的重中之重在跑道材料施工之外，即在对陈旧 PU 跑道的表面处理上，这个环节直接决定了翻新工程的质量和耐久性。这一节主要罗列翻新流程的各环节。

19.4.1 陈旧 PU 跑道的表面处理

19.4.1.1 陈旧 PU 跑道的质量检查和缺陷处理

正式施工前对陈旧跑道做个全面的体检是十分必要的，其目的在于及早发现跑道存在的质量问题以便及时修补为后续翻新工作提供理想的基面。

检查内包括但不限于：基础反射性裂缝的影响程度，基础局部下沉形成的凹陷，排水系统是否正常，跑道牙是否完整，现存跑道面层是否存在破损、黏结力减弱或脱层、起鼓等问题。一旦发现上述质量问题，应及时进行全面有效的处理，然后才可以进行后续施工。

19.4.1.2 陈旧 PU 跑道的表面清洁处理

跑道表面常年暴露于户外空间，日晒雨淋，颗粒层表面粗糙，更易藏污纳垢，少不了树叶、树液、鸟粪，人们在使用中也会存在一些有意无意的破坏，如乱吐香口胶、饮料溅落，烟蒂也不鲜见。所有这一切都会使跑道表面污浊不堪、伤痕累累，跑道表面及内部空隙实际上已被灰尘及其他污染物所黏附和填充。这些异物不清理的话，将极大地影响胶乳材料与陈旧跑道基面之间的有效黏结，即使翻新也极大概率出现翻新的结构层剥离、脱落、起鼓，严重时可以像地毯一样被揭起来。

因此，表面清洁是重中之重，是翻新成功的基础和前提。

建议使用高压冲洗设备进行冲洗，一边冲洗一边用中等硬度的毛刷反复刷洗，毛刷应采用正交方向交替擦洗，擦洗下来的黏附物要及时清理出跑道。冲洗刷擦的过程中也可清理掉跑道中脆弱的部位或黏合不力的部位，所有这一切都是为翻新营造一个密实、清洁和具有整体性的基面。

19.4.2 胶乳跑道材料的涂装

19.4.2.1 丙烯酸层间粘接层

具体参见第19.2.6小节。

19.4.2.2 彩色EPDM耐磨层

耐磨层的施工可采用R&S工艺，也可采用P&M工艺，前者参见第19.1.3.5小节，后者参见第19.2.7小节。

19.4.2.3 罩面保护层

参见第19.1.3.6小节。

19.4.2.4 跑道界线层

参见第19.1.3.7小节。

第20章　丙烯酸轮滑地面系统施工工艺

对于轮滑场地，我们强烈建议采用沥青基础。在我们看来，沥青基础是一个高标准、高质量轮滑场的基本要求，沥青基础连续、无缝、完整、平坦的特性非常符合轮滑运动的要求和特点。鉴于此，在介绍丙烯酸轮滑地面系统的施工工艺时，我们还是选择沥青基础来介绍。材料还是选择目前市面上普遍使用的需要现场兑水加砂的丙烯酸涂料产品。轮滑运动本身包含众多项目，我们主要以国际标准速度轮滑场地来介绍施工工艺。

20.1　基础的处理和清洁

详见第12章相关内容。

顺便说一句，关于基础养护周期的问题，一般水泥基础要养护28天，沥青基础要养护15天，这是被行内广泛认可的共识。但对于轮滑场而言，可能稍有不同。水泥基础养护28天没有问题，但沥青基础则需要更长的养护时间。美国某品牌丙烯酸轮滑产品阐述在热拌沥青混凝土上施工轮滑丙烯酸涂料时，特意在基础养护要求中说明："New hot-mix asphalt surfaces must be allowed to cure a minimum of six months. If skating is allowed with less than six months, rutting may occur."（热拌沥青混凝土基础必须养护至少6个月。如果养护不足6个月就允许轮滑，使用时可能会出现轮辙。）

养护这么长时间，主要目的是让沥青硬度更大一些，避免因基础自身硬度不足引发的沥青基础表面出现轮辙的质量问题。

20.2　丙烯酸轮滑底涂层

20.2.1　轮滑底涂层的作用

对沥青基础而言，底涂层既是多孔性沥青基础的密封保护层，更是整个轮滑丙烯酸系统结构的基底层。一般第一层底涂层起着密封沥青基础表面孔隙的作用，将沥青表面从一个多空状、有较高孔隙率的表面改进为一个接近密实无空隙的表面；之后的第二、第三层底涂层一方面进一步细腻化沥青表面，对细微的表面不平整具有一定的修饰作用，另一方面为沥青基础穿了一套厚厚的保护服，将沥青基础彻底保护起来，不再经受日晒雨淋，延长了沥青的使用寿命，同时为整个丙烯酸系统奠定了坚实的底层结构，为丙烯酸轮滑面涂层的施工提供理想的基面。

20. 2. 2　物料配置

由于第一层和之后的第二、三层底涂层所面对的基面有很大的不同，因此底涂层的材料配比应当根据实际功能需要的不同加以细化。

第一层底涂层主要作用是密封沥青基础表面孔隙的，一般可采用粒径为 40 ～70 目的石英砂且适当放大石英砂添加量，但石英砂目数不能太小，因为小目数的石英砂粒径较大，沉降速度偏大，在和底涂材料及清水的混合分散过程中易出现沉砂现象，影响施工性能。实际使用的石英砂的粒径和数量也不能一概而论，而是要根据沥青混凝土基面的实际情况决定。

第二、第三层底涂层仍可采用 40 ～70 目石英砂，一方面可以平整第一层底涂层仍嫌粗糙的表面，另一方面修饰沥青基础表面细微的平整缺陷，最终形成纹理一致、粗细适中的底涂层基面。

底涂层施工料的配置包括丙烯酸轮滑底涂、石英砂和清水，不添加任何其他成分，如硅酸盐水泥、108 胶水等。这三种物料的具体质量配比要参阅生产厂家的施工指引。一般的质量配比大致为丙烯酸轮滑底涂：石英砂：清水 =10. 00：(7. 0～10. 00)：(5. 0～7. 0)。

当然，水性材料的施工特性和施工时的温湿度条件有关，也和所添加的石英砂的数量、粒径大小及清水的比例有关。故可根据实际施工时的气候条件和基面实际粗糙状况，对三种物料的配比进行适度的微调以达到最优的施工性能。

20. 2. 3　物料搅拌

轻缓搅拌，转速控制在 500 ～600 r/min 即可，确保形成均匀分散的混合料，避免转速过快将空气引入施工料体系中。

20. 2. 4　施工料的刮涂

速度轮滑场分为赛道和内场两个区域，内场坡度平坦，赛道的直道部分坡度不大，基本算是个平坦基面，但赛道的弯道部分则是坡度不断变化的倾斜面。很显然，在倾斜面上和在平坦基面上涂装水性材料，在工艺上是有需要予以注意的差异的。

内场部分的施工流程及注意事项和球场系列的硬地丙烯酸是基本一致的，不再赘述。在此主要是针对轮滑赛道的丙烯酸涂层系统的涂装加以介绍。

轮滑赛道是由直道和弯道两部分组成的椭圆环状，呈现宽度窄、长度长的特点且赛道两端的弯道坡度变化较大，弯道的横向坡度从与直道交接处起逐渐增大，增至最高后又逐渐降低，直至与对面直道对接。在这种倾斜面上刮涂涂料还是比较困难的，刮板的行动轨迹必然是一刮板是下坡，接下来一刮板是上坡，这种上下坡交替的施工方式，会出现下刮时施工料由高处刮向低处，材料流淌过快，不易控制；上拉时，施工料由低处拖拉向高处，会发生拖带，造成粗细不均，更不用说施工师傅一脚深一脚浅地艰难前行，也不便于其稳定操纵刮板。在这种坡面上刮涂丙烯酸涂料还要充分考虑其流挂性，避免泪滴、流淌现象的出现。

根据轮滑赛道的形状及地势特点，并结合丙烯酸材料的施工特性，一般建议沿着赛道的宽度方向刮涂。因为赛道面积不大，整个赛道刮涂一层也不需要很长的时间。这样的话，每一层底涂层可以一次性不间断地完成刮涂，避免了过多的接口，从而保证了涂层的完整性和一致性。

刮涂第一层底涂层时，因沥青基面粗糙，吃料较多，施工料要和沥青基础表面孔隙里的空气进行一个置换，置换需要时间，这就要求刮涂速度要适当放慢，同时一般第一层底涂层在保证流动性的前提下，砂量会适当大一些，因此刮涂时压柄力度适度增大，施工料拖拉有力，力图将施工料充分填充进孔隙中实现彻底密封，但也要避免砂量太大导致的施工料流动性丧失。完全靠刮板的机械力拉平，会产生材料渗透填充不充分形成虚填，即表面看起来是平的，但里面还有孔隙未被施工料占据而形成密闭气室，日后高温天气时密闭气体受热膨胀会将涂层顶起鼓。

之后的底涂层施工会相对轻松一些，基面不再粗糙，材料使用量也大为减少，砂量也可酌情减少，施工会更加流畅，施工速度也会快一点。

前后刮涂的底涂层应沿着相反的时针方向进行施工，以确保涂层的密实性和均匀性。

20.2.5 固化

第一层底涂层的厚度整体偏大且厚度不均，故固化的情况一定要仔细研判。其大厚度且厚度不均的特点必然造成其干燥速度的不同步、不一致。刮涂完成不多久之后，能很明显观察到零零星星、大大小小的湿斑散布于干燥的涂层中间且颜色明显深过干涂层。与此同时，可能还会出现局部涂层开裂的现象，这是厚度太大导致的。这种开裂一般不必过于担心，后续底涂层会对其进行修复。

总之，第一层底涂层的干燥时间会相对比较长，后续的底涂层因厚度薄且越发均匀，其干燥时间基本一致且干燥时间略短。这种底涂层一般在 21 ℃和相对湿度为 50% 的情况下，1～2 h 内表干，3～4 h 基本全干。

20.2.6 注意事项

（1）针对轮滑场地弯道、直道相连且弯道起坡的特点选择最合适的刮涂方向，物料配置在黏度上也要和坡度大小相匹配。

（2）第一层底涂层的干燥情况要予以特别关注，务必确保涂层里外彻底干透后才能进行后续涂层的施工。

（3）底涂层施工中要避免山脊线出现，杜绝在坡道区域刮涂时出现材料固液分离、流挂、粗细不均的现象。

20.3 丙烯酸轮滑面涂层

20.3.1 轮滑面涂层的作用

轮滑面涂层是整个轮滑丙烯酸系统结构的最终完成面，承担着耐磨、防滑、抗压、耐污、抗紫外光等诸多功能，是轮滑丙烯酸系统的核心组成，为轮滑运动提供所需的物理性能。因是最终完成面，也要充分考量其视觉美感，尽量确保纹理粗细均匀、色泽一致。

20.3.2 物料配置

轮滑面涂层的施工料是由丙烯酸轮滑面涂、精制石英砂和清水三种物料组成，绝对不添加任何其他材料，如硅酸盐水泥、108 胶水等。

精制石英砂的粒径和级配必须充分关注，因为它直接关系到面涂层完成后纹理粗细、摩擦力的大小、耐污性的优劣乃至于色泽的均匀性。

物料配置时，三种物料的质量比请参阅生产厂家的施工指引。一般的质量配比范围为丙烯酸轮滑面涂：精制石英砂：清水 =10.0：(7.0～8.0)：(5.0～7.0)。

同样，上述配比要根据施工时温湿度状况及底涂层的粗糙程度和业主对最终完成面的纹理要求等诸多因素进行适当微调，以达到最理想的施工性能和施工效果。

20.3.3 物料搅拌

搅拌速度控制在 500 ～600 r/min，避免将空气导入施工材料中。

20.3.4 施工料的刮涂

轮滑面涂层的施工要比底涂层的施工更精细，为确保涂层完成面的美观和完整一致，每一层面涂均需连续作业，中途不能停顿，保证一层涂层只有一个接口。具体做法如下：首先在刮涂起始处沿赛道的宽度方向粘贴宽度为 20 mm 的美纹纸作为接口位置，然后自该接口位置沿顺时针或逆时针方向进行刮涂，每一层面涂必须连续刮涂，确保一次性完成，故材料配置、送料和倒料速度一定要配合好；当面涂快刮涂到之前粘贴的美纹纸处时，应将之揭去，再沿着接口位置将美纹纸粘贴在刚干燥的面涂层上，使美纹纸外侧和接口线重叠，确保之前被美纹纸覆盖的区域能被面涂材料均匀覆盖，同时保证接口笔直、美观。

另外，前后刮涂的两层面涂层应沿着相反的时针方向刮涂，如此可使面涂层纹理更加均匀，色泽更加一致。

干燥后底涂层基面相对均匀、吸收性一致且较小，这些特征对于面涂层的刮涂作业都是十分有利的。施工时沿着赛道宽度方向倒料刮涂，在直道上相对简单易操作，在弯道倾斜面上，上坡刮涂时要持柄有力，克服施工料的重力拖拉前行，下坡时要降低拖拉力度，充分利用施工料自身重力下移，走板速度要匀速低速，尽量减少来回反复刮涂涂料。

20. 3. 5　固化

面涂层的厚度相对比较均匀，干燥时间比较同步，在 21 ℃和相对湿度 50% 的情况下，1 ～ 2 h 表干，3 ～ 4 h 基本全干。

20. 3. 6　注意事项

面涂层一般涂装 2 ～ 3 层，务必选择粒径适合、级配合理的精制石英砂。每一层面涂层的石英砂添加量不必完全一样，可根据实际情况层层适量递减，确保最终完成面粗细适合、纹理均匀。同样地，要根据施工时的温湿度情况，调整好施工料的黏度，避免在坡道上出现泪滴、流淌等现象。

20. 4　丙烯酸轮滑罩面层

对于轮滑场来说，丙烯酸罩面层并不是必不可少的，对于具有丰富施工经验的施工师傅来说尤为如此。因为施工经验丰富，在面涂层的施工中就能很好地控制纹理和色差，使面涂层完工后就获得一个色泽纹理一致、粗细均匀、无条状刮痕的涂层表面。但如果施工技术经验尚欠火候，对于面涂层这种有一定的含砂量的水性涂料的刮涂，要控制好纹理、色泽等并不是件容易的工作，所以面涂层完工后总会存在山脊线、轻微的粗细不均、有色差或刮痕等主要影响表面美观的瑕疵。

为改善上述种种表面瑕疵，营建一片物理性能达标兼具视觉美感的轮滑场，一般可再施工一层丙烯酸罩面层加以修饰。施工之前，凡有山脊线的一定要铲平，有明显粗细不均的要适当打磨并清洁场地，待干净、干燥后便可施工。丙烯酸罩面层的施工料是由丙烯酸轮滑面涂兑水稀释搅拌均匀而成。具体施工要点可参见面涂层的施工。

有以下三点需要强调一下：

（1）为避免兑水量的误差引发的色差，丙烯酸轮滑面涂材料兑水比例务必要尽可能精准一致，避免因各种主客观误差导致不同批次配置的施工料在兑水比例上出现差异进而导致施工料颜色的差异，最终这种差异是以色差的形式体现在干燥后的罩面层上的。

(2) 罩面层对面涂层具有美化作用，但也有细腻化作用，这种细腻化会降低涂层的摩擦力，一般只能施工1层，多层罩面层不仅使材料人工成本上扬，更会导致摩擦力降低，影响正常的使用。

(3) 水泥基础不能刮涂2层以上的罩面层，否则会导致摩擦力降低；而且丙烯酸罩面层的PVC体积浓度低，涂层干燥后相对致密，罩面层过厚会降低整个丙烯酸结构的透气性能（或呼吸功能），容易引发涂层起泡甚至局部脱落、剥离等现象。

20.5 禁滑区涂层

50 cm宽的禁滑区是轮滑赛道和内场之间的条带环状区域，为提高警示作用一般禁滑区涂层所用颜色和赛道及内场均不相同，大多数时候都采用更为醒目的红色。此外，禁滑区基本上都设计在赛道和内场之间的排水明渠的水泥沟盖板上，故对于禁滑区的涂层，需要打磨清洗沟盖板表面，之后刮涂一道丙烯酸底油，待底油干燥后施工丙烯酸底涂及面涂。当然也可以有其他做法，如在不酸洗的情况下先涂布一层环氧底油再滚涂或刷涂丙烯酸涂层，具体不再赘述。

禁滑区完工后，要按要求在禁滑区内粘贴20 mm宽、2.0 mm厚、500 mm长的止滑带，在直道部分止滑带间距为240 mm，在弯道则为100 mm。

20.6 轮滑场界线层

按照速度轮滑场的国际标准要求开线并沿开线处外侧粘贴美纹纸，为保证画线笔直、无毛刺，必须做好封边工作后再刷涂白色界线漆。详细可参见第18.8节。

20.7 完工养护

轮滑场丙烯酸涂层全部完工后不应立刻交付使用，建议养护3～5天后再开放使用。这段养护期有助于丙烯酸涂层中乳胶颗粒间高分子的扩散和融合，为高质量成膜提供足够时间。

第21章　丙烯酸城市综合绿道地面系统施工工艺

丙烯酸城市综合绿道系列的施工结构在水泥基础和沥青基础上基本一致，详见第6.4.1小节。采用聚合物水泥型底涂材料时，底油层在水泥基础上不是必需的，且不论是从经济性还是实际效果来看，聚合物水泥型底涂直接涂布于混凝土基面上不仅无机材料附着有力，而且底涂中的丙烯酸树脂和混凝土基础表面也会形成一定的黏结，两者合成的黏结强度是足够的。因此，不涂布底油层，对于综合绿道地面系统这种含有无机水泥和有机高分子材料的双成膜物质涂料的结构而言是一个可以接受的选择。

21.1　基础表面处理和清洁

在绿道涂层施工之前，不论是混凝土基础还是沥青基础都需要进行相应的表面处理。

对于沥青基础而言，如果表面没有油污染的，清洁相对简单，清扫一下杂物就基本可以了，但是若有油污，则必须予以清除，具体参见第12.2.4小节。

混凝土基础的表面处理基本无须酸洗，清除掉表面杂物，如树叶、纸片、灰尘及其他松散颗粒物即可。只有遇到顽固性污染物，如水泥浆、树液、鸟粪等简单冲洗很难清除干净的物质，才需要适当打磨处理。这些异物会影响绿道底涂材料和混凝土基面之间的黏结，不可等闲视之，务必清除以绝后患。

21.2　混凝土表面的微润湿处理

干净的表面排除了异物的干扰，为更好地促进底涂材料对混凝土基面的润湿、铺展和附着，强烈建议在绿道底涂层施工之前先用无气喷涂机对混凝土基面进行喷水湿润处理，以水雾状形式喷洒使其表面微微润湿，但千万不能有游离水分，一旦出现明水游离必须用干布擦拭吸干。微湿的表面和水性的底涂层材料形成基面材料湿碰湿，从而促进底涂材料向基础空隙中渗透，避免在干燥基面上施工因基面润湿不充分、置换不彻底而形成的局部底涂材料悬浮于基面之上而未渗入基面空隙中或出现大量爆孔的弊病，微润湿处理能在很大程度上杜绝这些因动力学不润湿而产生附着力弱、剥落、脱层等质量问题。

21.3　城市综合绿道底涂层

经过上述处理后，将会得到一个坚硬、密实、完整、平坦、平整、粗糙、干净、湿润的基础基面，为底涂层的施工做好了基础上准备。丙烯酸绿道底涂材料采用聚合物水泥型密封材料，这类材料的详细说明详见第 9 章中的相关内容，具体施工工艺参见第 24.2 节。

21.4　积水补平

聚合物水泥型密封底涂同样可以用于积水补平，只需将聚合物水泥型密封底涂、石英砂、普通硅酸盐水泥和水等四种物料在配置上适当调整即可，详细可参见第 24.1 节和第 12.1.6.2 小节。

21.5　城市综合绿道丙烯酸面涂层

21.5.1　丙烯酸面涂层的作用

丙烯酸面涂层是含有一定体积分数石英砂的彩色涂层，它既是底涂层的覆盖保护层，又是整个综合绿道的耐磨终饰层。

21.5.2　物料配置

因综合绿道施工工程量大，长度长，沿途水电供应有时都有困难，施工现场保护难度极大，故应考虑减少施工层数、降低施工成本；同时，为保障施工质量，涂装于聚合物水泥型的底涂基面上的面涂涂料应具有较好抗碱性能，确保底涂面涂之间的牢固黏结。当然，底涂干燥后最好能养护 1 ～2 天，其间可喷淋水雾以促进水泥的水化和防止底涂层表面的干缩开裂。

同时，为增加一次性施工的厚度、减少面涂施工层数、适度加快干燥速度，可在面涂产品施工配料时适量添加交联剂以使丙烯酸树脂适度交联。热塑性丙烯酸树脂一般富含羧基基团（—COOH），可引入和羧基能进行反应的交联剂对丙烯酸树脂进行交联。交联后涂层的耐水性、耐磨性、耐溶剂性都会提升，且干燥时间会缩短。常用的交联剂有氮丙啶、聚碳化二亚胺等，具体添加量要视丙烯酸树脂的羧基含量及涂层实际物理性能而定。添加量过低，交联密度太低就没什么明显的实际效果；添加量太高，干燥太快，则会使施工开放期过短且干燥后涂层太硬导致脆裂，特别是在添加量超过实际羧基的摩尔量后，更会造成相当量的交联剂完全没有和羧基发生交联反应而被水解浪费。故适量使用交联剂对综合绿道而言是有益的，但也不是添加量越大越好。大面积、长距离的施工现场较难管理，加快干燥速度是有意义的，至少可以减少和减轻一些无法预估的人为和非人为破坏。

面涂层施工料由丙烯酸绿道面涂涂料、特定目数石英砂、羧基交联剂和清水等四种物料按一定比例混合分散均匀，一般羧基交联剂的添加比例为面涂质量的1%～3%，其材料质量配比大致为丙烯酸绿道面涂：石英砂：羧基交联剂：清水=10：(7～8)：(0.1～0.3)：(5～8)。

当然，实际的各物料配比还是要参考面涂生产厂家的施工指引。

完成面的粗糙程度由石英砂的粒径大小及用量决定。

21.5.3 搅拌说明

先用一部分清水将交联剂稀释均匀，放置一边待用；将剩余的清水和面涂材料搅拌分散均匀后，边搅拌边加入石英砂，在基本分散均匀后，边搅拌边加入稀释均匀的交联剂，搅拌3～5 min直至形成分散均匀、黏度适中、流平性好的施工混合料。

21.5.4 施工料的刮涂

将上述施工混合料沿绿道长度或宽度方向倒成线性堆料，用胶扒板（或小齿锯齿靶）刮平刮匀，刮扒走动时步伐一致，忌快慢不一，持扒力度均匀，确保涂层厚度均匀，同时，尽量不要形成由沙粒堆成的山脊线。

面涂层干燥前禁止入内，干燥后要全面检查，有山脊线的地方要用铲刀铲除，飘落场内的树叶等其他杂物也要一并清除。

面涂层施工时湿膜可达厚度1.0 mm左右，这样可以达到只施工1层面涂层就满足实际要求的目的。

21.5.5 固化

在21 ℃和相对湿度50%的气候条件下，面涂层施工后一般需1 h左右触干，4 h基本全干，低温高湿天气则干燥时间延长。

21.5.6 注意事项

（1）面涂层施工混合料的开放期一般为40 min～2 h，混合料配比好后要尽快使用完，毕竟添加了交联剂成分，放置时间一长，黏度慢慢偏大，失去流动性，甚至于成团结块或凝胶而无法使用。

（2）如果面涂层施工效果不理想，如色差显著、山脊线过多、铲除后表面铲痕明显，影响美观；或砂量偏大，表面太过粗糙，建议施工1层罩面层。

21.6 城市综合绿道丙烯酸罩面层

21.6.1 丙烯酸罩面层的作用

综合绿道罩面层并不一定是必需的，它只是在绿道面涂层的施工效果不尽如人意的情况下才会被用来对面涂层的不均匀色泽和表面缺陷进行修饰和美化，从而使综合绿道最终完成面颜色更均匀，纹理粗细更一致。

罩面材料一般可直接使用丙烯酸绿道面涂，兑水稀释后喷涂，但若希望罩面完成后具有一定的光泽、表面能低、耐污性好，最好还是采用有机硅改性的丙烯酸树脂制备罩面材料。

21.6.2 物料配置

综合绿道罩面层施工料是由丙烯酸绿道罩面涂料、羧基交联剂和清水组成的混合物，其材料质量配比为丙烯酸绿道罩面涂料：羧基交联剂：清水＝10：（0.1～0.3）：（5～7）。

实际材料配比还是以生产厂家的施工指引为准。

21.6.3 搅拌说明

为确保完工后色泽的一致均匀，面涂材料的兑水量要基本做到“次次相同，基本精准”，绝对避免主观误差造成配料前后不一致的现象出现。

先用一部分清水将交联剂稀释均匀，放置一边待用；再将剩余清水和丙烯酸绿道罩面涂料轻缓搅拌均匀，搅拌速度不要太快，控制在500～600 r/min，最后将稀释后的交联剂一边缓慢添加一边轻缓搅拌，避免将空气带入搅拌料中，尽可能杜绝泡沫出现，以期形成均匀的施工混合料。施工期间，混合料静置一小段时间后再去取料时也需稍稍搅拌以保证混合料的均匀性，避免材料不均匀造成的罩面层色差。

21.6.4 施工料的喷涂

为提高施工速效率，罩面层建议使用无气喷涂的作业方式施工。首先要根据绿道的实际宽度选择适合的喷嘴，调节好出料量，因为无气喷涂对喷枪喷嘴会产生极大的压力，所以一般无气喷涂的喷嘴尺寸是固定的不能调节的，不适合的话只能更换类型或尺寸匹配的喷嘴。

将上述混合料倒入料斗后，开启喷涂模式，为确保罩面层的有效遮盖和减少喷涂料的四处飞逸，要设计好喷涂的高度，且每一个喷涂条带和上一个喷涂条带至少有 1/4 ～ 1/3 的搭接宽度以确保喷涂均匀，避免漏喷。喷枪操作人员提枪走动时步伐应一致，速度均匀，忌时快时慢，保持喷涂高度一致，力保罩面喷涂层厚薄均匀。

为保证施工正常不间断进行，配料、送料工作要配合上喷涂的速度，可以料等枪不能枪等料，长时间等料会导致枪体和喷嘴被慢慢固化的材料堵塞，发生堵塞后再处理清洗费时费力，白白耽搁施工时间。

一般一层丙烯酸罩面层即可呈现出良好的效果。

21.6.5 固化

在 21 ℃和相对湿度 50% 的气候条件下，罩面层施工后需 2 h 固化。低温高湿情况下，固化时间会长一点。在确认干燥之前，绝对不能踏入。

21.6.6 注意事项

（1）3 级以上风力时暂停喷涂作业。

（2）建议对面涂层微润湿处理后再喷涂罩面材料。

第22章　翻新硅PU之专用丙烯酸界面剂与专用丙烯酸面料施工工艺

22.1　专用丙烯酸界面剂施工工艺

用丙烯酸涂料翻新硅PU之前，为确保两种材料间更牢固的黏结，涂布1层专用丙烯酸界面剂是非常必要的。这类丙烯酸界面剂专门为翻新硅PU而设计，既可以涂布于硅PU弹性层，也可涂布于陈旧硅PU表面，其施工工艺其实非常简单，下面介绍大致流程。

22.1.1　待涂布基面的表面处理

（1）若待涂布基面为硅PU弹性层，因其表面比较光滑，材料附着强度不大，故一般要用砂纸磨轮进行整体打磨使之表面粗糙，之后用吸尘器清理干净或清水冲洗干净，打磨出的碎屑、颗粒物务必全部彻底清理出去。

（2）若待涂布基面是陈旧性硅PU面漆，如果污染太过严重，也须按上述步骤打磨、清洗处理；污染不严重，可用高压水枪冲洗，配合硬毛地板刷反复擦刷，确保将表面黏附的异物彻底清理干净。

22.1.2　界面剂的涂布

待涂布基面处理干净后，可将界面剂轻缓搅拌均匀后可直接使用，可采用滚筒滚涂、刮板刮涂或无气喷涂，要确保涂布厚度均匀，避免厚涂或漏涂。之所以界面剂是即开即用产品，就是为保证涂布于硅PU基面时，单位面积上树脂含量的均匀性，避免兑水时各种主客观误差对界面剂层实际效果的影响。

22.1.3　固化

界面剂一般1～2 h内会干燥，干燥后具有一定的黏性，为避免黏附异物，干燥后不宜长时间裸露于空气中，因为一旦黏附异物，就会影响丙烯酸涂层与之形成黏结，界面剂的“双面胶”功能就大打折扣了。故界面剂和其上第一层丙烯酸涂层必须在同一天完成施工。

22.1.4 后续丙烯酸涂层的施工

界面剂固化后，后续涂层的施工可按正常施工流程进行即可。根据硅 PU 自身实际厚度、软硬程度及翻新后所需要的场地球速要求，界面剂完工后的涂层设计可以先刮涂软中带硬的丙烯酸弹性密封层后再涂装丙烯酸纹理层和终饰面层。为确保丙烯酸涂层在硬度上和硅 PU 的相匹配，建议使用硬度值较低的丙烯酸面料，如宝力威的丙烯酸弹性面料和柔性面料。纹理层和终饰面层的具体施工工艺可参见第 18 章中的相关内容。

22.2 专用丙烯酸面料施工工艺

不论是对陈旧硅 PU 涂层，还是新建硅 PU 弹性层（未涂布硅 PU 罩面层），硅 PU 专用丙烯酸面层材料都能胜任，不仅能与硅 PU 形成很好的附着力，而且固化后的丙烯酸涂层在硬度上能很好地匹配硅 PU 的自身硬度。

其施工流程也不复杂，简述如下。

22.2.1 硅 PU 涂层的打磨

不论是陈旧硅 PU 表面，还是新建硅 PU 弹性层均需使用砂纸磨片进行打磨形成一定的粗糙度，之后要将打磨产生碎屑清理干净，确保待施工基面洁净。

22.2.2 配料和搅拌

硅 PU 专用丙烯酸面料要和石英砂、交联剂和清水按一定比例进行材料配置，一般的质量配比为硅 PU 专用丙烯酸面料：石英砂：交联剂：清水 =10：(5.0～7.5)：(0.1～0.3)：(5～10)。具体要参阅生产厂家的施工指引。

实际配置时，先用部分清水将交联剂稀释，轻缓搅拌均匀，放置备用；然后将剩余清水和专用丙烯酸面料混合搅拌降黏，之后一边搅拌一边缓缓添加石英砂，直至基本分散均匀；最后将稀释好的交联剂同样是一边搅拌一边缓缓加入，转速控制在 600 r/min 左右、搅拌 3～5 min 便可。

22.2.3 施工料的涂装

将搅拌均匀的混合料沿着硅 PU 基面的长度或宽度方向倒成长条形堆料后用橡胶刮板或小尺寸锯齿耙将材料刮开刮平刮均匀。这一层含有交联剂的涂层肩负重任，承担着上下粘接的使命，所以在质量上必须要做到厚度均匀、纹理一致，既不漏涂也不厚涂。

因为添加了交联剂，施工料的施工活化期相对缩短，所以材料配置完成后应在 2 h 内使用完毕，否则材料过久放置会出现黏稠、凝胶而不能使用。要根据施工工程量、施工速度、大气温湿度条件等决定材料的配置进度，杜绝不必要的浪费。

22. 2. 4　固化

交联剂的加入提升了固化速度，在 21 ℃和大气相对湿度为 50% 的条件下，1 h 表干，4 h 可完全干燥。

22. 2. 5　后续丙烯酸涂层的施工

添加交联剂的第一层纹理层彻底固化后，后续涂层不论是丙烯酸纹理层还是丙烯酸面层，均不需要再添加交联剂，只需按正常工序施工即可，纹理层和面层的具体施工工艺参见第 18 章中的相关内容。

第23章　透水混凝土丙烯酸罩面材料施工工艺

23.1　透水混凝土的表面养护

透水混凝土完工后的养护至关重要。由于透水混凝土空隙率高，相对容易失水，其养护一般使用农用薄膜覆盖，避免水分蒸发过快造成水泥水化不充分而影响其黏结性能。若期间需要洒水养护，则以雾状喷洒方式喷水为佳，不能采用放水浇灌方式洒水，否则流动过快的水流会将水泥浆冲走引发透水混凝土黏结质量问题。一般，完工后养护7天再进行丙烯酸罩面材料喷涂会比较理想，之所以如此，原因主要有两个：一是完工7天后透水混凝土已经形成一定的结构强度，罩面材料施工时机器设备的移动、施工人员的来回走动对透水混凝土都不会产生不良影响；二是透水混凝土的碱性不会太强，避免强碱对水性丙烯酸材料的可能影响，如涂料返粗、完工后罩面层脱附等质量问题。虽然罩面材料是要求具有一定抗碱性能的，但若能控制不在碱性过高的基面上施工，还是强烈建议的。当然，如果出于工期的原因一定要在强碱基面上施工，也还是有办法的，这当然会增加一点成本，我们在后面会简单交代一下。

23.2　透水混凝土的表面清洁

在喷涂罩面材料之前务必要将透水混凝土表面清理干净，包括但不限于灰尘、松散颗粒物、落叶、纸片、鸟粪等，这些会影响罩面材料和透水混凝土基面之间黏结的异物必须清除干净。

23.3　透水混凝土表面的微润湿处理

表面干净只是满足罩面材料喷涂的第一步，为更好地促进罩面材料对透水混凝土基面的润湿、铺展和附着，强烈建议在喷涂罩面材料之前先用无气喷涂机以雾状形式喷洒水雾于透水混凝土表面，使其表面微微润湿，但千万不能有明水聚集。微润湿的表面会与水性罩面材料形成基面材料“湿碰湿”，从而促进罩面材料的铺展、渗透，避免出现动力学不润湿的现象而产生附着力弱、剥落、脱层等质量问题。

在高温低湿的施工条件下更应该注重对基面微润湿处理。

23.4 丙烯酸罩面层

23.4.1 物料配置和搅拌

罩面材料在施工时只需和清水按一定比例混合搅拌均匀便可直接喷涂，一般不需要添加较大粒径的其他粗骨料，粗骨料的加入完全是弊大于利的，一方面可能会堵塞透水混凝土的疏水空隙，另一方面 PVC 颜料体积浓度过高的话，液料对骨料的包裹性会下降而出现使用中掉粒的现象。

搅拌时转速不要太快，轻缓匀速避免将空气引入施工混合料中产生泡沫。

23.4.2 施工料的喷涂

使用无气喷涂机进行喷涂作业时，喷涂前要对透水混凝土表面进行微润湿处理，虽然因此施工环节繁琐了点，但实际得到的好处和效果是值得的。

作业时喷枪嘴离地面 20 ～ 30 cm 比较适宜，不要太高，太高的话，雾化料着地半径大，喷涂厚度太薄，有可能形成不了有效遮盖，另外过高的喷涂高度会导致更多的雾化料飞逸，既造成材料的浪费，又污染环境；喷涂高度也不能太低，太低的话，雾化料着地半径小，容易形成厚喷，既可能堵塞透水混凝土的表面空隙，又会出现成膜困难或成膜质量不良的问题，如表干里不干，罩面层表面出现橘皮或泥裂等。

喷枪嘴移动速度要均匀，同时需控制好喷涂高度，每次喷涂条带都要和上一条喷涂条带重叠 1/3 ～ 1/2 以形成湿搭接区，确保不漏喷和喷涂均匀性。

23.4.3 完工养护

罩面层喷涂完成后，一般在 4 ～ 8 h 内基本干燥，由于使用的成膜助剂不同，罩面层的早期强度可能并不相同，建议喷涂完成后养护 5 ～ 7 天，待涂层最终强度形成，此时正式对外开放使用比较理想。

附　强碱性基面的丙烯酸罩面材料的施工

赶工期的事是经常碰到的。透水混凝土完工后没有时间提供 7 天的养护期，那该怎么办呢？答案是营造界面层过渡一下，即喷涂一层抗碱底油做界面剂层来封闭和隔离强碱对罩面材料的不良影响。

抗碱底油使用独特的阳离子配方体系，从而使体系中引进大量的阳离子正电荷，具有独特的交联机理，能够和碱进行功能性交联，因而具有优异的抗泛碱、抗盐析性能。

同样，抗碱底油施工前，透水混凝土表面要清洁和微润湿，抗碱底油和清水按一定比例混合搅拌均匀后使用无气喷涂机均匀喷涂于透水混凝土表面。

强调一句：必须待抗碱界面剂层彻底完全干透后才能喷涂丙烯酸罩面材料，因为抗碱界面剂层属于阳离子体系，pH 低，而丙烯酸罩面材料是呈弱碱性的。

第 24 章　聚合物水泥型密封底涂施工工艺

在第 9 章我们介绍过聚合物水泥型密封底涂是一种双成膜物质材料，既适用于水泥混凝土基础，也适用于沥青混凝土基础，在功能上既可以作为具有填充、平整功能的底涂层，又能作为基础平整度不佳时的积水补平材料。鉴于此，我们从这两个方面稍加介绍其施工方案。

24. 1　作为密封底涂层

24. 1. 1　基面处理

基面处理主要包括表面缺陷处理和基面清洁处理，具体参见第 12. 1. 6 小节。密封底涂对基面清洁程度的容忍性比较高，对于沥青基础而言，如果表面没有油污，清洁相对简单，清扫一下杂物就基本可以了，但是若有油污，则必须予以清除。

对于混凝土基础，表面清洁相对要细致些，要清除的异物包括但不限于水泥浆、灰尘、松散颗粒物、落叶、纸片、鸟粪等。聚合物水泥密封底涂的自身特性一般对水泥混凝土基础没有酸洗的要求，打磨也不是必需的，除非遇到顽固性污染物需要局部打磨之外，一般无须打磨处理。当然，基础整体打磨后的黏结效果更佳。

密封底涂既是沥青基础的高性价比密封填充材料，也是混凝土基础的理想底涂产品，尤其在气候湿润的地区，其实用性更强。

24. 1. 2　基面微润湿处理

材料施工之前一定更要确保基面处于微润湿状态，可用滚筒或无气喷枪将基面微微润湿，但不能有游离水分，一旦发现要用干布吸拭。尤其对于水泥混凝土基础，基面微润湿是个关键环节，是避免出现爆孔、动力学不润湿的重要一步，特别是夏季高温施工时，其重要性更彰显无疑，不可或缺。

24. 1. 3　物料配置

密封底涂现场施工时要和 42. 5 硅酸盐水泥、石英砂、清水按一定比例混合拌和均匀方可使用。这种材料既适用于沥青混凝土基础，也适用于水泥混凝土基础，但这两种基础的表面特征差异较大，沥青混凝土基础表面孔隙率高，故在沥青混凝土基础上施工的第一层密封底涂在材料配比时砂率会稍高一些，主要出于以下考虑：一是第一层密封底涂的主要功能是封闭孔隙，其几乎不承受外力的摩擦和剪切，故砂量大一些不会影响完工后整体涂层的质量；二是砂率稍高有利于大厚度密封底涂层的干燥，且固化后不易产生裂纹，对获得一个具整体性、完整性的密封涂层是有益的。

沥青混凝土基础上的第一层密封涂层的物料的质量配比大致为密封底涂：42.5 硅酸盐水泥：60～80 目石英砂：清水 =10：(10～12)：(20～22)：(5～7)。

具体配比建议参阅生产厂家的施工指引，毕竟密封底涂的材料配方不同，在物料配置上还是有些不同的，如添加了减水剂的密封底涂在清水添加量上就明显要低于配方中未加减水剂的密封底涂。

沥青混凝土基础上的第二层及以上的密封底涂层和水泥混凝土上的密封底涂层的材料配置就要求降低砂率，在确保施工和易性的基础上，清水添加量能少添加就少添加。大致的质量配比为密封底涂：42.5 硅酸盐水泥：60～80 目石英砂：清水 =10：(7～10)：(18～20)：(5～7)。

上述配比可确保完工后涂层具有一定致密性、防渗性和耐剪切能力，耐水性及耐磨性也相当不错。同样，具体配比要参阅生产厂家的施工指引。

上述四种物料不是随随便便搅和在一起就可以的了，物料配置不仅仅是各物料组分的组合问题，也是一个排列问题，更是一个物理化学反应的不同变化过程。相同的物料组分，不同的先后添加顺序也会对施工混合料的特征产生影响，甚至对固化后的涂层质量产生影响。

一般建议按如下步骤进行物料配置：

(1) 先将硅酸盐水泥和清水按 1：0.4 左右的比例将水泥开稀成水泥净浆，要轻缓搅拌均匀。

(2) 然后在料槽中将大部分的剩余清水（要预留少许清水清洗水泥净浆搅拌桶）和密封底涂先搅拌降黏，再一边搅拌一边缓慢匀速添加石英砂，转速不要太快，一般 500～600 r/min 就可以将之分散均匀，过快的搅拌会将空气带入体系而引发后续涂层的爆孔。

(3) 充分搅拌均匀后再将水泥净浆缓慢均匀地加入，不要一股脑全部倒进去；水泥净浆添加完毕后，水泥净浆搅拌桶的桶壁上还会黏附少许水泥净浆，可将之前预留的少量清水倒入净浆搅拌桶中晃洗干净后添加到正在搅拌的密封底涂中，确保配比尽可能精准。

物料配置过程中，还有以下四点要予以强调：

(1) 搅拌时间显然不是越长越好的，因为混合料中含有水泥，水泥水化会不断消耗水分，水泥骨料中也会包裹水分，这会使体系水分减少，黏度增大，施工流动性变差。

(2) 大气温度越高，水泥水化速度越快，消耗的水分也越多，黏度也会逐渐变大，流动性变差，故气温太高时不要进行物料配置和施工作业。

（3）水泥调成水泥净浆时清水添加量的多寡也会对最后的施工混合料的黏度产生影响。一般建议水灰比不超过0.5，一旦水灰比过大，净浆中水分充足，水泥水化也充分，消耗的水分量大，同时水泥浆料中也会包裹住更多的水分，这会使作为外相的水分越来越少，最终导致施工混合料的黏度偏大，刮涂时稠重感增加，且易出现拖带、粗糙不匀等现象。

（4）绝对禁止将粉状水泥直接加入密封底料中，这样操作存在明显的弊端：一是粉状水泥直接倒入正在搅拌的密封底涂中，在毛细管力的作用下，极易形成夹生水泥结团，结团需要很长时间才能完成水化，甚至在整个施工活化期内水泥结团都未必能水化消失；二是粉状水泥进入密封底涂中后会立刻开始水化，水化反应是放热反应，会放出大量热，这些热量会加快聚合物的成膜速度，适当的加快是有益的，但干得过快也不见得是件好事，要和水泥凝结速度相匹配；三是当施工混合料被刮涂开来形成湿膜时，水化热可能会给涂层带来内外应力差，尤其是大厚度的涂层应力差更大，这个应力差有可能导致密封底涂层的开裂。

24.1.4 施工料的刮涂

上述材料完成材料配置、分散搅拌均匀后，若表面有泡沫，须静置几分钟待消泡后再施工。

施工前要确保基面干净和润湿，高温天气时尤其要注意基面润湿。基面过于干燥会导致刮涂时施工混合料很快失水变稠、拖带，涂层表面极易出现爆孔，甚至动力学不润湿的情况，所以，密封底涂施工前保持基面润湿且无明水是极其重要的一环，不可或缺。

将施工混合料沿着场地的长度或宽度方向，先倒成长形堆料后，然后用刮板刮平刮匀，刮涂速度适当放慢，让施工混合料和基础之间有充裕的时间进行渗透和置换，形成新的界面。相邻两刮涂条带要重叠1/3～1/2，同时要避免同一条带反复多次刮涂。

所配材料最好在1 h内使用完毕，避免材料浪费，建议用多少配多少。

24.1.5 固化和养护

密封底涂在21 ℃和相对湿度为50%的气候条件下，一般1 h左右即可干燥。在沥青基础上施工第一层密封底涂层时，有沥青孔隙率高，涂层的厚度总的来说偏厚且厚薄不均匀，故其干燥速度不一致，经常会出现在大部分已经干燥的表面零零散散地分布着尚未干燥的湿涂块，湿涂块颜色明显比已干燥的部分要深。一定要确保整体彻底干燥后才能进行下一层的施工，涂层表干后可以在表面喷洒水雾进行适当的养护以防止干缩裂缝的出现。

涂层厚度偏大时时常会出现表面裂纹，这类裂纹如果只是细裂纹，即深度一般不超过涂层整体深度1/3的，基本不会对涂层整体性、完整性产生负面影响，后续涂层能很容易地修复这些细裂纹，甚至后续涂层材料能渗透到裂纹的缝体中形成抛锚效应，产生更加强大的附着力。但若表面裂纹超过涂层厚度的1/3，则涂层的整体性将受到破坏，其耐击打性能变差，极易碎片化，出现涂层剥落现象。

密封底涂一般在24 h后就可以达到终极强度的80%，比一般硅酸盐混凝土需要28天才能达到设计强度的85%要快得多，主要原因是水泥水化产生的Ca^{2+}、Al^{3+}、Fe^{3+}等金属离子和高聚物中的羧酸根离子或其他可反应基团可发生化学反应，使强度快速提升。

24.1.6 注意要点

（1）如果基面不进行润湿处理，密封底涂层会出现爆孔。

（2）如果密封底涂产品的保水性不好，密封底涂层表面极易出现裂纹。

（3）如果密封底涂产品黏聚性不良，施工时材料易出现离析、沉砂而无法顺畅施工。

（4）施工时气候条件要适合，搅拌时间要适中，避免非材料质量原因导致的施工流动性不佳。

24.2 积水补平

在前面的章节中我们曾介绍过国外丙烯酸厂家在其产品线中几乎都有用于修补场地积水的产品——丙烯酸积水修补剂。实际上这种丙烯酸积水修补剂本质上也就是聚合物水泥型涂料在运动场地面工程中的应用。不过在国内更是将其功能拓宽至底涂层的应用上。当然，用途不同，功能不一，故施工时的物料配比是大不一样的。

积水补平前须将待修补的表面打磨、清理干净并喷洒水雾，确保基面处于湿润无明水的状态，然后将密封底涂、42.5硅酸盐水泥和石英砂按一定比例混合拌和均匀，置于湿润的待修补区域，用钢镘或刮平耙收平。

修补积水时的配料要注意两点：一是砂量增大，二是一般情况下不用额外添加清水。不兑水的目的在于积水修补材料对流动性没有要求且一般一次性施工厚度较大，要控制干燥时的收缩幅度，水分多，收缩就必然会大，就越容易出现收缩裂纹，同时，不兑水的话干燥速度也会相对快些，密封底涂中的配方用水已经足够水泥水化之用。还有一点，水量大，水的挥发通道会导致涂层固化后密实度下降。

积水补平一般厚度大，但要求干燥时间不能太长，故在密封底涂和水泥、石英砂的配比上还是有一定要求的，一般石英砂粒径为40～70目且添加量相对较大，大致的质量配比为密封底涂：42.5硅酸盐水泥：石英砂=10：（15～20）：（30～50）。

至于清水的添加，只要能满足施工要求，能不加就不加，能少加就不多加，具体配比要求以生产厂家的施工指引为准，当然也要考虑施工时的温湿度条件。

修补厚度超过20 mm时需要分层修补，确保修补层内外干透。大厚度修补时（厚度超过 13 mm)，除了石英砂，还可考虑配置一定量的粗骨料以增加强度，粗骨料的粒径一般以修补厚度的一半为宜。

积水修补的较详细工艺可参见第 12. 1. 6. 2 小节中的相关内容。

第25章 丙烯酸停车场地面系统施工工艺

应该说，大多数停车场都是水泥混凝土基础的，室内停车场更是如此，因此，我们选择水泥混凝土基础来阐述丙烯酸停车场地面系统的施工步骤和大致方法。

25.1 混凝土基础表面处理

混凝土基础处理包括表面缺陷处理和表面清洁处理两部分，缺陷处理主要是积水位的修补和裂缝的处置，表面清洁的处理相对简单，只要基础面无浮浆、肉眼可见的灰尘、油污和鸟粪之类的污染物，只需进行简单的吸尘或清扫就可满足要求，若有上述污染物就必须彻底清除后才可施工，详见第12章相关内容。

25.2 混凝土基面的微润湿处理

基础表面经过上述处理后呈现出坚硬、密实、平坦、平整、完整、干净的特点，施工底涂层之前，可用无气喷枪喷洒水雾对基面进行微润湿处理，水雾喷洒要均匀，避免有游离明水出现，一旦发现要立刻用干布擦拭。

25.3 停车场密封底涂层

停车场一般面积大，尤其是室内及地下停车场，酸洗打磨条件往往并不具备，故采用聚合物水泥类的密封底涂产品是非常好的一个选择，不仅基础表面处理的工程量小，而且水性环保，也更适合在潮湿基面上涂装。

实际上，停车场底涂层的施工和城市综合绿道底涂层的施工基本一致，最大的不同在于石英砂骨料的粒径选择上，一般室内停车场使用的石英砂目数要稍大一些，在保证足够摩擦系数的情况下，表面相对光滑一些，这样易清洁、耐污功能好，便于日常维护。

密封底涂层的具体施工流程可参见第 24.1 节。

25.4 丙烯酸停车场中涂层

中涂层是整个结构中承上启下的核心组成，起着承受外界冲击和抵抗外界摩擦的作用，其纹理构造对最终完成面影响颇大。

25.4.1 物料配置

丙烯酸中涂层的施工混合料由丙烯酸停车场面涂、交联剂、石英砂和清水按严格配比搅拌均匀而成。交联剂和羧基具有较强的反应活性，而丙烯酸面涂中的丙烯酸树脂富含羧基，故两者能进行化学反应产生具有一定致密程度和刚性的空间网状结构，使单组分的丙烯酸面涂固化后硬度提升、耐水性大幅增加、热黏冷脆的缺陷得到改善。

一般的质量配比为水性丙烯酸面涂：交联剂：120～150 目石英砂：清水 = 10.0：(0.1～0.3)：(5.0～7.5)：(5.0～8.0)。

具体材料配置比例要参考生产厂家的施工指引。

大概的配比步骤如下：

(1) 用部分清水和交联剂按 10：1 的比例混合搅拌均匀，称为 A 料。

(2) 将剩余清水和丙烯酸停车场面涂混合搅拌均匀，接着将石英砂慢慢加入，边加入边搅拌，直至大体均匀，称为 B 料。

(3) 将 A 料缓缓加入 B 料中，边添加边搅拌，添加完毕后，仍需搅拌几分钟以保证充分混合均匀，形成流动流平好的施工混合料。

25.4.2 施工料的刮涂

中涂层施工料虽是含砂混合料，但含砂量不大且砂子细小，稠重感不大，滞耙感不强，一般的刮板都可以胜任施工任务。堆料浇倒好后，持柄放松，基本无须压柄，匀速前进，将堆料拖扒开，摊薄成条带湿涂层，两相邻条带之间要有充分的湿搭重叠区域，确保涂层的整体性和一致性。

25.4.3 固化

交联剂的使用使固化速度较快提升，一般 1～2 h 表干，2～4 h 就完全干燥了。实际干燥时间和大气温度、空气流速、交联剂的用量有关。

25.4.4 注意要点

（1）施工料要用多少配多少。因含有交联剂组分，其作业活化期相对短，一般配置完成后2 h内需用完，否则长时间静置，其内部反应继续，材料变稠，凝聚成胶状物就不能再使用了。

（2）交联剂的使用量应遵要求严格配比，一定限度范围内，交联剂添加量越大，涂层固化速度越快，硬度越大，脆性增加、更易脆裂；超过限度范围的话，可能固化速度快到连起码的作业时间都没有，材料就报废，这就纯属浪费，所以，交联剂的添加量一定要参阅生产厂家的施工指引。

（3）绝对禁止将交联剂直接兑入丙烯酸面涂中。

（4）堆料被摊薄成条带后避免反复多次来回刮涂。

（5）固化后若有山脊线等一定要磨平或铲平，否则，完工后将形成表面线缺陷——凸条。

25.5 丙烯酸停车场面涂层

面涂层是整个结构最后一层彩色涂层，是对中涂层的修饰、完善和美化，主要就是使中涂层颜色更加均匀，纹理更加一致、表面更趋细腻。

25.5.1 物料配置

面涂层的施工混合料是由丙烯酸停车场面涂、交联剂和清水按严格配比搅拌均匀而成。一般的质量配比为丙烯酸停车场面涂：交联剂：清水＝10.0：（0.1～0.3）：（5.0～8.0）。

具体物料配置比例要参考生产厂家的施工指引。

大概的配比步骤如下：

（1）用部分清水和交联剂按10：1的比例混合搅拌均匀，称为A料。

（2）将剩余清水和丙烯酸面涂混合搅拌均匀，边加入边搅拌，直至大体均匀，称为B料。

（3）将A料缓缓加入B料中，边添加边搅拌，添加完毕后，仍需搅拌几分钟以保证充分混合均匀，形成流动流平好的施工混合料。

25.5.2 施工料的涂装

面涂层施工料是非含砂混合料，密度不大，黏度较小，通常采用施工效率更高的刮涂工艺，但若中涂层做得比较细腻光滑，使用刮板刮涂可能不能很好地使施工料完整、均匀地涂布开来，即有些地方黏附不住刮板趟过的材料，出现秃斑，如此就不能形成完整、连续的面层层，这种情况下，可采用滚涂法或无气喷涂法作业。

滚涂时选择短毛软质滚筒，为保持纹理方向均匀一致，选择某一方向进行滚涂。建议两人配合操作，一人沿着选定的方向进行纵向滚涂，另一人则沿横向轻轻收，最大限度地控制滚筒痕迹出现。具体参见第 16. 2. 1. 2 小节。

无气喷涂法也是很好的一个选择，速度快、效率高，可参见第 19. 1. 3. 6 小节中的相关内容。

25. 5. 3 固化

交联剂的使用使得固化速度较快提升，一般 1 ～2 h 表干，2 ～4 h 就完全干燥了。实际干燥时间和大气温度、空气流速、交联剂的用量有关。

25. 5. 4 注意要点

（1）施工料要用多少配多少，杜绝浪费。

（2）交联剂的使用量应遵要求，严格配比。

（3）兑水量一定要保证一致，杜绝人为配料不一致而产生的涂层色差。

（4）绝对禁止将交联剂直接兑入丙烯酸涂料中。

（5）堆料被摊薄成条带后避免反复多次来回刮涂。

（6）彩色涂层一定要杜绝色差、堆漆线的出现。

25. 6 停车场界线标划

（1）按设计图纸上的划线尺寸和要求，将需要标划的界线简单标示出来。

（2）根据施工时温湿度情况，将水性丙烯酸划线漆调制适合的施工黏度。

（3）使用划线机进行场地界线标划。

（4）划线居于面层和罩光清漆层中间确保不会承受直接的磨损，因而更加经久耐用。

25. 7 罩光清漆层

罩光清漆层是整个结构的最后一层，是地坪的真正“脸面”，它不仅能将之前的涂层彻底保护起来，而且能有效提升面涂层的色泽丰满度、耐磨性、耐污性和耐化学品性，使用寿命也相应延长。

25.7.1 物料配置

罩面清漆层的施工料是由 A、B 双组分改性丙烯酸罩光清漆和清水按比例混合搅拌而成，A 为固化剂组分，B 为树脂组分。可根据所希望达到的硬度指标，选择不同的 A 和 B 配比；清水可以不加，如果觉得 AB 混合料有些黏稠的话，可以添加不超过 A、B 料总质量的 20% 的清水。一般的质量配比为 A：B：清水 =1.0：(1～4)：适量（不超过 A、B 总重的 20%）。

罩光清漆属于交联反应性涂料，故 A 料、B 料和清水三者充分搅拌均匀是 A 料、B 料充分交联反应形成完整一致的表面涂层的前提和关键。

25.7.2 施工料的涂装

建议采用滚涂法或无气喷涂发施工，可参见第 19.1.3.6 小节中相关内容。

25.7.3 固化

交联反应性双组分涂料固化速度快、作业时间短，一般 1～2 h 表干，4～8 h 基本干燥，24 h 后可以上人行走，但不能上车。

25.7.4 注意要点

（1）搅拌时要绝对避免气泡出现，否则，清漆固化后会出现爆孔等影响表面美观的缺陷。

（2）施工料用多少配多少，配置完成后 2 h 内用完最佳。

（3）罩面清漆施工前要确保面层表面干净，避免清漆固化后出现缩孔。

25.8 完工养护

全部涂层完工后不应立刻对外开放，应养护 7 天，待涂层内部反应基本结束，涂层强度彻底表现出来后再对外开放。

第26章　WMA地坪涂料施工工艺

在第11章我们对WMA材料做了比较细致的介绍，WMA和丙烯酸涂料及环氧树脂等有非常好的配伍性能，也就是说，WMA不仅能独立构成WMA涂层系统，也可以和丙烯酸涂料与环氧树脂等搭配使用，构成能满足不同预算、不同基础条件的混合涂层系统。WMA用途广泛，从地坪到金属防锈，从泳池涂料到建筑物内外墙都可使用，受制于篇幅，不能一一介绍，我们在这里重点介绍铺装于水泥基础的WMA地坪施工工艺（若是沥青基础，要先做一道丙烯酸平整层，再按在水泥基础上的施工流程进行铺装）和用作泳池内壁涂料的施工工艺，前者是WMA独立地坪系统，后者是和环氧树脂组成的混合涂层系统。

关于WMA在材料配置及施工环节中需要注意的要点，参见本章末尾的附录，为节省篇幅就不在各涂层施工工艺中反复介绍了。

26.1　混凝土基础的WMA地坪施工工艺

26.1.1　混凝土基础的表面处理

具体参见第12章的相关内容。

酸洗不是必需的，WMA中含有环氧树脂成分，因而和混凝土及金属表面也具有良好附着力。

26.1.2　混凝土基面的微润湿处理

混凝土基面经过预处理之后呈现出坚硬、完整、密实、平坦、平整、粗糙、干净的特点，可向混凝土基面喷洒雾状水，使表面呈微微润湿状态，但不能有明水游离，一旦出现明水，需立刻用干布擦拭吸干。微润湿表面的内部毛细孔中含有一定水分，底油材料可借助水的润滑作用渗入毛细孔中，产生极强的镶嵌力，从而杜绝日后出现涂层起泡、脱层等质量隐患。

26.1.3 施工的基础和气候条件

（1）混凝土的表面含水率小于6%，表面温度大于5 ℃且高于露点温度3 ℃。
（2）环境温度在5 ℃以上，30 ℃以下；空气相对湿度小于80%。
（3）风力低于3级及以下。

26.1.4 WMA 封闭底油层的涂布

做好基面微润湿处理后，封闭底油的涂布便可以开始。将A组分略搅拌后与B组分按照1∶1质量比混合，用300～500 r/min的速度充分搅拌2～3 min直至均匀，加入1～2倍的清水，慢速搅拌直至彻底混合均匀，采用喷涂或滚涂工艺涂布于混凝土表面。如果地面吸收性太大的，兑水量要适度减少，必要时需要做两层封闭底油以避免底油层的不均匀。

材料的单位面积用量视混凝土表面粗糙程度的不同而不同，一般A、B混合料每层用量为0.12～0.2 kg/m^2。

26.1.5 WMA 纹理层的涂装

封闭底油层干燥固化后，若表面无树叶、纸片、灰尘等污染物，即可开始涂装WMA纹理层。将A组分略搅拌后与B组分按照1∶1质量比混合，用300～500 r/min速度充分搅拌2～3 min直至均匀，边搅拌边缓慢添加80～100目石英砂，添加量为A料、B料总重的70%～100%，添加完毕后再次搅拌均匀，如感觉有滞重感，可适当添加A、B混合料总质量的10%～20%的清水，搅拌均匀以达到施工所需要的黏度要求，之后可使用滚涂或刮涂的施工方法将施工料涂布均匀。

纹理层的A、B混合料的每层用量为0.16～0.2 kg/m^2。

为了形成充分的遮盖力和表面纹理均匀性，WMA纹理层要施工2层，且建议两层施工方向呈正交方向。

26.1.6 WMA 面层的涂装

WMA纹理层固化后，观察表面是否有“泪滴”、山脊线、粗细不匀或不平整等缺陷，若有，用打磨机打磨，清理干净后才能涂装WMA面层。将A组分略搅拌后与B组分按1∶1质量比混合，用300～500 r/min速度充分搅拌2～3 min直至均匀，添加A、B混合料总质量0～10%的清水再混合搅拌均匀，用滚筒或刮板将施工料在纹理层上均匀涂装。

面层的A、B混合料的每层用量为0.12～0.16kg/m^2。

面层具有修饰作用，可使完成面色泽更加均匀一致，一般施工1～2层。

26.1.7 双组分改性水性丙烯酸罩光层的涂装

罩光层也不是必不可少的，WMA 面层本身就可以作为完成面投入使用，但如果客户要追求更好的颜色丰满度和光泽度，罩光层就能起到这样锦上添花的作用。双组分改性水性丙烯酸罩光清漆固化后具有高光泽、高硬度、高展色性及优良的耐水性、耐化学性，能有效提升 WMA 涂层的色泽丰满度，使涂层颜色饱满、光泽高，耐磨性及耐刮伤性提升。

双组分改性水性丙烯酸罩光漆的 A 组分为水性 HDI 固化剂，B 组分为羟基丙烯酸树脂，一般使用较高羟基值的丙烯酸乳液，罩光材料可按下述质量比配置：A：B：清水 = 1.0：(2.0～4.0)：(0.0～0.8)。

一定要充分搅拌均匀，确保各组分充分混合，之后可用无气喷涂，也可用滚筒滚涂或刮板刮涂，不论何种施工方法均要保证施工厚度均匀，避免厚涂或漏涂。

本材料是反应性的，应该根据施工速度配置材料，所配材料最好在 2 h 内用完，避免浪费。

罩光层的 A、B 混合料每层综合用量为 0.1～0.12 kg/m^2。

26.1.8 养护及开放

21 ℃现场环境温度条件下，24 h 可对人行开放，养护 7 天后可对车行开放。

26.2 WMA 泳池涂料施工工艺

本施工方法针对在新建泳池的混凝土池壁池底上涂装 WMA 泳池涂层。对于已经粘贴瓷砖的泳池则需要对瓷砖表面先进行打磨清洗，再涂布一层纳米级水性环氧底油，固化后按照 WMA 泳池涂料的产品结构施工便可。WMA 涂料系列产品充分考虑到游泳池防水性能和垂直立面施工的特点，设计了独特产品配方，使其在耐水性、耐化学性、耐候性及耐污性等方面更加符合游泳池使用。

26.2.1 基础表面处理

泳池池壁、池底的混凝土不能有油污、松动、空壳的部位，不能有起砂或其他可能影响黏结力的异物存在，如浮浆、灰尘或泥土，甚至树叶、鸟粪，这些异物堵塞了混凝土中的毛细孔，如不予以清除，将阻碍涂层材料渗透到混凝土的毛细孔中去，这将成为涂层日后起皮、脱层的隐患。一旦发现有上述现象，必须予以彻底处理。若遇到顽固性污染物，有必要动用打磨机打磨并用高压水枪冲洗干净，直至混凝土基面干净无异物，呈现出坚硬、完整、密实、平整、平坦、粗糙、干净和干燥的表面特征。

本涂层系统使用环氧底油，具有较好的耐碱性，故可以不必对碱性混凝土表面进行中和处理。若使用油性环氧底油，则基础含水率不得大于5%。

26.2.2 施工气候条件

（1）施工时必须天气晴朗，阴雨天请勿施工。

（2）环境温度低于5 ℃、高于30 ℃且低于露点温度3 ℃时不适合施工。

（3）大气相对湿度大于80%不宜施工。

（4）基础养护时间不够或基础未清洗干净不宜施工。

（5）3级以上风力条件下暂缓施工。

26.2.3 环氧底油的涂布

混凝土在经过上述的表面预处理后就可以着手环氧底油的涂布。一般油性或水性环氧底油都可以，从黏结性上说，油性环氧性能卓越，从环保角度上讲，水性环氧更胜一筹。环氧树脂为双组分热固性材料，固化剂通常为A组，环氧树脂乳液为B组，A、B两组分按一定的比例混合搅拌均匀后用短毛滚筒滚涂于池壁池底。

由于池壁为立面，为防止流挂，配料时应结合施工时的气候状况调节环氧树脂混合料的黏度，油性环氧要控制稀释剂的添加，水性环氧少加或不添加清水。

若使用油性环氧底油，则要确保基面的干燥，其含水率不超过5%，否则日后涂层会出现鼓泡、脱层现象。

若使用水性环氧底油，则应对混凝土基面进行微润湿处理。

26.2.4 环氧砂浆找平层的涂装

环氧砂浆找平层不是必需的，如果混凝土面纹理粗细适中、平整完整，找平层可以不做的。但实际上泳池混凝土池身总会存在孔洞、粗糙、不平等不理想的状况，环氧砂浆层的作用就是补平这些缺陷，形成较为细腻平坦完整的基面，为WMA材料的施工做好基面准备。

环氧砂浆找平层的施工料由A、B组分和石英砂按比例配置而成，具体要参阅生产厂家的施工指引。

上述混合物拌和均匀后用镘刀批刮于已固化干燥的环氧底油基面上。

环氧砂浆找平层固化后要仔细检查是否有山脊线、粗细不匀、不平整等缺陷，若有，则用打磨机打磨或铲刀铲除，确保环氧砂浆找平层平整、均匀。

若混凝土基面过于粗糙，第一层环氧砂浆层完工后仍嫌粗糙，可再做1层，使用目数略大的石英粉的环氧腻子层修平。

26.2.5 WMA 封闭底漆层的涂布

环氧砂浆找平层固化后并完成表面瑕疵处理后即可施工 WMA 封闭底漆。

将 WMA 材料的 A 组分略搅拌后与 B 组分按 1∶1（质量比）混合，用 300～500 r/min 的转速轻缓充分搅拌 3～5 min 直至均匀，加入 0～1 倍的清水，再慢速搅拌 3～5 min 直至充分分散均匀，采用喷涂或滚涂方法涂布于环氧砂浆基面上。

材料的每层用量视基材状况为 0.12～0.2 kg/m^2。

池壁为立面施工，为防止流挂，应根据施工时的实际天气状况调节加水量，避免立面施工时的严重流挂。

底漆施工前应用喷雾器将环氧砂浆表面轻微润湿，做到材料基面湿碰湿，有利于 WMA 底油渗透到环氧砂浆的孔隙中形成抛锚效应，产生强大的镶嵌力。

26.2.6 WMA 纹理层的涂装

确认封闭底漆层固化后就可以涂装 WMA 纹理层。纹理层的施工将进一步使被涂装表面细腻化，提升涂层的遮盖能力。

将 WMA 材料的 A 组分略搅拌后与 B 组分按 1∶1（质量比）混合，用 300～500 r/min 转速充分搅拌 3～5 min 直至均匀，边搅拌边缓慢添加 0.5～1.0 倍的 100～120 目石英粉，可适当添加 A、B 混合料的总质量 0～10% 的清水，搅拌均匀后，池壁立面可采用滚涂施工，池底则滚涂或刮涂都可以，但刮涂更具效率，可用刮板迅速贴地刮涂均匀。

纹理层的 A、B 混合料的每层用量为 0.16～0.2kg/m^2。

为了形成理想的遮盖力和表面纹理均匀性，WMA 纹理层要涂装两层且建议 2 层涂装方向呈正交方向。

池壁为立面，对施工材料的黏度提出了抗流挂要求，这就要在加砂量和兑水量之间取得一个平衡，避免黏度过小，在重力作用下流淌产生“泪滴”或流痕。

一般先进行立面施工后再进行池底面施工。

26.2.7 WMA 面层的涂装

WMA 纹理层固化后，观察表面是否有“泪滴”、山脊线、粗细不匀或不平整等缺陷，若有，则用角磨机打磨或铲刀铲除并清理干净后才能涂装 WMA 面层。

将 WMA 材料的 A 组分略搅拌后与 B 组分按 1∶1（质量比）混合，用 300～500 r/min 转速充分轻缓搅拌 2～3 min 直至均匀，添加 0～10% 的清水混合搅拌均匀后涂布于 WMA 纹理层表面上。也是先进行立面池壁的涂装，可采用滚涂或无气喷涂工艺，再进行池底涂装，滚涂、无气喷涂或刮涂都可以。

面层的 A、B 混合料的每层用量为 0.12～0.16 kg/m^2。

面层具有修饰作用，使完成面色泽更加均匀一致，一般施工 1 ～2 层。

26.2.8　双组分改性水性丙烯酸罩光层的涂装

出于杀菌消毒的卫生需要，泳池日常维护清洁需要加入强氯精来调节和维持泳池水的碱性。WMA 面层本身也具有相当的耐化学品性，但涂装双组分改性丙烯酸罩光层不仅大幅度提升耐碱性，而且也使 WMA 面层的色泽丰满度、光泽度显著改善，使完工后的整个泳池涂层系统从功能和视觉美感上都完美融合，相得益彰。

总之，罩光层清漆固化后具有高光泽、高硬度、高展色性及优良的耐水性、耐化学性，能有效提升 WMA 涂层的色泽丰满度，使涂层颜色饱满，光泽度高，耐磨性及耐刮伤性提升。

双组分改性水性丙烯酸罩光漆的 A 组分为水性 HDI 固化剂，B 组分为羟基丙烯酸树脂乳液，一般使用较高羟基值的丙烯酸树脂乳液，罩光材料可按下述质量配比配置：A：B：清水 =1.0：(2.0～4.0)：(0.0～0.8)。

一定要充分轻缓搅拌均匀，确保各组分充分混合，避免搅拌速度过快，转速控制在不超过 500 r/min 比较适合，在搅拌过程中将空气带入搅拌料中。一旦搅拌料中出现大量气泡，应先慢速轻缓手动搅动片刻，再静置少许，搅动、静置交替进行，直至基本无泡时才能投入使用，否则，罩光层固化后会出现爆孔、针眼或“痱子”等表面缺陷。

材料搅拌均匀后可用无气喷涂设备，也可用滚筒滚涂或刮板刮涂，不论何种施工方法均要保证施工厚度均匀，避免厚涂或漏涂。

本材料是反应性的，应该根据施工速度配置材料，所配材料最好在 2 h 内用完，避免浪费。

罩光层的 A、B 混合料每层综合用量为 0.1 ～0.12 kg/m^2。

罩光清漆是双组分反应性清漆，应该根据施工速度来决定每次配置材料的数量，A 组分和 B 组分配置好后最好在 120 min 内涂装完，避免不必要的材料浪费。罩光清漆固化后呈现出硬度大、光亮、坚硬、耐水、耐刮伤性表面。

26.2.9　养护及开放

双组分材料是需要时间来彻底完成交联反应的，故完工后不应立刻对外开放使用，避免涂层早期强度不足而受到破坏，而是应当养护静置 7 天左右，使涂层内交联反应充分进行，涂层稳定、强度彻底表现出来后再对外开放。

附　WMA的材料配置和施工要点

WMA涂层材料为双组分水性材料，A组分为彩色高黏度固化剂，B组分为乳白色低黏度乳液。为确保在施工过程中材料的精准配比及避免浪费，保证施工质量，尽可能减少乃至避免施工痕迹，在材料配置及施工时请务必注意以下事项。

1. 物料配置

（1）将所需要的A料、B料称重准备好，先将B料轻轻摇晃或搅拌均匀后，将大部分B料先倒入配料桶中，预留一小部分B料用于清洗之后A料包装桶中黏附于桶壁上的A料之用。

（2）将固化剂A料缓慢加入已盛有B料的配料桶中，一边加入一边搅拌，建议使用转速在500～600 r/min的机械搅拌机搅拌3～5 min。不建议使用木棍等简单工具进行人工搅拌，因为人工搅拌转速太低，无法保证A料、B料能充分混合均匀。

（3）将步骤（1）中预留的B料倒入尚有角料残留的A料包装桶中，盖上桶盖，用力旋晃，直至桶壁上黏附的A料被清洗的基本干净后全部倒入正在搅拌的A、B配料桶中，再用搅拌机充分搅拌2～3 min即可。

（4）WMA为双组分反应性涂层材料，具有一定的活化期。配好后，根据施工时气温的高低，一般最好在2 h内用完。否则，若配好的材料出现黏稠、凝胶就基本不能使用，只能报废了。配料时一定要充分考虑施工面积、施工人手及施工速度，有计划地进行物料配置，避免不必要的浪费。做到专人配料、少配多次、即配即用、连续不断。

（5）A料、B料混合后会有气泡产生，并伴有淡淡的氨水气味，建议在通风的地方配置材料。

2. 施工要点

总的来说，WMA涂层材料的施工并不需要特别的施工技巧，施工方法简单易学，但是为保证施工质量，请务必注意以下五点：

（1）建议使用海绵滚筒或优质纯平短毛滚筒。

（2）滚筒使用前，先用透明胶带黏附滚筒表面的杂物及杂毛，之后浸水泡透后取出，将水用力甩干，最后浸入配料桶中充分浸湿后便可施工。

（3）滚涂时要做到专人施工，纵向滚涂，横向修饰，收口齐整。依照这种方法便可最大限度控制施工痕迹，提升表面美观度。

（4）在做WMA底油时，若出现大量小米粒大的气泡爆裂现象，则要注意下调WMA底油的黏度，同时降低施工滚涂的速度，让WMA底油和基面空隙中的空气有足够的时间进行置换。

（5）刮板刮涂时，对同一刮涂条带的材料不要反复刮涂，否则材料会起球，因为频繁刮涂会使WMA材料温度升高，促进A、B组分反应的进行。

附　　录

附录1　涂料的相关术语和名词

（1）表面张力。位于液体内部的分子所受的力与液体表面处的分子所受的力是不同的。内部分子被其周围的分子从各个方向以相同的力吸引着，所受的力是对称的、平衡的；而表面分子受到来自液相分子和气相分子的引力，所受的力是不对称的，液相引力大于气相引力，表面分子具有较高的自由能，这种不平衡力总是力图将表面分子拉入液体内部，使液体表面积尽可能缩小，即将该体系的表面自由能降至最低。因此，表面张力自发地降低液体表面面积，驱使粗糙或不平整的液体表面流动成为平滑的表面，使表面自由能降低。表面张力的数值等于垂直于表面中单位长度的假想线的作用力，也等于扩大单位面积的表面所需的功。国际单位制单位是N/m。

（2）润湿作用。当液体与固体表面接触时，使原来的固－气界面消失，形成新的固－液界面，这种现象叫润湿。当液体的表面张力大于固体的表面张力时，液体不能润湿固体；当液体的表面张力等于固体的表面张力时，液体会润湿固体，但不能完全润湿，不会铺展；当液体的表面张力小于固体的表面张力时，液体能润湿固体，形成铺展。

（3）玻璃化转变温度。非晶体高分子材料达到一定的温度时由玻璃态转化为高弹态，此时的转变温度称为玻璃化转变温度。在此温度下，温度与体积和其他热力学变量的关系曲线呈现明显的梯度变化。高于此温度时，高分子材料显现似橡胶的性能；低于此温度时，高分子变得无弹性和脆性。

（4）脆化点。聚合物制成样片，当样片弯曲时，材料自身发生脆性破坏，此时的温度称为脆化点。

（5）奥斯托瓦尔德熟化。在微粒分散系中，因粒径不同，溶解度也不同，大粒子溶解度比小粒子低，因此小粒子溶出的分子析出，向大粒子周围扩散，其结果是小粒子逐渐消失，大粒子不断增长，分散系的稳定性也就变差了。

（6）冻融稳定性。水性涂料贮存期间可承受若干次冷冻和融化循环周期而不发生降解、相分离或其他变质的能力。

（7）贮存稳定性。在密闭容器中的涂料长期储存后保持其原性能的能力。不希望的性能变化有颜料与液体分离形成团块、颜料沉淀、黏度和pH显著变化及出现不正常的气味等。

（8）毛细现象。是由于液体自身表面或界面张力引起的可观察到的液体的运动或流动。毛细流动的起因是同液体相连的两个表面间所建立的压力差。

（9）毛细管力。毛细管力是发生毛细现象的根本原因。毛细管力与液体的表面张力和毛细管的曲率半径有关：曲率半径越小，毛细管力越大；和表面张力成正比。

（10）解絮凝。固液分散体中的每个固体粒子都独立存在，且不与邻近粒子聚结的状态。解絮凝悬浮体的屈服值为零或很低。

（11）剪切稀化。以黏度随剪切速率增大而降低为特点的流动，通常是假塑性流动的结果。

（12）触变性。触变性是分散体系流变学研究的重要内容，是指一些体系在搅动或其他机械作用下，体系黏度随时间变化的一种流变现象。对于水性丙烯酸涂料而言，触变性表现为涂料受到搅拌时黏度会减小且在相同的剪切速率作用下，搅拌时间越长，黏度越低，直至一个恒定的值不变，而剪切作用撤除后黏度又逐渐恢复，体现出一种一“触”即“变”的特性。

（13）色牢度。涂料暴露于室外环境中抵抗颜色变化的能力。其实就是着色颜料的抗紫外光线的能力。

（14）涂层搭接区。涂层扩展时覆盖在刚刚涂布好的相邻涂层上的区域。涂料涂布时，相邻两个涂布条带的材料总是有一部分重叠的以保证涂层的整体性、均匀性。

（15）湿接。涂料刮涂时，下一刮涂条带和上一刮涂条带是有一定幅度的重叠的，即涂层搭接区。施工时，务必确保重叠搭接的材料是湿润的、有流平性的，否则，容易产生刮痕或山脊线。

（16）湿边时间。又称为湿边可搭接时间。保持现存边缘涂膜的物理状态，允许同样涂料涂布于相邻区，并能与现存涂膜成一体而不觉察差异的时间。湿膜保持湿态，足以使搭接处可涂布而不产生重叠接痕的时间。高温时湿边时间会明显缩短，可能产生涂布时无法“湿接”而出现刮痕。

（17）湿态附着力。在潮湿状态下（如雨天、露水、洗刷或高湿度气候）涂层牢固地附着于基础之上的能力。这是涂料耐水性的重要标志。耐水性差的材料在潮湿环境中很快出现涂层剥离，起皱等，耐水性好的涂层被水长时间浸泡后会出现轻微的发白，但干燥后又恢复原样，不会出现剥离分层等现象。

（18）湿碰湿。丙烯酸混凝土底油涂布时须确保混凝土基础是湿润无明水的状态，这样可充分利用水分的润滑作用使底油渗透到混凝土的毛细孔中，形成强附着力。事实上，水性材料的每一层涂布都应当遵循湿碰湿的原则，即基面适当润湿，材料有流平流动性。

（19）物理吸附。由分子力作用产生的吸附作用，一般吸附较弱。

（20）化学吸附。在吸附剂和吸附质之间的表面单层形成化学键（强相互作用）而引起的吸附。

（21）极性。分子或基团带有电荷或体内电荷分布不均匀的性质。极性分子在溶液中电离，赋予电导率。水、醇和硫酸是极性的。乳液的形成与这种极性有关。

（22）剪切。由施加力产生的作用力或应力引起一个物体的两相邻面部分平行于它们的接触面方向相互滑动。

（23）剪切应力。作用在材料上使其产生运动或流动的切向剪切力。

（24）流平性。涂料刮涂后湿涂膜由不规则、不平整流展成均匀、平整表面的性能。明确一点：涂料的流平性并不是由涂料受到的重力引起的，而是由涂料内部的表面张力梯度产生的。液体总是从表面张力低的地方向表面张力高的地方移动。

（25）降解。有机物由于化学结构破坏或物理磨损导致的特性或质量变化。

（26）交联。聚合物分子链通过化学键（一般为共价键）形成三维或网状聚合物。

（27）浆料。由液体（通常为水）与微细不溶性固体（如颜料、体质颜料或波特兰水泥）组成的可灌注混合物。

（28）堆积密度。指把粉尘或者粉料自由填充于某一容器中，在刚填充完成后所测得的单位体积质量。按自然堆积体积计算的密度称为松堆密度，以振实体积计算则称为紧堆密度。测定时通常是从一定高度让试料通过一漏斗定量自由落下。

（29）变稠。在储存过程中涂料的稠度增大，但未必达到不能使用的程度。

（30）肝化。在贮存过程中，涂料的稠度逐渐不可逆增大到不过度稀释已不能使用的现象。其主要原因是涂料中发生化学反应，或者有的成分发生絮凝或者聚合作用等。

（31）结皮。容器中的涂料外表面形成半固化的表皮现象，是涂料表面的水分蒸发失水产生的。

（32）沉淀。固体组分（如颜料和体质颜料）从静置的涂料中析出。

（33）胶凝。在储存期间液态涂料转变成似胶状或假固体状的过程。该过程通常是可逆的，通过搅拌和稀释可恢复到液态，但当涂料中含有化学反应性颜料或高聚合度漆基时这种状态就不变。

（34）爆孔。涂料中含有的气泡，刮涂后气泡没有立刻破裂，当其破裂时，其周边的涂料黏度变大失去流平性无法修补气泡破裂后产生的微小孔，形成爆孔。涂料在生产中和施工中都会因搅拌混入空气。

（35）缩孔。指在涂层上形成了不规则的露底或不露底的凹痕，使涂层失去平整性。产生原因：涂布时表面张力较大的涂料碰到一个表面张力较小的颗粒物时，涂料不会湿润其基面，表面张力趋向于将液态的涂料回缩成球形粒子；同时由于水分蒸发，黏度增加，基本失去流动性，产生一层不均匀的涂层，有的区域没有涂膜或涂膜很薄，而临近区域的涂膜非常厚，形成缩孔。

（36）剥离。以片状或层状从涂层表面剥落。

（37）剥落。涂膜由于附着力降低而从基础或某一层涂层处呈条状或片状自发地脱落。

（38）剥蚀。又称为磨蚀，涂层表面受到诸如粉化或磨损作用而引起的磨损，其结果可导致下面涂层表面的露出。

（39）刮涂条痕。由于涂料体系中不同颜料粒子发生分级或者由于涂料中加砂量过大，或高温时施工，涂膜固化后产生条状的深浅不一的色差的现象。大多数情况下是由相邻刮涂条带搭接处的湿搭时间不足、材料流平性不佳、施工料黏度过大造成的。

（40）重刷痕。涂料流动性差而造成的已不能流平的明显刷痕。

（41）拖带。涂料施工时由于温度太高水分挥发太快，或者由于石英砂添加量过大，又或者基面过于干燥等，涂料变黏流动性很差，导致刮涂时刮板非常吃力，刮板对涂料形成拖拉之势，会产生纹理不均匀和颜色不一致的现象。

（42）山脊线。刮涂时施工料从刮板上端处溢出而形成山脊状线性凸起，导致涂层不均匀、不平整。出现山脊线时必须要打磨铲除掉，否则，面层完工后会出现凸条。

（43）凸条。面层涂层施工之前，其下的平整层或纹理层或密封层中的脊背状堆料未能打磨掉从而引起面层表面的隆起条纹。

（44）发汗。涂层中有油分从底层渗透出的现象。使用乳化沥青底料，高温时极易出现发汗现象。

（45）渗色。来自下层的可溶着色物质进入或透过上层涂层扩散，因而产生不希望有的染色或褪色的过程。

（46）透底。由于涂料遮盖力不够，涂料涂布完成并固化成膜后仍能看到未能被其充分遮盖的下层涂层的颜色。

（47）咬底。又称为咬起，在涂布第二层涂料时，新涂布的涂料把前面已经干燥的涂层从底材上咬起的现象。发生这种情况时，涂层出现膨胀、移位、收缩、发皱、鼓起甚至失去附着力而脱落。

（48）粉化。大气老化过程中多种破坏因素使黏合介质分解，引起涂膜表面上形成疏松的粉状薄层的现象。粉化受颜料品种和颜料浓度影响明显。

（49）粉化变色。粉化而非色料变化导致的颜色变化。

（50）发花。在含有多种不同颜料混合物的彩色涂料中，一种或几种颜料从其他颜料中分离出来，并在涂膜表面上集结成条纹或斑块，产生色彩斑驳外观的现象。微观上是涂膜内部产生贝纳德漩涡引发的。

（51）浮色。涂料中颜料粒子分离，轻质颜料粒子上浮，均匀覆盖整个表面，使呈现的颜色明显不同于刚刮涂好的湿膜的颜色。常认为浮色是发花的极端状况。微观上是涂膜内部产生贝纳德漩涡引发的。

（52）起砂。①混凝土标号不够产生的砂粒脱落的现象；②涂料配料时石英砂添加量大大超标，使涂料混合物无法充分包裹石英砂，无法形成全面充分的黏结，在外力作用下，砂粒很容易从涂层上脱离出来；③涂料配料加水量偏大，也会导致涂料混合料中树脂含量低，无法对石英砂的表面实行完全裹覆，在外力作用其下，砂粒便从涂层中脱离。

（53）变色。丙烯酸涂料由于使用的着色颜料的抗紫外光性能不够理想，在阳光的作用下，涂层颜色渐渐褪色、变白的一种现象。

（54）变黄。又称为泛黄，在涂膜老化过程中显现的黄色。白色涂层的变黄最为明显。

（55）起泡。由于涂层局部失去附着力而脱离其下底面，形成圆拱形凸起物或泡。这样的泡可以含有液体、蒸气、气体或灰尘及结晶物等。

（56）水斑。水长时间聚集在涂层表面，水分蒸发后形成的永久性或非永久性的外观不均匀的变化。形成的原因主要是水萃取了涂料中的某些物质并浓缩在涂层表面，留下残留物，形成水斑。水斑处的颜色通常要比周围涂层的颜色浅。

（57）起皱纹。涂料成膜时，在涂层上出现脊沟状条纹。

（58）色斑。由外来物引起的不希望有的颜色变化。

（59）秃斑。涂料涂布时未能充分彻底将整个基面完整涂布，有部分地方未能覆盖到而产生的不均匀现象。

（60）针孔。涂料在基面上流平展开时，碰到固体小颗粒或小液滴后，由于表面张力的变化向内收缩成圆形小孔，固化后形成针孔。

（61）橘皮。涂层流展成水平面时由于流平性的不好出现的类似橘子皮的不均匀麻点外观。微观上是涂膜内部产生贝纳德漩涡引发的。

（62）塌渗失光。面下涂层（包括底涂层和中涂层）吸收面涂层的漆料而产生的失去光泽现象。

（63）霉致变色。由真菌引起的变色（灰色或黑色）。霉菌与污垢可用漂白剂区分，一滴漂白剂可使霉斑颜色变浅，而污垢颜色不变；或用水洗涤时污垢可除去，而霉菌会嵌入漆膜，不能除去；或在显微镜下观察加以区分。霉菌不应与藻类相混淆，藻类颜色通常为绿色至棕色，一般在遮阳的潮湿地方生长。

（64）（涂膜）搭接覆盖。涂膜覆盖在未嵌填的缝隙（如裂缝）上，使涂层中产生了薄弱处，导致干膜的最终破裂。

（65）皂化作用。脂肪酸酯和碱之间生成皂的反应。对涂膜而言，皂化指的是底材（如新浇注的混凝土或以水泥、砂子和石灰为基材的基面）中的碱和水分的作用而造成涂膜中成膜物质分解。已皂化的涂膜会变得发黏或褪色，严重情况下，该涂膜会由于皂化而被完全液化。

（66）表干。指涂膜表面的干燥，但涂膜内部的水分尚存，并未挥发彻底。

（67）触干。用手指轻压时不会留下指印或不出现黏着涂料的干燥状态。

（68）表面硬化。涂膜未完全干燥的表面硬化。

（69）硬干。当用拇指对漆膜施加最大的向下压力留下的指印可用软布轻擦完全除去时，视为漆膜硬干。

（70）全干。当用拇指对涂层向下施压，同时旋转 90°，而涂层无疏松、脱粒、起皱或其他变形发生时，视为涂层已完全干燥，即完全干。

（71）干透。从面涂到底涂都均匀一致的干燥。

（72）完满涂层。一次涂布能形成最后的涂膜而干燥时能形成无缺陷的涂层。

（73）咬着力。涂层对上一层涂层或底材的渗透或黏附能力。

（74）附着力。涂膜和与其接触的底材之间附着的程度。底材可以是裸露的基础表面或是已刮涂了一层或几层涂层的表面。不应与内聚力相混淆。影响附着力两个主要因素是涂料对底材的润湿性和基面的粗糙度。测定方法有划格法、划圈法、拉开法。

（75）涂层间附着力。涂布的涂层对先前涂布的涂层的附着能力。

（76）涂层间污染。两层相继涂布的涂层之间有外来物存在，如灰尘、油污、鸟粪等。存在涂层间污染的必将导致涂层间附着力降低、减弱，甚至最终出现大面积脱层的严重质量问题。

（77）重涂性。一层涂层干燥后，再涂布下层涂层时能与该层涂层相结合的能力，不应出现咬底、渗色、润湿性不佳或附着力不良等弊病。一般表面张力太低的涂层重涂性较差。

（78）干遮盖。空气和颜料间的折射率差额比漆基和颜料间的折射率差额大，导致散射增量。无光漆干燥后，其颜料或体质颜料会凸出漆膜表面散射入射光，遮盖力的提高更为明显。高于临界颜料体积浓度（CPVC）的大多数涂层都具有干遮盖。有时在涂膜中制造大量微孔来提高遮盖力，但涂层的整体性能会下降。

（79）残留黏性。涂膜虽然已固化，但未达到真正不发黏的干阶段，而仍保留一定程度的黏性。

（80）镜面光泽。来自镜子表面或镜面方向相对光反射率分数。常以相对于镜面法线60°测量。

（81）耐候性。涂膜抵抗大气环境，包括日晒、雨淋、结霜、下雪、风沙、湿热、盐雾和气温变化等破坏因素的侵蚀而保持其外观和整体性能的能力。

（82）耐湿性。涂料和受其保护底材抵抗因湿度变化造成降解或破坏的能力。耐湿性差可能会出现开裂、起泡、溶胀、失去附着力和外观变化等问题。

（83）耐水性。涂层和受其保护的底材抵抗水的破坏或降解的能力。这也是测量其阻滞液体水润湿和渗透的能力。具有一定耐水性的涂膜干透后不发生泛白、起泡、膨胀起鼓、脱落等弊病；离水后，水分蒸发，涂膜能恢复原来外观。

（84）抗刮痕性。涂层表面抵抗规定划针在其上推划而产生划痕或其他缺陷的能力。

（85）抗片落性。涂层抵抗涂膜碎片从其底涂层或底材上脱离的能力。一般来说，片落以前是开裂或起泡，是失去附着力的结果。

（86）抗碎落性。一层涂层或多层涂层体系抵抗其使用过程中受硬物（如碎石）冲击或磨损而导致小片小片脱落的能力。

（87）光化学反应。按照每个量子吸收足够能量的光（通常为紫外光或可见光辐射）能发生分子或原子的电子激发态相关的反应。在电子激发态下可发生以下一种光化学反应：光分解成分子碎片或基团，光分解成稳定的更小粒子，光异构化，系统交联，内能转化，荧光，磷光，电子能或振动能猝灭，等等。

（88）光化学烟雾。在滞流和强烈阳光条件下，高污染城市大气中形成的臭氧、过氧化乙酰硝酸酯、醛类、烃类的其他氧化产物、氮的氧化产物、气溶胶等的混合物导致的烟雾。其危害是刺激眼睛，使能见度降低，毁坏某些敏感的植物与树，以及引起人类与动物的健康问题。

（89）多环芳烃。指2个或2个以上苯环以稠环形式相连的化合物，英文名称为polycyclic aromatic hydrocarbons，简称为PAHs，是有机化合物不完全燃烧和地球化学过程中产生的一类致癌物质。迄今已发现有200多种多环芳烃，其中有相当部分具有致癌性，如苯并［a］芘等。多环芳烃广泛存在于环境中，几乎在生活的每一个角落都能发现，任何有过有机物加工、燃烧或使用的地方都有可能产生多环芳烃，如炼油厂、炼焦厂、橡胶厂和火电厂等任何一家排放烟尘的工厂，各种交通车辆排放的尾气中、煤气及其他取暖设施，甚至居民的炊烟中也都有多环芳烃的身影。多环芳烃具有遗传毒性、突变型和致癌性，可对人体造成多种危害，如对呼吸系统、循环系统、神经系统的损伤，对肝脏、肾脏造成损害，被认定为影响人类健康的主要有机污染物。

(90) 苯并［a］芘。一种五环多环芳烃，英文以 BaP 表示，为一种突变原和致癌性物质，自从其被发现以来，便被发现和多种癌症有关，是多环芳烃中毒性最大的一种强烈致癌物质。在多环芳烃中，BaP 污染最广，致癌性最强，在环境中广泛存在，也比较稳定。主要污染源包括煤焦油、各类炭黑和煤、石油等燃烧的烟气、香烟烟雾、汽车尾气中，以及焦化、炼油、沥青、塑料等工业污水中。长期生活在含 BaP 的空气环境中会造成慢性中毒，空气中的 BaP 是导致肺癌的最重要的因素之一。

(91) VOC。是挥发性有机化合物（volatile organic compounds）的英文缩写，目前对 VOC 的定义尚无一个被广泛接受认可的界定。美国 ASTM D3960-98 标准将 VOC 定义为任何能参与大气光化学反应的有机化合物。美国联邦环保署的定义为：挥发性有机化合物是除 CO、CO_2、H_2CO_3、金属碳化物、金属碳酸盐和碳酸铵外，任何参加大气光化学反应的碳化合物。VOC 主要成分有烃类、卤代烃、氧烃和氮烃类，包括苯系物，有机氯化物，佛里昂系列，有机酮、胺、醇、酯、酸和石油烃化合物。

(92) TVOC。是英文 total volatile organic compounds 的首字母缩写，中文名称就是总挥发性有机化合物，是指室温下饱和蒸汽压超过 133.32 Pa 的有机物，其沸点为 50～260 ℃。世界卫生组织（WHO）对总挥发有机化合物（TVOC）的定义为：熔点低于室温而沸点在 50～260 ℃之间的挥发性有机化合物的总称。TVOC 在常温下可以蒸发的形式存在于空气中，它的毒性、刺激性、致癌性和特殊的气味性，会影响皮肤和黏膜，对人体产生急性损害。在《中小学合成材料面层运动场地》（GB 36246—2018）中，TVOC 的检测是利用 Tenax GC 或 Tenax TA 采用非极性色谱柱（极性指数小于 10）进行分析，保留时间在正已烷和正十六烷之间的挥发性有机化合物的总和。正已烷的沸点约为 68.95 ℃，正十六烷的沸点约为 287.15 ℃。

(93) 相对挥发速率。指定醋酸正丁酯的挥发速率为 1，其他溶剂的挥发速率与醋酸正丁酯进行比较，从而获得各种溶剂的相对挥发速率。相对挥发速率 E 表达式为 $E = t_{90}$(醋酸正丁酯)/t_{90}(被测溶剂)。式中，t_{90}是样品在给定仪器中于控制条件下挥发 90% 质量所需要的时间。当 $E > 3.0$ 时，一般为高挥发性溶剂；当 $0.8 < E < 3.0$，为中等挥发性溶剂；当 $E < 0.8$ 时，为低挥发性溶剂。

(94) 亲水 - 疏水平衡值（HLB）。表面活性剂的亲水、疏水性强弱对表面活性剂有很大影响。若分子的亲水性太强，将完全进入水相；疏水性太强又将完全进入油相。亲水基团和疏水基团强弱必须有适当平衡，才能使表面活性剂发挥最佳的表面活性。于是亲水 - 疏水平衡值（HLB）的概念就被提出来了。HLB 的大小表示表面活性剂亲水亲油性的相对大小，HLB 越大，表示该表面活性剂的亲水性越强；HLB 越低，则亲油性或疏水性越强。石蜡的 HLB 为 0，油酸的 HLB 为 1，油酸钾的 HLB 为 20，十二烷基硫酸酯钠的 HLB 为 40。以此为标准阴离子表面活性剂 HLB 在 1～40 之间，非离子表面活性剂的 HLB 在 1～20 之间。

(95) 贝纳德漩涡。涂层湿膜干燥固化过程中，水分不断挥发，使涂膜表面的黏度和固体含量增大，密度增加，温度下降，表面张力上升，导致涂膜的表面和里层之间产生表面张力梯度，推动富集水分的低表面张力的下层涂料向高表面张力的上层涂料运动并展布在涂膜表面，以减少上下层涂膜的表面张力梯度，达到表面张力均匀化；而表层涂料因密度大于里层涂料，在重力作用下会下沉到涂膜底部。湿膜的这种表层运动和上下对流运动在连续不断地重复，力求恢复上层和下层之间的平衡，这便导致了局部的涡流液动，在表面形成了不平整的结构，即贝纳德漩涡。这是一种近似六角形的漩涡结构，源点位于漩涡的中间，而涂料则下沉到漩涡的边缘。当湿膜因水分挥发，黏度升高而失去有效流动性时，如果涂膜表面张力尚未达到均匀化，那么正在流动的涂膜就不能继续流平而是涂膜出现橘皮、发花或浮色等表面缺陷。涂料表面张力过高，流平性差，水分挥发过快或施工条件及施工环境等的影响，均易导致贝纳德漩涡。湿膜表面若受热不均，也会产生表面张力梯度。受热处涂膜的水分挥发速度较快，表面张力高于非受热处的。因而促使湿膜中的涂料从非受热处向受热处流动，涂料在涂膜中的这种平行移动会造成表面的不平整、厚薄不均或发花、浮色等弊病。在单颜色涂料体系中，因贝纳德漩涡结构造成的弊病是以橘皮现象呈现的。对丙烯酸涂料来说，几乎都是由 2 种以上的颜料组成的复色涂料体系，粒径较小的或密度较轻的颜料比粒径较大的、密度较重的颜料容易随着漩涡流动，富集在漩涡之间的边界区，而粒径大密度重的颜料在漩涡中央浓度较高。不同颜料的不同流动性会导致它们的分离，由于颜料的不同而出现明显的花纹。当涂膜中的颜料呈水平方向层状分离时，称为浮色，即表层的颜色与下层的颜色是不一致的。涂膜中多种颜料中的一种或多种以较高的浓度集中于表层，呈均一的分布，但却与原配方的颜色有明显的差别；如果颜料沿垂直方向分离，通常呈条斑状或蜂窝状，某些颜料会浓集在贝纳德漩涡的六角形边界上，使六角形排列清晰可见，称为发花。当一种颜料絮凝，其他颜料未絮凝，且以极细粒度分散体存在时，较容易产生浮色和发花。减轻或消除橘皮、浮色或发花的途径就是降低湿膜上下对流速度及降低颜料分离程度。丙烯酸涂料为水性材料，水是分散介质，高温施工时，湿膜的上下对流速度较快，易出现上述质量问题，因此应避免在高温时施工。

（96）马兰贡尼效应。热力学的观点认为，有可溶性表面活性剂的存在就有马兰贡尼效应。即：液体会自动从低表面张力处流向高表面张力处，高表面张力区域倾向于收缩，并在界面上造成切线方向运动。

（97）斯托克斯定律。由斯托克斯导出的有关球形物体在重力 g 作用下通过流体介质下落的速度 v 对球体半径 r、介质黏度 η 和固体球体密度 D_s 与介质密度 D_l 之间差值关系的数学公式：$v = 2(D_s - D_l)r^2g/9\eta$。

（98）涂层物理失效。指涂层在服役过程中，在环境介质和应力的作用下导致涂层的溶胀、介质的渗入、涂层的开裂等涂层使用性能的劣化现象。

（99）涂层化学失效。指涂层在使用过程中，在热、光、氧、酸和碱等化学介质作用下高分子链发生降解或再交联等化学反应，引起介质渗入、涂层开裂、粉化等物理和化学性能的劣化现象。

（100）颜料体积浓度。在干涂膜中，树脂与颜料间是以固－固相分散体存在的，固－固相间是以体积形式分布的。一般将颜料在干涂膜中所占的体积浓度称为颜料体积浓度，用 PVC 来表示：PVC ＝ 颜填料体积／干涂膜总体积 ＝ 颜填料体积／（颜填料体

积 + 干树脂体积) = $V_p/(V_p + V_b)$ 。完全是颜料堆积在一起时，$PVC = 100\%$ ，颜料间的空隙为空气所占据。当空气所占据的体积完全被树脂所代替，颜料层间的空隙刚好为树脂所占据时，此临界点被称为临界颜料体积浓度（*CPVC*）。当颜料体积浓度小于 *CPVC* 时，颜料粒子间很少接触；当高于 *CPVC* 时，颜料粒子间存在空气。当 *PVC* 增加时，涂膜中颜料体积多了，涂膜的表面平滑度下降，因此光泽下降、着色力上升。当 *PVC* 达到 *CPVC* 后，继续增加颜料体积浓度，涂膜中就开始出现空隙，导致涂膜的渗透性能下降，因此防沾污能变差；由于空隙中的空气增加了光的散射，遮盖力和着色力迅速增加；而空隙的存在使拉伸强度和附着力显著下降。

附录2　常见涂料用语中英文对照

acid etching　酸洗
acrylic　丙烯酸的
adhesion　黏附力
age　老化
agglomerates　凝聚体
aggregate　集料
algae　藻类
alligator crack　鳄裂，龟裂
ambient temperature　大气温度
amorphous　无定形
anionic　阴离子的
asphalt　沥青
asphalt mixture　沥青拌和料
asphalt overlay　沥青罩面层
badminton court　羽毛球场
bald spot　秃点
basketball court　篮球场
benard cell　贝纳德旋涡
binder　黏合剂
birdbath　积水
bleeding　渗色
blister　起泡
blocking　粘连
block resistance　抗粘连性
bonding　黏结
bounce　回弹
brittle temperature　脆化温度
Brownian movement　布朗运动
bubble　气泡
bulk density　堆积密度
capillary　毛细管
capillary force　毛细管力
cationic　阳离子的

cement　水泥
chalking　粉化
checking　裂纹口，微（细、发、龟）裂
chemical absorption　化学吸附
chemical blend　化学共混
chipping resistance　抗碎落性
coalescing agent　成膜助剂
coarse rubber course　粗颗粒橡胶颗粒层
coating　涂层
cohesive strength　内聚强度
color concentrate　彩色浓缩料
color retention　保色性
colorant　色浆
compactness　密实
concrete　混凝土
condensed state　凝聚态
consolidation　凝并
cork granular　软木颗粒
crack　裂缝
crack filler　裂缝填补剂
crack repairer　裂缝修补材料
crawling /retraction　露底回缩
crosslinking　交联
crosslinking agent　交联剂
crushed rock layer　碎石层
cushion powder layer　石粉层
density　密度
depression　凹陷
detrimental　有害的
dew point　露点
discoloration　褪色，变色
dispersion　分散
drainage　排水
durability　耐用性
elevation　标高
elongation at break　拉断伸长率
ePDM rubber　三元乙丙橡胶
erosion　磨蚀，剥蚀

exfoliate 剥离
fat edge 厚边
fat spot 厚涂点
feather edging 薄边式处理
fullness 丰满度
filler 填充材料
film-forming agent 成膜助剂
fine rubber course 细颗粒橡胶颗粒层
finish coat 饰面层
fissure 狭长裂缝
flaking resistance 抗片落性
flexibility 柔韧性
floating 发花
flocculates 絮凝体
flooding 浮色
foaming 泡沫
football pitch 足球场
freeze-thaw stability 冻融稳定性
full coat 完满涂层
ghosting 鬼影
glass transition temperature 玻璃化转变温度
gloss 光泽
gloss retention 保光性
grade 等级，坡度
granular 颗粒
grinding 打磨
hairline crack 发丝裂纹，毛细裂纹
hardness Shore 邵氏硬度
hardness 硬度
heat crack 热裂纹
high elastic deformation 高弹变形
high elasticity 高弹性
hydraulic 水力的，用水发动的
interface 界面
interfacial tension 界面张力
intercoat adhesion 层间附着力
intercoat contamination 层间污染
interconnected 相互连接的，互相联系的

interlocking　联锁的
layer　层
leveling　流平
lifting/picking up　咬底
livering　肝化
mar resistance　抗刮痕性
Marangoni effect　马瑞冈尼效应
micro-Brownian movement　微布朗运动
mildew　霉菌
minimum filming temperature（MFT）　最低成膜温度
mixer　搅拌器
moisture　湿气
mold　霉菌
MSDS　材料安全数据表
nonflammable　不燃烧的
nonhazardous　无危险的，安全的
nonionic　非离子的
odor　气味，臭味
orange peel　橘皮
ordinary elasticity　普弹性
pace　球速
particle size　粒径尺寸
patching　修补
patching binder　补平黏合剂
paver　摊铺机
peeling off　剥落
pencil hardness　铅笔硬度
penetrating　渗透
percentage of moisture　含水率
perimeter　边界，周围
permeable　透水的，透气的
physical absorption　物理吸附
physical blend　物理共混
picture framing　镜框
pigment　颜料
pinhole　针眼
pivot　（以脚为支点）快速转身
planarity　平整度

plasticizer　增塑剂
polyresin　聚合树脂
popping/blowing　爆孔
pre-tensioned concrete　预应力混凝土
primer　底油
radial crack　径向裂纹
rake　耙子
rate of water content　含水率
recoatability　重涂性
reinforced concrete　钢筋混凝土
relative humidity　相对湿度
relaxation　松弛
resurfacer　平整材料
rigidity　刚性
roller　滚筒
ropiness　黏性
running track　跑道
sagging　流挂
sand pocket　起砂
sanding　打磨
SBR　丁苯橡胶
scaling resistance　抗片落性
scratch resistance　耐擦伤性
screeding　抹平，刮平
scuff　擦痕
semi-permeable　半透水（气）的
settlement　下沉
settlement crack　沉降裂缝
shearing stress　剪切应力
shock absorption　冲击吸收
shoe mark　鞋痕
shot　击打
shrinkage crack　收缩裂纹
skating rink　轮滑场
skid　滑行
skinning　结皮
slab　混凝土面
slope　坡度

solids content　固含量
solvent resistance　抗溶剂性
saponification　皂化作用
spraying　喷涂
squeegee　刮耙（板）
squeegee mark　刮（板）痕
steel trowel　钢镘
storage stability　储存稳定性
stress relaxation　应力松弛
subbase　底基，底基层
subgrade　地基，路基
subsoil　底土层
surface　（某物的）表面，运动场地，运动场地铺设材料，给……铺面
surface drying/Top drying　表干
surface tension　表面张力
surface treatment　表面处理
surfacing　铺面
tack coat　粘接层
tacky　发黏
tap density　摇实密度
temperature stress　温度应力
tennis court　网球场
tensile strength　抗张强度
texture coat　纹理层
thermodynamic state　热力学状态
thermoplastic　热塑性的
thermosetting　热固性的
thixotropic　触变的，具有触变作用的
through-drying　干透
top coat　饰面层
touch dry　触干
towing　拖带
uneven　不平整
VAE（Vinyl Acetate and Ethylene）　醋酸乙烯酯乙烯共聚物
van der waals　范德华
viscosity　黏度
volleyball court　排球场
water permeability　透水性

water-based　水性的
water-borne　水性的
water-proof membrane　防潮膜
water-spotting　水斑
water-staining　水斑
weather resistance　耐候性
weather　风化，风蚀
wet edge-to-edge　湿接
wet-edge time　湿接时间
wet-on-wet　湿碰湿
workability　和易性，工作性
wrinkling　起皱
yellowing　泛黄，黄变

附录3　丙烯酸工程常见问题问答（FQA）

1. 丙烯酸球场系列

（1）一片网球场的标准尺寸是多少？

答：60′（英码）×120′（英码）是一片网球场的国际标准的最小尺寸，包含运动区域及界线外的缓冲区域，界线内的运动区域（PPA）尺寸为36′×78′，这是网球双打的尺寸。

（2）建一片标准网球场到底要多大空间呢？

答：虽然一片标准网球场的尺寸是60′×120′，但是由于要铲除土壤中的植物及其根系，施工范围至少要在网球场四周向外拓宽5′，同时必须建设排水系统，施工单位也需要作业空间，故实际作业面积必须更大，推荐最小尺寸为70′×130′，80′×140′的空间则更理想。

（3）网球场之间的间距多大才适合呢？

答：这是个涉及运动安全的话题。

对户外网球场而言，网球场地之间最小的间距应该是相邻两片网球场的边线到边线的距离为12′，当然18′的间距则更佳。对于数片网球场联排建设的情况，24′的间距是被强烈推荐的，这个空间足够大，能在两片网球场之间容纳遮阴休憩设施，也能为运动员提供一个安全的缓冲空间，当然也可以用来安装围网用来防止网球飞入相邻的网球场中。

对于使用移动式分割网的室内网球场而言，建议场地最小间距为18′，分割网不被认为是个固定的障碍物。

（4）网球场上方净空需要多大？

答：对户外网球场而言，网球场上方不应有悬挂的树枝或障碍物，在四周围网处净空不得低于18′，在底线处净空不得低于21′，在中线网柱处净空不得低于35′，但建议不低于38′。

对于室内网球场而言，在屋檐处净空不得低于18′，在底线处净空不得低于21′，在中线网柱处净空不得低于35′，但建议不低于38′。上述距离表述的是网球场地面到室内建筑物天花板的完成面之间的距离。

（5）一片网球场正确的坡度是多少？

答：网球场的坡度取决于网球场的类型，坡度一般用以下概念表示：多少英寸每英尺，百分比和比例。

· 红土或快干型网球场

最小坡度：1″/30′　0.28%　1∶360

最大坡度：1″/24′　0.35%　1∶288

· 硬质网球场

最小坡度：1″/15′　　0.56%　　1∶180

经过批准的锦标赛场地的最小坡度考虑到成本和所需技术（需要激光找坡），不建议用于其他类型网球场。

最大坡度：1″/8.33′　1.00%　　1∶100

推荐坡度：1″/10′　　0.83%　　1∶120

要强调的是，一片网球场必须在一个平面上，换言之，场地排水只能沿着一个方向进行。场地最好的坡度方向是边到边（即从一个中线网柱流向另一个中线网柱）或者端到端（即从一端底线流向另一端底线），或者是角到角，即排水方向沿着对角线方向横穿整个场地。

场地永远不能采用中间高四周低的龟背式排水方式，也不要设计成排水由中线网柱处向外排或排向中线网柱处，或设计成排向底线或由底线处排出。

（6）对网球场地而言，什么颜色是正确的颜色？

答：没有所谓的“正确”颜色。但在某些特定条件下，确实有些颜色表现得更好。理想地说，一个运动员在打球时要获得最好的视觉效果，那么场地地面颜色和网球颜色就要有一个最佳的色彩对比。譬如，深绿色网球场地面就能为黄色或白色网球提供一个极佳的颜色对比。为什么？因为网球反射了更多的光（或者说网球有较高的反射率），同时，更深的颜色反射光就较少（或者说，它们的反射率较低）。为了更加清晰地显示场地界线，网球场的主场和副场常用两种颜色来搭配，一般会将有较低反射率的颜色（就是颜色较深）应用于运动区域。

对一些只会在白天使用的网球场而言，应该为网球场地面材料选择相对较浅些的颜色，这是因为浅色吸收的光少，同时也能降低场地表面温度；对在晚上使用的网球场或室内网球场，低反射率的地面材料（深颜色的）将需要更多的光才能将它们照亮。设计师和业主们在选择地面颜色和背景时要在视觉可见性、美学效果、能量使用和场地温度间找到一个平衡。

（7）丙烯酸材料是否环保型产品？是否有毒，对人体及环境可有危害？

答：丙烯酸运动场地涂料是以丙烯酸乳液为核心材料科学配方，精心生产的，以水为分散介质，是真正的环境友好型的水性、环保、无毒的产品，不论在生产、施工阶段都不会对人体和环境产生任何危害。

（8）涂布丙烯酸涂料对混凝土基础质量有哪些要求？

答：丙烯酸涂料对混凝土基础质量的要求可概括为坚硬、密实、平坦、平整、完整、中性、粗糙、清洁和干燥。这些要求涵盖混凝土的标号、平整度、坡度、酸碱度、洁净度和含水率等多方面要求。

（9）什么样的混凝土基础才能满足丙烯酸材料施工的要求？

答：丙烯酸涂料可以在混凝土基础上施工，但混凝土基础必须满足下述条件：①混凝土标号不低于 C25；②平整度为 3 m 直尺高差不超过 3 mm；③排水坡度控制在 5‰～8‰；④混凝土不能有起砂、空壳、错台和垮边等质量问题；⑤基础含水率不要超过 10%；⑥要依要求预留伸缩缝。

（10）素混凝土基础的伸缩缝应该如何确定？

答：作为球场用途的混凝土基础不能按建筑规范要求的每隔 5 ～ 6 m 切一道缝，否则，丙烯酸涂层会满场地都是反射性裂缝，极不美观。一般对一片球场而言，如一片网球场只需要在正中间中线网位置预留一道伸缩缝即可，若不放心，可在两端的球场底线的位置分别切割一条缝。对两片球场来说，预留中间大十字缝就可以的了。具体如何留缝要根据实际情况具体问题具体分析。

（11）丙烯酸涂料开桶后涂料表观呈现出果冻状，轻搅后似被搅拌的豆腐脑状，这样的涂料还能使用吗？

答：第一，涂料从具有一定连续流动性的液态变成果冻状，必然是黏度发生了变化。

第二，黏度的变化可能是配方生产时增稠剂的种类选择和添加量有关，也有可能是涂料贮运过程中内外环境的变化造成的。

第三，一般来说，涂料出现果冻状，在正常添加砂水的情况下能搅拌均匀且细腻，是可以使用的；但若出现涂料返粗、凝并现象的话，就要谨慎了，因为即便勉强可以施工，也会因为存在返粗颗粒、粒子凝并而在涂层干燥后出现粗糙、微裂纹、脱落等问题。

（12）丙烯酸涂料开桶后出现严重析水、固液分离时，涂料还能使用吗？

答：能否使用不能一概而论，而是要具体情况具体分析。

涂料本身是热力学不稳定体系，在热运动及重力作用下，为减少表面能，颜料颗粒都有自发聚集的倾向，涂料出现固液分离正是这种聚集倾向的宏观结果。本质上讲，涂料体系的黏度降低、pH 变化、高温储运等都是导致固液分离的因素。如果下沉固相只是形成松散的絮凝体，在剪切力作用下能被轻松分散均匀，涂料还是可以使用的；若下沉固相已经形成硬性沉淀或半干结构，涂料无法分散均匀，则基本不能使用。

（13）丙烯酸涂料开桶后表面有黑色发霉现象，这是什么原因导致的？

答：涂料开桶后发现表面涂料发霉，有黑色斑点或斑块，很显然是涂料受到细菌或霉菌的侵蚀，其产生的原因大致如下：①罐内防腐剂的添加量可能不足；②包装封桶前表面涂料可能受到异物污染；③包装桶盖和涂料表面之间总会存在一定的空气，为细菌生长提供空气和水分，如果罐内防腐剂不具备气相杀菌功能，也易被微生物攻击而发霉；④当涂料长时间在高温环境中放置时，防腐剂可能会因高温失效而不再具有杀菌防腐作用，进而导致发霉。

（14）在新浇混凝土基础上涂布丙烯酸底油，为什么基础要酸洗？

答：新浇混凝土基础的酸洗和清洗是丙烯酸涂料施工的核心所在。混凝土从微观上看并非铁板一块，而是有很多毛细孔。酸洗的目的是对混凝土进行中和处理，新建混凝土一般碱性较强，在这样的基面上涂布丙烯酸涂料可能会出现皂化现象，酸洗后就能有效地将混凝土的碱性给降低下来；酸洗另外一个目的是利用酸的腐蚀性将混凝土表面打毛、粗糙化，为涂料覆盖提供更大的表面积，从而增加黏附强度。

当然这里所说的底油是阴离子丙烯酸底油，如使用阳离子丙烯酸底油，其耐碱性强，一般不需酸洗，基面清洁后可直接涂布。

（15）什么是反射性裂缝？

答：所谓反射性裂缝是一种被动性压迫性的裂缝，是一种由应力集中引发的一种裂缝。丙烯酸涂层本身具备一定的拉伸强度，具有极好的温度稳定性，自身是不会裂缝的，但由于基础裂缝所产生的伸缩是非常强大的，黏附在基础表面上的丙烯酸涂层的拉伸强度无法承受而被拉断。出现这种情况，对丙烯酸涂层进行修补是没有意义的，可遮一时之丑，难消长久之忧，这是因为“病容在上面涂层，病根在下面基础”。

（16）为什么在混凝土上施工的丙烯酸有时会出现脱层、起鼓及开裂的现象？

答：出现这些问题的主要原因有：①混凝土基础标号达不到要求或养护不够；②混凝土基础没有进行必要的酸洗和充分清洁；③施工时地面温度过高或过于干燥；④施工时基础含水率过高或涂层未干透就施工下一涂层；⑤混凝土基础裂缝导致丙烯酸涂层出现反射性裂缝；⑥一次性施工厚度过大也会导致涂层表面裂纹的出现。

（17）为什么在混凝土基础上施工丙烯酸平整剂要胜过乳化沥青？

答：在混凝土基础上我们建议使用丙烯酸平整剂作为整个涂层的底料，而不要使用乳化沥青。主要原因有：①丙烯酸平整剂属于水性环保产品，而乳化沥青则气味臭；②丙烯酸平整剂有很强的黏结力和固砂性能，能形成一个坚固的基面；③丙烯酸平整剂耐候性好，乳化沥青的温度敏感性高，夏季高温时会膨胀上渗污染涂层；④丙烯酸平整剂具有超强的耐水性，即便施工在无防潮层的混凝土基础上也不会有任何问题，乳化沥青在水的侵蚀下对石英砂的包裹能力逐渐下降，直至松散。

（18）涂层上的痕是哪里来的？

答：我们要从三个方面来讲。

第一，从施工角度上讲，不同的施工人员有不同的施工习惯、施工步骤和速度，有些施工队伍倒料太早，刮涂速度偏慢，造成倒在场地上带状堆料在场地上等待刮涂的时间较长，水分蒸发较多导致材料流动性降低，刮涂作业时相邻刮涂条带搭接处的涂料没有充足的时间进行扩散交融，搭接处就不可能消失从而出现硬搭接，这硬搭接干燥后便成为一道明显的、形似矿物线的痕。在高温天气施工时，更容易出现这类问题。此外，技术不熟练时，反复刮涂施工料也会出现这种痕迹。

第二，从配料角度上讲，涂料究竟要配多少石英砂和清水才能达到理想的刮涂效果其实不是僵化的，而是取决于基面条件和大气温湿度状况。石英砂的目数和数量一定要控制好，清水添加量也必须匹配好。施工混合料的黏度太大，流动性差容易出涂痕，黏度偏低，施工时固液分离也容易出现纹理粗细不均伴随的涂痕。高温天气更容易出现这类问题。

第三，从材料本身质量上来讲，涂料自身的配方是否科学合理也会产生这类问题。丙烯酸涂料从工艺上讲，是十几种物质的混合体，各物料一定要分散均匀，且各物料含量、大小一定要科学合理，尤其是颜料粒子要均匀分散。而实际情况是几乎每种丙烯酸彩色面料都是添加一种以上的水性色浆，不同颜色的水性色浆粒子因密度、粒径大小不同，在体系中有不同的运动轨迹，这又会引发色浆粒子分级产生色差。

本质上讲丙烯酸涂料是非均质的产品，而施工时我们希望得到均匀的涂层，如色泽均匀、厚度均匀、纹理均匀等，这就要从材料质量到气候条件，到基础质量，再到施工水平等方方面面的配合到位才行的。

（19）丙烯酸涂料是越稠越好吗？

答：绝对不是！丙烯酸材料并不是越稠越好。稠度大并不表示其固含量成分一定大。事实上，生产时只需要添加几角钱成本的增稠剂就能使涂料变稠，但并不说明质量也相应提高。举个例子，一杯米放进一锅水中，米粒清晰可数，也很稀，但当煮成稀饭后，是不是很稠了，难道熬成粥后米（固含）变多了吗？显然不是，而是熬粥过程中产生自增稠作用而已。

（20）为什么有些弹性丙烯酸完工后弹性效果不佳？

答：弹性丙烯酸完工后，如果弹性不佳，主要原因有：①弹性层施工层数不够，一般至少要施工 3 层弹性料且至少要有 1 层粗颗粒弹性料才有弹性效果；②弹性胶粒的质量不合理，如使用胶含量过低、硬度偏大的橡胶颗粒，如线缆胶或鞋底胶颗粒；③部分公司为追求厚度，在弹性料中加入相对较大量的石英砂，有的甚至添加水泥；④弹性层完成后，其上的丙烯酸涂层做得太多太厚抵消了弹性层的弹性特征。

（21）丙烯酸材料和石英砂及水配置时，为什么石英砂和水的用量不得超过厂家规定的上限？

答：丙烯酸涂料好比水泥，石英砂好比黄砂，黄砂多，水泥少，混凝土标号就低，石英砂和水的配置过多，丙烯酸涂层会因树脂含量低而出现黏合强度减弱、起砂、分层、起鼓和面层水痕等质量问题。因此，石英砂和水的添加量是生产厂家基于其配方设计给出的一个添加量的范围，不要任意改变，尤其不要超过厂家规定的上限添加量。事实上，石英砂和水添加过量的话，物料在配置搅拌时便会出现沉砂、固液分离现象或均匀分散稳定性短等问题，施工性差或基本丧失。当然，实际施工时可根据施工时场地和气候实际状况适当在允许的范围内对砂水添加量进行微调。

（22）砂子用得越多，越省丙烯酸材料吗？

答：错。砂子用得越多，丙烯酸涂料用得也会越多。添加的石英砂越多，石英砂的总表面积就越大，就需要更多的涂料来包裹，所以，砂子添加得越多其实是要消耗更多的涂料的。当添加相同质量的石英砂时，石英砂的目数越大（即是砂子越细），比表面积越大，就需要更多的丙烯酸材料才能将其包裹住，因而丙烯酸材料的使用量就越大。

（23）丙烯酸地面系统结构中，对涂层的层数有什么要求？

答：硬地地面系统的涂层不少于 3 层，即丙烯酸平整层、纹理层和面层各 1 层，少于 3 层的话就无法构成最简单的完整地面系统结构。

（24）沥青基础是否永远不会开裂？

答：沥青混凝土基础也会老化，其老化的一个特征是变脆硬，脆硬性一大刚性就强，刚性越强越易开裂，这就可以解释为什么沥青混凝土基础上的丙烯酸涂层在使用三五年后会出现一些裂缝。变脆的主要原因是沥青内部组分的变化，即相对较软的树脂成分慢慢转变成硬度较大的沥青质。

（25）温度低于 0 ℃时，丙烯酸涂料是否会冻伤？

答：丙烯酸涂料是水性产品，一定要做好防冻处理，4 ℃以下不可于室外存放，因为在 4 ℃时已经出现冰晶，冰晶膨胀会挤压乳胶粒子导致乳液凝聚、破乳甚至材料报废。

当然，丙烯酸涂料的配方中一般也有添加防冻剂，有个冻融循环寿命，并不是一次受冻就彻底报废了，但多次冻融之后必定会对其质量产生不良的影响。

（26）丙烯酸涂料施工对石英砂和水的有什么要求？

答：丙烯酸涂料的基本辅料就是石英砂和水，石英砂一定要是干砂，含铁含泥量低，白度高、颗粒无尖锐棱角、表面粗糙并满足一定粒径级配要求；清水指的是干净的自来水，对其他质量不明水体中的水不要使用。

（27）一层丙烯酸涂层的厚度为多少？

答：丙烯酸地面系统是分层施工的，由于结构和性能上的不同，有些涂层要配石英砂，有些则不需要。添加石英砂的目数不同，涂层的厚度也会相应不同。总的来说，加砂的丙烯酸涂层厚度在 0.35 ～ 0.4 mm 之间；不加砂的涂层厚度在 0.12 ～ 0.15 mm 之间。

（28）为什么白划线有毛刺？

答：这是因为没有进行封边的处理，导致白线漆从美纹纸和涂层粘贴的交接处的微小孔隙中渗透进去扩散形成毛刺，非常不美观。故贴好美纹纸后要用和美纹纸覆盖的涂层同色的涂料进行封边处理，封边涂料干燥后再刷涂白线漆就不会有白线漆渗透扩散的现象出现，划出来的白线如刀切的一样整齐。

（29）丙烯酸涂料可否有用于轮滑场或汽车停车场？

答：完全可以。可根据轮滑场和停车场的实际功能需要，选择适合的丙烯酸酯乳液，再配合合理的矿物粉料及助剂产品完全能生产出适合轮滑场和停车场使用的丙烯酸涂料。实际上在这两个领域，丙烯酸涂料也在大量使用。

（30）施工丙烯酸不同结构层时，对刮板是否有什么特别要求？

答：由于各涂层的成分不尽相同，如砂含量的不同，使材料配置后的密度不同，因此刮涂时的力度也不相同。各结构层对刮板邵氏硬度要求在 50 ～ 70 之间比较适合。

实际上，刮板的使用和施工师傅的手势和习惯也有很大关系。

（31）丙烯酸涂层为什么会滋生苔藓？苔藓对丙烯酸涂层有什么不利影响？

答：固化后丙烯酸涂层在使用过程中滋生苔藓的原因不外乎：一是涂料在配方生产时漆膜防藻剂添加量不足或完全没有添加，二是丙烯酸涂层长期处于阴暗潮湿的环境中。

苔藓属于藻类，具有极强的吸水性，还能分泌酸性物质，故对丙烯酸涂层有腐蚀作用，会导致涂层失色失光。

（32）鸟粪对丙烯酸涂层有什么影响？

答：我们知道鸟粪落在汽车上会对漆膜产生腐蚀作用，应尽快清理。鸟粪的具体确切的成分并无统一的认识，有的认为主要是尿酸，有的认为是鸟嘌呤，其 pH 约为 9，呈弱碱性，所以鸟粪同样对丙烯酸涂层也有腐蚀作用，鸟粪长时间黏附于丙烯酸涂层上会造成涂层变色褪色、发黏等问题。

（33）为什么丙烯酸涂料一般都是按体积而不是质量来销售和计算用量呢？

答：国外厂家几乎都是用体积即加仑数量来报价和建议材料使用量的，几乎不采用质量指标。这是因为不同的丙烯酸产品，由于配方的不一样，其密度会有较大的差别，这种差别主要是由配方中相对廉价的矿物粉料的品种和数量决定的。如果采用质量指标计算材料用量，那么不同产品在用量差别非常大，而采用体积来计算，则差别不会太大，这样不同丙烯酸产品在成本上具有可比性。

(34) 丙烯酸涂层刮涂采取正交方式施工好吗?

答：涂层采取正交方式刮涂是科学合理的，它能使整个涂层纹理更均匀，色泽更一致，克服单方向刮涂产生的纹理不均、色泽斑杂的缺陷。

(35) 材料不够水来凑，这话靠谱吗?

答：在实际施工时时常会遇到快做到最后一层面层涂层了，发觉材料不够了，其实往往也就是差十几千克而已，这时胆大的师傅就会用多加水的方法来解决窘境。添加过多的水可以产生更大体积的施工混合料，可以施工更大的面积。这种看似小聪明的方法，其实完全不可取。①过量兑水会导致单位面积上的树脂及颜料量下降，不仅影响黏结强度，也会影响色泽一致性、均匀性。②过量兑水会导致吸附在乳胶颗粒表面的乳化剂脱附而进入液相中，使乳胶颗粒表面斥力下降产生不稳定性，容易形成粒子凝并，同时引起黏度下降，pH 变化，无法形成均匀的施工混合物。③由于施工混合物易出现固液分离，刮涂极易出现清晰可见的色差条纹。

(36) 丙烯酸涂料的优缺点有哪些?

答：丙烯酸的优点：①以无毒、无味、不燃、不爆、无污染的水为分散介质，不含或仅含少量有机溶剂，且是低毒性的；②施工性能好，既可刷涂也可滚涂、喷涂和刮涂，施工技术简单易于掌握；③涂膜干燥速度快，工作效率高，施工工具清洗方便；④涂层具有一定的透气性，能在湿润底材表面施工；⑤固体分较高时或和交联剂配合使用时，可以一次性施工较大厚度，大大提高施工效率；⑥树脂分子量高，涂层的耐水性、耐碱性和耐候性较好，并有很好的力学性能。

丙烯酸材料也有自身的缺点：

①在最低成膜温度下涂料不能形成连续的膜，对于玻璃化转变温度高的聚合物来说，室温成膜困难；②一般难以形成高光泽涂膜；③涂料假塑流动，易增稠，涂料流动性和湿膜流动性差；④水蒸发后涂料黏度迅速上升，涂膜易产生气泡和针孔；⑤水的表面张力大，涂料对基材的润湿性差；⑥在涂料生产和施工过程中，强烈的机械作用力会破坏涂料的稳定性，使涂料絮凝而变质；⑦由于水的凝点比大多数有机溶剂高，涂料的冻融稳定性较差，在较低温地区的存储和运输也是个问题；⑧水性涂料中的有机物如合成树脂、纤维素衍生物以及某些助剂如消泡剂等都是微生物、霉菌的养料，故易遭受微生物霉菌的破坏。

2. 胶乳跑道产品系列

(1) 什么是胶乳跑道? 它和 PU 跑道有什么区别?

答：胶乳跑道可以简单地定义为：将规定尺寸规格、形状和级配的橡胶颗粒（SBR 或 EPDM)，由水性树脂胶作为黏合剂黏合成型后，表面喷涂防紫外光罩面漆而形成的跑道系统。这种跑道系统具有好的弹性，极强的耐磨性，防紫外光性能，绿色环保，无毒无味，全天候使用。大多数的胶乳跑道都是透气性的。

胶乳跑道并非一种新产品。事实上，在美国已经使用超过30年，被统称为广泛用于大中小学及一些以休闲健身为主要目的和用途的休闲跑道。

胶乳跑道和传统的聚氨酯PU塑胶跑道最大的不同在于：后者大多是以油性的聚氨酯（PolyUrethane）作为黏合剂，取其英文名称第一个字母，简称PU跑道；而前者则是以水性的聚合树脂（PolyResin）作为黏合剂剂，国内有公司取其英文名称第一个字母，简称PR跑道。

胶乳跑道采用水性聚合树脂材料，其VOC含量低，铅、汞等重金属含量极低且不含邻苯系列、短链石蜡及MOCA等有害物质，完全无味无毒，不会对人体和环境产生任何危害，在施工过程中不需添加任何有机溶剂，即便在高温下也不会散发刺激性气味，是一种极其适合中小学使用的真正的环境友好型的产品。

（2）为什么胶乳跑道比大多数PU跑道更具环保性?

答：这主要是由两种材料的不同特性造成的。

从材料性质上讲，PU中含有的邻苯、氯化石蜡、MACO等有害物质都会满足不超过标准所设定的最低限值，而乳胶跑道则是完全没有，这是一个含量少和完全不含的比较。

从施工上看，PU跑道材料比较黏稠，需要添加有机溶剂，如二甲苯或醋酸乙酯等进行稀释后施工，这些有机溶剂最终还是要挥发进入到大气中参与光化学反应，会对环境造成危害，而胶乳跑道在施工中只需添加清水进行稀释，安全、环保且成本低，水最终也是会蒸发进入大气环境中，但不会产生任何危害。

从使用上讲，不少PU跑道高温时散发令人不愉快的气味，而胶乳跑道则不会在高温时散发有毒气味。

综上，我们可以分析得出胶乳跑道确实比PU跑道更具环保性。

（3）胶乳跑道能举办国际国内重大比赛吗?

答：理论上当然可以，前提是产品要达到相关比赛主管机构的技术要求即可，如举办世界田径锦标赛或奥运会，必须达到IAAF的Class 1或Class 2的跑道要求。美国Plexipave公司曾经就一款胶乳跑道获得IAAF认证，但后来因市场需求量太小而不再生产，这从一个侧面表明胶乳跑道的真正市场不在高端的国际重大赛事，而是普通的中小学及日常休闲的跑道项目。

（4）美国对于跑道的认证分哪几类?

答：跑道认证等级（Track Certification Levels）一共分五级。

第一等级（Class 1）：适用于国际重大比赛，如田径世竞赛和奥运会等，须有IAAF认可的。

第二等级（Class 2）：适合于其他国际比赛或由国际运动员参与的比赛等，须有IAAF认可的。

第三等级（Class 3）：适用于国内大学之间的跑道认证等级，在此等级跑道上创造的大学生记录会被主管机构认可的，在美国须有ASBA Class 3的认证。

第四等级（Class 4）：适用于国内高中学校的跑道认证等级，在此等级跑道上创造的高中记录会被主办机构认可的，在美国须有ASBA Class 4的认证。

第五等级（Class 5）：适合于其他各类用途的跑道等级认证。

详情可访问 www. sportsbuilders. org 查阅。

（5）胶乳跑道为何将大中小学定位为主要市场？

答：并不是所有的跑道都要举办国际重大比赛的，因此，不应该要求所有跑道都按照 IAAF 的 Class 1 和 Class 2 来建设，这样不仅成本高，也没有必要，应根据实际需要来选择跑道系统。大多数胶乳跑道的都在 Class 3 及 Class 4 认证等级，非常合适大中小学。更重要的是，相比较于真正环保的 PU 跑道，胶乳跑道造价相对较低，而且其水性、无毒、无味、环保、绿色的品质是中小学幼儿园跑道所要求的，能为青少年营造一个让其充分享受运动乐趣的健康环境。

（6）胶乳跑道可否直接施工于现有的陈旧 PU 跑道基面上，对其实现环保性翻新改造？

答：事实上，胶乳跑道最重要的一个用途和功能就是对陈旧跑道系统的翻新改造。胶乳材料是一种配伍性很好的材料，它并不排斥 PU 材料，可直接施工于 PU 基面上对其进行翻新，改善其性能和状况，使其由油性（可能有刺激性气味挥发）PU 跑道转变成水性环保的水性跑道。

（7）胶乳跑道上可以上钉鞋吗？

答：钉鞋对于任何材质的跑道来讲，都是一种破坏。胶乳跑道上可以上钉鞋，不过只能使用短塔钉钉鞋，鞋钉长度不超过 1/8 英寸。强烈建议日常使用时应尽量少用钉鞋，冬季寒冷天气时避免使用钉鞋。

（8）如何进行胶乳跑道的日常维护保养工作？

答：胶乳跑道是一种全天候使用的产品，为延长使用寿命，适当的维护和保养是必需的。一般来说，日常维护要做到以下五点：①每年至少 2 次用清水冲洗跑道面上的灰尘沙粒、树叶乃至鸟粪等杂物，避免跑道无谓的过度磨损；②严格禁止任何机动车辆、滑板车和宠物进入场内；③不要让化肥或草种洒落并残存在跑道面上；④平时应减少第一、二条道的使用，避免其磨损过度；⑤当跑道用于集体聚会时，应在跑道胶面上铺放保护垫避免其受到破坏。

（9）胶乳跑道的使用寿命如何？

答：跑道的使用寿命不仅取决于材料的特性，也决定于使用的强度和频率及日常维护保养。一般来说，胶乳跑道的正常使用寿命 10 ～ 15 年。为确保跑道的良好使用性，每 3 ～ 5 年应进行 1 次跑道划线的翻新，每 5 ～ 7 年进行 1 次罩面保护涂层的喷涂翻新，每 10 ～ 15 年应进行 EPDM 耐磨层和罩面保护涂层和跑道划线的翻新。

（10）为什么胶乳跑道施工时非常强调湿碰湿？

答：湿碰湿是水性树脂跑道施工的特点，即进行下一层材料施工前，必须在基础或上一层材料的表面上喷洒水雾使其湿润（有时为追求更好的附着力而喷洒水性树脂乳液），这样，两层材料之间的黏结会更加牢固。这种湿碰湿的施工要求和 PU 跑道施工绝对避免水分介入是完全不同的。

（11）橡胶颗粒的粒径分布为什么那么重要？

答：国内跑道行业中，不论是胶粒生产厂家、胶粒销售人员，还是工程商或是业主方似乎都不太重视胶粒的粒径分布这个参数，实际表现为厂家和销售人员从不主动提供这个数据，而工程商和业主也鲜有主动索要这个数据的。

在国内橡胶胶粒的销售中，几乎只提供材质、胶含量和粒径大小这三个指标，对于粒径分布基本绝口不提。如现在透气性跑道耐磨层所有的胶粒就是 1 ～2 mm 的 13% 胶含量的 EPDM 颗粒。而对质量影响最大的粒径分布却只字未提。粒径大小这个指标只是简单说明的颗粒的最大尺寸和最小尺寸，但这批颗粒在这个最大尺寸和最小尺寸之间是如何分布其实更重要。

比如，胶乳跑道的吸震层一般使用 1 ～3 mm 粒径的 SBR 颗粒，小于 1 mm 占比多少？1 ～1.5 mm 占比多少？1.5 ～2 mm 占比多少？2 ～2.5 mm 占比多少？2.5 ～3 mm 占比多少？大于 3 mm 的占比多少？这些占比值不同的 1 ～3 mm 的 SBR 颗粒，其堆积密度是有差异的，其单位质量形成的总比表面积也是不同的，因而其耗用的黏合剂也随之产生差异，最终的差异就是完工后胶粒层的密实度的不同或者孔隙率的高低差异，而这一点又直接影响到跑道的核心指标——冲击吸收值和拉伸强度值。

我们在向国外采购颗粒时，除基本的物理化学性能的检测报告外，都会很详细以柱状图或表格形式标明其粒径级配的。合理的级配都是呈正态分布的，即中间大两头小的纺锤状分布。

这样的级配形成的堆积密度是最为合理：大颗粒间的空隙由小颗粒填充，小颗粒间的空隙由更小的颗粒来填充，如此则形成既具有一定合理比例的孔隙率，又具有相当的密实度的弹性颗粒层，避免出现以下情况：①小颗粒占比过大，大颗粒占比过小，黏合剂使用量增大，固化后颗粒层的密实度偏大；②大颗粒占比过大，小颗粒占比过小，黏合剂使用量相对略少，但固化后颗粒层的孔隙率高，密实度小，颗粒层会偏软；③两头大中间小的级配也会出现密实度不合理的变化。

（12）为什么建议 EPDM 颗粒的胶含量不低于 25%？

答：EPDM 颗粒主要是由三元乙丙橡胶、矿物粉料、矿物油和颜料按一定比例构成配方组成的。矿物油和颜料占比并不大，主体还是三元乙丙橡胶和矿物粉料，若三元乙丙橡胶含量低的话，相应的矿物粉料的含量就会增大，即有机物含量低，无机物含量高，高比例的无机含量会增加 EPDM 颗粒的机械强度，同时会降低其柔韧性和弹性，使邵氏硬度增加，即颗粒变硬。很显然，硬度过大的颗粒对跑道的冲击吸收值产生不利影响。

低胶含量的 EPDM 在冬季低温时，硬度会变得更大，相应地跑道的硬度也变大，使用这样的颗粒，安全运动其实是很难有保障的。

另外，矿物粉料种类较多，不同的矿物粉料，或不同矿物粉料的不同比例搭配使用也会造成颗粒硬度的变化。

正是出于上述考虑，对塑胶跑道用 EPDM 颗粒还是应该确定明确的指标：胶含量不低于25%，比重为1.4 ～1.6，邵氏硬度为55 ～75，当然还有严格的粒径分布。所有指标几乎都有上下限范围的，且这些限制也不是随随便便定的，而是围绕着塑胶跑道的物理性能而确定。这些指标其实是相互关联的，不是各自独立互不影响的。胶含量太低的话，无机物用量加大，比重就会增大而大于1.6，邵氏硬度变硬超过75。

（13）使用 R&S 摊喷分离法施工工艺时，如何确保摊铺的均匀性？

答：R&S 施工工艺是一种多层单颗粒层摊铺，多次喷洒胶水的过程。胶水和胶粒有一定的质量配比要求，且使用不同材质的颗粒、不同胶含量的颗粒、相同材质相同胶含量的颗粒也会因为粒径分布的不同，即便质量相等，所用的理想胶水用量也不一样。

颗粒摊铺原则上每一次都尽可能摊铺成单颗粒层，即不要有颗粒的过度叠加，尤其是大颗粒的叠加。我们以使用 SBR 颗粒的吸震层为例来讲解。

SBR 颗粒的粒径为 1 ～ 3 mm，粒径分布满足正则分布的要求，即中间大两头小的纺锤形尺寸分布，这个要求就是为了吸震层完工后能达到理想的密实度要求。

这种 SBR 颗粒，按要求单颗粒层的摊铺量约为 1.35 kg/m^2，且黏合剂和 SBR 颗粒的质量配比为：水性黏合剂∶SBR 颗粒 =1.0∶2.5。

一包 SBR 胶粒的质量为 40 kg，6 包则为 240 kg，可摊铺 176 m^2。跑道的宽度假定为通常的 9.76 m，则 176 m^2 的面积就对应 18 m 长的跑道。如此可将跑道每隔 18 m 弹一条线，将跑道的直道部分划分为若干个 18 m 长的区域，弯道部分可以通过简单计算划分出面积为 176 m^2 的弧形区域。

由黏合剂和胶粒的配比计算出 240 kg 的胶粒需要配置 96 kg 的黏合剂。将 6 包共 240 kg 的 SBR 颗粒和 96 kg 的黏合剂放置在区域的分界线处，剩下的工作就是要在这 176 m^2 的区域内将 240 kg 的 SBR 胶粒摊平刮匀，将这 96 kg 的黏合剂均匀地喷洒到 SBR 胶粒层上。

先将 SBR 颗粒先在两条分界线之间的跑道基面上散开，然后用木靶子将颗粒来回刮平刮匀，尽可能形成单颗粒层，避免颗粒的叠加。也可先使用人造草施工时所用的注砂机，用之前要将出料口大小调节好使之和推行速度匹配，然后将 SBR 颗粒倒入料仓后沿着 18 m 长度方向匀速推行注砂机，形成一个带状的颗粒层，两个带状颗粒层之间尽可能无缝对接，不行的话，也要尽可能控制间距。要通过几次注砂机的推放料大致掌握放料口的宽度和推行速度之间的关系，避免胶粒层过厚或星星点点。注砂机推放颗粒完成后，还是要人工使用木靶子进行一次手工精细化刮平刮匀操作。

颗粒摊匀后，要将黏合剂和清水依比例稀释搅拌均匀，用无气喷涂设备进行喷洒，一般无气喷涂的喷嘴是不可调节的，故施工人员要根据喷嘴的大小决定喷涂时的移动速度，就是要确保将 96 kg 的黏合剂均匀地喷洒在 SBR 颗粒层上。喷洒时要注意以下三点：①喷枪操作者可踏入松散的颗粒面上行走，一定要抬起脚行走，不要拖行，以免破坏松散颗粒层的均匀性；②行走步伐速度一定要和喷嘴流量匹配，绝对要保证胶水喷洒的均匀，避免胶水喷完了，还有不少 SBR 颗粒没喷；③无气喷涂设备的喷嘴大小是不可调节的，也要根据实际情况选择适合的使用。

（14）摊铺机能用于预混法施工吗？

答：摊铺机是 PU 跑道吸震层的绝好的施工设备，但对于胶乳跑道而言则不是个适用的设备。

我们曾做过一次实验，起初全部按照 PU 跑道的施工工艺来操作，将黏合剂和橡胶颗粒拌和均匀后倒入摊铺机的料仓中，电热振动板也开启加热模式，工作 1 ～ 2 min，振动板上黏附着一层已经接近成膜的白色黏合剂涂膜，同时星星点点地黏附着橡胶颗粒。很明显，加热的振动板在其周围形成了一个“高温低湿”的小环境，这种小环境促进了水性黏合剂的成膜，导致黏合剂在振动板的金属表面黏结成膜并粘连颗粒。

接着，关掉振动板的加热开关，以常温状态使用。结果是差不多的情形，不过程度没那么严重。大量液态黏合剂携带橡胶颗粒黏附在振动板的金属面上。

加热也好，不加热也罢，振动板的金属面都不能以一种平滑光洁的状态投入摊铺工作，自身表面的不平整自然就无法摊铺出一个平坦的颗粒层表面。

从上面分析，我们可以看出问题的核心不在于加不加热，而是在表面能上。振动板的金属材质，属于高表面能表面，黏合剂虽然表面张力也不低，但还是要低于金属的，这就导致水性黏合剂很容易润湿并黏附于金属面，温度越高黏附越强。

因此，不对振动板的金属面进行低表面能处理的话，摊铺机是完全不适用于胶乳跑道吸震层的施工的。即便是现在使用广泛的手动摊铺机，也就是电热烫板，同样道理，不加改进也是不适合胶乳跑道施工使用的。

（15）人工摊铺的话，对施工工具有什么改动要求？

答：采用预混法施工工艺时，使用人工摊铺的话，能使用的工具很有限，基本就是铁镘、木镘，电热烫板不改进也不能使用。

铁镘的不适用性和摊铺机的道理基本一致；木镘是吸收性表面，更容易黏附黏合剂和颗粒，直接用木镘拍压颗粒时，不平整的问题更加严重。正是这种黏附影响施工的平坦效果，师傅们习惯用抹布蘸水擦拭被黏附的镘刀表面，这个动作对于水性跑道的施工来讲绝对是个坏习惯，被水拭过的镘刀可以抹平胶粒层，但会造成局部黏合剂被过度稀释引发黏结力不足，干燥时间延长。

如果一定要使用预混法人工摊铺工艺的话，就有必要对这些简单的工具做一些降低表面能的处理，大致如下：

将铁镘用稀盐酸浸泡 15 min 后，用硬毛刷擦洗锈迹后用清水刷洗干净，要尽快用风机吹干避免闪锈。待干燥后在其工作表面涂刷一层工业级的双组分铁氟龙乳液，置于 300 ℃烤箱中烘烤 30 min 左右，待其冷却后取出，养护几天后便可使用。铁氟龙涂层的表面张力极低，远低于一般的黏合剂，故黏合剂不易润湿铁氟龙涂层，因此就不易出现黏附胶水胶粒的现象。使用时注意“五拍一抹”，即垂直方向拍实五次后，就要在胶粒面上水平拉抹一下。

电热烫板其实也是可以依照上述方法改进的，当然烤箱得大一些才行，否则只能送到专门的烤漆厂去改进了。

如果没有合适的烤箱，可购买 2 mm 厚的铁氟龙薄板，将其裁剪成不小于木镘工作面的大小，然后用螺丝或钉子固定于木镘的四个角落，螺丝或钉子的头部一定要沉入进去，不能凸出来，凸出来的话，木镘的工作面就不是平坦面了。使用时同样适用“五拍一抹”的节奏。

（16）采用预混法人工摊铺施工胶乳跑道吸震层应注意些什么？

答：预混法是最适合油性 PU 跑道的施工工艺，在有些时候也被借用到胶乳跑道的施工中来。由于 PU 跑道和胶乳跑道成膜机理完全不一样，预混法用于胶乳跑道不是无条件的，而是会受到一些条件的制约的，无视这些制约条件的话，最终只能以这样或那样的质量问题收场。

第一，厚度的限制。一般一次性人工摊铺厚度不要超过 5.0 mm。虽然国内外都有厂家声称有可一次性摊铺 10 mm 且能彻底里外固化的跑道黏合剂产品。但在没有理想温湿度条件的配合下，建议还是不要冒险。国内有的厂家是在黏合剂中配置了交联剂（也被称为促进剂）来加快固化速度的，虽可快干，但很大程度上是以牺牲柔韧性为代价的。

第二，温度湿度条件。温度在 20～30 ℃之间最为适合，低于 15 ℃或高于 35 ℃时不宜施工；相对湿度不超过 50% 最佳，超过 85% 就不能施工的了。

第三，在可预见的未来至少 48 h 内有降水的就绝对不要施工。

第四，所用工具务必要进行改造以满足胶乳的特点。

（17）耐磨层用喷涂机施工时为什么会堵喷嘴？

答：胶乳跑道一般是采用无气喷涂设备将胶水喷洒于松散的胶粒面上，不论吸震层还是耐磨层都是如此，这就是摊喷分离法。但这种方法不被国内早已习惯于 PU 跑道的预混法施工的工程队所接受或熟练使用，故 PU 跑道耐磨层的那种空气喷涂法也被移植到胶乳跑道中来。

将水性跑道黏合剂和 EPDM 颗粒依一定比例搅拌均匀后，送入空气喷涂机的料仓，启动喷涂后，有时喷嘴突突地断断续续喷出些液料，就再也喷不出东西了——喷嘴被胶粒堵塞了。

水性胶水的黏度比油性材料要低，在和胶粒混合时形成喷涂混合料时，油性 PU 因黏度高相对更容易形成均匀的混合物，更加利于喷涂，而水性胶水粘度低，其包裹颗粒后比较容易出现固相颗粒和液相胶水发生离析分离，形成不了均匀性混合物，且时间放置越久，均匀性越差，喷涂时，喷嘴处的负压很容易将密度小、黏度低的胶水先行带出，缺少胶水为载体的颗粒则前行速度慢，在喷嘴处淤积从而形成堵塞。

发生堵塞要立刻清理清洗，之后要结合施工时温度湿度的情况，调节好混合料的黏度，选择适合的喷嘴尺寸。经验很重要！不同厂家产品的黏度不同，是否要兑水、兑水比例等都不一样，也没有一个统一的量化指标。从视觉上讲，混合料的表观类似豆腐脑被充分搅拌后的外观就基本满足顺利喷涂的要求了。

（18）混组型跑道为什么在完成吸震层后要用清水冲洗一遍？

答：混组型跑道的 PU 吸震层完工后，建议养护 1～2 天，之后要对整个跑道面进行放水清洗。其目的有二：一是将吸震层施工作业时表面污染（如鞋印）和固化养护期间飞飘进来的污染物（灰尘、树叶、鸟粪等）予以清理干净；二是吸震层内部可能残留有些少异氰酸酯，这在低湿度天气时更易出现，放水冲洗，水可以和异氰酸酯发生反应，放出 CO_2。若不放水处理直接进行后续结构层的施工，可能在日后使用中，吸震层中的 PU 与水反应产生 CO_2 对上层涂层产生压力，造成结构层剥离等质量问题。从实际来看，发生这种情况的可能性概率极小，但就单单从能清洁吸震层表面来讲，放水冲洗也是件值得做的一道工序且几乎没有什么成本。

（19）胶乳跑道翻新陈旧 PU 跑道最核心的工艺是什么？

答：最核心的工艺就是彻底全面清洁陈旧性 PU 跑道的表面。

陈旧性跑道经年累月暴露于户外，日晒雨淋，风吹雨打，鸟飞叶落，灰尘累积，人为污染（如溅落的有色饮料、乱吐香口胶、乱扔烟蒂等）等，这些外来污染物实际上已经在跑道表面形成一层污染层，这层污染层将是即将施工的胶乳跑道材料和陈旧 PU 跑道面之间的隔离层，使这两种材料不能充分接触并形成有效的黏附，最终引起胶乳材料从 PU 跑道面上剥离、脱层等质量问题，导致翻新失败。

因此，翻新的核心工艺就是对陈旧 PU 跑道的表面进行彻底清洁处理。一般建议使用高压水枪冲洗，逆时针方向冲洗一遍，顺时针方向冲洗一遍，冲洗要逐行逐块进行，一边冲洗一边用硬毛刷反复正交刷洗，务必将黏附的污染物清理干净，清出跑道。这种强度的冲洗可能会对跑道产生一些伤害，如清除污染物的同时也将一些黏附力较弱的粒子冲刷掉，其实对翻新而言也是件好事。

某学校的胶乳跑道翻新，4500 m^2，实际工期 23 天，其中清洁表面用了 15 天，胶乳材料施工只用了 8 天。从这个时间分配上来看，说表面清洁工作是翻新的核心一点也不为过。

（20）为什么有些胶乳跑道 EPDM 颗粒掉粒现象比较严重？

答：粒子型跑道都会存在不同程度的掉粒子的现象，胶乳跑道也不例外。

胶乳跑道是热塑性的，但多少都会有些自交联的成分，但交联程度较浅，所以它并不能形成类似双组分热固性材料的那种空间网络，因此在对颗粒的裹覆强度上，胶乳一般会弱于热固性材料，胶乳跑道掉粒子也主要源于此，再考虑到有些项目工程商为降低材料成本，减少了胶水的使用量（如只喷 1 层罩面保护胶）或变相减少胶水使用量（过度兑水稀释，虽然表面看起来一层也没少做，但材料用量实际是减少的了）。

为尽可能降低掉粒子的情况发生，一定要严格按照厂家要求足量使用胶水，完整施工各结构层，绝对避免偷工减料。比如罩面保护胶层一定要喷涂 2 层，顺时针一层，逆时针一层。施工的经验告诉我们：2 层罩面保护胶层会很好地解决掉粒子的问题，1 层罩面保护胶使 EPDM 颗粒的黏结大概率处于一种临界状态，掉粒子确实明显，但 2 层的话，掉粒子情况就有明显好转，它显著地增加了颗粒的锚定力。

（21）为什么有些胶乳跑道雨后有不均匀的泛白现象？

答：这种现象基本就是两种情况。一是罩面保护胶是含有色浆的彩色罩面，但是其成膜物质的耐水白性不良，这种情形，泛白的程度不高，只有淡淡的水白痕迹，颜色较深的话，水白情况基本看不出。二是使用了未加色浆的中性罩面保护胶层，中性罩面保护胶固化后形成一个透明的涂膜。因为水性树脂中总是含有一些亲水基团的，雨后甚至地面湿度过大时，这些亲水基团会吸收水分而膨胀，尺寸变大，对光的通透性转变为对光的散射。由于膨胀后粒径较大，因而产生米氏散射，即光被粒子吸收后再等频率散射出去，故看到的是白色，水分蒸发后又会恢复之前的颜色。这就是成膜物质的耐水白性不佳造成的。水白干燥后一般不影响使用，但雨天后像大花脸一样的容颜确实影响美观，还是应当避免的。

如果一定要用中性罩面保护胶，应当选用耐水白性能好的丙烯酸乳液或对乳液进行适度交联以提升耐水性，但要注意交联后不能影响其柔韧性，否则，就是解决一个小问题带来一个大问题了，这是涂料行业最忌讳的。

（22）为什么水性胶水用量越大，黏结强度可能越差呢?

答：千万不要有这样的认知：水性胶水用得越多，黏结力就越强。

对水性材料来说，当胶水中的水分蒸发后，胶水中的高分子就依靠相互间的拉力（内聚力）将被胶水包裹的胶粒粘接在一起。若胶水使用量过大，就会出现胶水中的高分子体相互拥挤在一起，高分子之间产生不了相互间最强的作用力。这是因为高分子之间的水分不容易挥发，拥挤在一起的高分子体形成类似胶束状，胶束表面相对较易固化成膜，而内部则富含水分无法彻底干燥成膜，最终是形成不了强大的拉伸强度。

胶水量越多，胶水起到的更多的是填充作用而非黏结作用。颗粒间的黏结靠的不仅是胶水的黏结力，更离不开胶水的内聚力。

（23）水性黏合剂到工地后开桶发现呈搅拌过的豆腐脑状，还能使用吗?

答：正常状态的水性跑道胶水表观上应该是细腻均匀光滑的中等黏度的膏状物，硬物划痕后，划痕会很快流平消失，不应有粗糙不均的表观。

但水性材料在运输存储过程中环境条件的变化，可能会导致 pH 的变化进而对产品的黏度产生影响。如高温时，分子运动加剧，液相对乳化剂的溶解增加，乳胶粒子表面斥力减少，易出现粒子接触，产生聚集体，出现松散絮凝，甚至沉淀板结，表观上就是跑道胶水固液分离或黏度增加。尤其在黏度变大的情况下，用力搅拌后像极了被搅拌过的豆腐花的样子，一点流动性也没有。这种材料能不能用也不能一概而论，要先将胶水用 20% 的清水稀释后充分搅拌再观察混合物的实际状况再做判断。

如果混合物分散的细腻均匀，无颗粒物，在马口铁上涂布一层，固化后涂膜均匀光滑，说明之前的粗糙是乳胶粒子形成的松散絮凝，在适当的剪切力作用下很容易被打散而恢复原状。这种情况下，胶水是可以使用的。

如果混合物分散后有明显大小不等的颗粒物，在马口铁上涂布一层，固化后涂膜中有星星点点的细小颗粒物，整个涂膜粗糙不均，这说明已经出现乳胶粒子粘连形成半干状的聚集体，聚集体之间又可形成附聚体。搅拌时的剪切力可以打散附聚体，但无法打散聚集体。这种情况下，跑道胶水建议不要使用。

（24）沥青基础为什么不建议直接涂布跑道粘接层而是建议先刮涂一层丙烯酸底料后再涂布粘接层?

答：实际情况是当沥青混凝土的标号是 AC08 或 AC10 的话是可以直接在上涂布跑道粘接层的，因为这种沥青基面整体还是相对没有那么粗糙多空，不会导致过多的粘接层胶水下渗；而当沥青混凝土使用 AC13 或更粗的话，就建议先刮涂一层丙烯酸底料将过多过大的沥青表面孔隙给密闭后再涂布粘接层。

附录4 丙烯酸专题小文章

1. 丙烯酸涂料的优点和不足

丙烯酸运动场地面材料是目前国际上普遍使用的一种地面材料，在网球运动这块，更是居于垄断性地位，世界重大的网球比赛，大部分都是在丙烯酸地面上举行的，如大满贯赛事中的美国网球公开赛、澳大利亚网球公开赛、中国网球公开赛以及广州WTO网球赛等，至于以休闲健身为目的的篮球场、羽毛球场、排球场甚至小型足球场铺装丙烯酸材料的更是不胜枚举。此外在轮滑场、停车场、自行车道及城市绿道上丙烯酸涂料也大量铺装使用。

凡事都有两面性，十全十美只是美好的愿望。任何材料也必然是有其长处，也有其不足之处，丙烯酸涂料自然也不例外。

丙烯酸涂料的优点主要体现在以下几个方面：

（1）丙烯酸涂料水性、环保无毒，是环境友好型产品。它以无毒、无味、不燃、不爆、无污染的水为分散介质，安全可靠、便宜易得，在生产、施工和使用环节均不会对人体和环境产生危害；高温天气时，丙烯酸涂层也不会像一些塑胶材料会散发出有害的气味。

（2）弹性佳、不褪色、不爆裂、不滋生微生物和苔藓，在灯光下也不会产生眩光。

（3）耐水性好，即便在雨季里长期浸泡在水中也不会出现涂层分层脱层现象。

（4）耐磨性好，丙烯酸材料中掺有精制石英砂，使丙烯酸表现出非同一般的耐磨性能，从而赋予其经久耐用的品质。

（5）黏结力强，丙烯酸能和混凝土或沥青基础很好的黏结，在混凝土基础上只要基础表面处理到位是不会出现起泡和分层等质量问题的。

（6）全天候使用，从冰天雪地的北国到终年湿润高温的南国，丙烯酸在各种复杂气候中表现出良好的品质，还有其维护保养成本几乎为零，只需定期用清水冲洗即可。

（7）保色保光性好，太阳光中对丙烯酸树脂产生最大影响的波段在经过大气层时已经被臭氧、大气其他组分所吸收，所以，丙烯酸涂层表现出极好的抗紫外光性能，展现出极强的色泽稳定性和光泽稳定性。

（8）施工性能好，既可刷涂、也可滚涂、喷涂或刮涂，施工技术简单，易于掌握。

（9）涂膜干燥速度快，工作效率高，施工工具清洗方便。

（10）丙烯酸涂层具有半透气性特征，能在湿润基面上涂装。

（11）丙烯酸涂料在一些场合下可以和交联剂配合使用，既能缩短固化时间，也能增加一次性涂装厚度，提高效率。

（12）施工和翻新简单，翻新时只需将原有丙烯酸面层稍加打磨和清洗干净后，再刮涂料2～3层丙烯酸涂层便可。

（13）丙烯酸材料性价比高，与塑胶类材料的价格相比便宜。

当然丙烯酸涂料也绝非完美，也有自身的不足。丙烯酸涂料的不足之处表现在以下八点：

（1）施工受制于气候影响较大，冬季基本不宜施工，因在最低成膜温度下不能形成连续完整的膜，对于玻璃化转变温度高的聚合物来说，室温成膜困难。

（2）树脂分子量较大，难以形成高光泽涂膜，基本都是哑光或半哑光。

（3）丙烯酸涂料假塑流动，易增稠，涂料流动性和涂膜流平性相对较差。

（4）水蒸发后涂料黏度迅速上升，涂膜易产生气泡和针孔。

（5）水的表面张力大，涂料对一些低表面能底材的润湿性差。

（6）涂料在生产和施工过程中，强烈的机械作用力会破坏乳液、涂料的稳定性，使涂料凝并。

（7）由于水的凝点比大多数有机溶剂高，涂料的冻融稳定性较差，在较低温地区的贮存和运输也是个问题。

（8）水性涂料中的有机物如合成树脂、纤维素衍生物以及某些助剂如消泡剂等都是微生物、霉菌的养分，故易遭受微生物霉菌的侵蚀。

其实上述种种不足大多可以通过配方设计的调整和添加相应的助剂加以改善。

2. 丙烯酸涂料价格差别怎么这么大

目前国内丙烯酸运动场地面材料市场上，丙烯酸涂料品牌着实不少，进口的有美国的Tennislife、Decoturf、Phexipave、Actionpave，澳大利亚的Synpave等，国产品牌更是不胜枚举。但产品价格方面却相差甚远，最贵的可能比最便宜的高出4～5倍，客人在选择产品时不免犹豫：价格越高，质量就越好吗？进口的一定比国产的好呢？丙烯酸涂料的合理价格到底在哪里呢？

首先来说一下进口产品，进口的丙烯酸涂料主要是从经济发达国家购入的，那里的人力成本、仓储、运输和房租等费用远较中国高，加上不算多也不算少的海运费和相当可观的海关关税以及代理商的利润，进口产品的价格普遍比国产品牌要高出一大截，这是明摆着的一笔账。若进口产品以国产产品相同或略高少许的价格在市场上销售，那就要考证一下是不是所谓的“国产进口产品”了，这类产品在市场上并不鲜见。

其次，国内产品的价格也存在很大的价格差，可相差50%以上。在人力成本等因素成本相差不大的中国，丙烯酸产品为什么会也有如此大的区别，答案在两点：一是配方，二是原材料。

先说配方，不同厂家的配方虽有差异，但整体上大同小异，“大同”体现在配方组分基本是相同的，“小异”可能体现在各组分在涂料中质量占比不一样，比如丙烯酸乳液含量的差异会造成成本上的差异，钛白含量的高低，不仅会造成因钛白添加量不同而引起的成本差异，更会引起色浆的添加量的变化引发的成本差异等。

再说原材料，配方中各组分用什么品牌的、什么质量标准的也会导致材料价格差异。比如丙烯酸乳液的厂家众多，价格也有较大的差别，有合资公司的产品，有国产的，价格相差几成也不出奇，色浆和助剂类产品莫不如此，国产和进口助剂产品在价格上大相径庭，所有这些因素叠加起来就会导致丙烯酸涂料的价格差异，有时这差别还真不小呢。

3. 为什么说丙烯酸涂层是“半透气性”的

在描述丙烯酸涂层特性时，国外相关文献资料都会用到一个词：semi-permeable。permeable 在《牛津英语词典》中的解释为“allowing a liquid or gas to pass through”，意思为“允许液体或气体穿过”，通俗地说就是“可渗透的”“可渗入的”；semi 是个前缀，表示“半”或“准”的意思。所以，semi-permeable 的意思就是“半渗透性”。但是，这个半渗透性到底是对液体还是气体呢？这对丙烯酸涂层可谓相当重要。国标 GB/T 20033.2—2005 中对丙烯酸涂层的渗水性检测结果是 0 mm/min，即丙烯酸涂层是基本不透水的，那就更谈不上半透水性了。丙烯酸涂层的半渗透性是针对气体而言的，故称为“半透气性”。

丙烯酸涂层的半透气性的特点是由丙烯酸树脂大分子成膜的特点决定的。

丙烯酸树脂是大分子材料，成膜后由于乳胶颗粒的密堆、融合而形成连续完整的涂膜，但这种完整连续是相对的，并不是说涂膜好似铁板一块（事实上铁板也是有空隙的）绝对密实的，而是高分子之间总会存在一些间隙，这类间隙的宽度为几个纳米，而半透气性的产生就是源于这几个纳米的间隙。

对于液态水来说，单个水分子的大小仅为 0.4 nm，按理说完全可以从上述几个纳米的间隙中穿过。但是自然界中的水都是以氢键相连接的缔合状态，几十个水分子以氢键作用形成大分子团，这时水分子团是具有一定弹性的弹性膜，就很难从高分子的间隙中通过。实际上这也就是防水材料具有防水作用的原因。丙烯酸涂层的渗水性为零也源于此。

对于气态水或空气而言就是另外一回事了。水由液态变成气态，体积膨胀数倍，水分子之间的距离拉大，分子间作用力减弱，氢键断裂，这时气态水分子就基本处于孤立状态，与周边水分子的相互影响很小，那么此时气态水分子便能相对从容地从高分子间隙中穿过。

但是高分子的间隙，由于宽度小、数量及分布不均匀，故一旦丙烯酸涂层下面在相同时间出现大量气态水分子的话，高分子的间隙一时间也来不及让所有水分子通过，于是就会形成在逃逸口的“堵车”现象，随着堵车情况越来越严重，气态水分子越聚越多，对涂层底部产生的压力就越来越大，导致受力涂层与基面间附着力越来越小，直至将受力涂层从基面上彻底剥离，形成气泡或起鼓。

可见，对于少量气体丙烯酸涂层是允许其通过而不会对涂层产生任何负面的影响，但大量气体则会造成起泡之类的质量问题，这也是为什么在混凝土基础结构中会建议铺设防潮层的原因了。

4. 丙烯酸涂层附着力和哪些因素有关

丙烯酸涂层的附着力关系到涂料的保护作用、装饰作用及其使用性能和寿命。从力学角度上分析，化学键力、物理吸附作用、电荷作用力和机械嵌合力等都能对涂层附着力产生贡献，实际涂层附着力乃是各种作用力共同作用的结果，因此，涂层附着力与涂料、底材、施工、涂层厚度及其使用环境因素等多种因素有关。

涂料的成膜物质的化学结构、端基、分子量及其分布、分支程度、结晶趋势、涂料黏度以及填料、助剂等，都会对涂层附着力有着直接和间接的影响。主要影响因素包括：

（1）底材的影响。底材的影响主要体现在底材的pH和粗糙程度等方面。pH过高，会导致阴离子型的成膜物质皂化而对附着力造成影响。为提高附着力一般都会适当提高基础的表面粗糙程度，因为在粗糙的表面，涂层的附着以机械附着占优势，表面粗糙的话比表面积就大大增加，也就是和涂料接触的面积大大增加，涂料对底材的机械啮合力增大的同时通过分子活性而发生的附着也得到加强，因而表现出附着力大大增强的结果。

（2）施工对附着力的影响。主要体现在施工时对基础前处理和气候条件的把握上，如基础的含水率高和底材表面杂质异物未清理干净的话，对附着力不利影响就无需赘言了；高温天气施工也会产生动力学不润湿而造成附着力不良。

（3）颜料和填料的影响。颜料会通过影响涂料的流变性能和机械性能而间接影响到附着力。一般来说，涂层附着力随着颜料体积浓度的增加而增加，增大到一定程度后，又随着颜料体积浓度的增加而减小。

（4）涂料黏度对涂层附着力有很大影响。施工时涂料应调节到一个合适的黏度，如果黏度不合适，涂层在形成涂膜时因大分子链舒展不畅会产生应力，从而减弱附着力。

（5）树脂极性的影响。一般来说，极性越强的树脂，其涂层的附着力越好，原因在于极性基团如羟基、羧基、醚基、亚氨基、羰基、酰胺基、环氧基和异氰酸酯基等，尤其是羟基和羧基，极易与底材之间形成化学活性附着中心，而化学作用一般都属于较强的相互作用。对于相邻的两道涂层来说，如果两种漆料的极性不同，则相互的附着力不佳。

（6）内聚力和附着力的关系。对于涂层和底材来说，内聚力是涂层本身发生的内聚的力，它随着涂层厚度的增加而增大。附着力是涂层与底材相互黏附的力，虽然内聚力和附着力主要和涂料有关，但两者之间的大小比例关系十分重要。当涂层厚度增加时，内聚力增大，而附着力不会增大，会造成不利于附着力的变化。

5. 乳化沥青底料的缺陷及产生的主要质量问题

2000年前在运动场地铺装行业中丙烯酸材料几乎全部是进口产品，材料价格着实不低。为了降低材料成本，后来有人开始用进口的丙烯酸面料配合壳牌乳化沥青底料，再之后就开始使用各种质量不一的国产乳化沥青来作底料，把材料成本压缩到最低的限度。

确实有那么几年乳化沥青在丙烯酸工程中被广泛使用，但现在销声匿迹了，如果成本的降低带来的是工程质量的下降和使用寿命的缩短，那注定是不会长久的。乳化沥青盛行之时，丙烯酸底料的失宠归根到底就是其价格较高，而远非质量不济。事实上，丙烯酸底料无论从哪方面来讲都优于乳化沥青。

我们从下面几个方面来比较一下：

（1）温度敏感性。丙烯酸乳液是热塑性材料，也有热黏冷脆的缺点，但丙烯酸涂料的温度稳定性好，同时也具有非常好的黏结能力，广泛用于各种外墙及地坪涂料产品之中；而乳化沥青是一种有机非极性的热塑性材料，温度敏感性高，夏季高温时体积膨胀，沥青油向上渗透污染其上面的涂层。

（2）耐水性。丙烯酸涂层拥有较好的耐水性能，我们曾经将一块丙烯酸底料样板和一块乳化沥青底料样板同时置于水中浸泡10天后取出，结果是丙烯酸底料样板几乎没有什么明显变化，而乳化沥青底料样板则已经吸水起皱分离的了。这个实验说明：乳化沥青的黏结性在水的浸泡下逐渐减弱乃至丧失，这也就解释了为什么在混凝土基础的伸缩缝处。如果涂装的是乳化沥青底料，涂层脱皮分层的状况会沿着裂缝的垂直方向慢慢地向两侧扩展，最后导致大面积的分层现象，而丙烯酸材料则基本不会出现这种问题，原因在于其优越的耐水性能。

（3）环保性。乳化沥青为非环保产品，施工时散发极大的刺激性气味，对人体及环境有害，而丙烯酸材料绿色无毒，基本无味，更不会挥发令人不愉快的气味，是真正的环境友好型产品。

（4）使用寿命。由于在黏结性和耐水性上的出色表现，丙烯酸材料在使用寿命上也更胜一筹。沥青怕水、怕高温、怕低温使得不论在南方抑或北方其使用寿命都不会太长，工程质量不会太好。

其实使用丙烯酸底料和乳化沥青在材料成本上两者的差别也就是2～3元/平方米，但整个丙烯酸涂层系统的质量却相差甚远。如果整个丙烯酸涂层比作一个巨人的话，使用丙烯酸底料的好比是个“钢腿巨人”，而使用乳化沥青的则是“泥腿巨人”。

乳化沥青作为底料在丙烯酸涂层结构中的使用会表现出如下种种不足和缺陷：

（1）环保性。乳化沥青有较大的刺激性气味，人的皮肤与之接触后，会有长时间才能消退的瘙痒；刺激性气味会对人的眼睛和呼吸道有刺激作用，而丙烯酸底料为水性无毒无味的材料，对人体环境不产生任何危害。

（2）水分对沥青的影响。在水泥基础上铺装乳化沥青材料会出现起泡、脱皮或分层现象，也会出现丙烯酸系统表面涂层裂缝后，乳化沥青底料脱皮现象会沿着裂缝处向两侧扩散，在雨水或外来水分的影响下，这种扩散会恶化和加速。盖因乳化沥青为油性材料，在水的浸泡作用下，油性材料的乳化沥青和酸性的石英砂之间的黏结力不断减弱，于是出现起泡、分层、脱皮等现象就不足为奇了。丙烯酸底料为水性材料，其耐水性好，水分基本不会对丙烯酸树脂对石英砂的包裹能力和对水泥基础之间的附着力产生大的影响，故不会出现起泡、分层、脱皮等质量问题。

（3）夏天高温透底泛黑的质量问题。夏天高温时，沥青中的油分会受热向上冒，会将彩色的丙烯酸涂层染成黑色，形成透底泛黑。乳化沥青涂层施工越厚，透底泛黑的可能性越大，彩色丙烯酸面层被染黑的问题就越严重。

（4）冬天开裂的问题。沥青有热淌冷脆的特性，若在严寒冬日，沥青底料会变脆，脆易裂，底涂一裂就会反射上来，将面层拉裂。更为严重的是，这种裂是完全不规则的，会导致整个场地满目疮痍，惨不忍睹。

（5）沥青老化的影响。沥青时间久了，其油分和树脂会慢慢变成沥青质，硬脆性逐渐加增大，直至脆裂向上形成反射性裂缝。

（6）水泥带来的负面影响。有些公司为提高乳化沥青的强度和硬度，施工时除添加石英砂外，还添加了数量不等的水泥。这实际上给乳化沥青底料带来负面的作用。由于水泥的存在导致乳化沥青层刚性更强，脆性增大，从而产生不规则裂缝的概率更大。

6. 丙烯酸混凝土底油的作用

在混凝土基础上施工丙烯酸材料时，一般的酸洗打磨是都会做的一道工艺。但混凝土底油这一层则不被很多人重视，认为可有可无，反正不做也没出现起皮分层等质量问题。确实，不涂布底油并不意味着一定会出现质量问题，但却意味着出现一些小问题的概率大很多。其实，一层底油的成本很低，但作用却非常明显。下面我们详细谈谈底油的作用。

混凝土是多空隙吸收性表面，打磨酸洗清洁处理后混凝土表面表现出中性、干净和粗糙的特点，但仍然是吸收均匀性不佳的表面。在这种表面上直接涂装丙烯酸平整材料（底料）会在吸收性大的区域出现平整材料中的液相被毛细孔大量吸收，导致包裹石英砂的树脂量不足，涂层干燥后会出现强度不够、粗糙或雾影等问题。而当在混凝土表面润湿时涂布一层丙烯酸底油，底油能借助于水的润滑作用渗入毛细孔中形成极强的锚定力和机械咬合力，避免涂层结构起泡、脱层等。底油填充了毛细孔使得混凝土表面从均匀性不佳变成一个接近非吸收性表面，这实际上是对混凝土表面的一个改性处理：从吸收性不均的无机表面转变成非吸收性的有机表面，为后续丙烯酸涂层提供一个理想的同质基面。

底油的涂布不仅能起到类似双面胶的中间粘接作用，透过渗透而在混凝土毛细孔中安家落户，形成一种抓地力极强的抛锚效应牢牢地黏附于混凝土基面之上，同时底油层与后续丙烯酸涂层的层间附着力绝对牢固可靠。

底油正确涂布方法是在混凝土基础表面已无明水且毛细孔中尚且湿润的情况下，将用清水稀释混合搅拌均匀的底油用滚涂或喷涂或刮涂方式涂布于混凝土表面，毛细孔湿润，底油渗入阻力不大，能很快渗入混凝土基础的肌骨中，形成类似水乳交融的状况从而产生强大的附着力。底油不追求厚度，不是越厚越好，追求均匀性、避免漏涂或厚涂，厚度宜薄不宜厚。

通过上述分析底油层的重要性可见一斑。当然，这并不表明不涂布底油就一定会出现重大质量问题，大多时候可以认为底油涂布是一种锦上添花。

另外说，如果使用反应性底油产品，比如在新浇混凝土上涂装阳离子底油，能将混凝土基面的强碱性通过和底油层之间的化学反应来降低。需要在强碱基面上涂装丙烯酸涂料的话，这类反应性底油层就不能说是锦上添花了，而是不可或缺了。

7. 丙烯酸平整涂料为啥总是设计成黑色的

遮盖力是涂料很重要的一个性能。丙烯酸底油固化后是透明的，对混凝土基面几乎没有什么遮盖作用，所以在设计涂料各涂层遮盖力时，底油层的遮盖作用基本可以忽略不计。

丙烯酸平整层实际上是基础的第一层贴身保护层，它将整个基础表面完完全全地彻底覆盖，构成整个丙烯酸涂层结构的基石和中间粘接层。

大家稍加留心就会发现，国内国外主流的丙烯酸涂料厂家所生产的丙烯酸平整涂料几乎都设计成黑色，黑色的形成是需要成本的，要通过在生产配方中添加黑色色浆才能实现的。有些人认为，平整层是丙烯酸结构的最底层，其实不需要做成黑色，就做成不加任何色浆的中性颜色就可以，如此既不影响性能，又能降低材料成本。

这种理解失之偏颇，只考虑了涂层的力学性能和成本，却没有考虑到涂层在色泽传达方面的影响。

黑色和白色是生活中常见的两种颜色，但物理学上其实是没有黑色或白色这两个概念的。太阳光谱的可见光波段是由赤、橙、黄、绿、青、蓝和紫这七种基本颜色构成的。当光线照射到某一物体表面时，如果只有绿色波段的光被反射，其他波段的光都被吸收的话，这个物体呈现在我们眼前的就是绿色；如果所有的入射光全被吸收，那我们将看到黑色；如果所有入射光全被反射出来的话，那就是白色。

再介绍一个涂料行业的名词：透底。由于涂层遮盖力不够，涂层固化后仍能看到被其未能充分遮盖的下层涂层的颜色。造成透底的其中一个原因就是上下涂层在颜色上不匹配。

丙烯酸平整涂料之所以特意配制成黑色，一方面能有效地封闭遮盖基础表面，另一方面黑色平整层固化后就成为下一道涂层的基面，尤其在硬地丙烯酸系统中，平整层的上面就是彩色丙烯酸纹理层。丙烯酸涂层是半透气性的，涂层厚度薄且一般都有一些孔洞的，并非肉看到的那样以为铁板一块。当含砂的彩色丙烯酸纹理层涂装于黑色平整层上时，入射光线会通过纹理层的折射、散射或直接射入（很小比例的）进入平整层，如果平整层是黑色，那么这些光线绝大部分就会被吸收，这时我们看到的纹理层的颜色几乎都是由它自身表面反射光线形成的颜色，色泽比较纯净；但如果平整层是灰白色或其他什么颜色，这些进去的光线会有相当一部分又被反射回纹理层，这些反射光和彩色纹理表面自身的反射光叠加在一起，从视觉上讲就有色彩斑杂的感觉，怎么看都不舒服，从不同的角度看，颜色变化明显。

其实我们从人眼的构造中就能理解丙烯酸平整涂料为啥总是设计成黑色的道理。人的眼睛构造中在视网膜的外围包裹着一层紫黑色的脉络膜，起着遮光作用，它既能避免外来多余光线的干扰，又能避免眼球内部光线的乱反射，影响视觉。总之，它可以将视网膜透射的光基本全部吸收不作反射，如此人们看到的颜色就更贴近真实的颜色而不受干扰。所以，黑色的平整层也就相当于眼球中的脉络膜，表面涂层就相当于人眼的视网膜，当光线穿透到表面涂层后抵达平整层时，也基本被黑色平整层吸收，反射光极少，不会干扰表面涂层色泽的均匀性、一致性。

8. 丙烯酸涂料涂装时为什么要用干燥的石英砂

丙烯酸涂料施工时，很多结构层是需要在施工配料时添加石英砂的。对石英砂的要求除了粒径级配、含泥量、形状等要求外，还有一点容易被忽视的就是石英砂的含水率，即务必要使用干燥的石英砂，不要使用含水量高的石英砂，包括被雨水彻底湿透的石英砂。

有人觉得反正水性丙烯酸在施工时都是要兑水稀释的，石英砂是湿的有什么关系呢？那不正好吗？真的没关系吗？真的正好吗？我们来分析一下：

石英砂是酸性矿物粉料，表面有硅羟基，具有极好的亲水性，在水相中也是极易被润湿的。我们就石英砂含水率的不同分两种情况讨论。

（1）含水率较高但未被完全湿透的石英砂。在这种情况下，可能会出现石英砂结团现象。在丙烯酸涂料配料搅拌时将这样的石英砂添加进来，砂团表面很快被涂料润湿、包裹，在毛细管力的作用下，砂团表面形成一个致密的外壳阻止涂料扩散进砂团内部，于是出现了砂团内部为含有空气和水分的白色石英砂、外壳则被涂料密封，形成一种石英砂夹生团聚体。这种团聚物如果尺寸较小，一般现场施工所用的搅拌机所产生的剪切强度是无法将其破碎撕裂的，实际的效果是均匀地将这些小尺寸团聚物分散在体系中，导致施工搅拌料的不均匀性。在刮涂时，这类团聚物在刮板的作用下被强制拖开拖散，形成一条白色的由粗逐渐变细的砂线，这就是彗尾线。涂料施工中彗尾线是绝对要避免的。

（2）完全湿透的石英砂。前面说过石英砂有极好的亲水性，那么湿透的石英砂，其表面是已经附着一层薄薄的水膜了，形成了石英砂－水的界面，之前干燥石英砂的固气界面已被取代了。这种湿透的石英砂如果是在丙烯酸涂料搅拌中缓慢添加的话，被均匀分散也并不难的。但问题是，干砂进入丙烯酸涂料中后会形成树脂和石英砂表面的界面，在这种界面区内树脂和石英砂结合成一个完整均匀的黏结界面，并通过这个黏结面有效地传递应力，宏观上表现为黏附力强、耐冲击能力好。而如果是湿砂，水和石英砂表面的硅羟基会形成氢键附着在一起，此时湿砂进入涂料体系后，涂料中树脂并不能直接润湿石英砂的表面，而是包裹了石英砂表面附着的那一层水膜，如此形成一个三明治式的形态：水膜居于树脂和石英砂表面之间，阻碍了两者的直接接触。涂料在固化过程中，涂料从外表面向下存在一个黏度变化的梯度，随着包裹石英砂的涂料中水分的不断挥发其黏度不断增大，导致石英砂表面的附着的水分因蒸气压下降及硅羟基的黏附作用已经很难扩散出去。如此情况，树脂和石英砂表面之间不可能形成完整黏附的界面层，树脂黏附石英砂的能力势必大大降低，就不能有效地传递外来应力，宏观表现为涂层强度不足，微裂缝和砂粒脱落现象时有发生。

9. 爆孔针眼产生后为什么很难根除

经常从事丙烯酸涂料施工的师傅都会知道，一旦某个涂层出现大量爆孔/针眼的话，后续即便再涂装几层涂层也很难将这些爆孔针眼彻底封闭。

爆孔针眼的形成主要和以下几个因素有关：①基面过于粗糙；②施工时基面温度过高或过于干燥；③材料搅拌时搅拌速度太快混入过多的空气。

爆孔的直径一般很小，常见的不过 1 mm，针眼则更小，一般不足 0.5 mm。很多人认为，水性材料加水配置后涂布于布满爆孔针眼的涂层上，水性材料会很轻易地渗入爆孔针眼的孔体中形成填充从而完成对爆孔针眼的修复。这种想法主要基于以下的错误认识：水分子的尺寸大概是 4×10^{-10} m，也就是 0.4 nm，而即便以最小的针眼按直径 0.2 mm 计算，也就是 0.2×10^{6} nm，相当于单个水分子大小的 50 万倍，涂料路过针眼上方时水分子应当顺顺当当地掉进针眼这个巨大的坑中。然而实际情况却并非如此，很多爆孔针眼不仅不会被遮盖，反而会在相同位置重现。

这是为什么呢？这要从两方面来说。

首先要从水分子的特性上分析，单个水分子非常小，绝对纳米尺度，针眼的直径相对单个水分子来说绝对是天坑了。但是自然界的水分子是最具有团结精神的，从来都不是一盘散沙，而是处于一种缔合状态，即水分子之间通过氢键作用连接起来形成尺寸大得多的水分子团，这使水的表面好比是一层弹性膜一样，水分子之间因为氢键相互有个牵扯，不会像石英粉之类的固体松散物那样能轻易渗入爆孔针眼的孔体中的；当然丙烯酸涂料产品由于生产时添加各种表面活性剂使得涂料极富黏性和弹性，这种黏性和弹性就让我们更好理解材料入坑的不易了；更何况要入坑的是分子量更大的高分子，在具有黏弹性的涂料体系中，入坑难度更大了。

其次爆孔针眼的孔体中是充满空气的，当丙烯酸材料从孔体顶部刮过后，就将原本一个开放式的孔穴变成一个密闭式气室。丙烯酸材料在孔体顶部受重力作用会向下运动，这种下行运动又会对气室中的空气产生压缩，黏弹性涂膜的牵扯作用也会阻止材料继续下行。

正是由于涂料的特性和密闭气室的特点，当湿膜覆盖于爆孔针眼上时，若其表面快速干燥形成坚韧涂膜或刮涂厚涂较大，孔体内气体膨胀后也无法突破其上的涂层时，爆孔针眼就被封闭了，彻底成为涂层内部一个密闭的气室，由于体量小，产生的压力也小，基本不会对涂层产生影响了。

但当刮涂的材料厚度较薄或施工时基面温度较高或过于干燥时，孔体内被封闭的气体膨胀后向上施加压力，湿膜此时尚未形成坚韧的膜，孔体内气体便会突破涂膜形成爆孔，而失去流平性的湿膜已不可能自行修复爆孔缺陷了。同时还要看到，施工时基面温度较高或过于干燥时又会诱发新涂装的涂层上出现爆孔，这也是爆孔反反复复不断出现的一个原因，旧的没解决，新的一样来。

爆孔针眼实际上是一个并不影响场地使用的表面美观缺陷，丙烯酸表面涂层出现少量爆孔针眼并不属于质量问题，是可以接收的。甚至有利用针眼来提升涂层透水透气性的，参见附录 5“美国体育建造商协会（ASBA）丙烯酸小文章”之第 11 篇。

但追求完美的业主和施工师傅总是不乏其人。那么如何根治爆孔针眼反复出现呢？根治的前提是确保即将涂装的丙烯酸涂层不能再出现新的爆孔针眼了，那就要求丙烯酸涂料搅拌配置时自身不能含有太多气泡，施工时基面温度不能太高或不能太过干燥，在杜绝新涂层出现爆孔针眼的前提下，可采用如下方法根治旧的爆孔针眼。

将 42.5 硅酸盐水泥干粉洒在布满爆孔针眼的涂层表面，用扫帚反复轻缓扫匀，让水泥干粉填入爆孔针眼的孔体中。水泥干粉的细度非常小，干燥时粉粒之间是松散的，虽然有分子力作用，但非常弱，不会形成水分子那样的缔合体，还是很容易进入孔体中的。当孔体中填满水泥粉后，将多余的水泥粉尽可能收集干净，不是大量残留就没有问题。

然后喷洒水雾将基面润湿。孔体顶部的水泥粉吸收水后开始水化，最后涂装丙烯酸材料，由于孔体已经填实，且水泥水化后也会产生胶结作用，涂装时丙烯酸材料能很顺畅地通过爆孔针眼位置，涂料中的水分也会为水泥进一步水化提供充足的水分，最终丙烯酸树脂和水泥胶粘在一起，共同根治爆孔针眼反复出现的弊病。

当然也有人在孔体中填入石英粉，这个问题也不大，但填充完后多余的石英粉务必彻底清理。石英粉不是成膜物质，也不是胶结料，而是需要被黏合的。故两者相比较，填充水泥粉在效果上应更胜一筹。

也可以采用滚涂工艺来克服爆孔针眼的。滚筒蓄料量大，操作时通过滚涂速度和滚涂方向的变化调整这两者的有机组合，也能在一定程度上解决这类问题。

10. 丙烯酸涂层裂缝原因分析

丙烯酸涂层是具有一定的拉伸强度的，一个配方科学合理的丙烯酸材料，在合格的基础上采用合理的涂装工艺固化成膜后是不会开裂的。但在实际工程中，丙烯酸开裂现象屡见不鲜。我们来探讨一下涂层裂缝的前因后果。

（1）反射性裂缝。丙烯酸涂料很多时候是在水泥混凝土基础上涂装的，混凝土是刚性材料，必须要预留伸缩缝，同时混凝土体量较大也不可能一次成型，需要一块一块浇铸的，块与块之间就会存在施工缝。在混凝土基础上涂装丙烯酸涂料，涂层在伸缩缝和施工缝位置处几乎都会被拉断而产生裂缝，这种裂缝叫反射性裂缝。实际上这是由人为设定的应力集中造成的，旨在一定的位置引导裂纹的出现，控制裂纹的任意产生。这种混凝土收缩产生的应力集中对于丙烯酸涂层而言是不可抗的。即便涂装弹性丙烯酸，虽然其拉伸强度有很大提高，但克服反射性裂缝也基本是有心无力。对于一些未依要求预留伸缩缝的混凝土，会出现诸多不规则裂缝，视其宽窄长短深浅，一般都会很大概率在丙烯酸涂层上反映出来。沥青混凝土基础无须预留伸缩缝，但沥青一旦老化，其就会变脆，一脆刚性就强，刚性一强，就容易出现裂缝。沥青基础一旦出现裂缝，便会很快反射上来，即丙烯酸表面涂层被拉断产生裂缝。

（2）涂层涂装厚度较大时产生的裂纹。丙烯酸涂层每层的涂布厚度不能太厚，太厚的话，成膜时就会产生涂层表面体积收缩，但涂层内部尚有水分未能挥发出去，涂层内外会产生应力，这种应力会导致涂层产生裂缝。一般情况大概是这样：温度上升时，内部的水分受热向上挥发，但受到涂层外表面膜的阻碍，如果外表面膜还没那么坚韧，水汽有可能冲破这层膜散发出去，使涂层表面形成裂纹，这种裂纹形状常类似泥巴干裂，也称为泥裂纹。

（3）基础下沉产生的裂缝。有些时候，球场基础会出现局部下沉。下沉所产生的剪切力是非常大的，完全不可抗的，这种力量能很轻易地将丙烯酸涂层拉断。

（4）冬季施工产生的裂纹。秋冬季低温时施工丙烯酸涂料时，低湿有利于水分蒸发，但温度偏低会导致乳胶粒子无法实现热融合，即乳胶粒子可以形成密堆，但粒子界面无法消失，这样成膜质量差，固化膜中布满空隙和微裂纹。开春时，温度上升，涂层会产生温度应力，微裂纹也会伸张并形成应力集中，导致裂纹逐渐变大。

（5）高温施工产生的裂缝。高温时涂装丙烯酸涂料会因湿膜外表面失水太快，黏度急速上升而出现类似混凝土的干缩裂缝，湿膜越厚越容易出现。这种裂缝实际上就是涂层里外层由温度引起的温度应力差造成的。

（6）涂层使用环境因出现冷热交替的温度变化且变化幅度较大时也会给涂层带来较大的内应力，涂层也易发生开裂。

（7）弹性丙烯酸的裂纹。弹性丙烯酸在使用后出现裂纹，频繁使用的区域裂缝密度更大。这种裂纹实际上是弹性丙烯酸结构层搭配上不合理造成的，基本是因为弹性层偏软和面层涂层偏硬，两者在硬度搭配上不连续。这种裂纹也称为压裂纹，频繁使用区域压裂纹呈网状，细小但相互交叉。

11. 丙烯酸涂层起泡原因分析

起泡的实质就是涂层局部丧失了对底材或基面的附着力后在表面出现的半球状或球冠状凸起，本质上是涂层内应力大于附着力的结果。涂层起泡有三个必要条件：涂层和基面之间缺乏附着力；有产生气体或液体的来源；外界有一定的推动力。

丙烯酸涂层常见的起泡原因如下：

（1）混凝土基础结构中没有防潮层。地表水分沿着混凝土的毛细孔向上渗透，其产生的压力施加于涂层底部，当压力大于附着力时便会导致起泡乃至脱层。应该说，这种情况并不常见，一般不会出现如此强大的地表水水气压力。

（2）丙烯酸涂层涂装厚度太大。丙烯酸涂层每层的涂装厚度不要太厚，太厚的话，涂层外表面黏度逐渐变大并失去流动性后固化成膜，而内部水分仍未挥发。温度上升时，内部水分可能变为水气，体积膨胀变得更大，水气无挥发的出口，而涂层外表面的成膜又比较坚固时，水气无力顶破膜层，但却可将其顶变形，从而形成起泡。

（3）每层丙烯酸涂层必须干透后才能施工下一道工序，否则，在未干透的涂层上涂装下一层涂层，也会出现起泡问题。

（4）面层层数太多也会起泡。在水泥混凝土基础上，丙烯酸不含砂面层涂装层数不要超过两层。因为不含砂，故其成膜更加致密，透气型更差，面层涂装层数越多，透气性就越差。一旦超过两层，地表稍有水气上来就无处外泄，最终导致起泡。

（5）层间污染物也会导致起泡。丙烯酸涂料的施工基面必须干净，灰尘等异物会降低丙烯酸涂料和基面之间的粘附强度，从而引发起泡。

12. 丙烯酸涂料高温施工的弊端

高温时施工的弊端是一而再再而三地强调的了，我们在这里通过简单的理论解释以加强对这个问题的认识。

在涂料成膜时，如果把粗糙表面的缝隙当做毛细管，那么毛细管力将使涂料向毛细管内部流动。黏度为 η 的液体流过半径为 r、长度为 l 的毛细管的时间 t 可按如下公式计算：$t = 2\eta l^2/(r\gamma_{LG}\cos\theta)$。

毛细管尺寸一定时，润湿时间取决于涂料的黏度 η 和接触角 θ。低黏度的涂料可以很快润湿孔隙，而高黏度的涂料则需很长时间。如果在润湿完成之前涂料就失去了流动性，那么就形成动力学不润湿，其结果是附着力变差，严重时整个涂层基本是悬浮于基面之上的，附着强度极低。

关键要理解黏度 η 在丙烯酸涂料涂布和干燥过程中不仅是在不断变化的，而且涂层中也存在一个黏度梯度。高温时，湿膜外表面很快失水、黏度上升，体积收缩，这时就会产生类似混凝土的干缩裂缝，若湿膜外表面很快形成坚韧膜，湿膜内的水分又会导致起泡出现；如果基面温度过高的话，湿膜中的水很快从基面吸收热量气化上升后向上穿越，这又会在涂层表面形成爆孔；湿膜底部失水过快，黏度上升，润湿基面的时间就会延长，但高温时涂料很快失去流平性，这就造成了上面所说的动力学不润湿了。

13. 泡沫

涂料在生产、施工中都会有泡沫出现，如对泡沫不加控制的话，对涂料产品自身质量和干燥后涂层质量都会产生不良影响，故对泡沫是如何产生、如何有效控制泡沫也要有一定了解。

1）泡沫产生的原因

（1）乳化剂的使用让乳胶体系表面张力大大下降。

（2）润湿分散剂属于表面活性剂。

（3）增韧剂会使泡沫的膜壁增厚。

（4）施工搅拌、喷涂等操作会改变体系的自由能，促使泡沫产生。

空气不仅在涂料生产期间能进入涂料体系，在施工期间也能进入涂料体系产生泡沫。

消除施工时产生的泡沫比消除涂料生产时产生的泡沫更为困难，不仅必须在涂料干燥以前，而且还要留下足够的时间让湿膜流平，否则，涂膜会留下缺陷。多孔基材显示出增加成泡的倾向。

2）泡沫的定义和种类

（1）定义。一个相当大量的不溶性气体分散在少量液体中的分散体，气、液之间存在极大的界面，液体以薄层的形式将气体彼此分开而形成的非均相体系。

（2）泡和泡沫种类。按形态可分为泡和泡沫，泡是独立分开的单个的泡，一般在高黏度溶剂型涂料中会出现；泡沫是指相互聚集在一起，大小不一的泡，一般出现于水性涂料中。

3）泡沫的产生及稳定

在外力作用下产生泡沫时，由于液体与气体的接触表面积迅速增加，体系的自由能也迅速增加，则泡沫体系自由能增加。体系自由能的变化，等于液体的表面张力乘以其表面积的变化。$\Delta G=\gamma(A_f-A_0)$，其中，A_f为初始面积，A_0为最终面积。

气泡破裂后遂使所形成的液滴表面积减少，相当于减少了表面能。

由上述方程来看，泡沫体系自由能的增加是表面张力和增加的表面积的乘积。

体系中加入表面活性剂之后，体系的表面张力降低，体系形成泡沫所需的自由能就越小，就越容易生产泡沫。

纯水由于表面和内部的均匀性，不可能形成弹性膜，所以它们的泡沫总是不稳定的。纯水中的泡是裸露的，而有表面活性剂的泡是有表面膜的，裸泡易撕开破裂，它所包围的空气逃逸，液体会自由流动。

有表面活性剂吸附的泡，具有表面膜，表面活性剂中的亲水基和憎水基被气泡壁吸附，并有规则地排列在气液界面上，形成弹性膜，阻止了泡膜的破裂。

随着温度提高，表面张力随即下降，这就是为什么夏天涂料的泡沫会多，以及为何当涂料生产时在高剪切力下温度升高时泡沫会更多。

4）马兰贡尼效应

热力学的观点认为，有可溶性表面活性剂的存在就有马兰贡尼效应。即液体会自动从低表面张力处流向高表面张力处，高表面张力区域倾向于收缩，并在界面上造成切线方向运动。当泡沫刚形成时，泡沫膜内的液体由于重力的作用，马上开始向下回流，从而带动表面活性剂分子也向下流动，造成底部表面张力低于上部表面张力。由于马兰贡尼效应，底部液体又会向上移动，如此反复，增加了泡膜的厚度，使气泡获得稳定。

决定气泡稳定性的关键是液膜的强度，而液膜强度主要取决于表面吸附膜的坚固性。坚固性通常以表面黏度来衡量。表面黏度越高，泡膜寿命就越长。

泡沫液膜带有相同电荷，液膜的两个表面将相互排斥，故电荷有防止液膜变薄，增加泡膜稳定的作用。

再说一下吉布斯弹性。当泡沫膜在某一部位突然被拉伸时，被拉长处表面活性剂浓度降低，其周边的表面活性剂浓度相对较高。这时在表面张力作用下，液体会由其周边流向被拉长处，表现为泡沫膜开始回缩，修复泡沫壁的撞伤部位，努力使表面张力降低，达到平衡的状态。表面活性剂的这种修复性称为吉布斯弹性，它也是泡沫稳定的重要因素。

表面黏度是由液体表面中相邻表面活性剂分子间相互作用引起的。例如，在典型的非离子表面活性剂中，表面活性剂的聚氧乙烯端与其相邻的表面活性剂能形成氢键。表面黏度的存在，一方面提高了液膜的强度，另一方面防止或减缓泡壁液膜的排水速率，使泡稳定。泡沫体系的黏度越高，除去截留的空气和破裂泡沫就越难。

5）涂料中泡沫的稳定问题

马兰贡尼效应对于湿膜起得作用明显。随着涂膜的干燥，液体减少，此时稳泡的关键是黏度效应在起作用。凝胶化的表层是膜的外层，当其开始固化时，黏度会增加，而且存在一个黏度梯度，面层高于里层，使允许气泡破裂的倾向显著减少。涂料配方倾向于高黏度、抗流淌的表面涂膜，这是一个不透气的表面凝聚膜，通过表面传递和涂膜内外层之间的静电排斥作用，使它们具有一种自愈能力。高的整体黏度延缓了气泡聚集及迁移到表面的速度，使气泡很难破裂。

水性涂料起泡现象的五种因素：①表面电势；②表面传递；③表面状态；④表面黏度；⑤整体黏度。

6）消泡机理

泡沫的本质是不稳定的，它的破除首先是气泡从液体内部上升至液面，然后经过再分布，最后膜厚减薄和膜破裂以达到自然消泡。

（1）气泡的上升。气泡从液体内部上升之液面，按斯托克斯定律，它的上升速度与气泡半径的平方成正比，与液体的黏度成反比，即 $V \sim r^2/\eta$。

同样大小的气泡，液体的黏度越高，它的上升速度就越慢，对一指定涂料而言，其黏度是固定的，大泡上升速度快，小泡上升速度慢，因此大泡有利于消除。

（2）气泡大小的再分布。由于泡的曲率半径不同，造成气泡中气体压力不同引起泡大小的再分布。小气泡中的压力要比大气泡中的压力高。若两个气泡分离，则各自保持稳定。当大小气泡靠近时，气体总是从小气泡的高压侧向大气泡的低压侧通过界面膜或快或慢地进行扩散，造成小气泡不断变小，大气泡不断变大，两个气泡的曲率半径越来越大，最后导致气泡破裂。

（3）膜厚的减薄和膜的破裂。气泡膜厚变薄是排液和蒸发的结果。在重力的作用下，液膜内的液体不断向下流动，使液膜的厚度逐渐变薄，在表面张力的作用下，相邻两气泡间的液膜应具有最小的面积才能稳定。因此，泡沫中的气泡不是球形的，而是多面体形。在多面体形上的液膜是平直的，在多面体顶角的液膜交界处，液膜是弯曲的，称为 Plateau 边界。

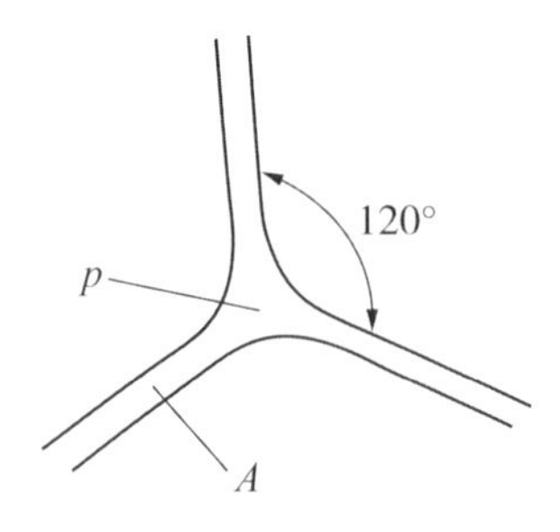

弯曲液面压力差的拉普拉斯公式：

$$\Delta P = 2\gamma / R$$

式中，γ 是液面的表面张力；R 是弯曲面的曲率半径。

Plateau 边界处的压力小于液膜内的压力，即液膜 P 处的压力小于 A 处。压力差的存在，液体会自动由 A 处流向 P 处进行排液，使液膜变得更薄。当液膜厚度低于某一临界值时，液膜就会破裂。

由拉普拉斯公式知，压力差与表面张力成正比，即表面张力低，压差小，排液速度变慢就会延长泡沫寿命。

泡沫的本质是不稳定的，它的破除要经过气泡的再分布、膜厚的减薄和膜的破裂三个过程。一般稳定的泡沫体系，要经过这三个过程而达到自然消泡需要很长的时间，这对生产和施工来说是不现实的，所以使用消泡剂成为不可或缺的一个环节。

7）化学物质的消泡机理

消泡包括抑泡和破泡两重因素。抑泡的机理是破坏泡沫形成条件，其机理有两种：一是抑泡剂首先被泡膜吸附，排挤或消除起泡剂的吸附层，由于抑泡剂的铺展性能，而内聚力小，可以抑制泡沫的形成；另一种是抑泡剂取代泡膜中的起泡剂，形成缺乏弹性的泡膜，在气体压力下易于破坏，致使泡沫不能形成。

消泡剂是能在泡沫体系中产生稳定的表面张力不平衡，能破坏发泡体系表面黏度和表面弹性的物质。消泡机理是：体系加入消泡剂后，其分子杂乱无章地广布于液体表面，抑制形成弹性膜，即终止泡沫的产生。体系大量产生泡沫后，加入消泡剂，其分子立刻散布于泡沫表面，快速铺展，形成很薄的双层膜，进一步扩散、渗透、层状入侵，从而取代原泡膜薄壁。由于其表面张力低，便流向产生泡沫的高表面张力的液体，这样低表面张力的消泡分子在气液界面间不断扩散、渗透，使其膜壁迅速变薄，泡沫同时又受到周围表面张力大的膜层强力牵引，这样，致使泡沫周围应力失衡，从而导致破泡。不溶于体系的消泡分子再重新进入另一个泡沫膜的表面，如此重复，直至所有泡沫全部覆灭。

14．丙烯酸运动场地的使用寿命

在日常的工程报价单或工程合约中几乎都有工程商对丙烯酸地面材料使用寿命的承诺条款，短则一两年，长则 5～8 年的都有。其实这些承诺基本上都是为了能够得到合同而开出的空头支票。一片丙烯酸运动场地的使用寿命到底有多久，这不是工程商单方面能决定的。

总的来说，丙烯酸运动场地的实际使用寿命取决于三个方面：一是施工质量，二是使用的强度和频率，三是维护保养。

施工质量主要包括三点：丙烯酸材料自身的质量、涂装用量和涂装技术水平。材料自身质量和涂装技术水平这两个因素就无需多言了，举个例子就能说明问题：相同的食材，在水平不同的两个厨师手中做出来的味道那相差的不是一星半点；但反过来说再好的手艺，如果食材质量不行，也整不出美味佳肴。如果材料质量和涂装水平都没问题，那么影响丙烯酸使用寿命的关键因素就是涂装用量。因为材料用量直接关系到涂层的厚度，而厚度则和耐磨性、耐久性密切相关。在丙烯酸地面材料工程中，当要判断丙烯酸系统结构的涂装厚度到底有没有达到设计要求或合同约定的厚度要求时，基本不会采用现场切割实际测量的方法，因为为了数值准确至少要切割十几个点块，这对丙烯酸涂层系统的整体性、完整性是一个极大的破坏，“破坏性验收”显然是不合理的。但一般也不以涂装层数来作为唯一的或决定性的评判标准，其只是具有参考性的数值而已，道理很简单：①水性丙烯酸材料兑水施工的特点导致其在不同的兑水比例下会有相差甚远的材料使用量，简单地说，本来设计为涂装一层的丙烯酸涂料，可以通过加大对水量涂装两层，而固化后两者的实际厚度是一样的，并不会因为涂装了两层而增加厚度；②选择不同粒径的石英砂也会导致涂装层数不变，但涂层厚度会变，如设计用 40 ～ 70 目石英砂，而在涂装时被改成 60 ～ 90 目的更细小的石英砂，就会导致丙烯酸涂层厚度减薄，因而丙烯酸涂料用量也相应减少。

有经验有技术的师傅能用较少的丙烯酸涂料涂装出表面特征符合要求的涂层，但这种涂层的使用寿命显然会低于由足够材料用量涂装的涂层。

真正能够比较准确的预测厚度的办法就是从材料生产厂家那里了解不同结构层每一层每平方米需要使用的丙烯酸涂料的体积数，以加仑为单位，然后根据场地的面积及设计（或合约）要求的涂装层数计算出所需要的各类丙烯酸涂料的总体积数量，在材料进场后先进行数量清点，并监督以确保所有这些材料都被涂装完毕，如此就能基本保证完工后的丙烯酸系统结构厚度与设计（或合约）要求在误差范围内基本一致。

一般来说，按照涂料生产厂家提供的材料使用量完成的丙烯酸涂层至少都会有不低于 5 年的预期使用寿命。当然实际使用寿命是高于 5 年还是低于 5 年，这就要看场地的使用强度、频率和维护保养的工作了。使用强度大、频率高，涂层磨损就越严重，使用寿命会降低，这个不难理解。适当的维护保养是能有效延长使用寿命的，如高温时放水降温，定期清水冲洗涂层表面的灰土，这些措施能有效防止涂层老化、避免涂层过度磨损，进而延长其使用寿命。

经过几年的使用，丙烯酸涂层表面完整无破坏，但长期磨损已使涂层变得较为光滑，运动安全性会降低。这时丙烯酸涂层虽然还是可以使用，还存在使用寿命，但不具备安全的使用寿命了，这时丙烯酸涂层就需要翻新的了。记住：丙烯酸涂层并不是一定要出现破损、脱皮等质量问题后才需要翻新。

综上，丙烯酸涂层到底能使用多久，因影响因素众多，实际上谁也给不了一个准确答案。我们只要在保证丙烯酸涂料质量和采用合理的涂装工艺基础上，确保丙烯酸涂料的涂装用量、平衡好场地使用和维护保养之间的关系，把该做的事以正确的态度和方式做好，丙烯酸涂层在运动表现上和有效使用寿命上一定会给我们最好的回报。

15. 水泥混凝土基础上铺压沥青应注意的问题

我们知道沥青混凝土是球场最理想的基础，其具有应力松弛的特点，无需切割伸缩缝，表面具有一定的孔隙率能有效提高材料和基础之间的黏结力。但是直接在陈旧性水泥混凝土上铺压沥青混凝土不是最好的选择和方案。为什么？混凝土是刚性材料，是需要预留伸缩缝的，在相同温差的条件下，其伸缩的幅度要较沥青混凝土大。故当沥青混凝土铺压在水泥混凝土时，一般在水泥混凝土伸缩缝的位置上沥青混凝土就会被拉断，沥青混凝土厚度越薄，被拉断就越快。

实例说明：广州某高校陈旧钢筋混凝土基础上铺压 50 mm 厚沥青混凝土。①钢筋混凝土表面涂布了一层乳化沥青底油，同时在伸缩缝的位置粘贴了防裂布，这道工序 2013 年 8 月 27 日完成。② 2013 年 8 月 28 日完成沥青混凝土施工，50 mm 厚，30 mm AC13 的为底，20 mm AC10 为面。③ 9 月 1 日，在伸缩缝的位置，沥青混凝土的裂缝已经出现了。

这种想直接在水泥混凝土上铺压几个厘米沥青混凝土来解决反射性缝是行不通的。最好的处理办法是：先在水泥混凝土上铺压 150 ～ 200 mm 厚的石粉层（含 6% 水泥），养护 6 天后，再铺压 70 mm 厚（40 mm 粗 + 30 mm 细）沥青混凝土。如此由于石粉层的弹性阻隔作用，沥青混凝土开裂的概率就会大大降低。

16. 混凝土基础为什么要具有一定的粗糙程度

我们在混凝土基础表面处理时总是强调表面要具有一定的粗糙程度，这一点也被广泛接受和认可的，因为大家都知道粗糙的表面的实际面积比其投影面积要大很多。实际上也就是表面粗糙了，涂料和基面的接触面积也增大了，通过分子活性而发生的附着也必然得到加强，涂料和基面之间的抛锚效应更加明显，附着力也更强。还有一点很关键的就是：润湿理论告诉我们，固体表面的粗糙度也会影响润湿程度。如接触角 $\theta < 90°$，表面粗糙度的增加会使接触角 θ 变小，润湿性能得到改善，这对涂料的施工是大大有利的。

16. ITF 网球场地面速率

2008 年 1 月，国际网球联合会实行了七年之久的衡量网球场地面材料速度的 SPR（surface pace rating）指标正式被 CPR（court pace rating）指标所代替。那么，新旧指标有什么不同的了？

我们知道，当地面比较粗糙时就会在网球和地面之间产生较大的摩擦力，而正是这个摩擦力将影响网球的水平速度，使场地呈现出“慢”的特点。这就是 SPR（地面速率）计算的基本出发点。

后来球员比赛实际反馈回来的信息是，即便水平速度很快，但地面呈现出垂直方向高弹的特点使得有更多时间去接球，那么地面的速度总体上呈现出来的还是“慢”。

鉴于此，场地速率（CPR）便应运而生的了，CPR 不再像以前 SPR 仅仅考虑水平速度，它同时兼顾水平速度和垂直弹性，用这两个指标来界定地面的速度到底是快还是慢。

CPR 和 SPR 的换算公式为 $CPR = SPR + 150 \times (0.81 - e)$，其中，$e$ 为恢复系数（$e < 0.7$ 的地面材料不适合网球场之用）。

举例如下：

$SPR = 33 \qquad e = 0.83$

$CPR = 33 + [150 \times (0.81 - 0.83)] = 30$

CPR = 30 则被界定为中等慢速地面（Category 2 Medium-Slow Surface）

如果 $e = 0.81$，即地面具有中等弹性，这时 SPR 等于 CPR。如果地面恢复系数大于 0.81，那么 CPR 将小于 SPR；恢复系数小于 0.81，那么 CPR 将大于 SPR。

现在 CPR 的标准计算公式为：

$CPR = 100(1 - \mu) + a(b - e_T)$

场地速率测试时需要以下数据：

v_{ix}为入射水平速度（m/s）

v_{iy}为入射垂直速度（m/s）

v_{fx}为反弹水平速度（m/s）

v_{fy}为反弹垂直速度（m/s）

e 为恢复系数（COR）

μ 为摩擦系数（COF）

T 为测试场地（或样板）时网球的平均温度（℃）

c 为温度系数（0.003）

e_T为温度 T 时 COR 的校正值

a 为速率感知常数（150）

b 为各类地面材料的平均恢复系数（0.81）

其中，$e = v_{fy}/v_{iy}$，$\mu = (v_{ix} - v_{fx})/v_{iy}(1 + e)$，$e_T = e + c(23 - T)$。

ITF 技术部将 CPR 值连续划分为五个部分，分别对应五个不同的场地速率：

CPR 数值范围	对应场地速率	ITF 场地速率分类
0～29	慢速	Category 1 ——Slow
30～34	中等慢速	Category 2——medium-slow
35～39	中速	Category 3——medium
40～44	中等快速	Category 4——medium fast
45 +	快速	Category 5——fast

附录5 美国体育建造商协会（ASBA）丙烯酸小文章

1. Birdbaths

"Birdbath" is a term commonly used in the tennis industry to describe a low area on a tennis court that holds water. More precisely, the American Sports Builders Association (ASBA) defines a birdbath as any area where standing water more than 1/16″ (2 mm) (commonly measured using a nickel) remains after drainage of the area has ceased or after one hour of drying at 70 degree Fahrenheit in sunlight. Birdbath delay play on the court after rain and may cause staining and /or peeling of the surface.

Among the causes of birdbaths are:

① Unsuitable material in the subsoil;

② Inadequate drainage around the tennis court;

③ Improper slope or grade;

④ Inadequate compaction of the subgrade; or

⑤ Paving error.

Paving and surfacing, even with laser-guided equipment, involves both skill and judgment. The number of variables impacting the paving and surfacing processes makes it unreasonable to expect perfection. Minor depressions in the surface, those less than 1/16″ deep or those that drain or dry in under an hour, are considered within tolerance and are acceptable. In a new or recently resurfaced court, however, the contractor should correct birdbaths.

Because site selection, design and construction can involve compromises, over time, even properly designed and constructed courts may develop birdbaths over time. During design and construction, a proper balance must be struck between the risk of some problems over the long term versus the cost of extensive remediation prior to construction. Tennis courts sometimes are built on sites which are reclaimed or which have been deemed unsuitable for other purpose. In such cases, less than ideal subsoil, grade or drainage conditions may exit. Additionally, over time, new circumstances may arise which lead to settling or drainage problems. The owners also should understand that available repair methods and materials are imperfect. Asphalt resurfacers and acrylic patch binders are water-based materials. After theyare installed flush with the surface, they may shrink due to dehydration, allowing the area to once again hold water. Asphalt patches and acrylic repairs require time and proper weather conditions to cure. Further, patching materials can be installed only to an effective depth of approximately 1/2″. For those reasons, even a skilled contractor may make several site trips to "fine tune" a repair. Complete removal of standing water may be impossible. Generally, the owner should accept that repair of birdbaths in only a means of reducing the inconvenience they cause and extending the useful life of the court.

The number, size and depth of birdbaths is another consideration. The existence of multiple birdbaths or major depressions of 1/2"or more may indicate more serious problems. Repairing multiple or deeper birdbaths is labor intensive and often results in cosmetic imperfection, which may require resurfacing to correct. The larger the birdbath, the more difficult it can be to repair. Prior to repairing numerous birdbaths or major depressions, the owner should discuss the cost and alternative, such as installing an overlay. In some cases, only reconstruction will provide a long-term solution.

1. "鸟澡盆"（场地积水）

"鸟澡盆"（平时所说的场地积水位，为保持原文的原汁原味，下文中仍用"鸟澡盆"代替场地凹陷积水位）是一个在网球界普遍使用的术语，用于形容网球场上滞留积水的低洼凹陷区域。更准确地说，ASBA 是如此定义这一术语的：

场地自行排水结束后或者在有阳光照射和温度在 70 华氏度的情况下干燥 1 h 后，场地上任何滞留的积水深度超过 2 mm（通常用一个 5 美分镍币[①]来测试）的区域均可被确定为"鸟澡盆"。

"鸟澡盆"将会推迟雨后场地的使用，同时将会引起场地表面铺装材料的变色或者脱层。

"鸟澡盆"产生的原因包括：①素土层中存在不合适的材料；②网球场周围排水不畅；③场地坡度不合理；④基础底层的密实度不够；⑤基础铺装失误。

球场基础基底的铺压和基础表面层的铺装，即使是在使用激光定位装置的情况下，也是个复杂的活，不仅需要熟练的技术，更少不了精准的判断。影响基础基底铺压和基础表面层铺装的可变因素非常之多，所以，期望球场基础十全十美的想法是不明智的。

场地基础完工之后表面总会有不同程度的积水位置，如其深度低于 1/16 英寸（1.6 mm 左右）的，或者在 1 h 内积水已排尽或干燥的轻微细小的低洼处一般就被认为是在误差范围内的，是可以接受的。如果是一个新建的场地或刚刚重新铺设新的基础表面层的场地，无论如何承包商们都应该修补场地上"鸟澡盆"。

在网球场建设过程中，场地选址、设计和施工等因素会相互妥协或折中。随着时间的流逝，合理设计和施工的场地也会出现"鸟澡盆"。

在设计和施工过程中，必须考虑日后长期使用后一些问题出现的风险和施工之前控制这些风险出现而全面补救的成本并坚持风险和成本之间保持适合的平衡。网球场有些建在开垦改造过的地方，也有建在被认为不适合其他用途的土地上，这个时候可能存在不太理想的素土层质量、坡度或排水条件。除此以外，长期使用后各种新情况也会出现，导致场地下沉或排水不畅等问题。

对于"鸟澡盆"的维修，业主方的希望也必须基于待修补的"鸟澡盆"的特点和

---

① 5 美分的硬币，通常说的镍币，直径 0.835 英寸（21.21 mm），厚度 0.077 英寸（1.95 mm），常被用来利用其厚度判断积水深度是否超过 2.0 mm。

修补的资金预算大小。譬如，业主应该明白，由基础密实度不够或基础材料使用不当所产生的“鸟澡盆”在日后基础进一步下沉的情况下会再度出现。而修补因坡度不当造成的“鸟澡盆”可能仅仅只会将此处的积水引到场地另一块区域而已。

业主也应该理解目前现有的修补方法和修补材料也不是完美的，沥青平整料和丙烯酸修补料全部都是水性材料，当它们用于修补场地积水时，修补时这些材料修补的厚度是和鸟澡盆周边的基面是齐平的。当水分蒸发后这些修补材料会收缩，这就会让已修补的区域会再一次滞留积水。沥青补平料和丙烯酸修补料都需要时间和适合气候条件来养护。此外，修补材料一次补平的有效厚度约为1/2英寸（13 mm左右）。正是这些原因，往往为了完成这种修补，即使是最富有经验施工人员也得往工地跑上几趟，彻底根本解决场地积水问题应该是不可能的。

总的来说，业主应该接受“鸟澡盆”的修补仅仅是一种减少“鸟澡盆”带来的不便和延长场地使用寿命的方法而已。

“鸟澡盆”的数量、尺寸和深度是另外要考虑的问题，大量“鸟澡盆”的存在或者深度大于1/2英寸的“鸟澡盆”可能会引发更多严重的问题。过多的“鸟澡盆”或过深“鸟澡盆”的修补是项费时费力的工作，并且经常带来场地表面色泽上的不美观。这种不美观可能要求将整个场地全部重新涂装来纠正。“积水位”越大，就越难修补。在修补数量较多的“积水位”和大面积的积水时，业主应该讨论一下成本和其他替代方案。例如重新施工一层基础表面层。有些时候，仅有场地彻底重建才是长久的解决方法。

2. Blisters and Bubbles

Blisters or bubbles in the color coating on asphalt and concrete courts most often caused by moisture between the pavement and the coating material within or beneath the pavement. Since both asphalt and concrete absorb moisture, moisture trapped below the slab can be drawn up through the pavement or moisture may come from the pavement itself if the slab is incompletely dried or is experiencing severe drainage issues prior to the application of coating material.

Whenever water is present on, in or beneath a tennis court pavement, heat from a warm day can draw the moisture upward to the surface where, if trapped, it vaporizes and expands. Most modern tennis court coatings are semi-permeable and allow a small amount of moisture to escape. However, if larger amounts of moisture are present, if too many coats of surfacing have been applied, if the coats are too thick or if impermeable coating materials have been used, the water cannot escape and the trapped vapor breaks the bond between the coating and slab, forming a bubble. Bubble also may form between layers of coating.

Bubbles may also be caused by contamination of base materials during construction. Salts, organic residues, curing agent, clay ball, dust balls and oil spill are all materials that can cause bubbling or blistering in a tennis court surface. Blisters may also occur if a surface is not properly cleaned prior to application of color coatings and, therefore, the new coatings do not properly adhere to the surface.

When recoating an existing court, it is important to note how many coats of surfacing already are present, and if there are many layers, to consider removing the old coats before applying a new surface. Where many layers of coating are present, each additional layer of coating reduces the permeability of the surface and increase the likelihood of bubbling.

Small bubbles may be punctured with an ice pick or nail and pressed down, which may make them re-adhere if there is still liquid or semi-dry binder under the bubble. If not, adhesive must be injected with a syringe to facilitate bonding. Larger bubbles may be cut open and reattached to the pavement with an adhesive.

In most cases, installation of a vapor barrier in construction, proper base construction techniques, proper drainage, adequate curing of the slab prior to coating and proper installation of coatings should prevent formation of blisters. In rare cases, however, even when permeable materials and proper methods are used, environmental conditions may result in the formation of an occasional blister.

2. 气泡或起鼓

在沥青基础或水泥混凝土基础上建造的网球场，其表面彩色涂层经常会出现起鼓或气泡这类的质量问题。这类质量问题是由潮气引起的，潮气可能来自基础和涂层材料之间或基础结构自身或基础结构的下面。因为不论是沥青基础层还是水泥混凝土基础，都能够吸收水分，藏在基础结构板块下面的潮气可以穿过基础表面层或者潮气就来自基础表面层自身，或者如果基础结构板块未能彻底干燥或在涂层材料施工前有严重的排水问题，这些情况会导致潮气的出现。

不论水分是在网球场基础结构层的表面、中间还是在下面，高温天气时，这些水分便会上升到涂层表面，到达表面时，如果不能继续挥发到空气中，而是被涂层材料所阻隔，这些潮气便汽化，同时体积增大，开始膨胀。绝大多数现代网球场面层材料都是半透气型的，是允许少量潮气逃逸进入大气中的。但是，如果相当大量的潮气同时出现，又或者如果涂布了过多层数的面层材料、涂层厚度太厚或使用不透气的面层材料，水分就不能从涂料中逃逸，被困的水分变成气体将破坏涂层和基础面之间的黏结力，于是气泡形成了。当然，涂层材料的层与层之间也会出于相同的原因形成气泡。

起泡也可能由施工过程中地基材料被污染造成。盐类、有机残留物、养护剂、粘土球、灰土和油珠等，这些都是能够导致在网球场表面产生气泡或起鼓。在面层材料施工前，如果基面未能清洁干净，起泡也可能出现。也就是说，由于基面上异物的存在使得涂层不能充分地和基础表面产生黏结而导致起泡。

当要对现有的网球场进行翻新时，一定要知道这个球场现有铺面材料以前涂装了多少层。如果涂装层数太多，就要考虑翻新之前磨掉一些老旧的涂层。记住：现有的涂装层数过多的话，翻新时每一层新增加的涂层都会降低铺面材料的透气性，同时增加了起泡的概率。

小的气泡可用碎冰锥或钉子刺破后用力下按，这时只要气泡下面还有漆料或半干黏结剂，气泡就可以重新被粘接到基础面上。如果没有的话，必须使用注射器将胶水注入到气泡中使其黏结。对于大的气泡而言，可能要被割开后用胶水将之重新黏结到基面上。

很多时候，在基础结构中施工一层防潮层、适合的施工技术、顺畅的排水、面层材料施工之前基础充分的养护加上面层材料合适的涂装工艺，所有这些措施都有助于防止气泡的形成。至于使用了透气材料和合理的施工方法后，因环境条件仍然会有可能导致一个偶发性气泡的形成，这种情况少见但不是绝对不会发生的。

3. Squeegee Marks

Acrylic color surfacing systems are generally applied with a squeegee in multiple coats. Most systems include one or more filler coats, followed by two to three coats of color. Some systems also include texture or cushion coats between the filler and the top coats.

There are several theories regarding the application of color coatings. Some manufacturer and contractors recommend that coats of color be applied in alternate directions—one coat lengthwise, one coat crosswise and so on. Others believe that all coats should be applied in the lengthwise direction since the flow of play in tennis is almost entirely lengthwise. Still others believe that color coatings should be applied in crosswise direction since the shorter crosswise pass may result in more uniform application. In any case, coating systems must be applied smoothly to a uniform thickness over the entire court surface. This requires an experienced applicator and careful attention to the technique.

Even when color coatings are applied with care by a skilled operator, some squeegee marks and other slight variations in color and texture are inevitable. This is because the formulation of acrylic causes components to migrate to the edge of the material as it is being applied. As a result, an observer will be able to locate the spot where the acrylic material was poured on the surface, where the squeegee operator turned to make a pass in the opposite direction or where one pass overlapped another. Squeegee marks will be more visible on lighter colors and more common when coatings are applied in hot weather or when they include coarse sand. Humidity, angle of the sun when the acrylic is applied and other factors also may affect frequency and visibility of these marks.

Duo to the nature of the material and the human element in tennis court construction, squeegee marks are likely to occur, like marks in newly vacuumed plush carpet or newly mown grass. They will not affect play and will become less visible as the court wears and ages.

While squeegee marks are within industry standard, more serious flaws—ridges, drips, tool marks, foot prints, bucket marks and areas of excess material—are unacceptable and should be corrected by the surfacing contractor.

3. 刮痕

丙烯酸彩色涂层系统是由刮耙（刮板）刮涂而成的。多数丙烯酸材料系统包括一层以上的填充层（或平整层），接着是 2 ～ 3 层的彩色涂层，另一些丙烯酸材料系统则在填充层（或平整层）和终饰面层之间含有纹理层或弹性层。

关于丙烯酸彩色涂层的施工目前有几种理论：一些生产商和建造商推荐彩色涂层按正交方向施工，即一层纵向施工，另一层横向施工，如此反复；另外一些人相信所有的涂层都应该沿着长度方向刮涂，因为网球运动的方向几乎都是沿长度方向的；也有人认为彩色涂层应该沿着宽度方向刮涂施工，因为球场宽度相对较短，刮涂时更易形成表面的色泽一致。但在任何情况下，涂层系统必须在整个网球场地上平滑地刮涂且厚度一致，这需要经验丰富的施工人员，对施工技术的专注也必不可少。

即便是由经验丰富的施工人员精心刮涂的彩色面层，刮痕和一些色泽上的轻微色差及纹理的不一致也还是不可避免的。这是因为当丙烯酸材料被刮板刮涂开后，丙烯酸涂料的配方特性会引起其组分向材料的边缘迁移。结果是人们能轻易地发现丙烯酸材料施工时在球场上倒料的位置，也能发现刮涂人员在哪个位置转向沿相反方向刮涂，刮涂条带的重叠交接位置也是极易识别。刮痕在浅色的涂层上更加容易出现，高温天气刮涂时或使用粗砂时，刮痕就更为常见。施工时的大气湿度、太阳的角度及其他一些因素也可能会影响刮痕出现的频率和深浅。

由于丙烯酸材料自身的特性，加上网球场建设中人的因素，刮痕的出现是可以理解的，就像刚被吸过尘的地毯或刚修剪过的草地。刮痕不会影响场地的使用，并随着场地的磨损和老化越来越淡不可见。

总之，刮痕是在工业标准内能够接受的，但另外一些严重的瑕疵就不能被接受的了，如山脊线、场地滴料、工具痕、脚印、桶印和局部材料堆积，这些瑕疵必须由涂层材料施工方负责整改。

4. Asphalt Impurities

In some parts of the country, the crushed stone or sand aggregate used in asphalt contains clay balls, wood bits, or other forms of contamination. It is impossible to obtain a guarantee from an asphalt producer against the presence of this material, particularly if their source has a history of such inclusions. Also, since a producer's source of aggregate may vary from time to time, it is impossible to predict whether a particular batch of asphalt from a producer will contain deleterious materials or to rely on the fact that the asphalt from a given producer or supplier has not contained these materials in the past. Therefore, this condition is beyond the control of the contractor and the contractor cannot assume responsibility. In areas where this occurs, it will affect all contractors equally.

If contaminated materials are present, over time, they may degrade, forming carbon dioxide and/or methane gas, creating bubbles in the surface coating or pitting in the surface. In most cases, these problems are minor and can be repaired using conventional patching methods.

Occasionally, in severe cases, an asphalt overlay, using aggregates from a different source, or a change of surface to a textile, modular or roll goods surface, will be required to permanently correct this problem.

4. 沥青中的杂质

国内一些地方，沥青混合料中的石子或砂集料中可能含有黏土、木屑或者其他形式的污染物。不太可能让沥青生产商或承包商出具保证书，保证其使用的沥青混合物中不含这些杂物成分，特别是当他们的货源一直就含有这些杂物时。同样，生产商的集料货源时常变来变去，不可能预测某个生产商的某一批次的沥青混合物是否含有这些有害物质，也不可能根据过往某个生产商或承包商提供过不含这些物质的沥青的事实来下判断。故这种情况是承包商无法控制的，承包商也不能对此承担责任。有这种现象发生的区域，它会同样影响当地所有的承包商。

如果存在这些污染物，时间一长，它们便会分解，产生二氧化碳和（或）甲烷气体，会在球场涂层材料上形成气泡或点蚀、锈斑。大多时候，这类问题都是小瑕疵，是可以用传统的补平方法来整改的。

有时情况严重，要重新铺压沥青层，且要使用不同货源的集料或将场地转变成地毯地、拼装或卷材面层材料。这些措施才是一劳永逸的解决方法。

5. Cracking of asphalt Tennis Courts

The most common problem with asphalt tennis courts is pavement cracking. Cracking inasphalt is caused, at least in part, by the natural tendency of asphalt to shrink as it weathers, oxidizes and ages. In addition asphalt loses its flexibility as it ages, making it more brittle. Since shrinking and becoming more brittle with age are properties of the material, cracking in asphalt tennis courts is inevitable.

Quality design and construction can minimizes or delay cracking but cannot eliminate it. Once cracking begins, no matter with method is used for for the potential exists for cracks to reappear.

There are many types of asphalt cracks. Surface cracks include hairline crack (small irregular cracks present over large area of the court), alligator cracks (a pattern of interlocking cracks over the surface resembling an alligator hide), and shrinkage cracks (a random pattern of interconnected cracks with irregular angles and sharp corner). In most cases, surface cracks do not affect the play of the game, however, if untreated, they will develop into more serious cracks and will require more extensive repair.

Pavement cracks include heat checking (a hairline crack pattern which follows the direction of rolling), structural cracks (large cracks which penetrate the asphalt pavement), reflective cracks (which occur in asphalt surface overlays and mirror a crack pattern in the pavement underneath), radial cracks (which appear at the point where the concrete net post, light pole or fence post footings meet the asphalt court surface) and settlement cracks (which result from paving over a poorly compacted or poorly drained subbase).

There are at least four methods of crack repair—crack filler, infrared patching, proprietary fabric repair system and full depth repair with either crack filler or hot mix asphalt. Repairing many cracks may leave the court with an unattractive, freckled appearance; however, resurfacing will correct this unsightly condition.

Because there are various causes of cracking, differences in sizes and numbers of cracks, and various options for crack repair, an owner would be wise to consult an experienced contractor or design professional to determine the best options for repair. It is important to note, however, that eventually cracks will reappear or new cracks will form. All methods of repair will provide some additional life for the court and some methods will extend the useful life of the court by many years, but if the owner is seeking a long term solution, the court should be constructed.

5. 沥青基础网球场的裂缝

沥青网球场最常见的问题就是基础开裂。沥青开裂，至少部分原因是和沥青经历风化、氧化及老化后沥青有收缩趋势的特点有关的。此外，沥青老化后也会渐渐失去它原有的韧性，变得更加具有脆性。正因为老化后具有收缩性和脆性是沥青这种材料的特性，沥青网球场的裂缝是不可避免的。

高质量的设计和施工可以最大限度减少或延缓裂缝的出现，但是不可能彻底排除裂缝出现。开裂一旦开始出现，无论使用什么去修补，裂缝重新出现的概率总是很高的。

沥青裂缝类型有很多种，表面裂缝包括毛细裂纹（场地上大面积出现的小而无规则的裂纹）、鳄鱼皮裂缝（场地表面上的一种联锁式的裂纹模式，形状类似鳄鱼皮的纹路）和收缩裂纹（一类相互连接的随机裂纹，具有不规则角度和尖角的裂纹模式）。在大多数时候，表面裂纹并不会影响场地的使用，但如不及时处理，这些裂纹会演变成更为严重的裂缝，此时则需要更大的维修动作了。

基础裂缝包括：①热缝，沿着碾压方向产生的细裂缝；②结构裂缝，纵穿沥青层的大的裂缝；③反射裂缝，是由沥青基础底部的裂缝向上扩展反射后出现在沥青表面的裂缝；④径向裂缝，这类裂缝主要出现在网柱、灯柱及围网柱位置所浇的水泥混凝土和沥青基础交接位置；⑤沉降裂缝，这类裂缝是由基础底部密实度不够或排水不畅引起的。

裂缝修补目前至少有四种方法：裂缝填补剂、红外线修补、专利技术的纤维修补系统和使用裂缝修补剂或热拌沥青的全深度修补。场地上裂缝修补数量过多会使场地表面斑痕累累，非常不美观。改变这种表面不美观的唯一方法就是场地重新铺装新的铺面材料。

导致开裂的原因有不同，裂缝在数量和尺寸也不尽相同，裂缝的修补方法也各不一样，业主应当理智地去咨询一个有经验的承包商或设计专业人士，最终确定最佳的裂缝修补方案。当然，必须强调的是，裂缝最终都会再度重现或者新的裂缝会形成，所有裂缝的修补方法为场地提供一些额外的使用年限，而有些方法则可以为场地延长好些年的有效使用寿命，但如果业主要的是一个长期的解决方案，只能进行场地的重建。

6. Regulating Pace

Players often classify tennis court by their pace. The speed with which ball come off the surface and the relative effect of ball spin after a bounce, produce courts which are rated as slow, medium or fast.

When the surface causes the ball to skid and the angle of the ball coming off the surface is lower than the bounce, the surface is described as "fast". A surface on which the ball comes off the surface at the same angle as before the bounce is described as "medium". A surface on which the ball comes off the surface at a higher angle after the bounce is described as "slow". Generally, the rougher the texture, the more the surface will grip the ball and the slower the surface will play.

Acrylic-coated hard courts are rated as medium to fast. However, the speed of these courts, which is determined by the amount, shape and size of the sand or rubber particles mixed with color coating, can be modified. Altitude also has an impact on the size of sand that may be required to achieve the desired pace. Specifying the grade and amount of aggregate material to achieve a specified pace is highly technical; for that reason, it is important to rely on an experienced tennis court builder or coatings manufacturer familiar with local conditions to mix sand and /or rubber with the coating material.

It is important to know that the pace of an acrylic-coated tennis court will change over time. The surface will be slower when new. As the courts age and weather, some of the texture will be worn away, especially in the areas of most frequent use, and the courts will become faster. When the pace of the court becomes too fast or too inconsistent, the courts should be recoated.

When cushioning is added to a hard court, to a limited degree, the thickness and density of the cushioning affects the pace of the game, as well. The thicker and less dense cushioning absorbs ball energy, providing a slower, lower bounce. Less thick or denser cushioning provided a quicker, higher bounce.

Clay and fast dry courts generally produce medium to slow play. To some degree, the pace of these surfaces can be modified by maintenance practices. Rolling the courts compacts the material. The firmer a court is maintained, the faster it will play.

Grass and synthetic turf are considered fast since the ball skid low, giving a player less time to make the shot. As with clay and fast dry courts, the pace of these courts can be modified slightly by maintenance practices.

The ideal court speed is strictly a matter of player preference. Players with a strong sever and volley game usually prefer a medium to fast surface. Baseline players, or those playing strictly recreational or social tennis, often enjoy longer rallies and a shot placement/spin type of game. For them, a slow to medium court is recommended.

6. 球速设计

打球的人经常会用球速将网球场地分类。网球被击打触地后离开地面时的速度，触地后网球的相对旋转效果，这两者综合起来便可将网球场场地速度确定为慢速、中速或快速。

当网球场地面引起网球滑行并且网球击地反弹后飞离地面的角度要小于网球触地反弹之前的角度时，场地就被定义为“快速”；当网球飞离地面的角度和触地反弹前的角度一样时，这种场地被定义为“中速”；当网球飞离地面的角度要大于触地反弹前的角度时，这种场地就被定义为“慢速”。总的来说，纹理越粗糙，网球对地面的握地力越大，场地的球速就越慢。

丙烯酸面的硬性网球场被评定为中速和快速球场。场地速度是由丙烯酸施工时添加的石英砂或橡胶颗粒的数量、形状和尺寸决定的，所以球速是可调节的。

海拔高度也会对调节场地球速的石英砂的尺寸有所影响。确定这些骨料的级配和数量来达到设定的场地球速是个颇具技术含量的活。正因为此，依靠经验丰富的网球场建设商或者涂层材料生产商就尤为重要，因为他们熟悉当地的各种条件，能够为石英砂或橡胶粒与涂料材料之间的配比找到最好的方案。

很重要的一点是，随着时间的流逝，丙烯酸网球场地的球速将会发生变化。场地较新时，场地球速是较慢的。随着场地风化和老化，纹理层被磨损，特别是在活动频繁的区域内，场地球速会变得更快。当场地速度变得太快或球速一致性太差时，场地就应该考虑翻新的了。

当在硬地丙烯酸结构中添加弹性层时，弹性层的厚度和密度在一定程度内也会影响球速。弹性层的厚度越大，密度越低，吸收更多球的能量，使球的回弹速度更慢、回弹高度更低，厚度薄且高密度的弹性层会使球的反弹更高更快。

红土和快干网球场总的来说属于中速到慢速场地。在一定程度上，这类网球场的球速可以通过维护活动来调节，如碾压场地压实铺面材料。场地维护保养的越密实，自然球速就越快。

天然草和人工草被认为是快速场地，原因是网球滑行角度低，让球员击打球的时间更短。就像红土和快干球场一样，这类球场的球速也可通过维护保养行为进行轻微的调节。

理想的球速完全是个人的偏好，球员擅长大力发球和截击的话，通常偏爱中速或快速球场。底线型球员，或者以休闲社交为目的打网球的人士经常十分享受长时间的打来回球，享受一种“击球位/球旋转”的游戏，对于他们来说，慢速和中速球场是最适合不过的了。

7. Rust Spots

In some parts of the country, the crushed stone aggregate used in asphalt may contain iron. It is impossible to obtain a guarantee from an asphalt producer or supplier against the presence of this material, particularly if their source has a history of providing aggregates containing iron. Also, since a producer's source of aggregate may vary from time to time, it is impossible to predict whether a particular batch of asphalt will contain iron or rely on the fact that the asphalt from a given producer or supplier has not contained iron in the past. Therefore, this condition is beyond the control of the contractor and the contractor cannot assume responsibility. In areas where this occurs, it will affect all local contractors equally.

If iron is present, it may oxidize, forming rust spots or streaks in the surface of the court. These spots or streaks, while unsightly, will not affect play or shorten the useful life of the court.

The manufacturers of some acrylic tennis court surfacing systems produce a rust inhibitor product, used as a filler coat in surfacing. While this product has been used with success, there is no guarantee that rust spots will not occur.

An asphalt overlay, using asphalt from a different source, or a change of surface to a textile, modular or roll goods surface, will be required to permanently correct this problem.

7. 锈斑

在国内一些地方，沥青基础结构中的碎石骨料可能含有铁。想从沥青生产商或供应商处得到材料中不含铁的保证，几乎是不可能的，特别是他们的货源一直就含铁的话，让他们提供不含铁保证更是不可能。另外，生产商的货源也不断在变换，这就不太可能去预测某一批次的沥青是否含铁，或者仅仅依据过往某一特定生产商或供应商提供过不含铁的沥青材料来判定。因此，这种状况是建造商所不能控制且建造商不能承担责任。在这种情况时常发生的地区，它也会影响该地区所有的建造商。

铁会氧化，如果存在铁，最终会在球场表面形成锈斑或锈纹。这些斑纹虽然非常不美观，但不会影响场地的使用，也不会缩短场地的使用寿命。

丙烯酸网球场材料的生产厂家开发出一款防锈剂产品，在铺面材料结构中作为填充层来使用的。尽管这个产品的使用有过不少成功的案例，但也不保证这种锈斑不会出现。

真正永久地解决锈斑的问题只能是重新铺压一层沥青层（当然要使用不同货源的沥青材料），或者将场地改变为地毯地、拼装式或卷材式的网球场。

8. Observations on Newly Coated Tennis Courts

Occasionally, owners express concern over unexpected conditions observed in new courts. Many of these conditions are normal.

After first few rains, for example, soap bubbles will appear on the surface of a newly coated court. Detergents are added to coating materials to insure that colored pigments are dispersed throughout the coating material. While soap bubbles probably will not be visible on an indoor court, the court may be slightly, particularly if there is high humidity or condensation in the building, or if players have wet shoes when they walk on the court. Since there is no rain to wash the detergent off the surface of an indoor court, the slippery condition may last for a week or two. Players should exercise particular caution against slipping when using a newly constructed or newly resurfaced court.

Newly applied color coatings may have slight variations in color from one area to another but should appear to have a uniform color and texture when viewed from 25' (7.62 m) away.

Owners, anxious to try out a new surface, may use the court before it is fully cured. When a player stops quickly or twists his shoe, the color coating may become detached from the asphalt bound undercoats. This is particularly true if the player has tennis shoes with deeply grooved patterns on the soles. Play should not be allowed until proper curing of the surface has occurred.

Tennis shoes will leave white scuff marks on a newly surfaced court. The number and severity of sneaker marks will decrease over time and owners should not be concerned by them. Black-soled shoes, however, make particularly unsightly marks on tennis court surfaces. Many shoes with dark colored soles will leave prominent marks on the surface.

Excessive ball wear and ball fuzz adhering to the court may be evident on a new court. This happens because of the sand used to regulate the speed and play of the court. Like a new sheet of sandpaper, a new tennis court is more abrasive than a used one.

New concrete courts may show some "ghosting". When the concrete used in construction contains lime, the lime may migrate up through the coating, leaving a white residue. The migration of lime can be minimized by proper preparation of the concrete pavement before color coating.

Due to the nature of the material, concrete is difficult to coat. Even a well-constructed, properly coated concrete court may show small areas of peeling. These areas should be touched-up immediately to prevent further damage to the court surface.

8. 新建网球场的表面视觉观察

时常会有业主表达了他们对新完工网球场的关注，表示在球场表面上观察到的一些出乎他们意料的一些情况。事实上，这些所谓的情况大多数是正常现象。

例如，铺面材料刚完工的网球场，在遇到头几场雨时，场地上会出现许多肥皂泡，这是因为铺面材料在搅拌施工前添加了洗洁精，这样做的目的是促使彩色颜料粒子能彻底均匀地分散在铺面材料中，而对室内网球场来说这样的肥皂泡是看不到的，但是场地可能会有打滑的感觉，特别是建筑物内湿度过大或水汽凝结时，或者打球的人穿双湿鞋在场地上走动，打滑的感觉更明显。这是因为室内网球场没有雨水将铺面材料中洗洁精冲刷掉，这种打滑情况可能会持续一两个星期。因此，当在这种新建或刚完成铺面材料翻新的网球场上运动时务必注意防滑。

新涂装的彩色面层可能一处与另一处相比在颜色上有轻微的差别，但当你从25′(7.62 m）远处观察时又会看到一个色泽和纹理一致的网球场。

急于在新球场上一试身手的业主们可能会在场地完全养护好之前就使用球场了。运动时的急停或脚踝的扭动，可能会导致彩色涂层从沥青基础上脱离出去。穿着深凹槽鞋底的网球鞋时，这种情况特别容易发生。故务必等待场地彻底养护到位再使用。

在新网球场地上，网球鞋会留下白色的摩擦痕迹。这些鞋底擦痕的数量和严重程度都会在日后的使用中减少或降低，业主不必被此困扰。而黑鞋底会在场地表面上留下特别难看的痕迹，很多深色底鞋子将在场地上留下显眼的痕迹。

如果打球时发现网球过度磨损且球场上黏附太多网球绒毛，那么这可能是个新建的网球场。这是因为铺面材料中添加的用来调节场地球速和使用性能的石英砂。新建网球上就像一张新砂纸一样，总是比旧的更耐磨些。

新混凝土基础网球场有时还会出现所谓“鬼影”。基础建造时所用的混凝土中含有石灰的话，石灰可能向上迁移穿过涂层形成白色残留物。彩色涂层施工前采用适当方法处理一下混凝土基础能将石灰迁移的问题降低到最小限度。

由于混凝土材料的特性，在混凝土上铺装面层材料比较困难，甚至一个精心建造、精心铺装的混凝土网球场可能也出现一些小面积的脱层。这些脱层区域应当立刻予以修补以防止对场地面层材料造成进一步损坏。

9. Asphalt Acceptance—Recreational Courts

In the event that surfacing contractor is not the asphalt contractor or the general contractor, it is the responsibility of the asphalt contractor and /or the general contractor to supply a base that meets the specifications of the designer and the rules of the sport. It is far more difficult and costly to wait until the surface has been installed to identify issues with slope, planarity, elevation or drainage. Additionally, unless the surfacing contractor is also responsible for the paving, it is inappropriate to hold that contractor responsible for such issues if the pavement has not been tested and corrected prior to surfacing. Therefore, it is highly recommended that projects include testing to demonstrate and/or corrective work to achieve compliance at the cost of the asphalt contractor or general contractor. Testing should be completed prior to the installation of court surfacing. An independent testing firm should check the dimensions, slope and tolerances of the asphalt pavement. Result confirming compliance should be submitted to the surfacing contractor prior to mobilization. If the initial assessment shows non-compliance, the necessary corrective work should be executed and the pavement retested prior to the commencement of surfacing.

(1) The asphalt mix design should be approved by the design professional and by the asphalt contractor. Tests that verify that the mix as installed meets the approved design should be provided.

(2) The installed pavement must be at the corrective elevation at all edges. Incorrect areas should be repaired or re-installed to correct elevation.

(3) All bond breakers such as oil, hydraulic fluid and gasoline must be removed.

(4) The asphalt should be flooded to check for low areas, high areas and surface drainage. Out of tolerance areas should be repaired or re-installed.

Corrective work should be accomplished using appropriate methods, such as:

(1) For high spots. ①grinding. ②heating and rolling.

(2) For low spots. ①hiring the surfacing contractor to apply an appropriate leveling compound (only where depth of low spot is less than 1/4″, or as specified). ②milling and asphalt patching. ③removing and replacing. ④asphalt overlay, possibly in conjunction with

one or more of the repairs above.

Because of the relatively rigid specifications and tolerances for asphalt pavement intended for tennis court installation, it is recommended that only asphalt paving contractors with prior court building experience be considered. Wherever possible they should have installed a minimum of ten tennis courts that meet the approved tolerances within the past three years.

9. 休闲网球场沥青基础的验收

有时场地面层材料的承包商并不是沥青承包商，也不是工程总包商。这时提供一个既满足设计师要求又符合网球场运动规则的基础便是沥青承包商或工程总包商的责任。如果等面层材料已经施工完毕了再来鉴定基础的坡度、平整度、标高或排水之类的问题，那遇到的困难和付出的成本会大很多。此外，除非明确面层承包商将对基础施工负责，否则如果沥青基础层在面层施工之前没有验收和整改，让面层承包商来为这些问题承担责任是不合适的，所以强烈建议所有项目包含验收（或）和整改到能够达到规范的要求，这其中产生的费用均由沥青承包商或总包商承担。网球场面层材料铺装之前必须完成沥青的验收，一个独立验收机构将负责测量沥青基础的尺寸、坡度和误差。确认沥青基础满足规范的检验报告应在施工前递交给面层承包商。如果起初的评估表明沥青基础尚不能满足规范，在面层开始施工之前，应当对沥青基础进行必要的整改工作和沥青基础再验收程序。

（1）沥青混合物的设计必须经过专业设计人士和沥青承包商的认可，应当提供能证明该沥青混合物满足设计要求的检验报告。

（2）所铺压的沥青基础所有边端必须位于正确的标高位置。标高不正确应该予以整改或者重新铺压沥青至正确标高位。

（3）所有会影响黏结的物质必须去除，如油脂、水压设备内的液体和汽油。

（4）沥青基础应该通过浇水来检测低洼处、高凸处和表面排水状况，超过误差范围的应当整改或重新铺压。

整改工作要顺利完成，要采用适合的方法：

（1）对高凸处。①打磨。②加热后再碾压。

（2）对低凹处。①雇请面层承包商刮涂适当的修平材料（仅当低凹处低于1/4″时，或按约定都要求）；②磨铣后用沥青补平；③铲除后替换；④沥青罩面，可能和上面一种或多种修补结合起来作业。

用于网球场的沥青基础有严格的技术要求和误差标准，建议只考虑有过网球场营造经验的沥青基础建造商，可能的话，他们应在过去3年内建造过至少10个满足误差要求的网球场。

10. Algae, Mold and Mildew

Algae, mold and mildew most frequently occur in damp, low traffic areas of a tennis court surface and can be avoided by cultural control methods (reducing the conditions which promote growth). For example, while trees can enhance the aesthetics of a site and provide shade for players and spectators, shade from trees can provide a cool, damp medium for growth. For that reason, allowing trees to overhang or shade courts is generally not recommended.

Keeping the surface clean can minimize growth of algae, mold and mildew. Clean surfaces do not support fungus growth. Therefore, all spills should be cleaned promptly with a mild cold water detergent solution and a soft brush, and rinsed well with plain water. All debris and stains, including leaves, twig, grass, tree sap, fruit, dead insects and bird dropping, should be removed as soon as possible.

Acrylic-Coated Courts

If mold, mildew or algae have appeared, pressure washing the surface with chemicals approved by the local environmental regulatory agency and surfacing manufacturers may be effective. However, since these organisms reproduce by spores which are difficult to kill, repeated cleanings may be necessary to completely eliminate the problem, because spores are found in the environment, if conditions which promote growth continue, the problem is likely to reoccur.

If mold, mildew or algae have been allowed to remain on the surface for a period of time, discoloration of the color coating may have occurred around the growth. It may be difficult to correct such discoloration. Touching up a discolored area (which has been properly cleaned) with leftover surfacing material, while effective, may not match the surrounding area. The best solution to this problem is prevention. Clean up mold, mildew and algae promptly and, if necessary, repeatedly to prevent staining.

Fast Dry, Clay and Sand-filled Synthetic Turf

Growth of mold, mildew and algae on fast dry, clay and sand-filled synthetic turf courts, is promoted by shade, dampness, spills, contamination, lack of use and poor maintenance practices. Use of water sources that are high in nutrients, such as recycled water or pond water, also may promote such growth.

For sand-filled turf systems, manufacturers recommend the use of a non-film-forming soap solution to loosen and kill the growth. Allow a day for the soap solution to penetrate and do its work. Then, remove the growth by agitating the area using a power broom or power rake. Finally, top dress the area with clean infill. On new sites where shade and /or moisture are known to be factors, perforating the turf prior to installation may help to prevent growth.

10. 藻类和霉菌

藻类、霉菌在网球场表面潮湿和少人走动的区域是经常可以看到的。通过减少能促进它们生长的条件，藻类霉菌的出现也是可以控制和避免的。譬如，树木可以提高网球场的美感，也能为打球者和观众提供一片阴凉，同时这块阴凉也为这些微生物等提供适合其生长的湿冷的生长环境。鉴于此，树枝伸入网球场上空或网球场借树木来遮阴，总的来说这些都是不建议采用的。

保持场地清洁能最大限度抑制藻类和霉菌的生长，干净的表面不会支持菌类的生长。因此，场地上的任何溅落物应该用洗洁精的冷水溶液和软毛刷来刷洗，之后用清水彻底清洗干净。包括树叶、树枝、昆虫、鸟的排泄物在内的所有残留物和杂物应当尽可能清洗干净。

丙烯酸面层的场地

如果球场上长出藻类或霉菌，应使用经当地管理机构和面层材料生产商批准和认证的化学药品，采用高压冲洗。尽管如此，因为这些有机物是通过难以灭绝的孢子进行繁殖的，所以，有必要多次反复清洗以彻底解决问题。孢子在周围环境中随处可见，只要条件适合其生长，这类问题就可能再度出现。

对于藻类或霉菌置之不理的话，一段时间之后，在这些生物的周围面层材料会出现污染变色。这种变色是很难修整复原的。尽管用原先剩余的材料修整污色区域（必先清洗干净）会有些效用，但是不可能完全匹配周边的颜色，解决这类问题最好的办法是提前预防。一旦发现藻类霉菌，应立刻清除，必要的话，反复清洗以防止色泽被污染。

快干型、红土地和注砂型人工草皮

快干性、红土地和注砂型人工草皮场地上藻类霉菌的出现是由很多因素促使的，如阴遮、潮湿、溅落物、污染、缺少使用或养护不善，使用富含营养物的水源（如循环水或池塘水）也会导致这类微生物生长。

对注砂型人工草皮而言，生产商推荐使用不成膜肥皂溶液使这些微生物松散开来并将其杀死。先将肥皂溶液浸泡一天使其渗入草皮中后将微生物杀死。接着用电动刷或电动耙将被处理的微生物移走，最后用干净的填充物（石英砂和黑胶粒）回填至清理处。对于新的场地，知道遮阴和（或）潮湿是诱因的话，在安装前在草皮上打些排水孔会有助于防止这类问题的出现。

11. Pinholes

Pinholes occur on acrylic surfaces from time to time. The causes of this aesthetic condition include a number of factors that are difficult to predict prior to application. These factors often act in combination.

Conditions that can effect the formation of pinholes in the surface finish include:

(1) The texture of the surface underlayment. Courser texture are more prone to pinholes. Some of the current SuperPave asphalt mixes provide a coarser texture than some of the older available mixes.

(2) The drying conditions during application. Hotter weather tends to increase the potential for pinholes, as the higher surface temperature causes the rapid evaporation of water from the coating mix.

(3) When mixing the paint, air bubbles and foaming can form; these may result in the formation of pinholes.

Once the pinholes are a part of the surface structure they are very difficult to overcome.

Pinholes have no adverse affect on acrylic finish if the correct number of applications has been applied. Acrylic sport surfaces designed to allow water vapor to pass through them.

The finish surface should have a uniform texture for consistent play characteristics. Pinholes are small they should not affect the surface texture nor do they affect the longevity or playability of the surface. Therefore, they are considered acceptable.

11. 针眼

在丙烯酸网球场上针眼是经常出现的，引起这种视觉美学上不美观的原因有很多，是无法在丙烯酸施工前预料到的。这些因素经常叠加起来起作用。

在丙烯酸涂层表面对针眼的形成产生影响的条件包括：

（1）基面的纹理。粗糙的纹理更有可能导致针眼的出现。目前的一些 SuperPave 沥青混合料能产生一些较旧的可用沥青混合料更加粗糙的表面。

（2）涂装期间的干燥条件。越热的天气越容易增加针眼产生的可能性，因为更高表面温度引发涂料混合物中水分的快速蒸发。

（3）铺面材料搅拌时会形成起泡和泡沫，它们可能导致针眼的形成。

一旦针眼成为表面结构中一部分，想去除它们是非常困难的。

对丙烯酸网球场而言，只要丙烯酸材料施工层数合理，针眼本身不会对丙烯酸表面产生任何负面影响。丙烯酸运动场地常被设计成利用这些针眼来提高水分穿过涂层的能力，即提高涂层的透气性。

网球场面层材料的终饰面层应当纹理一致。针眼尺寸较小，它们不会对场地纹理产生影响，也不会对场地的使用寿命和适用性产生影响。因此，针眼被认为是可以接受的。

12. Athletic Shoe Marks

Tennis shoes will leave scuff marks on newly surfaced courts. Many shoes with dark colored soles will leave prominent marks on the surface. It's recommended that shoes designed specifically for tennis be used only.

Sneaker mark occur because some or all of the coats of tennis surfacing contain sand, which is used to determine the pace of play, the effect of spin and other playing characteristics. As the player runs, stops and pivots, the aggregate abrades the sole of the shoe, leaving a scuff of rubber material on the court. Like a new piece of sandpaper, the court will be far more abrasive in the beginning, and will become worn and less abrasive with use.

Sneaker marks may be impossible to remove. A soft brush and mild cold water detergent solution may be effective (be certain to rinse well.) If gentle scrubbing doesn't work, it is unlikely that stronger cleaning solutions or more vigorous scrubbing will be successful either, and they may damage the surface. Do not try stronger cleaners or more vigorous scrubbing without consulting your contractor or the manufacturer of the surfacing material used on your court.

Sneaker marks are unavoidable, and owners should not concerned by them. They will become not only less frequent, but less noticeable with time.

12. 运动鞋擦痕

在新建网球场上网球鞋会留下擦痕。很多深颜色鞋底的鞋则会在地面涂层上留下显眼的痕迹。强烈建议只穿专为网球运动设计的鞋子。

帆布面橡胶底的轻便运动鞋也会留下鞋痕，这是因为网球场的一些或全部面层涂层中都含有石英砂，这些石英砂是用来调节场地球速、球的旋转效果和其他运动特性的。当打球者跑动、急停或以脚为支点转动时，石英砂骨料将会摩擦鞋底，就会在场地上留下橡胶成分的擦痕。就好比一张新砂纸，网球场在刚开始的摩擦性很强，但随着不断使用则会不断被磨损，其摩擦性则越来越弱。

轻便运动鞋的擦痕是不可避免的。使用一把柔软的刷子和温和洗涤剂水溶液来处理可能会有效果（要确保冲洗干净。）如果轻微的擦刷不起作用，那么即便使用浓度更高的清洁剂溶液或更猛烈地擦刷也可能同样没有效果，且那样做还可能对面层材料造成破坏。故在没有咨询承包商或网球场地涂装材料的生产厂家的建议之前不要尝试使用浓度更高的清洁剂或更剧烈的擦刷动作。

运动鞋的擦痕是不可避免的，业主们不必为此困惑。随着时间的流逝，擦痕不仅出现的越来越少，也越来越不容易观察到。

附录6　延伸阅读

1. 范德华力

范德华力是永远存在于分子间或分子内非键和原子间的一种相互吸引的作用力，作用能比化学键小一个数量级。范德华力的特点是没有方向性和饱和性。

范德华力分为三种作用力：诱导力、色散力和取向力。色散力在所有的分子或原子间都存在，是分子的瞬时偶极间的作用力；诱导力存在于极性分子和非极性分子之间及极性分子和极性分子之间；取向力则发生在极性分子与极性分子之间。

高分子链之间的范德华相互作用对高聚物的凝聚态结构和高聚物的物理力学性能有重要影响。在小分子化合物中，分子之间的范德华力相互作用并不重要，但在高聚物中，由于结构单元数目庞大，每个结构单元就好比一个小分子，加上范德华相互作用没有方向性和饱和性，这样高分子链之间总的范德华相互作用就非常的大，以至于在外力还没有拆开它们以前，化学键就先断了。所以，高聚物根本就没有气态，你不可能把高聚物分成一个个单个的分子。以聚乙烯为例，若其相对分子质量在十几万以上，就有上千个结构单元，若每个结构单元与其他结构单元的相互作用能为 4 kJ/mol，则聚乙烯高分子链间的范德华力总和将在几千千焦每摩尔，这比任何一种主价键能都大得多。

2. 氢键

氢原子可同时与两个电负性很大而原子半径较小的原子（如 F、O、N）相结合，这种结合就是氢键。氢键的键能为 12 ～ 40 kJ/mol，与范德华力不同，氢键具有方向性和饱和性。

氢键是比化学键作用力小的相互作用，形成条件不像共价键那样严格，键长、键角可在一定范围内变化，具有一定的适应性和灵活性。

在水性涂料中氢键扮演着举足轻重的作用。我们知道水分子从来都不是单个游离存在的，而是大量水分子通过氢键作用形成的缔合体，使水的表面好似一个弹性膜，可以托住一根睡放的钢针而不下沉。水性涂料中通过加入乙二醇来改善涂料的防冻性能和开放时间，这也和乙二醇与水之间形成氢键有密切关系。

3. 共价键的类型

按成键轨道的方向不同，共价键分为 σ 键和 π 键。

（1）σ 键。两个碳原子之间形成 C—C 单键，它是 σ 键，是成键的原子轨道沿着其对称轴的方向“头碰头”的方式相互重叠而成的键，构成 σ 键的电子，称为 σ 电子。由于形成 σ 键的原子轨道是沿着对称轴的方向相互重叠，故 σ 键的电子云分布似圆柱状。因此，用这种键连接的两个原子或基团可以绕键轴自由旋转，σ 键不至于断裂。同时由于重叠程度高，在化学反应中比较稳定，不易断裂。σ 键存在于一切共价键中。

（2）π 键。在形成共价重键时，除形成 σ 键外，未杂化的 P 轨道也会相互平行重叠，且成键的两个 P 轨道的方向恰好与连接两个原子的轴垂直，这种以“肩并肩”方

式重叠的键称为 π 键，构成 π 键的电子称为 π 电子。由于 π 键是两个 P 轨道平行重叠形成的，与 σ 键相比，轨道重叠程度低，所以在化学反应中，π 键容易断裂，易发生加成反应，形成比较牢固的 σ 键。

共价键的断裂方式有两种。

（1）均裂。共价键断裂时，如果公用电子均等地分配两个成键原子，此为均裂。均裂生成两个带有未成对电子的原子或基团，称为自由基或游离基。自由基性质活泼，可以继续引起一系列反应，称为自由基反应，也叫连锁反应。

（2）异裂。在共价键断裂时，如果公用电子对完全转移给成键原子的一方，此为异裂。异裂生成正离子和负离子。带电荷的离子也很活泼，可进一步发生一系列反应，称为离子型反应。应该指出的是，有机化合物的离子反应，一般发生在极性分子之间，通过极性共价键的异裂形成一个离子型的中间体而完成，不同于无机化合物的离子反应。

4. 构型与构象

构型是指分子中由化学键所固定的原子在空间的几何排列，这种排列是稳定的，要改变构型必须经过化学键的断裂和重组，如顺式 - 聚异戊二烯与反式 - 聚异戊二烯就是两种具有不同构型的聚合物，它们的性能也有很多不同。

构象是分子由于单键内旋转而产生的在空间的不同形态，高分子的构象可以时刻改变。高分子链的柔性实际上就是高分子链由于内旋转能够不断改变其构象的性质。

5. 熵及熵弹性

熵是和物质分子排列有序度有关的一种状态函数。当物质系统分子排列有序度降低，混乱程度增加时，系统熵也增大。高分子在无外力作用时呈现蜷缩状态，即单键并非全部为反式结构，相反存在大量的左旁或右旁式结构，此时熵值为最大值。

在外力作用下，高分子链将反式结构调整为左旁式结构就能产生很大的体积膨胀，同时会产生恢复力来抵抗外力作用。

由于反式和左旁结构的能量并无什么变化，故外力拉伸并不会导致高分子内能的增加。

根据热力学第一定律：$\mathrm{d}U = \mathrm{d}Q - \mathrm{d}T$，$\mathrm{d}U = 0$，$\mathrm{d}Q = \mathrm{d}T$ 外力做的功全部以热的形式散发，若是绝热拉伸，则热量来不及散发，会导致高分子温度升高发热。外力除去后，高分子恢复力会使其收缩，恢复力只需克服旋转壁垒，其大小较氢键、范氏力都小。

橡胶受到外力变形时，若没有内能变化，则其抵抗变形的收缩力（弹力）完全是由熵的变化而产生的，这种由于系统熵变而引起的弹性称为熵弹性。

6. 聚合物的松弛特性

聚合物在外力作用下，其状态会发生变化，就需要由一种平衡状态过渡到与外力作用相适应的另一种平衡状态。外力的作用亦称为刺激，受到外力刺激后，聚合物体系状态的变化称为响应或应变。从施加刺激到观察响应的时间间隔 t，称作时间尺度，简称为时间。聚合物体系在外力作用下，从原来的平衡态过渡到另一平衡态是需要一定时间的，即是个速度问题。这个速度过程就是物理学上所说的松弛过程，其快慢可用松弛时间 t 来表示，t 越大，过程越慢。在达到新的平衡状态前，要经过一系列随时间而改变的中间状态，这些中间状态就称为松弛状态。一切运动过程都有松弛状态。既然分子运动是一个速度过程，要达到一定的运动状态，提高温度和延长时间具有相同的效果，这称为时－温等效原理。

7. 聚合物的柔顺性

一般而言，大分子链是由众多的C—C（C—N、C—O、Si—O等）单键构成的，这些单键是由σ电子组成的σ键，其电子云的分布是关于键轴对称的，所以以σ键连接的两个原子可以相对旋转，这就是分子的内旋转。在键角不变的条件下内旋转，分子的内能是没有变化的。大分子链上的每一个单键在空间所能采取的位置与前一个单键位置的关系只受键角的限制，那么第三个键相对第一个键，其空间位置的任意性已经很大。两个键相隔越远，其空间位置关系越小。可以设想，从第 $i+1$ 个键起，其空间位置的取向与第一个键的位置已完全无关。

高分子链越是柔顺，高分子链中可划分出来的最小独立运动单元（链段）及其流动所需要的孔穴就越小，流动活化能就越低；高分子间相互作用力越强，分子移动所受到的内摩擦力就越大，黏流温度就越高。

8. 化合物颜色和结构的关系

自然光是由不同波长的光组成的。人眼所能感受到的波长为400～800 nm，即可见光。在可见光区域内，不同波长的光显示不同的颜色。

颜色是物质对光波吸收的反应。不同的物质可吸收不同波长的光。如果物质吸收光的波长不在可见光内，这种物质就无色。若物质选择性地吸收了白光（可见光）中某种波长的光，则其将呈现与之互补的那种颜色的光。例如，黄光和蓝光是互补色，若物质吸收了黄光，则物质会呈现蓝色。

物质能选择性吸收不同波长的光，与它的分子结构有关。有关化合物的分子结构与吸收光波及颜色有以下关系：

（1）分子中只有 σ 键的化合物，如饱和烃，由于 σ 电子结合较牢固，使其跃迁需要较高能量，因此，其吸收波段应在波长较短的远紫外区，由于不能吸收可见光，物质不显颜色。

（2）有机化合物分子中随着共轭体系链的增长，化合物颜色加深。因此，共轭体系中π电子跃迁所需能量较低，故能吸收近紫外光或可见光，并随着共轭链的增长，吸收向长波方向移动，化合物颜色加深。

（3）有机化合物共轭体系中引入生色团（也叫发色团）或助色团，一般会使化合物显色或颜色加深。

生色团是指能吸收紫外和可见光的原子团，其特点是都含有重键或共轭链，如—NO_2、—NO、—CHO、—COOH、—N═N—。

助色团本身不能吸收可见光，但将它们链接到共轭体系或生色团上时，可使分子的吸收波向长波方向移动，加深化合物颜色，其特点是都具有未共用电子对，如—OH、—OR、—NH_2、—NR_2、—SR、—Cl。

9. 内聚能密度和溶解度参数

聚合物的溶解程度与溶剂的溶解度参数有着一定的关系，一般聚合物的溶解度参数与溶剂的溶解度参数接近时，聚合物具有良好的溶解性。

内聚能是表征物质分子间相互作用力强弱的一个物理量，摩尔内聚能定义为消除 1 mol 物质全部分子间作用力时其内能的增加，即 $\Delta coh = \Delta U = \Delta H - RT$，其中，$\Delta coh$ 为摩尔内聚能，ΔH 为汽化热（液体）或升华热（固体），R 为气体参数，T 为温度。

单位体积的内聚能定义为内聚能密度，记作 CED，即 $CED = \Delta coh/V$，其中，V 为摩尔体积。

内聚能密度的平方根称为溶解度参数 δ，可表示为 $\delta = (CED)^{1/2} = (\Delta coh/V)^{1/2}$。

溶解度参数是确定高聚物与溶剂的溶解性和聚合物之间相容性的重要参数。

溶剂和溶质的溶解度参数相等或接近时，溶解可以发生；当溶剂和溶质的溶解度参数之差的绝对值大于 2 时，溶解不会发生。

溶解度参数的判定依据是相似相溶，但对于存在氢键的体系，却不一定合适。

10. 物理吸附和化学吸附

根据吸附力的本质，一般将固体表面的吸附作用分为物理吸附和化学吸附。物理吸附的作用力是范德华力，包括色散力、诱导力、偶极力和氢键等，范德华力属于分子间作用力，其大小和分子间距离的七次方成反比，属于弱作用力，存在于任何分子之间，没有选择性；化学吸附则有选择性，固体表面与被吸附物之间要形成化学键。化学吸附总是单分子层，而物理吸附可以是多分子层，往往容易脱附。

物理吸附和化学吸附的差别总结见下表：

吸附性质	物理吸附	化学吸附
吸附力	范德华力	化学键力
吸附热	小，近于液化热	大，近于反应热
选择性	无	有
吸附层	单或多分子层	单分子层
吸附速度	快，不需要活化能	慢，需活化能
可逆性	可逆	不可逆

11. 硬度和韧性

硬度是物质受压变形程度或抗刺穿能力的一种物理度量方式。硬度的表述和测量方法有好几种，在涂料工业中主要使用邵氏硬度和铅笔硬度两种。

（1）邵氏硬度用来表示物质抵抗外部压力而发生变形的能力，其测量工具是邵氏硬度计，将其刺针插入被测材料，表盘上的指针通过弹簧与刺针相连，表盘上所显示的数值即为硬度值。

邵氏硬度计分 A、D 两种，分别代表不同的硬度范围，90 以下的用邵氏 A 硬度计测试，90 及以上的用邵氏 D 硬度计测试。对于一个橡胶或塑料制品，在测试的时候，测试人员能根据经验进行测试前的预判，从而决定用邵氏 A 硬度计还是用邵氏 D 硬度计来进行测试。一般手感弹性比较大或者说偏软的制品，测试人员可以直接判断用邵氏 A 硬度计测试，而手感基本没什么弹性或者说偏硬的就可以用邵氏 D 硬度计进行测试。

（2）铅笔硬度是一种标定涂膜硬度的测试方法和量度体系。按工业标准，铅笔笔芯的硬度分为13级，从最硬的6H逐级递减经5H、4H、3H、2H、H，再经软硬适中的HB，然后从B、2B到最软的6B。其中H代表硬度，B代表黑度。从6H到6B硬度依次降低，铅笔颜色依次变深，颜色深浅与石墨含量有关，颜色越深，石墨含量也高，铅笔也越软。在涂料工业中，利用这一系列的不同硬度的铅笔来检验涂膜的硬度，得到的测试结果称为涂膜的铅笔硬度。测定涂膜铅笔硬度的测试仪由铅笔夹具和涂膜样板移动台两部分组成。待测试的涂膜样板，正面朝上固定在移动台上，铅笔则夹在铅笔夹具上，并与涂膜的平面成45°，夹具上端有重锤，使笔尖紧压在涂膜之上。摇动摇柄，移动台就带着样板向前移动，让铅笔在涂膜上作推犁式划动，每划一次，换一支铅笔，从最硬的铅笔开始顺序由硬到软，逐个试验，直到找出涂膜不被划破的铅笔，这支铅笔的硬度即为被测试涂膜的硬度。

（3）在冲击、震动荷载作用下，材料可吸收较大的能量产生一定的变形而不破坏的性质称为韧性或冲击韧性。脆性是指当外力达到一定限度时，材料发生无先兆的突然破坏，且破坏时无明显的塑性变形的性质。建筑钢材（软钢）、木材、塑料等是较典型的韧性材料，砖、石材、陶瓷、玻璃、混凝土、铸铁等都是脆性材料。刚性和脆性一般相关的，脆性材料力学性能的特点是抗压强度远大于抗拉强度，破坏时的极限应变值极小。与韧性材料相比，它们对抵抗冲击荷载和承受震动作用是相当不利的。很多时候，我们都希望材料同时具有良好的韧性和刚性。在改善材料的韧性时，还应设法提高刚性。一般加入弹性体可增加韧性，加入无机填料可增加刚性。最有效的方法是将弹性体的增韧和填料的增强结合起来。

12．如何理解非牛顿流体假塑性流体的剪切变稀

液体在流动时，由于高分子间的相互作用，流动液层间总是存在一定的速度梯度（横向速度梯度场），细而长的高分子链一开始同时落在几个速度不同的流动液层，也就是高分子不同部位要以不同速度移动，那么这种情况是不能长时间存在的，在外力场作用下，长链要力图使不同部分进入同一速度的流动液层，最终都是顺着流动方向作纵向排列，呈取向态。剪切速率增加，分子的取向程度越高，因此黏度随剪切速率的增加而减小。

柔性高分子较容易通过链段运动而取向，因此，黏度随剪切速率的增加而明显下降；刚硬的高聚物，因刚性分子的链段取向较为困难，因此随着剪切速率的增加，黏度变化并不大。

13．1 m污染

在轮胎生产中会使用一些含有多环芳烃（PAHS）的油类作为添加油，这些添加油与橡胶介质结合在一起，并最终驻留在轮胎橡胶中。用非环保高芳烃橡胶油生产的轮胎在使用时会因摩擦产生苯环等致癌物质，这些物质大多在离地面1 m的空气中飘浮，容易被身高在1 m左右的儿童吸入体内，对健康造成直接危害。这一现象在欧洲被称为“1 m污染”。这也是采用芳烃油生产的汽车轮胎无法进入欧洲市场的原因之一吧。

14．酸性石料和碱性石料

岩石料按照化学成分分以硅、铝为主的酸性和中性石料，以Ca、Mg为主要成分的极性和超极性石料，也就是碱性石料。

矿物的酸碱性通常按照矿料中 SiO_2 含量来划分的：SiO_2 含量大于 65% 的石料为酸性石料；SiO_2 含量低于 52% 的石料为碱性石料；SiO_2 含量为 52% ～ 65% 的石料为中性石料。

酸性石料表面具有较多不饱和键，易与水以氢键等形式结合在一起，故具亲水性。对石英类矿料，硅含量多，表面带有弱的负电荷，它与水分子的氢离子能以氢键的方式结合，形成较强的极性吸附力。

碱性石料表面几乎没有不饱和键，不易与水分子氢键结合，表现为憎水性。碱性石料和低极性的沥青黏结相对牢固，这是因为沥青成分中的沥青酸及沥青酸酐能与碱性石料中的高价盐产生化学反应，生成不溶于水的有机酸盐，从而形成较强的化学吸附作用，这就是沥青与碱性石料结合不易剥离，而与酸性石料结合后容易剥离的主要原因，这也是用乳化沥青和石英砂作为丙烯酸底涂时剥离、脱层等质量问题的根源所在。

15. 堆积密度

颗粒物的堆积密度由于颗粒排列的松紧程度不同，可分为松堆密度、振实密度和捣实密度三种。

松堆密度是干燥的颗粒物用平头锹离筒口 50 cm 左右装入规定容积的容量筒的单位体积质量。

振实密度是将装满试样的容量筒在振动台上振动 3 min 后单位体积的质量。

捣实密度是将试样分三次装入容量筒，每层用捣棒均匀捣实 25 次的单位体积的质量。

16. TPE 橡胶颗粒

2005 年之前，运动场地铺装行业所用的橡胶颗粒几乎都是 SBR 和 EPDM，也有少量的 PU 颗粒，至于以线缆胶鞋底胶冒充 SBR 就不提了。但 2005 年之后，各地方标准和新国标 GB 36246—2018 中都引入多环芳烃和苯并［a］芘这两项检测，而目前我国的轮胎业生产时所用橡胶油多为芳香烃油，芳香烃油含有多环芳烃，多环芳烃是一类致癌物质，这导致国产轮胎胶在多环芳烃这一指标上几乎都满足不了新国标的要求。为达到新国标的要求，市场上一下子涌进各种英文简称不一的橡胶颗粒，如 TPS 颗粒、TPU 颗粒、TPE 颗粒、TPR 颗粒和 TPV 颗粒等。

上述这些颗粒从本质上讲都属于热塑性弹性体（thermoplastic elastomer，TPE），又称为热塑性橡胶（thermoplastic rubber，TPR）。因此，TPE 和 TPR 本身是可以理解为是一大类热塑性弹性体的一个集体名词。TPE（TPR）是指在常温下具有交联橡胶的性质，在高温下又可以像热塑性树脂一样进行塑化成型的高分子材料。TPE 无须硫化，具有密度低、可重复利用、制品硬度覆盖范围广等优点，目前已经成为部分取代橡胶、塑料的环保节能型材料，应用范围横跨橡胶和塑料两大领域，用途涉及除轮胎外的从传统产品到高科技产品的各个领域。

按生产方法 TPE 大致可分为两大类：一类是化学合成型热塑性弹性体，主要是由不同化学组分的嵌段组成，其大分子链通常具有 ABA 或（AB）$_n$ 结构，是纯的共聚物；另一类是共混型热塑性弹性体，通常由弹性体和塑料通过机械共混方法制备，又分为简单共混型和动态硫化型，是共混型聚合物。

按照TPE构成组分中对性能影响较大的链段种类进行分类，可将TPE分为苯乙烯类（TPS）、聚烯烃类（TPO）、聚氨酯类（TPU）、聚酯类（TPEE）、聚酰胺类（TPAE）、有机硅、有机氟及丙烯酸酯类等。其中，TPS是目前最大的一类热塑性弹性体，其次是TPO。

17. 表面张力与涂料对底材润湿性的关系

1）液体对固体表面的润湿

将液体滴在固体表面时，在固、液、气三相相交界处形成一接触角 θ，γ_{LG}是液滴的表面张力，它力图减少其表面积；γ_{SG}是固体的表面张力，它力图使液体在其表面上展布；γ_{SL}是液－固间的界面张力，它力图减少液滴与固体表面接触时的界面面积，当三种力达到平衡状态时，与接触角 θ 之间的关系可用润湿方程表示：$\gamma_{SG}=\gamma_{SL}+\gamma_{LG}\cos\theta$。

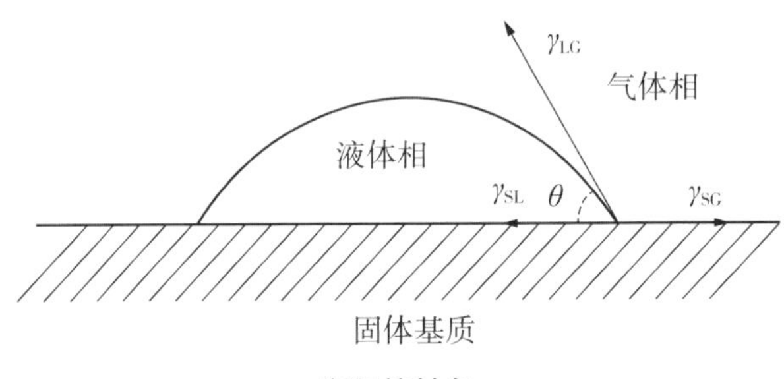

润湿接触角

（1）当 $\theta=0$ 时，液滴完全铺展在固体表面，即液体的表面张力很接近固体的表面张力，该液体的表面张力就是固体的临界表面张力，用 γ_C 表示，即 $\gamma_C=\gamma_{SG}-\gamma_{SL}$。润湿方程可写为 $\gamma_C=\gamma_{LG}\cos\theta$。

（2）当液体的表面张力不大于固体的临界表面张力时，液体才能完全地润湿底材，亦即表面张力大的固体比表面张力低的固体更容易被润湿，或对相同的固体表面来说，表面张力低的液体更容易将固体表面润湿。

2）液体在固体表面的展布

将表面张力为 γ_{LG} 的液体涂布在表面能为 E_1 的固体表面，其表面能为 E_2，在涂布前后的表面能存在着一个表面能差 ΔE，亦称为展布系数 S。因此，$E_1=\gamma_{SG}$，$E_2=\gamma_{SL}+\gamma_{LG}$，则有：$S=\Delta E=E_1-E_2=\gamma_{SG}-(\gamma_{SL}+\gamma_{LG})=\gamma_{SG}-\gamma_{SL}-\gamma_{LG}=\gamma_C-\gamma_{LG}$。

（1）当 $S=0$ 时，$\gamma_C=\gamma_{LG}$，即液体表面张力等于固体的临界表面张力，此时，固体表面的表面能在涂布液体的前后没有变化，所以当液体借助于外力在固体表面涂布后其表面积将不再变化，既不自行展开，亦不回缩。

（2）当 $S>0$ 时，$\gamma_C>\gamma_{LG}$，即液体表面张力小于固体临界表面张力，因此，液体涂布在固体表面后会使体系的表面能下降，所以将液体倾倒于固体表面后即使不借助外力也会自发展布。S 值越大，即液体表面张力越低，液体越容易在固体表面润湿展布。

（3）当 $S<0$，$\gamma_C<\gamma_{LG}$，即液体表面张力大于固体临界表面张力，此时，液体涂布在固体表面后将增加体系的表面能。为使体系趋向于能量最低的平衡态，即使液体借助

于外力涂布后也必然会回缩，而使新增加的表面积降至最小。

18. 涂膜与基面的黏附

涂膜与基面之间可通过机械结合、物理吸附、化学吸附、相互扩散等作用接合在一起，这些作用形成的黏附力就决定了涂层和基面之间的附着力。理论计算表明，任何原子、分子间的范德华力便足以产生很高的黏附强度，但实际强度却远远低于理论计算。造成这种现象的主要原因归结于基面的表面及内部缺陷、应力集中及涂层与基面所形成的界面之间的各种缺陷。

（1）机械结合力。任何基面都不可能是真正意义上的光滑，即便肉眼看起来光滑，但在显微镜下其实也是十分粗糙的，有的还是多孔结构的（如混凝土和丙烯酸平整层等），涂料可渗透到这些凹穴或空隙中，固化后就像无数个小勾子和楔子把涂层与基面连接在一起。

（2）物理吸附。从分子水平上来看，涂层与基面之间都存在着原子、分子之间的作用，当涂料能完全润湿基面的话，两者之间就会存在范德华力从而产生附着力，范德华力具有无饱和性和无方向性的特点，虽然单个范德华力非常小，但数目庞大，形成的范德华合力越大，附着力就越强，且两者之间没有任何的化学作用，这就是物理吸附。但这种范德华力是不稳定的，很容易为空气中水汽所取代，因此涂层与基面之间要形成强大的结合力，仅仅靠物理吸附是不够的。

（3）化学吸附。化学吸附是通过涂层材料与基面之间发生化学反应形成化学键来实现的，包括氢键在内。化学吸附产生的吸附强度比范德华力强得多，两者不是一个数量级的，因此化学吸附形成的附着力要强很多。聚合物链上带有氨基、羟基和羧基时，因易于基面上的氧原子或氢氧基团等发生氢键作用，故会有较强的附着力，比如环氧树脂中环氧基可以和混凝土基面上羟基发生键合作用产生极强的附着力，都是化学吸附的表现。有时为达到实现化学吸附的目的，会使用硅烷偶联剂 $X_3Si(CH_2)_nY$，X 是可水解的基团，水解后变成羟基与无机表面发生化学反应，Y 是能够与涂料发生化学反应的官能团。

（4）扩散作用。涂料中成膜物质为聚合物链状分子，如果基面也是高分子材料，在一定条件下由于分子或链段的布朗运动，涂料中的分子和基面的分子可相互扩散，相互扩散的实质是在界面中互溶的过程，最终可导致界面消失。高分子间的互溶首先要考虑热力学的可能性，即要求两者的溶解度参数值相近，另外，还要考虑动力学的可能性，即两者必须在玻璃化转变温度以上，即有一定的自由体积以使分子可相互穿透。

（5）静电作用。当涂料与基面间的电子亲和力不同时，便可互为电子的给体和受体，形成双电层，产生静电作用力。

19. 影响实际附着力的因素

涂层和基面之间的附着力是多种因素综合作用的结果，非常复杂，实际附着力和理论分析相差甚远。聚合物分子结构、基团类型、形状、温度等都和附着力实际强度有关，再考虑到基面的实际情况，如粗糙度、孔隙率、表面游离基团等，情况往往就更复杂。

（1）表面张力。涂料和基面之间的表面张力必须匹配，这是实现附着力的前提条件，也就说涂料能充分润湿基面，即基面的表面张力要大于等于涂料的表面张力。这就是基础面上有油污必须清除的道理，涂料无法润湿油污等低表面张力的物质，只会形成缩孔或回缩露底。

（2）涂料的黏度。涂料黏度较低时，比较容易渗入基面的凹陷处和空隙中，可以得到较高的机械结合力；涂料黏度太高（或高温天气时，涂料失水过快也会导致黏度增加）的话，其全面充分渗入就不能有保障，界面间残留空气，附着力降低且为日后出现起泡埋下隐患。

（3）基面的粗糙程度。基面粗糙度越大，其比表面积就越大，就能黏附更多的涂料，形成更强的机械结合力；对于能被涂料润湿的基面而言，基面越粗糙其润湿性越好。当然，粗糙的表面是要材料来填平的，故出于质量和成本的综合考虑，并不是基面越粗越好，而是有适中的粗糙度就可以了。

（4）基面的清洁程度。理论上说，如果基面绝对洁净、无任何杂质，那么它和涂料之间的范德华力就会产生远超我们想象的附着力。但基面总是有各种各样的有机或无机污染物，如灰尘、油污等，这些污染物都会拒绝被涂料润湿，从而造成缩孔或回缩露底。这就是施工前要清洁基础表面的原因。

（5）涂层的内应力。涂层的内应力也是影响附着力的重要原因。内应力有两个来源：一个是涂料干燥过程中由于水分挥发导致体积收缩产生的收缩应力；另一个是涂料和它所黏附的基面，两者的热膨胀系数是不同的，就会在温度变化时产生温度应力。我们知道，环氧树脂固化过程中收缩率较低，这也是其附着力好的重要原因。

附录 7　丙烯酸涂层缺陷汇总

1. 点缺陷

序号	缺陷名称	缺陷定义	产生原因	解决方法
1	缩孔	缩孔是指涂层表面上形成了不规则的露底或不露底的凹痕，在湿膜中显现，在干膜中定性，使涂膜失去平整性。其本质是当表面张力较高的水性涂料涂覆于表面张能较低的底材或基面上存在低表面张力的物质时（如油污）等，涂料往往不能很好地润湿，从而形成类似火山口的涂层缺陷； 有时在凹穴的中央可以明显看到有异物颗粒存在	①基面原因：受到油污、尘埃及其他大颗粒污染物影响； ②材料原因：如果材料中低表面张力物质（如消泡剂）过量或分子量过大，均会在湿膜中形成低表面张力点	①确保基面干净不被异物污染，尤其是油污及其他低表面能异物的污染； ②适当添加防缩孔剂或流平剂来降低涂料的表面张力，使之能降低到大多数能引起缩孔的杂物的表面张力以下，但这种降低也是有限度的，否则会造成重涂性差、附着力差； ③周边存在较大扬尘环境是也要特别留意，如靠近建筑工地或交通主干道旁； ④风力较大时户外施工也应暂停
2	爆孔	涂料在生产和施工环节中混入的气体形成气泡或基面过于粗糙时，涂料刮涂完成后，湿膜中的气泡在涂膜表面破裂而此时涂料黏度上升失去流平性而无法修复因而产生爆孔	①施工时材料搅拌过于激烈； ②一次性施工厚度偏大； ③高温施工； ④基面比较粗糙，材料与空隙中的空气置换速度太慢	①施工时搅拌要轻缓，避免将空气带入体系中； ②施工厚度不能太厚； ③高温天气严禁施工； ④粗糙基面的刮涂速度要适度放慢，施工前要保持基面的微润湿
3	针眼	很细小的爆孔称为针眼或针孔	①基本原因同上； ②材料生产时消泡不理想，体系富含较多细小气泡	①基本解决方法同上； ②材料在生产配方及生产工艺上要调整以达到优异的消泡效果

续表

序号	缺陷名称	缺陷定义	产生原因	解决方法
4	起泡	涂膜在干燥过程中，当表面黏度已经增大到较高的水平而涂层内部还尚有水分没有挥发，随着表面黏度的不断提升，其致密性越来越强，内部水分上升时产生的压力已经无法冲破涂层，于是就形成了起泡； 起泡是涂料工程中常见的表面缺陷，从本质上讲就是局部涂层和基础面失去附着力（结构整体起泡）或局部涂层系统中上层涂料与下层涂料之间失去附着力（结构内部起泡），形成直径大小不一的球冠状的小泡，一般尺寸和手指甲盖大小相当。泡的内部包藏着水和（或）汽，水和汽一旦受热就会产生体积膨胀，对涂层产生很大的压力，故温度越高，起泡会越来越大、越明显	①基面局部受到灰尘等异物污染，涂料未能有效润湿、黏附； ②基础含水率过高； ③上一层涂层未干透就施工下一层涂料； ④一次性施工的涂层过厚； ⑤基础积水处的厚涂； ⑥高温天气施工； ⑦混凝土基础上终饰面层施工层数过多； ⑧基础局部标号不够	①确保基面干净、无异物污染； ②基础含水率需控制在低于10%； ③上层涂层彻底固化后才能进行下一层涂层的施工； ④一次施工厚度控制在不超过0.5 mm比较适合水性材料的成膜特性； ⑤积水深度修补过厚时修补层表干里不干也会引发起泡，故积水深度过大时须分层修补，力保里外干透； ⑥大气温度高于35 ℃，水性材料不宜施工； ⑦任何情况下终饰面层不要超过2层，过多的终饰面层在降低涂层的透气性的同时也会降低摩擦系数，增加运动风险； ⑧混凝土局部标号不够要先进行补强后再施工丙烯酸涂层
5	气泡痱子	通常在罩面层或罩光层中出现的微小气泡密集的涂层病态，微小气泡有的完整，也有的破裂。在双组分罩光清漆中更为常见	①主要是由材料在搅拌、施工过程中混入空气所致； ②有些双组分材料在交联过程中产生小分子生成物	轻缓搅拌，搅拌完成后适当静置一段时间消除气泡后再涂布
6	微裂纹	一般肉眼无法发觉的因低温成膜不良引发的涂层不完整、不连续的缺陷，一般长度很短，宽度很小	低于涂料最低成膜温度时施工，乳胶粒子不能变形变软形成热融合所致，本质上就是乳胶颗粒间的界面没有愈合之故	秋冬季施工确保在大气温度高于最低成膜温度的条件下施工

续表

序号	缺陷名称	缺陷定义	产生原因	解决方法
7	孔洞	固化后涂层中间出现的不均匀分布的、形状不一，大小有别的空洞，但几乎肉眼不会直接看见的	①主要是涂料在生产、施工和固化过程中受到外来污染所致；②低温施工时也会因成膜不良产生孔洞	完全避免孔洞出现是不可能的，但应避免低温施工
8	凸起斑点	固化后涂层表面形成肉眼清晰可见凸起的斑点，是一种不平整缺陷	在涂料的生产、施工及固化过程中偶然与涂料混合在一起的不溶性较大粒径的颗粒（如砂粒、灰尘及其他污染物）所致	材料搅拌后用滤网过滤一下

2. 线缺陷

序号	缺陷名称	缺陷定义	产生原因	解决方法
1	水平反射性裂缝	基础在水平方向的收缩而导致黏附其上的丙烯酸涂层因应力集中而产生断裂的现象	①混凝土基础伸缩缝及施工缝位置等处由于温度应力的变化产生的收缩，其强度超过丙烯酸涂层的拉伸强度时引发的涂层断裂；②积水修补厚度过大且养护不充分时，修补材料因体积大，其内应力差大，可能导致开裂，进而将附着其上的涂层拉扯断裂；③在设有伸缩缝的混凝土基面上铺压沥青混凝土也会因应力集中导致伸缩缝处的沥青混凝土断裂，继而将断裂延伸至上面的丙烯酸涂层	①对于硬性丙烯酸涂层来说，在缝面上断裂是不可抗的，对于厚度 5 mm 的弹性丙烯酸可利用空间换拉伸强度来实现对裂缝反射的控制；②修补积水过厚时要分层修补，并适当放水养护降低内外应力差、降低内部温度，避免自身开裂；③建议在陈旧混凝土上铺压不低于 100 mm 的水泥石粉层后再铺压一定厚度的沥青混凝土层

续表

序号	缺陷名称	缺陷定义	产生原因	解决方法
2	沉降裂缝	基础由于出现垂直方向的沉降引发的丙烯酸涂层断裂	不论是混凝土基础还是沥青基础，由于素土层密实度不够或周边地下水向基础底部汇集导致素土层含水率过高等原因造成基础层不均匀沉降	基础施工时务必控制好素土层及碎石稳定层的密实度，并要留意基础是否处于地势低洼的盆地中间
3	脊背线	含砂带状堆料在被刮板刮涂开来的过程中从刮板上端口溢出而形成一条含砂的涂料堆积线条	基本上这种缺陷绝大多数情况下是由刮板质量不佳或施工技艺欠缺或经验不足造成的	①刮板刀口平整，端口要圆滑，不要有尖锐的棱角； ②刮涂时避免刮涂料从刮板上端口外溢
4	厚边	也叫“镜框”，一般出现在涂料的边缘，但也会出现在湿膜在固化过程中存在明显温差的交接处	①主要是马兰贡尼效应在起作用，即材料总是由低表面张力向高表面张力处迁移； ②有高大遮阳物时，在阴影边界处的涂层会出现厚边现象	①降低涂料的表面张力，可在一定程度上减轻厚边的程度； ②气温条件合适的话，建议日出前或日落后施工，尽可能降低日照和遮阴对涂层的影响
5	堆漆线	刮涂终饰面层时，刮板上端口在刮板移动过程中有材料外溢而产生的一条涂料堆积的线条。和脊背线相比，堆漆线是由涂料构成的，而脊背线是以涂料包裹石英砂为主体形成的	①刮板刀口有缺口或端口不够圆润，有尖锐棱角； ②涂料黏度偏大，导致流平性差而引起的； ③施工技术欠缺，刮涂动作不规范	①刮板刀口平整，端口要磨圆，不要有尖锐棱角； ②兑水量不能太少，避免黏度偏高； ③提升刮涂技巧，避免材料从刮板上端口外溢
6	划痕	涂层表面被硬物刮划而形成的表面连续划痕擦伤线	①人为破坏造成，如用坚硬石头刻划涂层表面； ②涂层表面没有定期冲洗，灰尘、砂砾在表面富集，运动时鞋底作用于这些外来物上，就会像砂纸打磨一样磨损涂层产生划痕	①做好日常场地管理保护工作，严禁用硬物在涂层表面刻划； ②定期用清水冲洗场地，确保场地干净无沙砾等硬颗粒物的污染

续表

序号	缺陷名称	缺陷定义	产生原因	解决方法
7	条痕	细长、不规则的线或带或条棱，尤其是在表面呈现明显不同的色条	①涂料黏度偏高； ②高温时施工使湿膜搭接处形成重叠接痕，但因固化快而很快失去流平性所致； ③产品配方中成膜助剂添加量偏大	①涂料配置时黏度要适中，不要太高，否则流动性差； ②在温度适宜的条件下施工，增加涂层湿搭时间，让两个相邻涂层交接处有充分的时间进行流动、扩散，从而避免痕的产生； ③有些材料中成膜助剂添加量偏大，也会导致湿搭时间减少，流动性及流平性迅速减弱而引发痕的出现

3. 面缺陷

序号	缺陷名称	缺陷定义	产生原因	解决方法
1	脱皮	点缺陷中的起泡，一般尺寸比较小。脱皮一般尺寸相对较大，本质上也是涂层与基面失去黏附力而从基面上脱离形成的	①基面清洁不到位，有大量污染异物存在，涂料未能有效渗透； ②基础含水率过高； ③上一层涂层未干透就施工下一层涂料； ④一次性施工的涂层过厚； ⑤基础积水处的厚涂； ⑥高温天气施工； ⑦混凝土基础起砂	①确保基面干净、无异物污染； ②基础含水率需控制在低于10%； ③上层涂层彻底固化后才能进行下一层涂层的施工； ④一次施工厚度控制在不超过0.5 mm比较适合水性材料的成膜特性； ⑤积水深度过厚时建议分层修补，确保里外干透； ⑥大气温度高于35 ℃，水性材料不宜施工； ⑦必须先进行补强后再施工丙烯酸涂层

续表

序号	缺陷名称	缺陷定义	产生原因	解决方法
2	剥落	涂料固化后，涂层因与底材之间丧失附着力而分离下来，形成表层小片或鳞片状脱离。剥落也是一种常见的重大表面缺陷	①基础表面处理不当，局部出现表面太过光滑，或表面能偏小，涂料与之的附着力弱；②基础表面局部区域被灰土沙砾等异物污染也会割断涂料和基础之间的有效黏附而产生剥落；③基础基面过度干燥也会导致剥落；④涂料黏度过高，涂料的渗透速度和能力均下降，会出现动力学不润湿而引起附着力减弱出现剥落；⑤高温天气地表温度过高；⑥涂层遭受巨大冲击后也会出现剥落	①基础表面要拉毛处理，保持一定的粗糙程度；②施工前最好用工业吹风机将待施工区域吹一遍；③基面材料湿碰湿是必需的，基础表面要保持微湿润；④涂料配料黏度要适中，不能太高；⑤大气温度高于 35 ℃时不宜施工；⑥避免涂层受到外力的巨大冲击
3	剥离	以片状或层状从涂层表面剥落	①表面涂层成膜不良，布满微裂缝、空洞，外力作用下出现剥离；②表面涂层 PVC 过高，硬度偏大且黏结强度偏弱	①确保在适合的气候条件下完整成膜；②科学合理配比材料
4	浮色	涂料中往往使用多种颜料，在涂膜干燥过程中由于各种颜料分布不均，从而会产生颜色不均匀或不一致的现象。色泽不均匀就是指涂层表面颜色斑驳，便是所说的发花；不同颜料在垂直方向均匀分离，颜色并无色差，但和原先设计的颜色不一致，这便是浮色	参见第 1 章第 1.4.4 小节“贝纳德对流”	①避免高温施工，旨在控制涂层内外层之间表面张力差过大引发贝纳德涡旋而产生发花或浮色现象；②避免一次性施工厚度过大；③在能满足施工的条件下，适当提升涂料黏度
5	发花			

续表

序号	缺陷名称	缺陷定义	产生原因	解决方法
6	刮板刮痕	刮痕是涂料刮涂法施工不可能彻底避免的，只不过是程度不同而已。这种刮痕一般是随着刮板的行走轨迹呈现线形或条带状的视觉色差缺陷。一般随时间流逝会逐渐变浅直至肉眼无法分辨	①施工涂料配置黏度过大，涂料流动性、流平性差所致； ②基面温度过高时刮涂所致； ③反复来回刮涂同一块湿膜； ④在已经刮涂好的湿膜上倒料	①降低涂料黏度，提高相邻刮涂条带交接处的湿搭时间，使之充分流动扩散； ②基面温度过高时严禁施工； ③避免反复多次刮涂同一块材料； ④不要在已刮涂好的湿膜上倒料
7	积水位污染	涂层表面上的积水位置处由于在长期的积水－干燥－积水－干燥的循环中，由水带来的灰尘不断累积而形成的表面污染缺陷	落在场地上的水都是含有灰尘等杂质的，水在积水位置富集，水分迟早会挥发，但灰尘不会挥发，只会黏附在积水位置处，日积月累便会累积大量灰尘形成黑色的污染层	①涂料施工前应进行积水修补，避免大面积积水出现； ②配备推水器，雨后及时清理场地积水
8	水玷污	水聚集在涂层表面，水干后导致外观不均匀的变化，包括颜色、光泽、斑点或条纹形状的变化	涂层受到雨水或露水的较长时间的浸润或浸泡时，涂料中的一些水溶物（主要是表面活性剂）会被水萃取出来浓缩在涂层表面，留下残留物形成水玷污。有时这些残留物呈白色，在阳光下暴露一段时间后自行挥发消失	一方面属于涂料配方问题，需要优化配方；另一方面要尽可能保证场地的平整，避免涂层长时间和水接触
9	色斑	由外来物引起的不希望有的颜色变化	如鸟粪对涂层具有腐蚀性，会造成涂层失光、变色等质量问题，原因是鸟粪中含有尿酸、磷酸、草酸等物质	一旦发现鸟粪，要立刻冲洗干净
10	陷坑	由于材料下渗引起涂层凹斑外观	基础局部孔隙率过高	要先对高孔隙率地方进行密封处置

续表

序号	缺陷名称	缺陷定义	产生原因	解决方法
11	起皱	涂层表面有许多皱褶或收缩成许多高低不平的小的突起或凹陷	出现起皱的涂层一般厚度较大，涂层表面干燥快、黏度上升，而涂层里面却仍为液体状且水分已经无法冲破涂层表层扩散出去，此时表层体积收缩就带动里层一起运动形成皱褶	①避免一次性施工厚度过大； ②避免高温施工； ③避免低温施工
12	涂层发霉	涂层干燥后在使用过程中表面滋生苔藓、蕨类或藻类等形成的一种污染	①涂料配方中未作防藻设计或设计量不足； ②在使用过程中涂层表面被一些营养物污染后在适宜的温湿度条件下滋生菌类所致； ③涂层长期置于潮湿阴暗的环境	①优化配方使漆膜防藻剂添加量满足要求； ②保持涂层的清洁卫生，定期或不定期冲洗场地； ③避免涂层处在树荫下或建筑物阴影下
13	泛白	①水浸泛白：涂层在下雨或潮湿天气时明显出现颜色泛白的现象； ②非水浸泛白：有些涂层长期使用后色泽出现非正常的变浅变白	①水浸泛白主要是成膜物质里含有亲水基团，雨天或潮湿天气，亲水基团会吸水胀大，对入射光线产生米氏反射，故视觉上呈现白色。当涂层失水干燥后，泛白现象会消失； ②主要是色浆在紫外光线作用下分解	①降低成膜物质中的亲水基团的含量； ②添加少许交联剂消耗亲水基团，提高耐水性； ③使用优质耐紫外光性好的色浆产品
14	粉化	涂层在外界光、热、水等因素作用下，表面损坏，表面涂层成粉状脱落	①涂层在潮湿高温的环境下，会受到微生物的侵害发生机械强度降低和粉化现象； ②色浆在紫外光作用下分解所致	①涂料配方中添加适量的防霉杀菌剂； ②使用高品质耐紫外光的色浆产品
15	黄变	丙烯酸涂层使用一段时间后颜色明显出现发黄的想象	①成膜物质中苯乙烯的含量偏大，在浅色的涂层中表现得更为明显； ②成膜物质中可能冷拼一些芳香族的材料	①配方中的成膜物质要降低苯乙烯的含量； ②冷拼脂肪族或脂环族材料

续表

序号	缺陷名称	缺陷定义	产生原因	解决方法
16	橘皮	涂层干燥后由于流平不良，往往造成涂层表面有许许多多突起与凹陷组成，看起来像橘子皮的样子	橘皮现象通常发生在喷涂施工环节中，根本的原因在于表面张力在涂层表面局部的不平衡引起的。 ①喷枪离基面太近，空气流在表面产生皱纹； ②喷枪离基面太远以至于涂料在空气中失水太多导致过于干燥而丧失流动性； ③涂料的配置黏度过高； ④施工时温度偏高	①喷涂时适当拉远喷嘴与基面的距离； ②适当缩短喷嘴与基面的距离，避免涂料到达基面时过“干”； ③调整喷涂料的黏度使之和喷涂距离及喷枪孔径大小匹配； ④高温天气不宜施工
17	返黏	涂层表面有黏手的感觉，极易吸附灰尘杂物导致涂层表面肮脏	①如果刚完工就有返黏的情况，极大可能是所使用的丙烯酸乳液的玻璃化转变温度偏低，稍高温度便会使涂层发黏； ②若是涂层完工后很久以后才出现返黏的现象，则可能是成膜物质在使用过程中受到众多环境因素的综合影响，性能变差，这其中就包括变软发黏，分子量、玻璃化转变温度的增减等，本质上就是降解和(或)交联的结果； ③在刚刚浇注的水泥底材上施工丙烯酸涂料，由于皂化作用使成膜物质分解而致	①优化配方，选择合理的成膜物质； ②尽量选择优质的丙烯酸乳液使用，但老化是个不可抗的过程，能延缓，无法彻底解决； ③水泥底材要进行酸洗或使用抗碱性底油
18	露底/磨蚀	涂层磨损严重导致下涂层表面露出	①面层涂层做的层数少、厚度薄； ②部分区域使用频繁，清洁不到位，过度磨损	①适当增加面层的厚度和层数，提高耐磨性； ②定期清洁，确保洁净，避免过度磨损

续表

序号	缺陷名称	缺陷定义	产生原因	解决方法
19	渗色	来自下层的着色物质进入或透过上层涂膜扩散进而产生不希望有的染色或褪色现象。可引起这种涂膜缺陷的物质包括乳化沥青、有机颜料和染色剂等	在丙烯酸体系中，渗色主要是由乳化沥青作为底涂或积水修补材料而产生涂层被污染的乳化沥青温度敏感性高，受热后便会发软，高温时受热向上渗透，穿过中间涂层，污染表面涂层	绝对不使用热敏性高的乳化沥青作为丙烯酸结构的底层涂层或积水修补材料
20	弹丙网裂纹	弹性丙烯酸活动频繁的区域出现的相对集中的纵横交错的网状裂纹	①弹丙结构施工搭配不合理，下软上硬在硬度的连续性匹配上不连续、有拐点； ②长时间频繁使用时，施加的外力超过面层涂层的极限冲击强度导致裂缝（如滑板车、轮滑鞋或自行车等在弹丙上骑滑行）	①主要在配方及产品结构设计方面加以优化控制，在施工方面，避免弹性层做得过厚，应该将场地平整度修补到达到要求后再施工弹性层以确保弹性层厚度均匀； ②严禁滑板车、轮滑和自行车入场，穿着高跟鞋也禁止入内
21	雾影	在涂膜表面上形成散射粒子或刚在涂膜表面之下形成散射粒子而使反射轮廓发生模糊的现象	①修补积水时使用粗颗粒的石英砂； ②施工时产生的石英砂拖带现象未能及时修整产生粗糙面； ③使用粗细不均的石英砂	①修补面是强吸收性表面，应先用含细石英砂的材料进行密封后再施工后续涂层； ②出现拖带要及时处理，避免局部过度粗糙； ③使用粒径大小适合的石英砂颗粒，避免使用粗细不均的石英砂导致局部区域过于粗糙
22	褪色	涂层暴露于光、热、温度或化学品等作用下，涂层颜色变浅的现象	①颜料分解，成膜物质的降解或光泽度降低； ②涂膜中基料与颜料粒子分离，随后产生可散射的微空穴，也可目视看到褪色； ③在新浇注的水泥底材上施工丙烯酸涂料，由于皂化作用使成膜物质分解，已皂化的涂膜会出现褪色	①属于配方及生产环节中应该控制的问题； ②提高基料对颜料的润湿性能，增强两者间的黏附力，避免剧烈搅拌带来的颜料粒子表面吸附物脱附； ③施工前水泥型基础要酸洗中和或使用抗碱性底油封闭

续表

序号	缺陷名称	缺陷定义	产生原因	解决方法
23	干缩裂缝	涂膜干燥时，尤其是当涂料施工于吸收性底材时形成的网状深裂纹；高颜料含量的水性涂料主要与这种开裂有关；涂层表面出现的不规则的收缩型裂缝	①施工厚度偏大且涂层表面固化速度远大于涂层里面的固化速度而引发的裂纹，原因是表层水分挥发快速，体积倾向于收缩，而涂层里面水分充沛，体积无收缩趋势，故在涂层上下产生应力差导致裂缝出现，这些裂缝又成为涂层里面水分挥发的出口，使整个涂层可以干燥； ②在聚合物水泥型底涂产品中，施工中要添加水泥，若水泥量太大的话，则会因涂层内外的应力差而更易产生干缩； ③在高低温时施工都会出现干缩裂缝，高温时更加容易出现	①避免一次性涂层施工厚度过大； ②调整好水泥在聚合物水泥型底涂产品中的使用量； ③避免在高温或低温条件下施工
24	润湿透底	涂料干燥时遮盖力不错，一旦天气潮湿或下雨天，涂层含水率高时出现明显面层涂层遮盖不住底层涂料的现象，即潮湿状态下遮盖力下降	涂层在配料时，石英砂用量过大，导致涂层PVC体积浓度偏大造成的，本质上是水和空气的折射率不同引发的	减少石英砂添加量，提升固化后涂层的致密性

附录8　常见运动场地尺寸

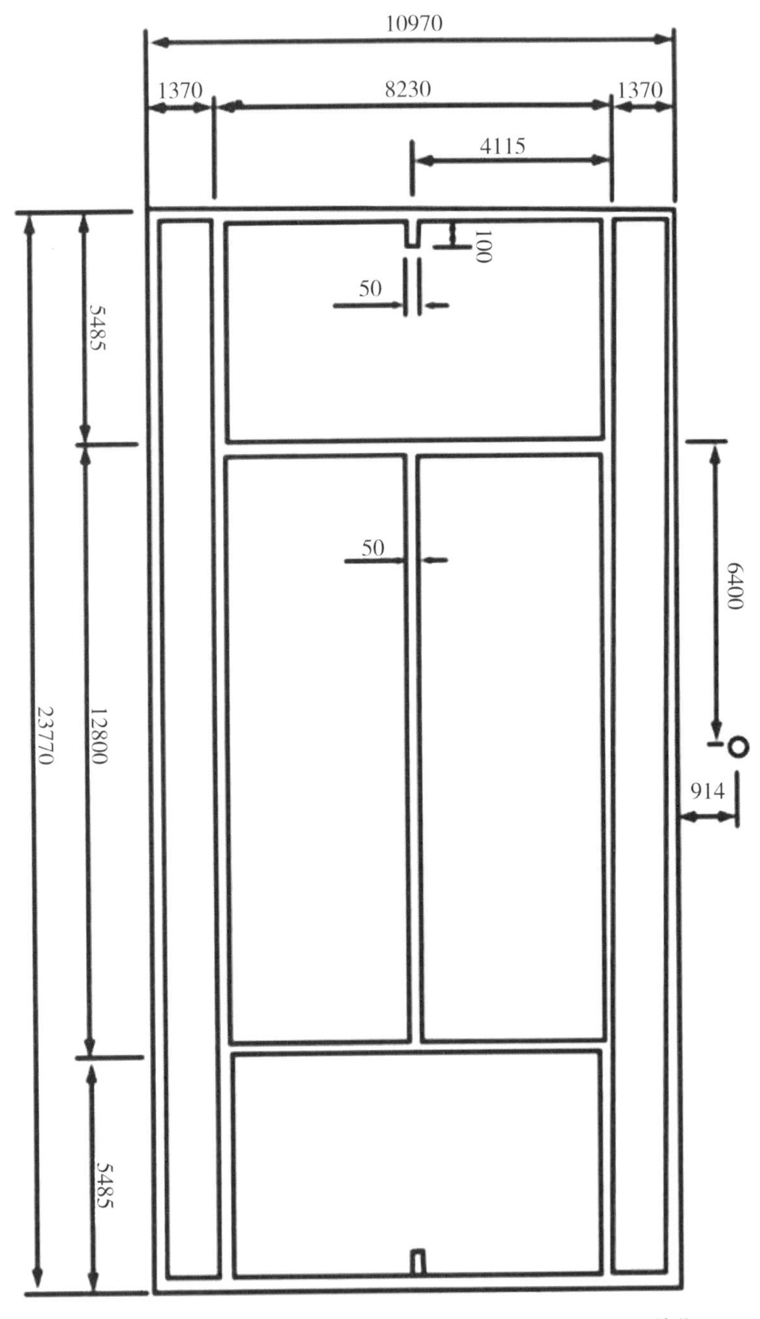

网　球　场

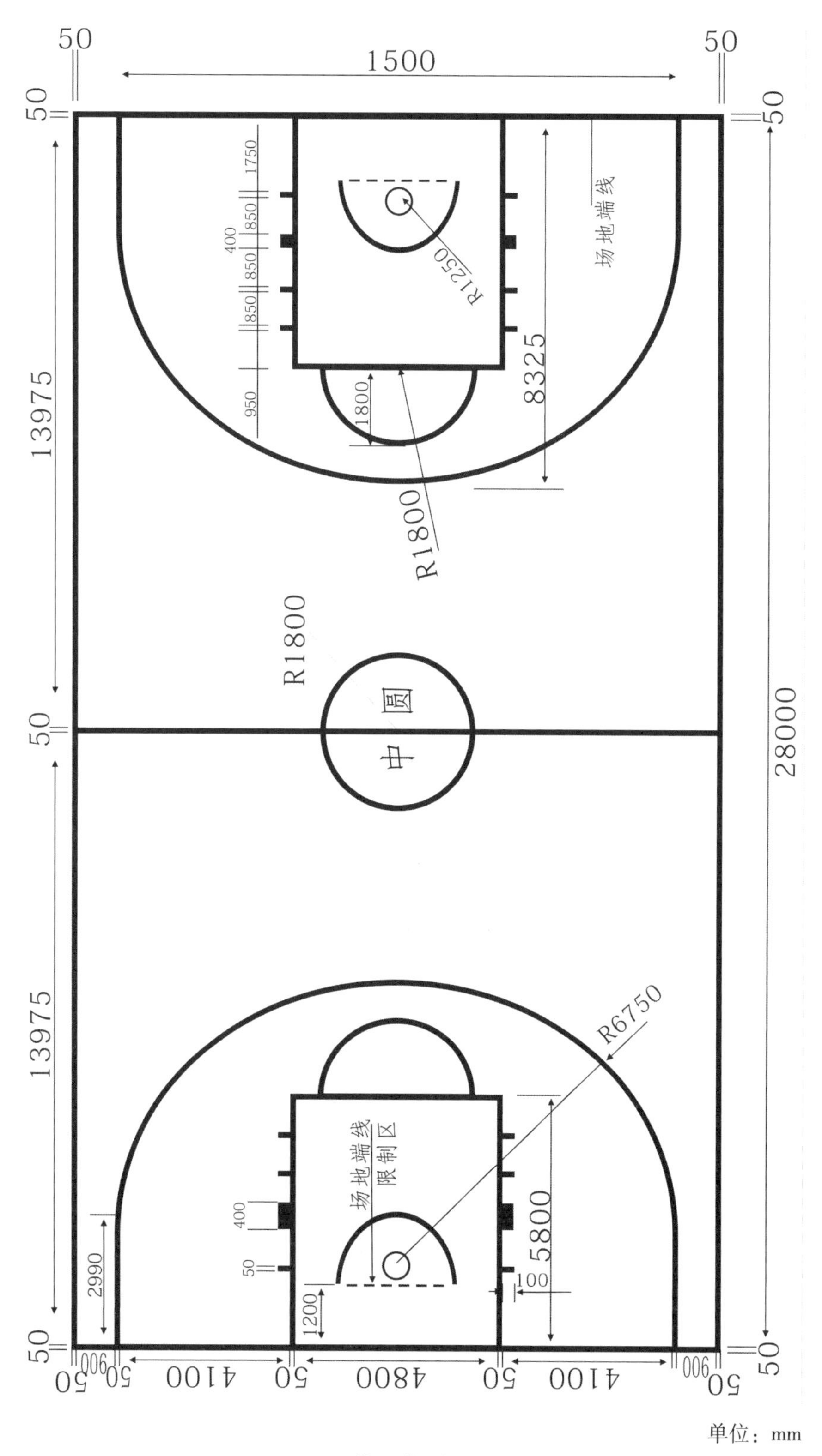

50
1500
50
50
50
1750
850
400
850
850
950
1800
R1250
场地端线
8325
13975
R1800
R1800
中圆
28000
50
13975
R6750
场地端线
限制区
400
50
2990
1200
5800
100
50
50
900
50
4100
50
4800
50
4100
900
50
50
单位：mm

篮 球 场

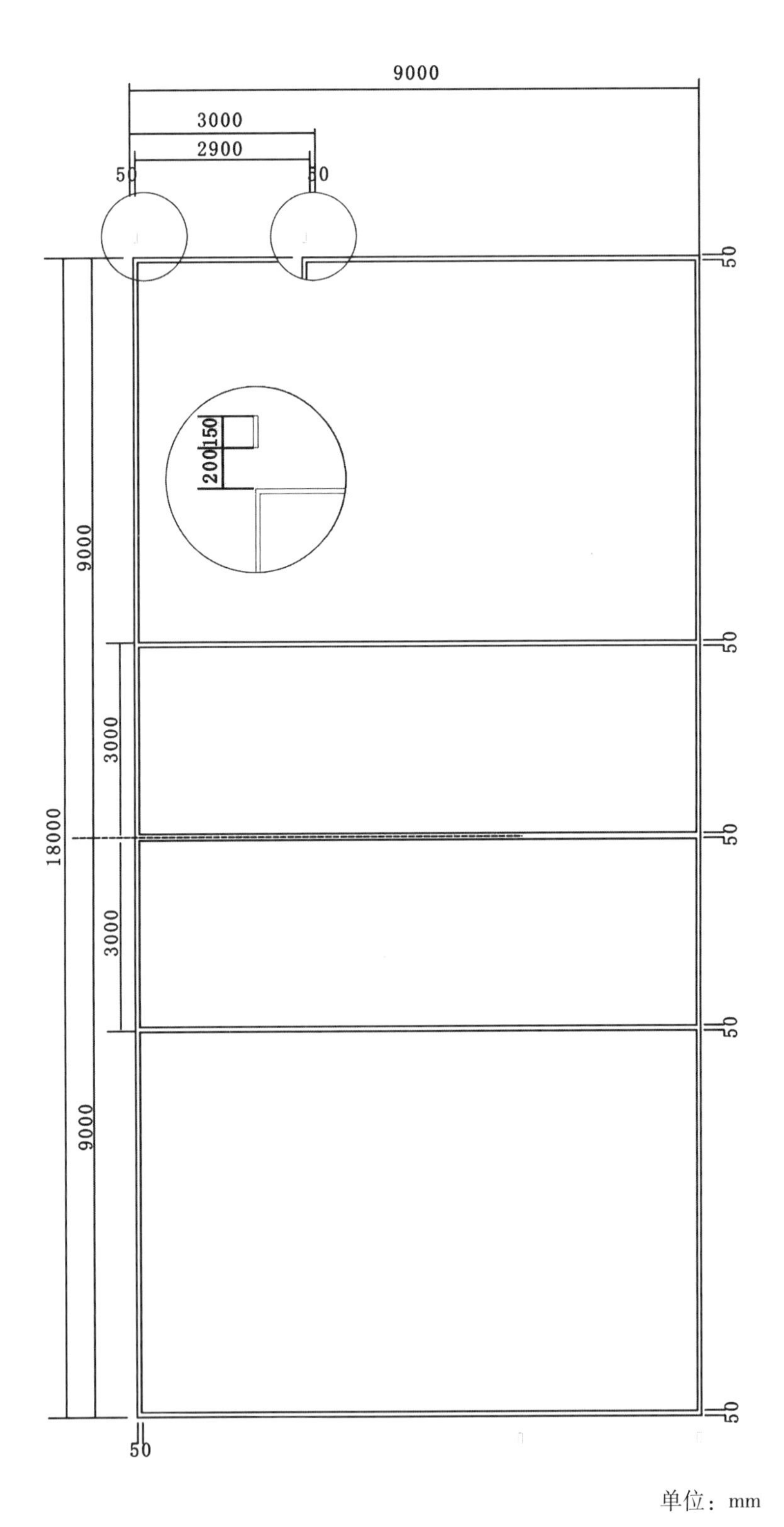

单位：mm

排　球　场

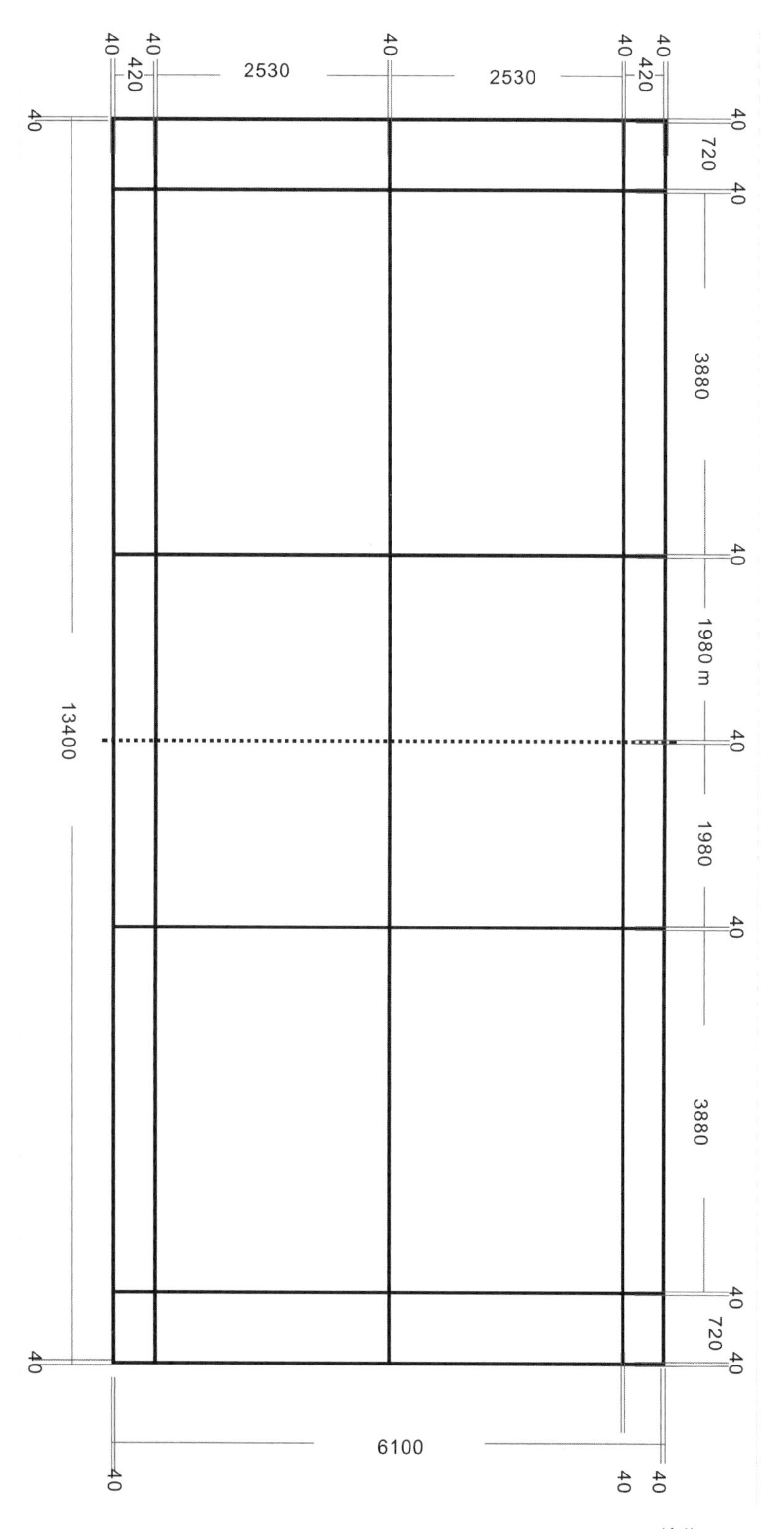

单位：mm

羽毛球场

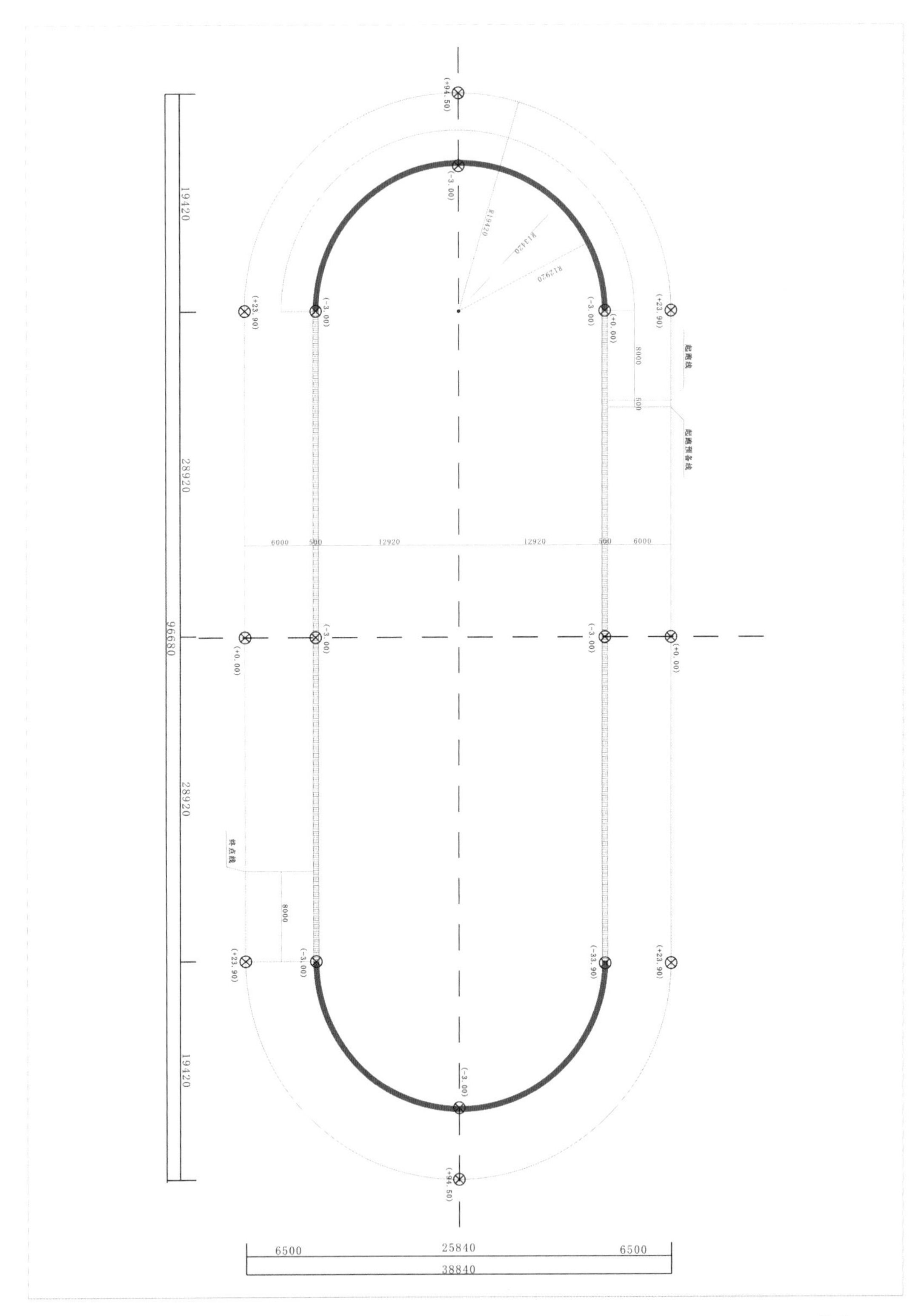
19420
28920
96680
28920
19420
6500
25840
6500
38840
6000
500
12920
12920
500
6000
8000
600
8000
起跑线
起跑预备线
终点线
R19420
R13420
R12920
(+94.50)
(-3.00)
(+23.90)
(+0.00)
(-33.90)

单位：mm

速度轮滑场

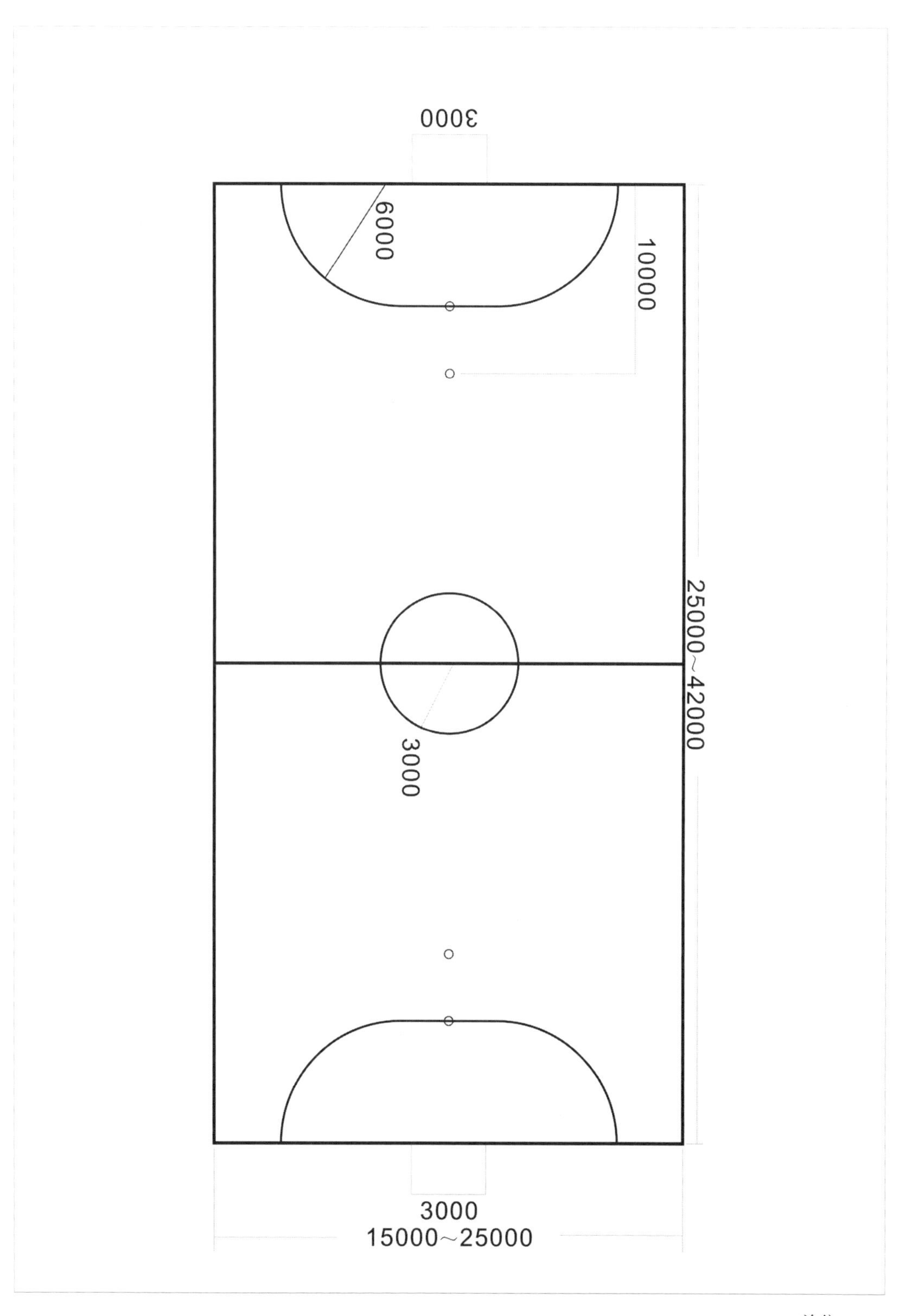

单位：mm

五人制足球场

参考文献

[1] 仓理. 涂料工艺 [M]. 2版. 北京：化学工业出版社，2009.

[2] 曹艳霞，王万杰. 热塑性弹性体改性及应用 [M]. 北京：化学工业出版社，2014.

[3] 董诚春. 废橡胶资源综合利用 [M]. 北京：化学工业出版社，2003.

[4] 耿耀宗. 现代水性涂料工艺·配方·应用 [M]. 北京：中国石化出版社，2013.

[5] 贡金鑫，魏巍巍，赵尚传. 现代混凝土结构基本理论及应用 [M]. 北京：中国建筑工业出版社，2009.

[6] 侯伟. 混凝土工艺学 [M]. 北京：化学工业出版社，2018.

[7] 胡福增. 材料表面与界面 [M]. 上海：华东理工大学出版社，2008.

[8] 黄晓明，吴少鹏，赵永利. 沥青与沥青混合料 [M]. 南京：东南大学出版社，2002.

[9] 纪奎江，袁仲雪，陈占勋. 硫化橡胶粉：原理·技术·应用 [M]. 北京：化学工业出版社，2016.

[10] 梁治齐，熊楚才. 涂料喷涂工艺与技术 [M]. 北京：化学工业出版社，2009.

[11] 林宣益. 涂料助剂 [M]. 2版. 北京：化学工业出版社，2006.

[12] 刘会成. 涂料工艺及装备 [M]. 北京：化学工业出版社，2013.

[13] 鲁钢，徐翠香，宋艳. 涂料化学与涂装技术基础 [M]. 北京：化学工业出版社，2012.

[14] 吕仕铭，杜长森，周华. 涂料用颜料与填料 [M]. 北京：化学工业出版社，2012.

[15] 潘祖仁. 高分子化学 [M]. 北京：化学工业出版社，2011.

[16] 区玉春. 废旧高分子材料回收与利用 [M]. 北京：化学工业出版社，2016.

[17] 沈春林. 聚合物水泥防水涂料 [M]. 2版. 北京：化学工业出版社，2010.

[18] 涂华民. 颜色化学 [M]. 北京：化学工业出版社，2017.

[19] 涂伟萍. 水性涂料 [M]. 北京：化学工业出版社，2006.

[20] 汪长春. 丙烯酸酯涂料 [M]. 北京：化学工业出版社，2005.

[21] 汪盛藻. 丙烯酸涂料生产实用技术问答 [M]. 北京：化学工业出版社，2007.

[22] 王海庆，李丽，庄光山. 涂料与涂装技术 [M]. 北京：化学工业出版社，2012.

[23] 谢凯成，易有元. 涂料术语词典 [M]. 北京：化学工业出版社，2007.

[24] 闫福安. 水性树脂与水性涂料 [M]. 北京：化学工业出版社，2010.

[25] 杨彪. 聚合物材料的表面与界面 [M]. 北京：中国质检出版社，中国标准出版社，2013.

[26] 张留成，瞿雄伟，丁会利. 高分子材料基础［M］. 北京：化学工业出版社，2007.
[27] 朱平平，何平笙，杨海洋. 高分子物理重点难点释疑［M］. 合肥：中国科学技术大学出版社，2013.
[28] 朱万章，刘学英. 水性涂料助剂［M］. 北京：化学工业出版社，2011.

后　　记

在本书编著过程中，笔者参阅了大量涂料化工类图书，浏览了不少国内外行业内著名企业的网站，获益匪浅。本书部分章节中借鉴、引用或摘录了部分书籍和网站上的一些相关内容。这些内容的引入使本书在结构上更完整，内容上更充实、丰满，脉络上更清晰明了。

由于篇幅有限，笔者无法一一向这些作者表达谢意，在此一并表示感谢。

纪永明

2023 年 8 月于广州